21 世纪高等学校信息安全专业规划教材

计算机信息安全技术

付永钢　主　编

洪玉玲　曹煦晖　陈　杰　刘年生　副主编

清华大学出版社

北京

内 容 简 介

本书对计算机信息安全体系中的各个部分做了完整的介绍,主要内容包括:经典加密算法、DES 算法、AES 算法、RSA 算法,数字签名、哈希函数、消息认证技术、身份认证技术,计算机病毒与反病毒技术,网络攻击与防范技术,防火墙技术,入侵检测技术,Windows、UNIX/Linux 操作系统安全机制和配置,数据备份与恢复,常用软件保护技术,VPN 技术,电子商务安全技术,电子邮件安全技术等。每章都有习题,附录提供了与部分章节相对应的实验。

本书可作为计算机和通信专业本科或专科学生的计算机信息安全技术课程教材,也可作为从事信息安全研究的工程技术人员的参考用书。

图书在版编目(CIP)数据

计算机信息安全技术/付永钢主编.—北京:清华大学出版社,2012.3
(21 世纪高等学校信息安全专业规划教材)
ISBN 978-7-302-27884-9

Ⅰ.①计…　Ⅱ.①付…　Ⅲ.①电子计算机－信息安全－安全技术　Ⅳ.①TP309

中国版本图书馆 CIP 数据核字(2012)第 008288 号

责任编辑:魏江江　张为民
封面设计:杨　兮
责任校对:焦丽丽
责任印制:李红英

出版发行:清华大学出版社
　　　　网　　址:http://www.tup.com.cn,http://www.wqbook.com
　　　　地　　址:北京清华大学学研大厦 A 座　　邮　　编:100084
　　　　社 总 机:010-62770175　　　　　　　　　邮　　购:010-62786544
　　　　投稿与读者服务:010-62776969,c-service@tup.tsinghua.edu.cn
　　　　质 量 反 馈:010-62772015,zhiliang@tup.tsinghua.edu.cn
　　　　课 件 下 载:http://www.tup.com.cn,010-62795954
印 装 者:北京鑫海金澳胶印有限公司
经　　销:全国新华书店
开　　本:185mm×260mm　　印　　张:21.5　　字　　数:524 千字
版　　次:2012 年 3 月第 1 版　　　　　　印　　次:2012 年 3 月第 1 次印刷
印　　数:1～3000
定　　价:35.00 元

产品编号:040366-01

出 版 说 明

由于网络应用越来越普及,信息化的社会已经呈现出越来越广阔的前景,可以肯定地说,在未来的社会中电子支付、电子银行、电子政务以及多方面的网络信息服务将深入到人类生活的方方面面。同时,随之面临的信息安全问题也日益突出,非法访问、信息窃取、甚至信息犯罪等恶意行为导致信息的严重不安全。信息安全问题已由原来的军事国防领域扩展到了整个社会,因此社会各界对信息安全人才有强烈的需求。

信息安全本科专业是 2000 年以来结合我国特色开设的新的本科专业,是计算机、通信、数学等领域的交叉学科,主要研究确保信息安全的科学和技术。自专业创办以来,各个高校在课程设置和教材研究上一直处于探索阶段。但各高校由于本身专业设置上来自于不同的学科,如计算机、通信和数学等,在课程设置上也没有统一的指导规范,在课程内容、深浅程度和课程衔接上,存在模糊不清、内容重叠、知识覆盖不全面等现象。因此,根据信息安全类专业知识体系所覆盖的知识点,系统地研究目前信息安全专业教学所涉及的核心技术的原理、实践及其应用,合理规划信息安全专业的核心课程,在此基础上提出适合我国信息安全专业教学和人才培养的核心课程的内容框架和知识体系,并在此基础上设计新的教学模式和教学方法,对进一步提高国内信息安全专业的教学水平和质量具有重要的意义。

为了进一步提高国内信息安全专业课程的教学水平和质量,培养适应社会经济发展需要的、兼具研究能力和工程能力的高质量专业技术人才。在教育部相关教学指导委员会专家的指导和建议下,清华大学出版社与国内多所重点大学共同对我国信息安全人才培养的课程框架和知识体系,以及实践教学内容进行了深入的研究,并在该基础上形成了"信息安全人才需求与专业知识体系、课程体系的研究"等研究报告。

本系列教材是在课程体系的研究基础上总结、完善而成,力求充分体现科学性、先进性、工程性,突出专业核心课程的教材,兼顾具有专业教学特点的相关基础课程教材,探索具有发展潜力的选修课程教材,满足高校多层次教学的需要。

本系列教材在规划过程中体现了如下一些基本组织原则和特点。

(1) 反映信息安全学科的发展和专业教育的改革,适应社会对信息安全人才的培养需求,教材内容坚持基本理论的扎实和清晰,反映基本理论和原理的综合应用,在其基础上强调工程实践环节,并及时反映教学体系的调整和教学内容的更新。

(2) 反映教学需要,促进教学发展。教材要适应多样化的教学需要,正确把握教学内容和课程体系的改革方向,在选择教材内容和编写体系时注意体现素质教育、创新能力与实践能力的培养,为学生知识、能力、素质协调发展创造条件。

(3) 实施精品战略,突出重点。规划教材建设把重点放在专业核心(基础)课程的教材建设上;特别注意选择并安排一部分原来基础比较好的优秀教材或讲义修订再版,逐步形成精品教材;提倡并鼓励编写体现工程型和应用型的专业教学内容和课程体系改革成果的教材。

(4) 支持一纲多本,合理配套。专业核心课和相关基础课的教材要配套,同一门课程可以有多本具有各自内容特点的教材。处理好教材统一性与多样化,基本教材与辅助教材、教学参考书,文字教材与软件教材的关系,实现教材系列资源的配套。

(5) 依靠专家,择优落实。在制定教材规划时依靠各课程专家在调查研究本课程教材建设现状的基础上提出规划选题。在落实主编人选时,要引入竞争机制,通过申报、评审确定主编。书稿完成后认真实行审稿程序,确保出书质量。

繁荣教材出版事业,提高教材质量的关键是教师。建立一支高水平的、以老带新的教材编写队伍才能保证教材的编写质量,希望有志于教材建设的教师能够加入到我们的编写队伍中来。

21 世纪高等学校信息安全专业规划教材
联系人:魏江江 weijj@tup. tsinghua. edu. cn

前　言

随着全球信息化技术的快速发展,在信息技术的广泛应用中,安全问题正面临着前所未有的挑战,信息安全日渐成为国家的一个重点关注的研究领域,成为关系着国计民生的一个重要的应用学科。

目前因特网(Internet)已遍布世界上 240 个国家和地区,每时每刻都为用户提供着各种类型的信息服务,除了最初的电子邮件、万维网外,还出现了越来越多的集视频、声音、数据于一体的服务。我们的社会已经是一个高度信息化的社会,计算机已经被应用到政治、军事、金融、商业、电信、教育等各行各业,人们在日常生活中对计算机的依赖程度越来越高,尤其是近年来国家实施的信息系统工程和信息基础设施建设,已经使计算机系统成为当今社会特征的一个重要组成部分。多年来,黑客对信息系统的攻击一直都没有停止过,其手段也越来越高明,从最初的猜测用户密码、利用计算机应用软件缺陷进行攻击,发展到现在通过操作系统的源代码分析操作系统漏洞,这无疑给计算机信息安全带来了更大的挑战。

本书内容由浅入深,介绍了计算机信息安全技术所涉及的相关知识,阅读本书可以了解我国计算机信息系统的安全现状、网络安全的隐患和风险及其给计算机信息系统运行带来的危害、具体的安全防护措施和技术。

本书从实用和新颖的角度对内容进行了精心的挑选,具有如下特色:

(1) 实用、丰富、新颖的内容。

编写基于一般普通高等院校计算机专业信息安全技术的应用人才培养的需要,以知识实用、丰富、新颖为原则,使学生初步掌握计算机信息安全使用技能,为今后进一步学习、研究信息安全技术打下坚实的基础。

本书在有限的篇幅中,尽可能减少概念和理论性的知识介绍,而更加注重解决实际问题,同时吸取目前已出版的信息安全技术类教材、论文的精髓,充分反映计算机信息安全领域的前沿技术和成果。

(2) 完整的信息安全体系。

目前计算机信息安全研究的主要方向包括密码学、计算机网络安全、计算机病毒、信息隐藏、软件保护、数据备份与恢复等方面,本书力求融合信息安全研究的基础知识与核心内容,全面反映计算机信息安全体系。通过学习本书,可以了解到信息安全的概貌,又可以迅速掌握信息安全的基本技能。

（3）丰富的习题。

为了加深学生对相关内容的理解，每章后面都附有难易程度不同的习题，以帮助读者更深入和扎实地掌握相关知识。

本书第3,4,12章由陈杰编写，第9,10,13章由洪玉玲编写，第6,7,11章由曹煦晖编写，第2章的第2.1～2.3节由刘年生编写。付永钢编写了其余章节，并对全书进行了修改和统稿。在本书的编写过程中，得到了茅剑等老师的帮助，在此表示衷心的感谢。

为了配合本书的教学工作，作者还提供了配套的电子课件，请在清华大学出版社网站（www.tup.com.cn）下载，或者通过电子邮箱 yonggangfu@jmu.edu.cn 获取。本书主要内容的课堂授课需要50学时左右，也可根据教学对象和教学目的进行删减，建议再安排一定学时的课外实验。另外，本书所有截屏图来自相关软件，未作改动。

信息安全技术是一个不断发展和完善的研究领域，由于作者水平有限，书中错误和不当之处在所难免，敬请广大读者和专家批评指正。

作　者

2012 年 1 月

目　　录

第1章　计算机信息安全技术概述

21世纪是信息技术快速发展的一个世纪,信息技术已经成为一个国家的政治、军事、经济和文教等事业发展的决定性因素。但是,目前的网络和信息传播途径中却蛰伏着诸多不安全因素,信息文明还面临着诸多威胁和风险,计算机信息安全问题已成为制约信息化发展的瓶颈,是关系国家发展的重要问题,其重要性随着全球信息化进程的加快而显得越来越重要。

本章是计算机信息安全技术的引导篇,主要介绍信息安全的基本概念、基本原则、安全体系结构、安全服务机制、信息安全现状与展望等知识,使读者掌握必要的信息安全基础知识,了解信息安全的重要意义,提高信息安全意识。

随着因特网技术的发展,因特网成为日常生活中不可或缺的一部分,我们越来越多地借助因特网来获取信息和知识。在享受信息社会带来的巨大经济利益和娱乐的同时,计算机信息安全问题日渐成为我们必须面对的一个严峻的问题。通过网络,攻防双方可以轻易地获得对方的机密,可以篡改、破坏对方的重要信息,破坏对方的信息处理设备等。因此,随着冷战的结束,因特网成为又一个看不见硝烟的全球性战场。

到目前为止,因特网已经深入到了生活中的方方面面,比如,日常生活中的银行、电话、购物、出行、电力等都严重依赖因特网的存在,现在已经很难想象没有了因特网以后,我们的生活会变成什么样子。随着人们对因特网的依存度逐渐提高,信息安全已经成为一个全世界性的现实问题,信息安全与国家的政治稳定、军事安全、经济发展、民族兴衰等都息息相关,提高国家信息安全体系的保障能力已成为各国政府优先考虑的战略问题。在我国的"十一五"规划中,信息安全是作为一项重要的研究课题来进行攻关的内容。

对每个普通民众来讲,信息安全问题同样严峻,每个人的重要数据存储在硬盘设备上,可能会因操作不当或计算机病毒、恶意软件攻击等瞬间化为乌有。自己的信用卡却被别人将自己账户上面的钱挥霍。我们的计算机系统有可能在毫无察觉的情况下被破坏而无法运行,甚至我们的计算机会在毫无察觉的情况下被别人利用,成为攻击、破坏其他计算机系统的工具,成为罪犯的工具。

1.1　计算机信息安全的威胁因素

计算机系统是用于信息存储、信息加工的设施。从技术的角度来看,因特网的不安全因素是:一方面由于它是面向所有用户的,所有资源通过网络共享;另一方面,它的技术是开放和标准的。因此,尽管因特网已从过去用于科研和学术目的阶段进入到商用阶段,但是它的技术基础仍是不安全的。从一般意义上来说,计算机系统一般是指具体的计算机系统,但有时也用计算机系统来表示一个协作处理信息的内部网络。计算机系统面临着各种各样的威胁,这些威胁大致可以分为如下三个方面:

（1）直接对计算机系统的硬件设备进行破坏；

（2）对存放在系统存储介质上的信息进行非法获取、篡改和破坏；

（3）在信息传输过程中对信息非法获取、篡改和破坏。

从形式上来讲，自然灾害、意外事故、计算机犯罪、人为行为、黑客行为、内部泄密、外部泄密、信息丢失、电子谍报、信息战、网络协议中的缺陷等，都是威胁网络安全的重要因素。从人的因素来考虑，影响信息安全的因素还存在着人为和非人为的两种情况。影响计算机信息安全的因素很多，这些因素可以分为如下几类：

（1）人为的无意失误。操作员使用不当，安全配置不规范造成的安全漏洞，用户安全意识不强，选择用户口令不慎，将自己的账号随意转告他人或与别人共享等情况，都会对网络安全构成威胁。

（2）人为的恶意攻击。此类攻击可以分为两种，一种是主动攻击，它的目的在于篡改系统中所含的信息，或者改变系统的状态和操作，它以各种方式有选择地破坏信息的有效性、完整性和真实性；另一种是被动攻击，它在不影响网络正常工作的情况下，进行信息的截获和窃取，分析信息流量，并通过信息的破译获得重要机密信息，它不会导致系统中信息的任何改动，而且系统的操作和状态也不被改变，因此被动攻击主要威胁信息的保密性。这两种攻击均可对网络安全造成极大的危害，并导致机密数据的泄露。

（3）计算机软件的漏洞和后门。计算机软件从规模和技术上来讲，不可能百分之百无缺陷和无漏洞，如广为人知的 TCP/IP 协议的安全问题等。然而，这些漏洞和缺陷恰恰是黑客进行攻击的首选目标。导致黑客频频攻入计算机系统内部的主要原因就是相应系统和应用软件本身的脆弱性和安全措施的不完善。另外，软件在设计之初，某些编程人员为了方便而设置的软件"后门"，虽然通常都不为外人所知，但一旦后门洞开，将使黑客对计算机系统资源的非法使用成为可能。

虽然人为因素和非人为因素都可以对网络安全构成威胁，但相对物理实体和硬件系统及自然灾害而言，精心设计的人为攻击对计算机的信息安全威胁最大，因为人的因素最为复杂，人的思想最为活跃，不可能完全用静止的方法和法律、法规加以防护，这是计算机信息安全所面临的最大威胁。

要保证信息安全，就必须设法在一定程度上克服以上种种威胁，学会识别这些破坏手段，以便采取技术、管理和法律制约等方面的努力，确保网络的安全。需要指出的是，无论采用何种防范措施，都不可能保证计算机信息的绝对安全。安全是相对的，不安全才是绝对的。

1.2　信息安全的含义

安全的本意是采取保护措施，防止来自攻击者有意或无意的破坏。信息安全是一个随着历史发展，其内涵不断丰富的概念。在 20 世纪 60—70 年代，军事通信提出了通信保密的需求，即必须考虑秘密消息在传送途中被除发信者和收信者以外的第三者（特别是敌方）截获的可能性，使截获者即使截获信息，也无法得到其中的信息内容，在这里，信息安全只具有信息保密的含义。到了 20 世纪 80—90 年代，信息安全不仅指机密性，它还包含完整性和可用性,俗称 CIA。C 代表机密性(Confidentiality),即保证信息为授权者拥有而不泄露给未经授权者。I 代表完整性(Integrity),它包含两方面的含义:一是数据完整性,即数据未被非授权者篡改或损坏;二是系统完整性,即系统未被非授权操纵,按既定的功能运行。A 代表可用性(Availability),即保证信息和信息系统随时为授权者提供服务,而不要出现非授权者滥用却对授权者拒绝服务的情况。除了 CIA 这三个基本方面外,信息安全的其他含义还有不可否认性(Non-Repudiation)、鉴别性(Authentication)、审计性(Accountability)、可靠性(Reliability)等。不可否认性,即要求无论发送方还是接收方都不能抵赖所进行的传输。鉴别性就是确认实体是它所声明的,它是用于用户、进程、系统、信息等。审计性确保实体的活动可以被跟踪。可靠性指的是特定行为和结果得以执行。信息安全需求的多样化决定了信息安全含义的多样性。

　　一般认为,安全的信息交换应该满足的 5 个基本特征是机密性、完整性、不可否认性、鉴别性和可用性。

　　理想的信息安全是要保护信息及承载信息的系统免受各种攻击的伤害。这种类型的保护经常是无法实现的或者实现的代价太大。进一步的研究表明,信息或信息系统在受到攻击的情况下,只要有合适的检测方法能发现攻击,就可以作出恰当的响应(如发现网络攻击行为后,切断网络连接),对攻击造成的灾难进行恢复(如对数据进行备份恢复),检测、恢复是重要的补救措施。检测可以看成是一种应急恢复的先行步骤,其后才进行数据和信息恢复。因此,信息安全的保护技术可以分为三类:防护、检测和恢复。

　　事实上,信息及信息系统的安全与人、应用及相关计算环境紧密相关,不同场合对信息的安全有不同的需求。例如,电子合同的签署要求具有不可抵赖性,而电子货币的安全又要求不可追踪性,这两者是截然相反的要求。又如,有人可能认为把文件放到公共目录服务器上是安全的,而另外一些人则可能认为将文件保存到自己的计算机上还需要口令保护才是安全的,这种人们在特定应用环境下对信息安全的要求叫做安全策略。

　　综上分析,信息安全可以按如下进行定义:信息安全是研究在特定应用环境下,依据特定的安全策略,对信息及信息系统实施防护、检测和恢复的科学。

　　该定义明确了信息安全的保护对象、保护目标和方法。在国家标准《信息系统安全等级保护基本要求》(GB/T 22239—2008)中指出,信息系统安全需要从技术和管理两个方面来实现,基本技术要求分为 5 大类:物理安全、网络安全、主机安全、应用安全、数据安全和备份及恢复。

1.3　计算机信息安全的研究内容

　　从目前计算机信息安全的威胁和相关技术标准来看,计算机信息安全技术研究的内容应该包括如下三个方面:一是计算机外部安全;二是计算机信息在存储介质上的安全,有时也称为计算机内部安全;三是计算机信息在传输过程中的安全,也称为计算机网络安全。

1.3.1　计算机外部安全

　　计算机外部安全包括计算机设备的物理安全与信息安全有关的规章制度的建立和法律

法规的制定等,它是保证计算机设备正常运行,确保系统安全的重要前提。

从前面的分析可以看出,信息安全的保障不仅仅是技术问题,而应该是人、政策和技术三大要素的紧密结合体。一个完整的国家信息安全保障体系应包括信息安全法制体系、组织管理体系、基础设施、技术保障体系、经费保障体系和安全意识教育人才培养体系。一个简单的说法是:要保障信息安全,三分靠技术,七分靠管理。足见管理在信息安全中的地位和作用。信息安全管理的原则体现在政府制定的政策法规和机构部门制定的规范制度上,同时,信息安全技术蓬勃发展,形成了一个新的产业,规模化的信息安全产业发展需要技术标准来规范信息系统的建设和使用,生产出满足社会广泛需求的安全产品。

1. 安全规章制度

计算机安全和密码使用是信息安全的两个重要方面,有关政策法规也因此分为这两个部分。在信息安全的早期阶段,立法和管理的重点集中在计算机犯罪方面,各国陆续围绕着计算机犯罪等问题建立了一些安全法规,之后,立法的热点转移到密码的使用管理方面。美国的信息技术具有领先水平,其安全法规也最为完善。早在1998年,美国颁发第63号总统令,要求行政部门评估国家关键基础设施的计算机脆弱性,并要求联邦政府制定保卫国家免受计算机破坏的详细计划,紧接着于2000年1月颁布了《保卫美国计算机空间——信息系统保护国家计划1.0》,这是一个规划美国计算机安全持续发展和更新的综合方案。俄罗斯于1995年颁布了《联邦信息、信息化和信息保护法》,法规明确界定了信息资源开放和保密的范畴,提出了保护信息的法律责任,2000年,普京总统批准了《国家信息安全学说》,明确了俄罗斯联邦信息安全建设的目的、人物、原则和主要内容。其他国家,如英国、法国、日本等也都制定了相应的计算机安全政策法规。

关于密码使用的政策,涉及使用密码进行加密和进行数字签名实施证书授权管理两个方面。美国是最早允许在国内社会上使用密码的国家,美国国内,政府、军界、企业和个人为了各自的利益,围绕信息加密政策的争论颇多,主要是密码的使用范围和允许出口的长度。此后,包括中国香港在内的多个国家和地区都分别制定了自己的信息加密政策。

对于数字签名技术,有关国际组织、各国政府和企业为了各自的利益,很难达成一致观点。1995年,美国犹他州通过了美国历史上也是世界历史上第一部数字签名法。在犹他州的带动下,美国的其他州也确立了自己的数字签名法,但美国联邦政府迟迟没有立法,德国有幸成为第一个以国家名义制定数字签名法的国家。

我国建立了如下国家信息安全组织管理体系:国务院信息化领导小组对Internet安全中的重大问题进行管理协调,国务院信息化领导小组办公室作为Internet安全工作的办事机构,负责组织、协调和制定有关Internet安全的政策、法规和标准,并检查监督其执行。政府有关信息安全的其他管理和执法部门分别依据其职能和权限进行信息安全的管理和执法活动。工业和信息化部协调有关部委关于信息安全的工作;公安部主管公共网络安全,即全国计算机系统安全保护工作;国家安全部主管计算机信息网络国际联网的国家安全保护管理工作;国家保密局主管全国计算机信息系统的保密工作;国家密码管理局主管密码算法与设备的审批和使用工作;国务院新闻办公室负责信息内容的监察。

我国信息安全管理的基本方针是"兴利除弊,集中监控,分级管理,保障国家安全"。对于密码管理的政策实行"统一领导、集中管理、定点研制、专控经营、满足使用"的发展和管理方针。

相对国外网络立法的情况,我国目前的信息化立法,尤其是信息安全立法尚处于起步阶段。我国政府和法律界都清醒地认识到这一问题的重要性,正在积极推进这一方面的工作。我国现有的信息安全政策法规可以分为两个层次:一是法律层次,从国家宪法和其他部门法的高度对个人、法人和其他组织涉及国家安全的信息活动的权利和义务进行规范;二是行政法规和规章层次,直接约束计算机安全和 Internet 安全,对信息内容、信息安全技术和信息安全产品的授权审批进行规定。其中,第一个层次上的法律主要有宪法、刑法、国家安全法和国家保密法,第二个层次上的行政法规和规章主要包括《中华人民共和国计算机信息系统安全保护条例》、《中华人民共和国计算机信息网络国际互联网管理暂行规定》、《中华人民共和国计算机信息网络国际互联网安全保护管理办法》、《电子出版物管理暂行规定》、《中国互联网域名注册暂行管理办法》和《计算机信息系统安全专用产品检测和销售许可证管理办法》等条例和法规。

2. 防电磁波辐射

在计算机外部安全中,计算机防电磁波辐射也是一个重要问题。它包含两个方面的内容:一是计算机系统受到外界电磁场的干扰,使得计算机系统不能正常工作;二是计算机系统本身产生的电磁波包含有用信号,造成信息泄露,为攻击者提供了信息窃取的可能。

1985 年,荷兰一位无线电技术人员 Wim Van Eck 发布了第一篇非涉密的计算机显示器安全威胁类的分析文章,文章在保密组织中引起了极大的恐慌。Wim Van Eck 成功地通过在常规电视中加入一个仅仅价值 15 美元的电子设备,于数百米外窃取了一套真实系统中的信息。研究表明,不仅仅计算机的显示屏能辐射电磁波,其他外部设备如键盘、磁盘和打印机等设备在工作过程中同样也会辐射电磁波,造成信息泄露。

针对这个问题,美国国家安全局与美国国防部联合研究和开发了一种称为 TEMPEST (Transient Electromagnetic Pulse Emanation Surveillance Technology)的技术。该技术的主要目的是防止计算机系统中因电磁辐射而产生的信息泄密,这是信息安全保密的一个专门研究领域。TEMPEST 技术包括对信息设备的发射信号中所携带的敏感信息进行分析、测试、接收、还原以及防护等一系列技术。

目前对电磁信息安全防护的主要措施有使用低辐射设备、利用噪声干扰源、电磁屏蔽、滤波技术和光纤传输。

(1) 使用低辐射设备。低辐射设备即 TEMPEST 设备,是防辐射泄露的根本措施。这些设备在设计和生产时就采取了防辐射措施,把设备的电磁泄露抑制到最低限度。此外,显示器是计算机安全的一个薄弱环节,对显示器的内部进行窃取已经是一项成熟的技术,因此选用低辐射显示器十分重要,如单色显示器辐射低于彩色显示器辐射,等离子显示器和液晶显示器也能进一步降低辐射。

(2) 利用噪声干扰源。电磁辐射干扰技术就是采用干扰器对计算机辐射进行电磁干扰,使窃听方难以提取有用信息。利用噪声干扰源有两种方法:一是将一台能产生噪声的干扰器放在计算机设备旁边,干扰器产生的噪声与计算机设备产生的信息辐射一起向外辐射,使计算机设备产生的辐射不易被接收复现,干扰器产生的电磁辐射不应超过 EMI 标准。二是将处理重要信息的计算机放在中间,四周放一些处理一般信息的设备,让这些设备产生的电磁泄露一起向外辐射。

（3）电磁屏蔽。屏蔽技术是将计算机设备置于屏蔽室中，达到防止电磁辐射的目的。该技术是所有防辐射技术手段中最为可靠的一种。屏蔽技术的另一种方法是使用防信息泄露玻璃。防信息泄露玻璃装在电子设备显示窗上，可以解决显示窗信息泄露问题。有统计测试表明，如果电磁波辐射量是 100%，那么放置防信息泄露玻璃可以将 89% 的信息通过地线导入地下，再将 10% 的信息反射掉，剩下的漏网信号不足 1%，这就无法还原成清晰完整的信息，从而达到保密目的。

（4）滤波技术。滤波技术是对屏蔽技术的一种补充。被屏蔽的设备和元器件并不能完全密封在屏蔽体内，仍有电源线、信号线和公共地线需要与外界连接。因此，电磁波还是可以通过传导或辐射从外部传到屏蔽体内，或从屏蔽体内传到外部。采用滤波技术，只允许某些频率的信号通过，而阻止其他频率范围的信号，从而起到滤波作用。

（5）光纤传输。光纤传输是一种新型的通信方式，光纤为非导体，可直接穿过屏蔽体，不附加滤波器，也不会引起信息泄露。光纤内传输的是光信号，不仅能量损耗小，而且不存在电磁信息泄露问题。预计未来若干年内还不可能从光纤外部窃取并还原信号。

1.3.2　计算机内部安全

计算机内部安全是计算机信息在存储介质上的安全，包括计算机软件保护、软件安全、数据安全等。计算机内部安全的研究内容非常广泛，包括软件的防盗，操作系统的安全，磁盘上的数据防破坏、防窃取以及磁盘上的数据备份与恢复等。

由于磁盘容量大，存取数据方便，因此磁盘是目前存放计算机信息最常用的载体。但由于磁性介质都具有剩磁效应现象，保存在磁性存储介质中的数据可能会使存储介质永久性磁化，所以保存在磁性介质上的信息可能会擦除不尽，永久地保留在磁盘上。因此对于一些重要的信息，尽管已经使用擦除软件等手段擦除信息，但如果擦除不彻底，就会在磁盘上留下重要信息的痕迹，一旦被别人利用，通过使用高灵敏度磁头和放大器可以将磁盘上的信息还原出来，造成机密信息的泄露。

另外，在计算机操作系统中，使用类似格式化命令 format 或删除命令 del 时，仅仅能破坏或删除文件的目录结构和文件指针等信息，磁盘上的原有文件内容仍然原封不动地保留在磁盘中，只要不在磁盘中重新存放数据，使用 unformat 等方法就可以非常完整地将磁盘上的数据恢复出来。在 Windows 操作系统中甚至可以从回收站找回被删除的数据，利用这些就可以窃取重要的机密信息。

1.3.3　计算机网络安全

计算机信息在传输过程中的安全是指在通过庞大的计算机网络系统交换数据的同时确保信息的完整性、可靠性和保密性。Internet 为世界各地的人们交换信息提供了巨大便利，同时也为世界上的各类犯罪分子打开了方便之门。计算机网络已经成为攻击、破坏和获取情报的重要工具，可以说，计算机网络安全问题是计算机安全中最严重的问题，一直受到人们的广泛关注。

建立网络信息安全保障体系可以采用边界防卫、入侵检测和安全反应等技术来构成。

（1）边界防卫。边界防卫技术通常将安全边界设在需要保护的信息周边，重点阻止病毒入侵、黑客攻击、冒名顶替、线路窃听等试图越界的行为。相关的技术包括数据加密、数据完整性检查、防火墙、访问控制和公正仲裁等。

（2）入侵检测。入侵检测技术是指通过对行为、安全日志或审计数据或其他网络上可以获得的信息进行操作，检测到对系统的入侵或入侵企图的技术。入侵检测是检测和响应计算机误用的学科，其作用包括威慑、检测、响应、损失情况评估、攻击预测和起诉支持。入侵检测技术是基于入侵者的攻击行为与合法用户正常行为有着明显的不同。

（3）安全反应。安全反应技术是将破坏所造成的损失降低到最小限度的技术，安全的网络信息系统必须具备在被攻陷后能迅速恢复的能力。其中分布式动态备份技术与方法、动态漂移与伪装技术、各种灾难恢复技术、防守反击技术都是目前正在研究的技术。

由此可见，计算机信息安全技术的研究内容十分广泛，包括电子学、计算机硬件设计、计算机软件设计、密码学、数学、信息论、社会学、法学等，是跨多学科的综合性研究技术。它不仅涉及国家的政治、经济和军事等重要部门，还与我们的日常生活息息相关，对现代文明社会将产生重大影响。

1.4　信息安全模型

1.4.1　通信安全模型

经典的通信安全模型如图 1.1 所示。通信一方通过公开信道将消息传送给另一方，要保护信息传输的机密性、真实性等特性，就涉及通信安全。通信的发送方要对信息进行相关的安全变换，可以是加密、签名，接收方接收后，再进行相关的逆变换，比如解密、验证、签名等。双方进行的安全变换通常需要使用一些秘密信息，如加密密钥、解密密钥等。根据上述安全模型，设计安全服务需要完成的 4 个基本任务是：

（1）设计一个算法，执行安全相关的转换，算法应具有足够的安全强度；

（2）生成该算法所使用的秘密信息，也就是密钥；

（3）设计秘密信息的分布与共享的方法，也就是密钥的分配方案；

（4）设定通信双方使用的安全协议，该协议利用密码算法和密钥实现安全服务。

图 1.1　经典的通信安全模型

1.4.2　信息访问安全模型

还有一些与安全相关的情形不完全适用于上述的模型,William Stallings 给出了如图 1.2 所示的信息访问安全模型。该模型希望保护信息系统不受有害的访问。有害的访问分为两种:一种有害的访问是由黑客发起的,他们有时并没有恶意,只是满足于闯入计算机系统,展示自己的技术水平或者利用计算机进行获利;另一种有害的访问来源于恶意软件,比如病毒、木马、蠕虫等。对付有害攻击所需要的安全服务包含鉴别和访问控制两类。

图 1.2　信息访问安全模型

1.4.3　动态安全模型

基于上述模型的安全措施都属于静态的预防和防护措施,它通过采用严格的访问控制和数据加密策略来提供防护。但在复杂系统中,这些策略是不充分的。随着全球计算机和信息系统的网络化,信息系统所面临的安全问题也发生了很大变化。任何人可以在任何地方、任何时间向任何一个目标发起攻击,而且我们的系统还要同时面临来自外部、内部、自然等多方面的威胁。

信息环境是一个动态的和变化的环境,面临着信息业务的不断发展变化、业务竞争环境的变化、信息技术和安全技术(包括攻击技术)的飞速发展。同时系统自身也在不断变化,如人员流动、软硬件系统不断更新升级等。总之,要面对这样一个动态的系统、动态的环境,必须要用动态的安全模型、方法、技术和解决方案来应对安全问题。在这种形势下,著名的计算机安全公司 Internet Security Systems Inc. 提出了 PPDR(Policy Protection Detection Response)安全模型,该模型如图 1.3 所示。

PPDR 模型由 4 个主要部分组成:安全策略(Policy)、防护(Protection)、检测(Detection)和响应(Response)。PPDR 模型是在整体的安全策略的控制和指导下,综合运用防护工具(如防火墙、身份认证、加密等)的同时,利用检测工具(如漏洞评估、入侵检测系统)了解和评估系统的安全状态,通过适当的安全响应将系统调整到一个比较安全的状态。保护、检测和响应组成了一个完整的、动态的安全循环。

安全策略是这个模型的核心,意味着网络安全要达到的目标决定各种措施的强度。

防护是安全的第一步,包括:

(1) 制定安全规章(以安全策略为基础制定安全细则);

图 1.3　PPDR 安全模型

（2）配置系统安全（配置操作系统、安装补丁等）；

（3）采用安全措施（安装防火墙、VPN 等）。

检测是对上述两者的补充，通过检测发现系统或网络的异常情况，发现可能的攻击行为。

响应是在发现异常或攻击行为后系统自动采取的行动。目前的入侵响应措施比较单一，主要就是关闭端口、中断连接、中断服务等方式，研究多种入侵响应方式将是今后的发展方向。

通用安全评价准则（Common Criteria for IT Security Evaluation，CC）为威胁、漏洞和风险等词汇定义了一个动态的安全概念和关系模型，如图 1.4 所示。这个模型反映了所有者和攻击者之间的动态对抗关系，它也是一个动态的风险模型和效益模型。所有者要采取措施，减少漏洞对资产带来的风险。攻击者要利用漏洞，从而增加对资产的风险。所有者采取什么样的保护措施是同资产和价值有关的，它不可能付出超过资产价值的代价去保护资产。同样，攻击者也不会以超过资产价值的攻击代价进行攻击。

图 1.4　CC 定义的动态安全概念和关系模型

1.4.4　APPDRR 模型

网络安全的动态特性在 PPDR 模型中得到了一定程度的体现，其中主要是通过入侵的检测和响应完成网络安全的动态防护。但 PPDR 模型不能描述网络安全的动态螺旋上升过程。为了使 PPDR 模型能够贴切地描述网络安全的本质规律，人们对 PPDR 模型进行了修正和补充，在此基础上提出了 APPDRR 模型，如图 1.5 所示。APPDRR 模型认为网络安全由风险评估（Assessment）、安全策略（Policy）、系统防护（Protection）、动态检测（Detection）、实时响应（Reaction）和灾难恢复（Restoration）共 6 个部分组成。

图 1.5　APPDRR 模型

　　根据 APPDRR 模型,网络安全的第一个重要环节是风险评估,通过风险评估掌握网络安全面临的风险信息,进而采取必要的处置措施,使信息组织的网络安全水平呈现动态螺旋上升的趋势。网络安全策略是 APPDRR 模型的第二个重要环节,起着承上启下的作用:一方面,安全策略应当随着风险评估的结果和安全需求的变化做相应的更新;另一方面,安全策略在整个网络安全工作中处于原则性的指导地位,其后的检测、响应诸环节都应在安全策略的基础上展开。系统防护是安全模型中的第三个环节,体现了网络安全的静态防护措施。接下来是动态检测、实时响应、灾难恢复三个环节,体现了安全动态防护和安全入侵、安全威胁"短兵相接"的对抗性特征。

　　APPDRR 模型还隐含了网络安全的相对性和动态螺旋上升的过程,即不存在百分之百的静态安全,网络安全表现为一个不断改进的过程。通过风险评估、安全策略、系统防护、动态检测、实时响应和灾难恢复 6 个环节的循环流动,网络安全逐渐地得以完善和提高,从而实现保护网络资源的安全目标。

1.5　OSI 信息安全体系

　　1989 年 12 月,国际标准化组织颁布了 ISO 7489—2 标准,它是该组织提出的信息处理系统开放系统互连参考模型的安全体系结构部分。1990 年,国际电信联盟(ITU)把它作为 X.800 推荐标准。我国则把它作为 GB/T 9387.2—1995 国家标准。

　　OSI 信息安全体系结构的目标有两个:

　　(1) 把安全特征按照功能目标分配给 OSI 的层,以加强 OSI 结构的安全性;

　　(2) 提供一个结构化的框架,以便供应商和用户据此评估安全产品。

　　OSI 信息安全体系结构对于构建网络环境下的信息安全解决方案具有指导意义。其核心内容是为异构计算机的进程与进程之间的通信安全性定义了 5 类安全服务、8 类安全机制以及安全服务分层的思想,并描述了 OSI 的安全管理框架,最后描述了这些安全服务、安全机制在 7 层中的配置关系,从而为网络通信安全体系结构的研究奠定了重要基础。

1.5.1　OSI 的 7 层结构与 TCP/IP 模型

　　计算机网络把计算机连接起来,使得各种计算设备可以方便地交换和共享信息资源。网络设计采用了分层结构化设计思想,如图 1.6 所示,即将网络按照功能分成一系列的层次。相邻层中较高层直接使用较低层提供的服务实现其功能,同时又向它的上一层提供服务,服务的提供是通过相邻层的接口来实现的。

　　层次化结构有效地实现了各个层次功能的划分,并定义了规范的接口,使得每一层的功能简单,易于实现和维护。例如,它使网络的设计者不需要把注意力放在具体物理传输媒介和应用细节上,而专注于网络的拓扑结构。

　　每一层中的活动元素称为实体,位于不同系统上同一层的实体称为对等实体。不同系统之间的通信可以由对等实体间的逻辑通信来实现,对某一层上的通信所使用的规则称为该层上的通信协议。协议按照所属的层次顺序排列而成的协议序列称为协议栈。

　　事实上,除了在最下面的物理层上进行的是实际的通信外,其余各对等实体之间进行的都是虚通信或逻辑通信。高层实体之间的通信是调用相邻低层实体之间的通信实现的,如此下去总是要经过物理层才能实现通信。$N+1$ 层实体要想把数据 D 传送到对等实体手中,它将调用 N 层提供的通信服务,在被称为服务数据单元(SDU)的 D 前面加上协议头(PH),传送到对等的 N 层实体手中,而 N 层实体去掉协议头,把信息 D 交付到 $N+1$ 层对等实体手中。关于上面 7 层协议模型中各层的含义,请参考计算机网络通信方面的书籍,这里不再赘述。

图 1.6　OSI 的 7 层协议模型

Internet 实际上不是由 7 层组成的,而是由应用层、传输层(TCP/UDP)、网络互连层(IP)和网络接口层组成的,它们的位置关系如图 1.7 所示。

它的各层功能介绍如下:

应用层对应于 OSI 应用层、表示层和会话层的组合,为应用程序访问网络通信提供接口。常见的协议包括 FTP(文本传输协议)、Telnet(远程终端协议)、SMTP(简单邮件传输协议)和 HTTP(超文本传输协议)等。

图 1.7　TCP/IP 参考模型

传输层对应于 OSI 的传输层,为高层提供一定的数据可靠性和完整性,包括两个传输协议 TCP 和 UDP,前者提供面向连接的传输服务,后者提供面向非连接的传输服务。

网络互连层与 OSI 的网络层对应,处理建立、保持、释放连接以及路由等功能,该层上的协议为 IP。

网络接口层对应于 OSI 的数据链路层和物理层的组合,负责把 IP 包封装为适合于物理网络上传输的帧,并解决帧和位传输的纠错问题。不同的网络介质有不同的协议。

1.5.2　OSI 的安全服务

OSI 的 5 类安全服务是鉴别服务、数据保密性、数据完整性、访问控制服务和抗抵赖服务。实际上这是一些要实现的安全目标,但在 OSI 的框架之下,认为每一层和它的上一层都是一种服务关系,因此,把这些安全目标称为安全服务是恰当的。

1. 鉴别服务

该服务提供对等实体鉴别和数据来源鉴别。

(1) 对等实体鉴别。即提供实体的身份识别服务,该服务能够确定一个实体没有冒充其他实体,使对方(对等实体)确信他正在和所声称的另一实体在通信。

(2)数据源鉴别。确认所收到的数据来源是所声称的实体,但对于数据的重放不提供保护。

2. 数据保密性

这种安全服务能够防止数据未经授权而被泄露,防止在系统之间交换数据时数据被截获。它包括连接保密性、无连接保密性、选择字段保密性、业务流保密性4项服务。

3. 数据完整性

这种安全服务是用于对付主动威胁的,用来防止在系统之间交换数据时,数据被修改、插入或丢失。它包括带恢复的连接完整性、不带恢复的连接完整性、选择字段的连接完整性、无连接完整性、选择字段的无连接完整性。

(1)带恢复的连接完整性。为在某层上建立的一个连接的所有用户数据提供完整性检测,即检查整个服务数据单元序列中所有服务数据单元的数据是否被篡改,检查服务数据单元序列是否被删除、插入或乱序。一旦出现差错,该服务将提供重传或纠错等恢复操作。

(2)不带恢复的连接完整性。与带恢复的连接完整性唯一不同的是检查到差错后不进行补救。

(3)选择字段的连接完整性。为某层的一个连接传输的所选择部分字段提供完整性检查。检查这些服务数据单元字段序列的数据是否被篡改,检查字段序列是否被删除、插入或乱序。

(4)无连接完整性。对某层上协议的某个服务数据单元提供完整性检查服务,确认是否被篡改。

(5)选择字段的无连接完整性。仅对某层协议的某个服务数据单元的部分字段提供完整性检查服务,确认是否被篡改。

4. 访问控制与抗抵赖服务

访问控制是防止对资源的非授权使用,抗抵赖服务又分成为数据的发送方提供交付证据和为数据的接收方提供原发证据。

1.5.3　OSI 安全机制

OSI 的安全机制分为两大类别:一类被称为特定安全机制,包括加密、数字签名、访问控制、数据完整性、鉴别交换、通信量填充、路由控制和公证。另一类被称为普遍安全机制,包括可信功能度、安全标记、事件检测、安全审计追踪和安全恢复。特定安全机制中除了数据完整性外,都属于我们定义的安全防护范畴;而 OSI 的普遍安全机制除了可信功能度外,都对应于我们的安全检测和恢复范围。

安全服务、安全机制和 OSI 参考模型各层关系如表 1.1 所示。表中 Y 表示该机制适宜于提供对应的安全服务,它既可单独应用,也可以与其他机制联合应用;而"·"则表示不适合。

表 1.1　安全服务、安全机制及 OSI 协议层的关系表

服务＼机制	加密	数字签名	访问控制	数据完整性	鉴别交换	通信量填充	路由控制	公证	在 OSI 协议层的位置
对等实体鉴别	Y	Y	·	·	Y	·	·	·	3,4,7
数据源鉴别	Y	Y	·	·	·	·	·	·	3,4,7
访问控制	Y	·	Y	·	·	·	·	·	3,4,7
连接保密	Y	·	·	·	·	·	Y	·	1,2,3,4,7
无连接保密	Y	·	·	·	·	·	Y	·	2,3,4,7
选择字段保密	Y	·	·	·	·	·	·	·	7
业务流保密	Y	·	·	·	·	Y	Y	·	1,3,7
带恢复的连接完整性	Y	·	·	Y	·	·	·	·	4,7
不带恢复的连接完整性	Y	·	·	Y	·	·	·	·	3,4,7
选择字段连接完整性	Y	·	·	Y	·	·	·	·	7
无连接完整性	Y	Y	·	Y	·	·	·	·	3,4,7
选择字段无连接完整性	Y	Y	·	Y	·	·	·	·	7
带数据原发证明抗抵赖性	·	Y	·	Y	·	·	·	Y	7
待交付证明的抗抵赖性	·	Y	·	Y	·	·	·	Y	7

1.6　信息安全中的非技术因素

　　从信息安全对安全策略的依赖性,我们已经知道保护的信息对象、所要达到的保护目标是人通过安全策略确定的。另外,信息保护中采用的技术和最终对安全系统的操作都是人来完成的。不仅如此,在信息安全系统的设计、实施和验证中也不能离开人,人在信息安全管理中占据着中心地位,图 1.8 表示了人在信息安全中的地位。

图 1.8　安全环

1.6.1　人员、组织与管理

　　任何安全系统的核心都是人。在信息安全领域,这一点尤其突出。因为如果人,特别是内部用户不正确地使用系统,就可以轻而易举地跳过技术控制。例如,计算机系统一般是通过口令来识别用户的。如果用户提供正确的口令,则系统自动认为该用户是授权用户。假设一个授权用户把他的用户名/口令告诉了其他人,那么非授权用户就可以假冒这个授权用户,而无法被系统发现。

　　通常,非授权的外部用户攻击一个机构的计算机系统是危险的,而一个授权的用户攻击一个机构的计算机系统将更加危险。因为内部人员对机构的计算机网络系统架构、操作员的操作规程非常清楚,而且通常还会知道足够的口令跨越安全控制,而这些安全控制足以把

外部攻击者挡在门外了。可见,内部用户的越权使用是一个非常难应对的问题。

如果系统管理员对系统的安全相关配置出现错误,或未能及时查看安全日志,或用户未正确采用安全机制保护信息,都将使得机构的信息系统防御能力大大降低。

未受训练的员工通常会给机构的信息安全带来另外一种风险。比如,未受训练的员工不知道数据备份之后的验证,只有当系统遭受攻击以后,该员工才发现它所备份的材料无法读出。当然,这里未受训练除了指技术方面外,还有社会工程学方面的含义。这方面的例子很多,例如,一个雇员可能会依照一个电话请求改变自己的口令,这时攻击者将获得极大的攻击效果。

由此可见,使用合格的技术培训和安全意识教育是十分重要的。

安全通常不会给企业带来直接的经济效益,但它能有效避免损失。比较糟糕的是,企业一般都认为在安全上的投资是一种浪费,而且为系统添加安全功能往往会使原来简单的操作变得复杂,从而降低处理效率。

信息安全不仅要靠组织和内部人员有安全技术知识、安全意识和领导层对安全的重视,还必须制定一整套明确责任、明确审批权限的安全管理制度,以及专门的安全管理机构,从根本上保证所有人员的规范化使用和操作。另外,一个组织对人员的行为进行适当的记录也是一项行之有效的方法。

1.6.2   法规与道德

法律会限制信息安全保护中可用的技术以及技术的使用范围,因此决定安全策略或选用安全机制的时候需要考虑法律或条例的规定。

例如,中华人民共和国国家密码管理局颁布的《商用密码管理条例》(1999 年)规定,在中国,商用密码属于国家秘密,国家对商用密码的科研、生产、销售和使用实行专控经营。也就是说,使用未经国家批准的密码算法,或使用国家批准的算法但未取得国家授权认可的产品都属于违法行为。因此,如果要采用密码算法保护本单位的商用信息时,需要采用国家授权的产品。

此外,社会道德和人们的行为习惯都会对信息安全产生影响。一些技术方法或管理办法在一个国家或区域可能不会有问题,但在另一个地方可能会受到抵制。例如,密钥托管在一些国家实施起来可能比较容易,在有些国家则认为密钥托管技术的使用侵犯了人权。信息安全的实施与所属的社会环境有紧密的联系,不能照搬他人的经验。

人们的习惯或心理接受能力也是很重要的。例如,一个公司要求其员工提供 DNA 的样本以便进行身份识别,虽然这没有法律层面的问题,但可能得不到员工的认可。若采用这种安全机制比没有采用任何安全机制还要坏。

习　题　1

简答题

1. 计算机信息系统安全的威胁因素主要有哪些?
2. 从技术角度分析引起计算机信息系统安全问题的根本原因。

3. 信息安全的 CIA 指的是什么?

4. 简述 PPDR 安全模型的构成要素及运作方式。

5. 计算机信息安全研究的主要内容有哪些?

6. 计算机信息安全的定义是什么?

7. 计算机安全系统中,人、制度和技术之间的关系如何?

第 2 章 密 码 技 术

密码技术是保障信息和信息系统安全的核心技术之一,它起源于保密通信技术。密码学又分为密码编码学(Cryptography)和密码分析学(Cryptanalysis)两大部分,其中密码编码学是研究如何对信息编码以实现信息和通信安全的科学,而密码分析学则是研究如何破解或攻击受保护信息的科学。这两者既相互对立,又相互促进,推动了密码学不断向前发展。

2.1 密码学概述

在这一节里简要介绍密码学有关的基本概念和基础知识,包括密码体制的模型、分类、攻击和评价等。

2.1.1 密码体制的模型

在密码学中,一个密码体制或密码系统是指由明文、密文、密钥、加密算法和解密算法所组成的五元组。

明文是指未经过任何变换处理的原始消息,通常用 m(message)或 p(plaintext)表示。所有可能的明文有限集组成明文空间,通常用 M 或 P 表示。

密文是指明文加密后的消息,通常用 c(ciphertext)表示。所有可能的密文有限集组成密文空间,通常用 C 表示。

密钥是指进行加密或解密操作所需的秘密/公开参数或关键信息,通常用 k(key)表示。所有可能的密钥有限集组成密钥空间,通常用 K 表示。

加密算法是指在密钥的作用下将明文消息从明文空间映射到密文空间的一种变换方法,该变换过程称为加密,通常用字母 E 表示,即 $c = E_K(m)$。

解密算法是指在密钥的作用下将密文消息从密文空间映射到明文空间的一种变换方法,该变换过程称为解密,通常用字母 D 表示,即 $m = D_K(c)$。

图 2.1 显示了一种最基本的密码体制模型。在对称密码体制中,加密密钥 k_1 和解密密钥 k_2 是相同的,或者虽然两者不相同,但已知其中一个密钥就能很容易地推出另一个密钥。在通常情况下,加密算法是解密算法的逆过程或逆函数。而在非对称密码体制中,作为公钥的加密密钥 k_1 和作为私钥的解密密钥 k_2 在本质上是完全不相同的,已知其中一个密钥推出另一个密钥在计算上是不可行的,并且解密算法一般不是加密算法的逆过程或逆函数。

2.1.2 密码体制的分类

密码体制是指实现加密和解密功能的密码方案,从密钥使用策略上,可分为对称密码体制(Symmetric Key Cryptosystem)和非对称密码体制(Asymmetric Key Cryptosystem)两类,非对称密码体制也被称做公钥密码体制(Public Key Cryptosystem)。

图 2.1　密码体制的基本模型

1. 对称密码体制

在对称密码体制中,由于加密密钥 K_1 和解密密钥 K_2 是相同的,或者虽然两者不相同,但已知其中一个密钥就能很容易地推出另一个密钥,因此消息的发送者和接收者必须对所使用的密钥完全保密,不能让任何第三方知道。对称密码体制又称为秘密密钥体制(Secret Key Cryptosystem)、单钥密码体制(One Key Cryptosystem)或传统密码体制(Traditional Cryptosystem)。按加密过程对数据的处理方式,它可以分为分组密码和序列密码两类,经典的对称密码算法有 AES、DES、RC6 和 A5 等。

对称密码体制的优点是:

(1) 加密和解密的速度都比较快,具有较高的数据吞吐率,不仅软件能实现较高的吞吐量,而且还适合于硬件实现,硬件加密和解密的处理速度更快。

(2) 对称密码体制中所使用的密钥相对较短。

(3) 密文的长度往往与明文长度相同。

对称密码体制的缺点是:

(1) 密钥分发需要安全通道,发送方如何安全、高效地把密钥送到接收方是对称密码体制的软肋,对称密钥的分发过程往往很烦琐,需要付出的代价较高。

(2) 密钥量大,难于管理。多人用对称密码算法进行保密通信时,其密钥量的增长会按通信人数二次方的方式增长,导致密钥管理变得越来越复杂。例如,n 个人使用对称密码体制相互通信,总共需要 C_n^2 个密钥,每个人拥有 $n-1$ 个密钥,当 n 较大时,将极大地增加密钥管理(包括密钥的生成、使用、存储、备份、存档、更新等)的复杂性和难度。

(3) 难以解决不可否认性问题。因为通信双方拥有相同的密钥,所以接收方可以否认接收某消息,发送方也可以否认发送过某消息,即对称密码体制很难解决鉴别认证和不可否认性的问题。

2. 非对称密码体制

在非对称密码体制中,加密密钥和解密密钥是完全不同的,一个是对外公开的公钥,可以通过公钥证书进行注册公开;另一个是必须保密的私钥,只有拥有者才知道。不能从公钥推出私钥,或者说从公钥推出私钥在计算上是不可行的。非对称密码体制又称为双钥密码体制(Double Key Cryptosystem)或公开密钥密码体制(Public Key Cryptosystem)。典型的非对称密码体制有 RSA、ECC、Rabin、Elgamal 和 NTRU 等。

非对称密码体制主要是为了解决对称密码体制中难以解决的问题而提出的,一是解决对称密码体制中密钥分发和管理的问题；二是解决不可否认性的问题。由此可知，非对称密码体制在密钥分配和管理、鉴别认证、不可否认性等方面具有重要意义。

对称密码体制主要用于信息的保密，实现信息的机密性。而非对称密码体制不仅可用来对信息进行加密，还可以用来对信息进行数字签名。在非对称密码体制中，任何人可用信息接收者的公钥对信息进行加密，信息接收者则用自己的私钥进行解密。而在数字签名算法中，签名者用自己的私钥对信息进行签名，任何人可用他相应的公钥验证其签名的有效性。因此，非对称密码体制不仅可保障信息的机密性，还具有认证和抗否认性的功能。

非对称密码体制的优点是：

(1) 密钥的分发相对容易。在非对称密码体制中，公钥是公开的，而用公钥加密的信息只有对应的私钥才能解密。所以，当用户需要与对方发送对称密钥时，只需利用对方公钥加密这个密钥，而这个加密信息只有拥有相应私钥的对方才能解密，得到所发送来的对称密钥。

(2) 密钥管理简单。每个用户只需保存好自己的私钥，对外公布自己的公钥，则 n 个用户仅需产生 n 对密钥，即密钥总量为 $2n$。当 n 较大时，密钥总量的增长是线性的，而每个用户管理密钥个数始终为一个。

(3) 可以有效地实现数字签名。这是因为消息签名的产生来自于用户的私钥，其验证使用了用户的公钥，由此可以解决信息的不可否认性问题。

非对称密码体制的缺点是：

(1) 与对称密码体制相比，非对称密码体制加密/解密速度较慢。

(2) 在同等安全强度下，非对称密码体制要求的密钥长度要长一些。

(3) 密文的长度往往大于明文长度。

无论是对称密码体制还是非对称密码体制，在设计和使用时必须遵守柯克霍夫原则 (Kerckhoffs Principle)：即使密码系统的任何细节已为人悉知，只要密钥未泄露，它应该是安全的。柯克霍夫原则也称为柯克霍夫假设 (Kerckhoffs Assumption) 或柯克霍夫公理 (Kerckhoffs Axiom)，它主要阐述了关于密码分析的一个基本假设，任何一个密码系统的安全性不应取决于不易改变的算法，而应取决于密钥的安全性，只要密钥是安全的，则攻击者就无法从密文推导出明文。

2.1.3　密码体制的攻击

密码分析学与密码编码学是一对孪生兄弟，几乎是伴随着密码编码学的产生而产生的，它是研究如何分析或破解各种密码体制的一门科学。密码分析俗称密码破译，是指在密文通信过程中，非授权者在不知道解密密钥的条件下对密文进行分析，试图得到明文或密钥的过程。通信者所采用的密码体制细节在密码学发展不同时期处理方式有较大差异，在传统密码时期是不公开的，而在现代密码时期是公开的。

密码体制的设计者和使用者都非常关心密码分析问题，因为密码体制的分析结果是评价这一密码体制安全性的重要依据。从本质上讲，解密或破译是密码分析者在不知道解密密钥的情况下从截获的密文中恢复出明文或获得密钥的过程。但密码分析者具备的条件是不尽相同的,根据密码分析者可获得的密码分析的信息量把密码体制的攻击划分为以下 5 种类型。

1. 唯密文攻击(Ciphertext Only Attack)

密码分析者除了拥有所截获的一些消息的密文外,没有其他可以利用的信息。密码分析者的任务是恢复尽可能多的明文,甚至能推算出加密信息的密钥,以便可解密出用同一密钥加密的其他密文。这种攻击方式可以抽象地描述如下:

已知: $C_1 = E_k(P_1)$, $C_2 = E_k(P_2)$, $\cdots$, $C_i = E_k(P_i)$。

推导出: $P_1, P_2, \cdots, P_i$,密钥 k,或找出一个算法从 $C_{i+1} = E_k(P_{i+1})$ 推导出 P_{i+1}。

这种攻击的方法一般采用穷举搜索法,即对截获的密文依次用所有的可能密钥进行尝试,直到得到有意义的明文。只要有足够多的计算资源和存储资源,从理论上讲,穷举搜索是可以成功的,经不起这种攻击的密码体制被认为是完全不安全的。

2. 已知明文攻击(Known Plaintext Attack)

密码分析者不仅掌握了相当数量的密文,而且知道一些已知的明文-密文对。这种攻击方式可以抽象地描述如下:

已知: $P_1, C_1 = E_k(P_1)$, $P_2, C_2 = E_k(P_2)$, $\cdots$, $P_i, C_i = E_k(P_i)$。

推导出: 密钥 k,或从 $C_{i+1} = E_k(P_{i+1})$ 推导出 P_{i+1} 的算法。

密码分析者的任务就是用加密信息推导出用来加密的密钥或推导出一个算法,此算法可以对用同一密钥加密的任何新的信息进行解密。在现实中,密码分析者可能通过各种手段得到更多的信息,即得到若干个明文-密文对并不是十分困难的事,而且明文消息往往采用某种特定的格式。如 Postscript 格式文件开始位置的格式总是相同的,电子现金传送消息总有一个标准的包头或标题等。对于现代密码体制的基本要求,不仅要经受得住唯密文攻击,而且要经受得住已知明文攻击。

3. 选择明文攻击(Chosen Plaintext Attack)

密码分析者不仅能够获得一定数量的明文-密文对,而且他们可以选择任何明文,并在使用同一未知密钥的情况下能得到相应的密文。这种攻击方式可以抽象地描述如下:

已知: $P_1, C_1 = E_k(P_1)$, $P_2, C_2 = E_k(P_2)$, $\cdots$, $P_i, C_i = E_k(P_i)$,其中, $P_1, P_2, \cdots, P_i$ 是由密码分析者选择的。

推导出: 密钥 k,或从 $C_{i+1} = E_k(P_{i+1})$ 推导出 P_{i+1} 的算法。

如果攻击者在加密系统中能选择特定的明文消息,则通过该明文消息对应的密文有可能确定密钥的结构或获取更多关于密钥的信息。选择明文攻击比已知明文攻击更有效,这种情况往往是密码分析者通过某种手段暂时控制加密器。这种攻击主要用于公开密钥算法,也就是说公开密钥算法(即非对称密码算法)必须经受住这种攻击。

4. 选择密文攻击(Chosen Ciphertext Attack)

密码分析者能选择不同被加密的密文,并可得到对应解密的明文,密码分析者的任务是推出密钥及其他密文对应的明文。这种攻击方式可以抽象地描述如下:

已知: $C_1, P_1 = D_k(C_1)$, $C_2, P_2 = D_k(C_2)$, $\cdots$, $C_i, P_i = D_k(C_i)$,其中, $C_1, C_2, \cdots, C_i$ 是由

密码分析者选择的。

推导出：密钥 k。

如果攻击者能从密文中选择特定的密文消息，则通过该密文对应的明文有可能推导出密钥的结构或产生更多关于密钥的信息。这种情况往往是密码分析者通过某种手段暂时控制解密器。

5. 选择文本攻击（Chosen Text Attack）

它是选择明文攻击和选择密文攻击的组合，即密码分析者在掌握密码算法的前提下，不仅能够选择明文并得到对应的密文，而且还能选择密文并得到对应的明文。这种情况往往是密码分析者通过某种手段暂时控制加密器和解密器。

上述攻击的目的是推导出用来解密的密钥或新的密文所对应的明文信息。这 5 种攻击强度通常是依次递增的。如果一个密码系统能够抵抗选择明文攻击，那么它就能抵抗已知明文攻击和唯密文攻击这两种攻击。当然，密码体制的攻击绝不限于以上 5 种类型，还包括一些非技术手段，如密码分析者通过威胁、勒索、贿赂、购买等方式获得密钥或相关信息。在某种情况下，这些手段往往是非常有效的攻击，但不是本书所关注的内容。

2.1.4　密码体制的评价

随着现代密码学的发展，对密码算法的评价虽然没有统一的标准，但从最近的美国国家标准与技术研究院（NIST）对 AES 候选算法的选择标准来看，对密码算法的评价标准主要集中在以下几个方面：

（1）安全性：安全是最重要的评价因素。

（2）计算的效率：即算法的速度，算法在不同的工作平台上的速度都应该考虑到。

（3）存储条件：对 RAM 和 ROM 的要求。

（4）软件和硬件的适应性：算法在软件和硬件上都应该能够被有效地实现。

（5）简洁性：要求算法容易实现。

（6）适应性：算法应与大多数的工作平台相适应，能在广泛的范围内应用，具有可变的密钥长度。

也可以概括性地认为密码算法评价的标准分为安全、费用和算法的实施特点三大类。其中，安全包括坚实的数学基础，与其他算法相比较的相对安全性等。费用包括在不同平台的计算速度和存储必备条件。算法的实施特点包括软件和硬件的适应性、算法的简洁性以及与各种平台的适应性、密钥的灵活性等。

安全性对密码体制尤为重要，从前面密码体制的攻击可以看到，一个安全的密码体制应该具有如下几条性质：

（1）从密文恢复明文应该是难的，即使分析者知道明文空间（如明文是英文）。

（2）从密文计算出明文部分信息应该是难的。

（3）从密文探测出简单却有用的事实应该是难的，如相同的信息被发送了两次。

从密码分析者对一种密码体制攻击的效果看，它可能达到以下结果：

（1）完全攻破。密码分析者找到了相应的密钥，从而对任意用同一密钥加密的密文恢复出对应的明文。

（2）部分攻破。密码分析者没有找到相应的密钥，但对于给定的密文，敌手能够获得明文的特定信息。

（3）密文识别。如对于两个给定的不同明文及其中一个明文的密文，密码分析者能够识别出该密文对应于哪个明文，或者能够识别出给定明文的密文和随机字符串。如果一个密码体制使得敌手不能在多项式时间内识别密文，这样的密码体制称为达到了语义安全（Semantic Security）。

评价密码体制安全性有不同的途径，包括无条件安全性、计算安全性、可证明安全性。

（1）无条件安全性。如果密码分析者具有无限的计算能力，密码体制也不能被攻破，那么这个密码体制就是无条件安全的。例如，只有单个的明文用给定的密钥加密，移位密码和代换密码都是无条件安全的。一次一密加密（One-Time Pad Cipher）对于唯密文攻击是无条件安全的，因为敌手即使获得很多密文信息，具有无限的计算资源，仍然不能获得明文的任何信息。如果一个密码体制对于唯密文攻击是无条件安全的，则称该密码体制具有完善保密性。如果明文空间是自然语言，所有其他的密码系统在唯密文攻击中都是可破的，因为只要简单地一个接一个地去试每种可能的密钥，并且检查所得明文是否都在明文空间中。这种方法叫做穷举攻击（Brute Force Attack）。

（2）计算安全性。密码学更关心在计算上不可破译的密码系统。如果攻破一个密码体制的最好算法用现在或将来可得到的资源都不能在足够长的时间内破译，这个密码体制被认为在计算上是安全的。目前还没有任何一个实际的密码体制被证明是计算上安全的，因为我们知道的只是攻破一个密码体制的当前的最好算法，也许还存在一个我们现在还没有发现的更好的攻击算法。实际上，密码体制对某一种类型的攻击（如穷举攻击）是计算上安全的，但对其他类型的攻击可能是计算上不安全的。

（3）可证明安全性。另一种安全性度量是把密码体制的安全性归约为某个经过深入研究的数学难题。例如，如果给定的密码体制是可以破解的，那么就存在一种有效的方法解决大数的因子分解问题，而因子分解问题目前不存在有效的解决方法，于是称该密码体制是可证明安全的，即可证明攻破该密码体制比解决大数因子分解问题更难。可证明安全性只是说明密码体制的安全与一个问题是相关的，并没有证明密码体制是安全的。可证明安全性有时候也被称为归约安全性。

2.2 传统密码体制

传统密码体制也叫古典密码体制，这些加密方法大多比较简单，用手工或机械操作即可实现加解密。现在，破译 Vigenère 密码只是密码课上的一个简单练习。然而，研究这些密码的原理，对于理解、构造和分析现代密码都是十分有益的。古典密码的基本设计思想是现代密码的设计基础，在现代密码学中具有一定的意义。传统密码体制又分为置换密码和代换密码两种。

2.2.1 置换密码

置换密码（Permutation Cipher）又称为换位密码（Transposition Cipher），是指根据一定

的规则重新排列明文,以便打破明文的结构特性。置换密码的特点是保持明文的所有字符不变,只是利用置换打乱了明文字符的位置和次序。实际上古希腊斯巴达人使用的 Scytale 密码,以及我国古代的藏头诗、藏尾诗等都是采用置换密码方法。

这种密码算法可以描述如下:

设 m 是某固定的整数,定义 $P=C=(Z_{26})^m$,且 k 由所有 $\{1, 2, \cdots, m\}$ 的置换组成。对一个密钥 π(即一个置换),定义 $e_\pi(x_1, x_2, \cdots, x_m)=(x_{\pi(1)}, x_{\pi(2)}, \cdots, x_{\pi(m)})$,且 $d_{\pi^{-1}}(y_1, y_2, \cdots, y_m)=(y_{\pi^{-1}(1)}, y_{\pi^{-1}(2)}, \cdots, y_{\pi^{-1}(m)})$,其中 π^{-1} 是 π 的逆置换。

例 2.1　假定 $m=6$,密钥是以下置换 π:

$$\begin{array}{cccccc} 1 & 2 & 3 & 4 & 5 & 6 \\ \hline 3 & 5 & 1 & 6 & 4 & 2 \end{array}$$

则逆置换 π^{-1} 为:

$$\begin{array}{cccccc} 1 & 2 & 3 & 4 & 5 & 6 \\ \hline 3 & 6 & 1 & 5 & 2 & 4 \end{array}$$

假定给出明文:

shesellsseashellsbytheseashore

首先把明文分为 6 个字母一组:

shesel lsseas hellsb ythese ashore

每 6 个字母按置换函数 π 进行重排,得到相应的密文:

EESLSHSALSESLSHBLEHSYEETHRAEOS

用 π^{-1} 类似地进行解密。

事实上,置换密码是 Hill 密码的一个特例。对于一个给定的集合 $\{1, 2, \cdots, m\}$ 的置换 π,可以定义相应的 $m \times m$ 置换阵 $k_\pi=\{k(i,j) \mid 1 \leqslant i \leqslant m, 1 \leqslant j \leqslant n\}$,依据公式:

$$k_{i,j}=\begin{cases} 1 & \text{如果 } j=\pi(i) \\ 0 & \text{其他} \end{cases}$$

即置换阵的每一行和每一列有且仅有一个元素"1",其余元素都为"0",对于上述置换 π 和 π^{-1},相应的置换阵分别为

$$k_\pi=\begin{bmatrix} 0 & 0 & 1 & 0 & 0 & 0 \\ 0 & 0 & 0 & 0 & 1 & 0 \\ 1 & 0 & 0 & 0 & 0 & 0 \\ 0 & 0 & 0 & 0 & 0 & 1 \\ 0 & 0 & 0 & 1 & 0 & 0 \\ 0 & 1 & 0 & 0 & 0 & 0 \end{bmatrix}, k_{\pi^{-1}}=\begin{bmatrix} 0 & 0 & 1 & 0 & 0 & 0 \\ 0 & 0 & 0 & 0 & 0 & 1 \\ 1 & 0 & 0 & 0 & 0 & 0 \\ 0 & 0 & 0 & 0 & 1 & 0 \\ 0 & 1 & 0 & 0 & 0 & 0 \\ 0 & 0 & 0 & 1 & 0 & 0 \end{bmatrix}$$
。

2.2.2　代换密码

代换密码(Substitution Cipher)是将明文中的字符替换为其他字符的密码体制。按照一个明文字母是否总是被一个固定的字母代替进行划分,它又分为单字母代换(Monogram Substitution)密码和多字母代换(Polygram Substitution)密码。单字母代换密码又分为单表代换(Monoalphabetic Substitution)密码和多表代换(Polyalphabetic Substitution)密码。

1. 单表代换密码

单表代换密码是对明文的所有字母都用某个固定的密文字母进行代换。加密过程是从明文字母表到密文字母表的一对一映射,即令明文 $m = m_0 m_1 m_2 \cdots m_n$,则相应的密文为 $c = e_k(m) = c_0 c_1 c_2 \cdots c_n = f(m_0) f(m_1) f(m_2) \cdots f(m_n)$。下面分别介绍几类简单的单表代换密码。

1) 移位密码(Shift Cipher)

图 2.2 所示为移位密码的加密和解密函数。因为英文字符有 26 个字母,可以建立英文字母和模 26 的剩余 Z_{26} 之间的对应关系,如表 2.1 所示。对于英文文本,则明文、密文空间都可定义在集合 Z_{26} 上。当然,这种方法也很容易推广到 n 个字母的情况。容易看出,移位密码满足密码系统的定义,即 $d_k(e_k(x)) = x, x \in Z_{26}$。

> 设 $P = C = Z_{26}$,对 $0 \leqslant k \leqslant 25$,定义 $e_k(x) = (x + k) \bmod 26$,且 $d(y) = (y - k) \bmod 26 (x, y \in Z_{26})$。
>
> **图 2.2 英文移位密码**

表 2.1 英文字母和模 26 的剩余之间的对应关系

A	B	C	D	E	F	G	H	I	J	K	L	M
0	1	2	3	4	5	6	7	8	9	10	11	12
N	O	P	Q	R	S	T	U	V	W	X	Y	Z
13	14	15	16	17	18	19	20	21	22	23	24	25

如果明文字母和密文字母被数字化,且分别表示为 x, y,则对每个明文 $x \in Z_{26}$,加密后为 $y = (x + k) \bmod 26$。mod 26 意味着等式左右两边仅相差一个 26 的倍数。

例 2.2 凯撒(Caesar)密码是 $k = 3$ 的情况,即通过简单地向右移动源字母表中的 3 个字母,则形成如表 2.2 所示的代换字母表。

表 2.2 代换字母表

a	b	c	d	e	f	g	h	i	j	k	l	m
D	E	F	G	H	I	J	K	L	M	N	O	P
n	o	p	q	r	s	t	u	v	w	x	y	z
Q	R	S	T	U	V	W	X	Y	Z	A	B	C

若明文为:

please confirm receipt

则密文为:

SOHDVH FRQILUP UHFHLSW

通过观察可以发现,移位密码是不安全的,因为它可被穷举密钥搜索所破解:仅有 26 个可能的密钥,尝试每一个可能的解密规则 d_k,直到一个有意义的明文串被获得。平均地说,一个密文在尝试 26/2 = 13 次之后,就可以得到破解以后的明文信息。

可以设想:如果密文字母表是用随机的次序放置,而不是简单的相应于字母表的偏移,密钥量将大幅度增加。这就是下面要介绍的替换密码。

2) 替换密码

另一个众所周知的密码系统是替换密码,其定义如图 2.3 所示。

> 设 $P=C=Z_{26}$，密钥空间 K 由所有可能的 26 个符号 $0,1,\cdots,25$ 的置换组成。对每一个置换 $\pi \in K$ 定义：
>
> $$e_\pi(x) = \pi(x)$$
>
> 则
>
> $$d_{\pi^{-1}}(y) = \pi^{-1}(y)$$
>
> 其中，π^{-1} 是 π 的逆置换。

图 2.3　替换密码

置换 π 定义为：

$$\pi = \begin{bmatrix} 0 & 1 & 2 & \cdots & 23 & 24 & 25 \\ 0' & 1' & 2' & \cdots & 23' & 24' & 25' \end{bmatrix}$$

替换密码的密钥是由 26 个字母的置换组成。这些置换的数目是 26!，超过 4.0×10^{26}，一个非常大的数。这样，即使对现代计算机来说，穷举密钥搜索也是不可行的。然而，下面会看到，替换密码很容易被其他的分析方法所破译。

显然，替换密码的密钥（26 个元素的随机置换）太复杂而不容易记忆，因此实际中密钥句子常被使用。密钥句子中的字母被依次填入密文字母表（重复的字母只用一次），未用的字母按自然顺序排列。

例 2.3　设密钥句子为：

the message was transmitted an hour ago

源字母和代换字母如图 2.4 所示。

源字母：	a b c d e f g h i j k l m n o p q r s t u v w x y z
代换字母：	T H E M S A G W R N I D O U B C F J K L P Q V X Y Z

图 2.4　源字母和代换字母

则明文为：

please confirm receipt

密文为：

CDSTKS EBUARJO JSESRCL

3）仿射密码

凯撒密码可能的密钥数太少，而且从安全的角度看，在代换后的字母系统中，字母的次序并未改变，仅起始位置发生改变，因此存在安全隐患。仿射密码能克服这些弱点，如图 2.5 所示。

> 设 $P=C=Z_{26}$，且 $K=\{(a,b) \in Z_{26} \times Z_{26} \mid \gcd(a,26)=1\}$，对 $k=(a,b) \in K$，定义：
>
> $$e_k(x) = (ax+b) \bmod 26$$
> $$d_k(y) = a^{-1}(y-b) \bmod 26$$
>
> 其中，$(x,y) \in Z_{26}$。

图 2.5　仿射密码

在仿射密码中，用形如：

$$e_k(x) = (ax+b) \bmod 26 \qquad a,b \in Z_{26}$$

的加密函数,这些函数称为仿射函数,所以命名为仿射密码。

注意:当 $a=1$ 时,就变成了移位密码。

为了保证密文可以解密,必须要求仿射函数是双射。换句话说,对任何 $y \in Z_{26}$,要使得同余方程 $ax+b \equiv y(\bmod 26)$ 有唯一解。数论知识告诉我们,当且仅当 $\gcd(a,26)=1(\gcd(\cdot)$ 表示求两个数的最大公约数的函数)时,上述同余方程对每个 y 有唯一解。

因为满足 $a \in Z_{26}$,$\gcd(a,26)=1$ 的 a 只有 12 种候选,对参数 b 没有要求,所以仿射密码总计有 $12 \times 26=312$ 种可能的密钥。

例 2.4 假定 $k=(7,3)$,$7^{-1} \bmod 26=15$,加密函数为 $e_k(x)=7x+3$,则相应的解密函数为 $d_k(y)=15(y-3)=15y-19$,其中所有的运算都是在 Z_{26} 中。容易验证,$d_k(e_k(x))=d_k(7x+3)=15(7x+3)-19=x+45-19=x$。

假设待加密的明文为 hot。首先转化这三个字母分别为数字 7,14 和 19。然后加密:

$$7\begin{bmatrix}7\\14\\19\end{bmatrix}+\begin{bmatrix}3\\3\\3\end{bmatrix}=\begin{bmatrix}0\\23\\6\end{bmatrix}=\begin{bmatrix}A\\X\\G\end{bmatrix}(\bmod 26)$$

最后可得密文串为 AXG,采用解密函数进行类似的计算,可以恢复明文 hot。

至此,可得出结论:通常,上述所介绍的代换密码(单表代换)不能有效抵抗密码攻击,因为语言的固有特征仍能从密文中提取出来。这种缺陷可以通过运用不止一个代换表进行代换的方式,掩盖密文的一些统计特征,从而改进单表代换密码的安全性。

2. 多表代换密码

多表代换密码是以一系列(两个以上)代换表依次对明文消息的字母进行代换的加密方法。令明文字母表为 Z_q,$f=(f_1,f_2,\cdots)$ 为代换序列,明文字母序列 $x=x_1 x_2 \cdots$,则相应的密文字母序列为 $c=e_k(x)=f(x)=f_1(x_1)f_2(x_2)\cdots$。若 f 是非周期的无限序列,则相应的密码称为非周期多表代换密码。这类密码对每个明文字母都采用不同的代换表(或密钥)进行加密,称做一次一密加密,这是一种理论上唯一不可破的密码。这种密码完全可以隐蔽明文的特点,但由于需要的密钥量和明文消息长度相同,因而该方法难于广泛使用。为了减少密钥量,在实际应用中多采用周期多表代换密码,即代换表个数有限,重复使用。

有名的多表代换密码有 Vigenère、Beaufort、Running-Key、Verna 和转轮机(Rotor Machine)等密码。Vigenère 密码如图 2.6 所示。

设 m 是某固定的正整数,定义 $P=C=K=(Z_{26})^m$,对一个密钥 $k=(k_1,k_2,\cdots,k_m)$,定义:

$$e_k(x_1,x_2,\cdots,x_m)=(x_1+k_1,x_2+k_2,\cdots,x_m+k_m)$$

且

$$d_k(y_1,y_2,\cdots,y_m)=(y_1-k_1,y_2-k_2,\cdots,y_m-k_m)$$

所有的运算在 Z_{26} 中。

图 2.6 Vigenère 密码

Vigenère 密码是由法国密码学家 Blaisede Vigenère 于 1858 年提出的,它是一种以移位代换(当然也可以用一般的字母代换表)为基础的周期代换密码。

称 $k=(k_1,k_2,\cdots,k_m)$ 为长为 m 的密钥字(Key Word)。密钥量为 26^m,所以对一个相当小的 m 值,穷举密钥法进行分析破解也需要很长的时间。若 $m=5$,则密钥空间大小超过

$1.1×10^7$,手工搜索也不容易。当明文串的长度大于 m 时,可将明文串按 m 一组分段,然后再逐段使用密钥字 k。

在 Vigenère 密码中,一个字母可被映射到 m 个可能的字母之一(假定密钥字包含 m 个不同的字符),所以分析起来比单表代换更困难。

例 2.5　设 $m=6$,且密钥字是 CIPHER,这相应于密钥 $k=(2,8,15,7,4,17)$。假定明文串是 this cryptosystem is not secure。

首先将明文串转化为数字串,按 6 个一组分段,然后模 26"加"上密钥字可得:

19	7	8	18	2	17
2	8	15	7	4	17
21	15	23	25	6	8

24	15	19	14	18	24
2	8	15	7	4	17
0	23	8	21	22	15

18	19	4	12	8	18
2	8	15	7	4	17
21	1	19	19	12	9

13	14	19	18	4	2
2	8	15	7	4	17
15	22	8	25	8	19

20	17	4
2	8	15
22	25	19

相应的密文串将是:

VPXZGIAXIVWPUBTTMJPWIZITWZT

解密过程与加密过程类似,不同的只是进行模 26 减,而不是模 26 加。

2.2.3　传统密码的分析

密码学的历史表明,密码分析者的成就似乎比密码设计者的成就更令人惊叹。许多开始时被设计者认为"百年或千年难破"的密码,没过多久就被密码分析者巧妙地攻破了。在第二次世界大战中,美军破译了日本的紫密,使得日本在中途岛战役中大败。一些专家估计,同盟国在密码破译上的成功至少使第二次世界大战缩短了 8 年。

在本节中,讨论一些密码分析的方法和技巧。一般的假定是攻击方知道所用的密码系统。这个假设被称为柯克霍夫假设。当然,如果攻击方不知道所用的密码体制,这将使得任务更加艰巨:分析者不得不尝试新的密码系统,但这时程序的复杂性基本上与限定在一个具体密码系统上相同。所以我们不想把系统的安全性基于对手不知道所用的系统。因此我们的目标是设计一个在柯克霍夫假设下达到安全的系统。

简单的单表代换密码(如移位密码)极易破译。仅统计标出最高频度字母,再与明文字母表字母对应决定出移位量,就差不多得到正确解了。一般的仿射密码要复杂些,但多考虑几个密文字母统计表与明文字母统计表的匹配关系也不难解出。另外,单表代换密码也很容易用穷举密钥搜索来破译。可见,一个密码系统安全的必要条件是密钥空间必须足够大,使得穷举密钥搜索破译是不可行的,但这不是一个密码系统安全的充分条件。

多表代换密码的破译要比单表代换密码的破译难得多,因为在单表代换下,字母的频度、重复字母模式、字母结合方式等统计特性除了字母名称改变外,都未发生变化,依靠这些不变的统计特征就能破译单表代换。而在多表代换下,原来明文中的这些特性通过多个表的平均作用而被隐藏了起来。已有的事实表明,用唯密文攻击法分析单表和多表代换密码是可行的,但用唯密文攻击法分析多字母代换密码(如 Hill 密码)是比较困难的。分析多字母代换多用已知明文攻击法。

1. 统计分析法

人类语言是高度冗余的,许多分析技巧用到了英语语言统计特性。通过对大量的小说、杂志、新闻报纸等汇编统计,人们已经获得 26 个字母的概率分布,如表 2.3 所示。

表 2.3　26 个英文字母的概率分布

字母	概率	字母	概率	字母	概率	字母	概率
A	0.082	H	0.061	O	0.075	V	0.010
B	0.015	I	0.070	P	0.019	W	0.023
C	0.028	J	0.002	Q	0.001	X	0.001
D	0.043	K	0.008	R	0.060	Y	0.020
E	0.127	L	0.040	S	0.063	Z	0.001
F	0.022	M	0.024	T	0.091		
G	0.020	N	0.067	U	0.028		

基于以上概率分布,可以把 26 个字母分为以下 5 组:

(1) E 出现的概率最高,大约为 0.12;

(2) T,A,O,I,N,S,H,R 每个出现的概率大约为 0.06～0.09;

(3) D,L 每个出现的概率大约为 0.04;

(4) C,U,M,W,F,G,Y,P,B 每个出现的概率大约为 0.015～0.023;

(5) V,K,J,X,Q,Z 出现的概率最低,每个出现的概率都少于 0.01。

应该强调的是,这些表并不包含结论性的信息。字母的分布情况高度依赖于明文文本的类型:诗歌、标语、散文、科技论文等,所以有些出入也是正常的。

一般来说,字母 E 总是最高频的字母,T 排在第二,A 或 O 排在第三,E,T,A,O,N,I,S,R,H 比任何其他字母有高得多的频率,共约占英文文本的 70%。

当考虑位置特征时,字母 A,I,H 不常作为单词的结尾,而 E,N,R 出现在起始位置比终结位置更少,T,O,S 的出现在前后基本相等。当然,分组的划分破坏了一些位置特征。

当对单表代换密码和置换密码进行密码分析时,密码分析者就可以利用该语言的统计规律性进行分析,较容易得到正确的解密结果;而对多表代换密码分析,则先用 Kasiski 测试法或重合指数法(Coincidence Index)决定密钥的长度,然后再用改进的拟重合指数测试法确定密钥的具体内容。

例 2.6　假设从仿射密码获得的密文为:

FMXVEDKAPHFERBNDKRXRSREFMORUDSDKDVSHVUFEDKAPRKDLYEVLRHHR

上述仅有 57 个密文字母,但这对仿射密码是足够的。密文字母出现的频率是 R(8 次),D(7 次),E(5 次),H(5 次),K(5 次),F(4 次),S(4 次),V(4 次)。可以假定 R 是 e 的加密,且 D 是 t 的加密,因为 e 和 t 分别是两个最常见的字母。数值化后,有 $e_k(4)=17$,且 $e_k(19)=3$。回忆加密函数 $e_k(x)=ax+b$,可得到一个含两个未知量的线性方程组:

$$\begin{cases} 4a+b=17 \\ 19a+b=3 \end{cases}$$

这个系统有唯一的解 $a=6,b=19$(在 Z_{26} 上)。但这是一个非法的密钥,因为 $\gcd(a,26)=2>1$,所以上面的假设有误。

下一个猜想可能 R 是 e 的加密,E 是 t 的加密,得 $a=13$,又是不可能的。继续假定 R 是 e 的加密,且 K 是 t 的加密。于是产生了 $a=3,b=5$,这至少是一个合法的密钥。剩下的事是计算相应于 $k=(3,5)$ 的解密函数,然后解密密文看是否得到了有意义的英文串。容易证明这是一个有效的密钥。

最后的明文是:

algorithms are quite general definitions of arithmetic processes

2. 明文-密文对分析法

Hill 密码在唯密文攻击下是很难破的,但很容易被已知明文攻击所攻破。首先假定我们确定了 m 的值,且得到至少 m 对不同的 m 元组:

$$x_j = (x_{1j}, x_{2j}, \cdots, x_{mj}) \qquad y_j = (y_{1j}, y_{2j}, \cdots, y_{mj}) \qquad 1 \leqslant j \leqslant m$$

已知 $y_j=e_k(x_j),1\leqslant j\leqslant m$。如果定义两个 $m\times m$ 矩阵 $X=(x_{ij}),Y=(y_{ij})$,则有矩阵方程 $Y=XK$,K 是未知密钥。假定 X 是可逆的,则可计算 $K=X^{-1}Y$,因此可攻破系统(如果 X 不可逆,尝试其他 m 个明文-密文对)。

例 2.7　明文 friday 是用 Hill 密码加密的,$m=2$,得到密文 POCFKU,则有:

$$e_k(5, 17) = (15, 16) \qquad e_k(8, 3) = (2, 5) \qquad e_k(0, 24) = (10, 20)$$

从最初两个明文-密文对,得到如下矩阵方程:

$$\begin{bmatrix} 15 & 16 \\ 2 & 5 \end{bmatrix} = \begin{bmatrix} 5 & 17 \\ 8 & 3 \end{bmatrix} K$$

容易计算 $\begin{bmatrix} 5 & 17 \\ 8 & 3 \end{bmatrix}^{-1} = \begin{bmatrix} 9 & 1 \\ 2 & 15 \end{bmatrix}$,则有:

$$K = \begin{bmatrix} 9 & 1 \\ 2 & 15 \end{bmatrix} \begin{bmatrix} 15 & 16 \\ 2 & 5 \end{bmatrix} \mod 26 = \begin{bmatrix} 7 & 19 \\ 8 & 3 \end{bmatrix}$$

然后可用第三个明文-密文对,对 K 进行验证。

2.3　现代对称密码体制

现代对称密码体制按加密形式可分为序列密码体制和分组密码体制,本节将重点介绍这两种密码体制。

分组密码是现代密码学的重要分支之一,其主要任务是提供数据保密性。在信息化网络时代,越来越多的敏感或机密信息需要通过网络传输、存储和处理,因而,保密是人们的一个迫切需要。

所谓分组密码,通俗地说就是数据在密钥的作用下,一组一组等长地被处理,且通常情况是明文、密文等长。这样做的好处是处理速度快,节约了存储资源,避免了浪费带宽。

分组密码也是许多密码组件的基础,比如很容易转化为流密码、Hash 函数。

分组密码的另一个特点是容易标准化,由于其固有的特点(高强度、高速率、便于软硬件实现)而成为标准化进程的首选体制。DES(Data Encryption Standard,数据加密标准)就是首先成为分组密码典型代表。DES 算法完全公开,任何个人和团体都可以使用,其信息的安全性取决于各自密钥的安全性,这正是现代分组密码的特征。

DES 是曾被广泛使用的分组密码,遍及世界的政府、银行和标准化组织把 DES 作为安全和认证通信的基础。DES 算法的公开是密码学史上里程碑式的事件,开创了密码学民间应用之先河,大大推进了现代密码学的进展。随着计算技术的进步,DES 的 56 位密钥长已不适应现在的商业应用。

1997 年 4 月,美国国家标准与技术研究院发起了征集 AES(Advanced Encryption Standard,高级加密标准)的活动,许多优秀的算法被提交,进一步刺激了分组密码设计理论和实践的进展。

2.3.1 DES

DES 算法是 20 世纪 70 年代由美国 IBM 公司的 W. Tuchman 和 C. Meyers 研制的,并于 1970 年 5 月被美国国家标准局公布为数据加密标准的一种分组加密算法。DES 的出现是密码学历史上的一大进步,推动了现代密码学的快速发展。

DES 算法在商业等领域有着广泛的应用,如在 UNIX 操作系统中就使用了 DES 算法,在 Windows XP 中使用 3DES 算法。DES 曾经受到青睐,但近几年来,由于密码攻击技术的提高,DES 的安全性已经受到了严重的挑战,但作为世界上首例加密标准,理解 DES 算法思想还是十分有必要的。

1. DES 算法描述

DES 是对数据分组加密的分组密码算法,分组长度为 64 位。每 64 位明文加密成 64 位密文,没有数据压缩和扩展。密钥长度为 56 位,若输入 64 位,则第 8,16,24,32,40,48,56,64 位为奇偶检验位,所以,实际密钥只有 56 位。DES 算法完全公开,其保密性完全依赖密钥。

图 2.7 是 DES 全部 16 轮的加/解密框图,其最上方的 64 位输入分组数据,可能是明文,也可能是密文(中间密文),视使用者要做加密或解密而定。而加密与解密的不同处仅在于最右边的 16 个子密钥的使用顺序不同,加密的子密钥顺序为 $K_1, K_2, \cdots, K_{16}$,而解密的子密钥顺序正好相反,为 $K_{16}, K_{15}, \cdots, K_1$。

DES 算法首先对输入的 64 位明文 X 进行一次初始置换 IP,如图 2.8 所示,以打乱原来的次序。对置换后的数据 X_0 分成左右两半,左边记为 L_0,右边记为 R_0,对 R_0 施行在子密钥控制下的变换 f,其结果记为 $f(R_0, K_1)$,得到的 32 位输出再与 L_0 做逐位异或(XOR)运算,其结果成为下一轮的 R_1,R_0 则成为下一轮的 L_1。对 L_1, R_1 施行和 L_0, R_0 同样的过程得 L_2, R_2,如此循环 16 次,最后得 L_{16}, R_{16}。如图 2.9 所示,对 64 位数字 R_{16}, L_{16} 施行初始置换的逆置换 IP^{-1},即得密文 Y。运算过程可用如下公式简洁地表示:

$$R_i = L_{i-1} \oplus f(R_{i-1}, K_i)$$
$$L_i = R_{i-1} (i = 1, 2, 3, \cdots, 16)$$

注意:在 16 次循环后并未交换 L_{16} 和 R_{16},而直接将 R_{16} 和 L_{16} 作为 IP^{-1} 的输入,这样做使得 DES 的解密和加密完全相同。在以上过程中只需输入密文并反序输入子密钥,最后获得的就是相应的明文。

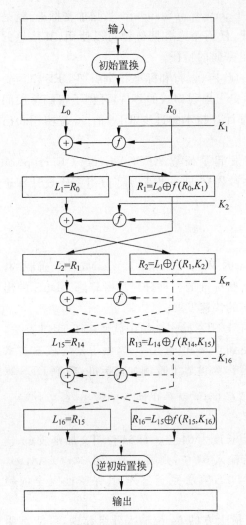

图 2.7　DES 加密计算过程

58	50	42	34	26	18	10	2
60	52	44	36	28	20	12	4
62	54	46	38	30	22	14	6
64	56	48	40	32	24	16	8
57	49	41	33	25	17	9	1
59	51	43	35	27	19	11	3
61	53	45	37	29	21	13	5
63	55	47	39	31	23	15	7

图 2.8　DES 的初始置换 IP

40	8	48	16	56	24	64	32
39	7	47	15	55	23	63	31
38	6	46	14	54	22	62	30
37	5	45	13	53	21	61	29
36	4	44	12	52	20	60	28
35	3	43	11	51	19	59	27
34	2	42	10	50	18	58	26
33	1	41	9	49	17	57	25

图 2.9　DES 的逆初始置换 IP^{-1}

　　以上是对 DES 加解密过程的描述。把从 $L_{i-1}R_{i-1}$ 到 L_iR_i 的一次变换过程称为一轮加密，DES 加密过程要经过 16 轮，或称为 16 轮迭代，每一轮施行的变换完全相同，只是每轮输入数据不同。

　　初始置换 IP 及其逆置换 IP^{-1} 并没有密码学意义，因为 X 与 IP(X)（或 Y 与 IP$^{-1}(Y)$）的一一对应关系是已知的，如 X 的第 58 位是 IP(X) 的第 1 位，X 的第 50 位是 IP(X) 的第 2 位。它们的作用在于打乱原来输入 X 的 ASCII 码字划分的关系，并将原来明文的第 $x_8,x_{16},\cdots,x_{64}$ 位（校验位）变成 IP 输出的一个字节。

　　f 函数是整个 DES 加密法中最重要的部分，而其中的重点又在 S-盒（Substitution Boxes）上。f 函数可记作 $f(A,J)$，其中 A 为 32 位输入，J 为 48 位输入，在第 i 轮 $A=R_{i-1}$，$J=K_i$，K_i 为由初始密钥（也称为种子密钥）推导出的第 i 轮子密钥，$f(A,J)$ 输出为 32 位，它的计算过程如图 2.10 所示。

　　将 A 经过一个选择扩展运算 E（见图 2.11）变为 48 位，记为 $E(A)$。计算 $E(A)\oplus J=B$，对 B 施行代换 S，此代换由 8 个代换盒组成，就是前面说过的 S-盒。每个 S-盒有 6 个输

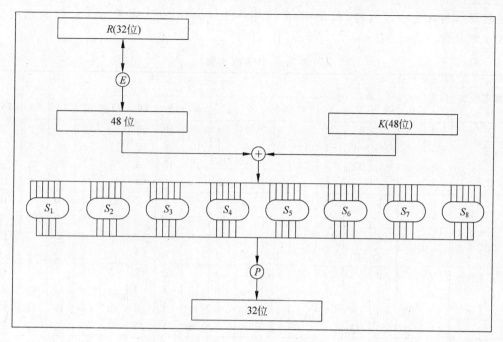

图 2.10　$f(A,J)$ 的计算过程

入,4 个输出,将 B 依次分为 8 组,每组 6 位,记为 $B=B_1B_2B_3B_4B_5B_6B_7B_8$,其中 B_j 作为第 j 个 S-盒 S_j 的输入,S_j 的输出为 C_j,$C=C_1C_2C_3C_4C_5C_6C_7C_8$ 就是代换 S 的输出,所以代换 S 是一个 48 位输入、32 位输出的选择压缩运算,将结果 C 再施行一个置换 P(见图 2.12),即得 $f(A,J)$,其中在第 i 轮为 $f(R_{i-1},K_i)$。

32	1	2	3	4	5
4	5	6	7	8	9
8	9	10	11	12	13
12	13	14	15	16	17
16	17	18	19	20	21
20	21	22	23	24	25
24	25	26	27	28	29
28	29	30	31	32	1

图 2.11　$f(A,J)$ 的选择扩展置换 E

16	7	20	21
29	12	28	17
1	15	23	26
5	18	31	10
2	8	24	14
32	27	3	9
19	13	30	6
22	11	4	25

图 2.12　$f(A,J)$ 的选择压缩置换 P

S-盒是 DES 算法中唯一的非线性部件,当然也就是整个算法的安全性所在。它的设计原则与过程一直因为种种不为人知的因素所限而未被公布出来。有些人甚至还大胆猜测,是否设计者故意在 S-盒的设计上留下了一些陷门(Trapdoor),以便他们能轻易地破解出别人的密文。当然以上的猜测是否属实,迄今仍无法得知,不过有一点可以确定,那就是 S-盒的设计的确相当神秘。

每个 S-盒是有 6 位输入、4 位输出的变换,其变换规则为:取 $\{0,1,\cdots,15\}$ 上的 4 个置换,即它的 4 个排列排成 4 行,得到一个 4×16 矩阵。若给定该 S-盒的输入 $b_0b_1b_2b_3b_4b_5$,其输出对应该矩阵第 x 行第 y 列所对应的数的二进制表示,这里 x 的二进制表示为 b_0b_5,y 的

二进制表示为 $b_1b_2b_3b_4$，这样，每个 S-盒可用一个 4×16 矩阵来表示。8 个 S-盒可用表 2.4 来表示。

表 2.4　DES 的 S-盒

代换函数 S_i	行号	列　　号															
		0	1	2	3	4	5	6	7	8	9	10	11	12	13	14	15
S_1	0	14	4	13	1	2	15	11	8	3	10	6	12	5	9	0	7
	1	0	15	7	4	14	2	13	1	10	6	12	11	9	5	3	8
	2	4	1	14	8	13	6	2	11	15	12	9	7	3	10	5	0
	3	15	12	8	2	4	9	1	7	5	11	3	14	10	0	6	13
S_2	0	15	1	8	14	6	11	3	4	9	7	2	13	12	0	5	10
	1	3	13	4	7	15	2	8	14	12	0	1	10	6	9	11	5
	2	0	14	7	11	10	4	13	1	5	8	12	6	9	3	2	15
	3	13	8	10	1	3	15	4	2	11	6	7	12	0	5	14	9
S_3	0	10	0	9	14	6	3	15	5	1	13	12	7	11	4	2	8
	1	13	7	0	9	3	4	6	10	2	8	5	14	12	11	15	1
	2	13	6	4	9	8	15	3	0	11	1	2	12	5	10	14	7
	3	1	10	13	0	6	9	8	7	4	15	14	3	11	5	2	12
S_4	0	7	13	14	3	0	6	9	10	1	2	8	5	11	12	4	15
	1	13	8	11	5	6	15	0	3	4	7	2	12	1	10	14	9
	2	10	6	9	0	12	11	7	13	15	1	3	14	5	2	8	4
	3	3	15	0	6	10	1	13	8	9	4	5	11	12	7	2	14
S_5	0	2	12	4	1	7	10	11	6	8	5	3	15	13	0	14	9
	1	14	11	2	12	4	7	13	1	5	0	15	10	3	9	8	6
	2	4	2	1	11	10	13	7	8	15	9	12	5	6	3	0	14
	3	11	8	12	7	1	14	2	13	6	15	0	9	10	4	5	3
S_6	0	12	1	10	15	9	2	6	8	0	13	3	4	14	7	5	11
	1	10	15	4	2	7	12	9	5	6	1	13	14	0	11	3	8
	2	9	14	15	5	2	8	12	3	7	0	4	10	1	13	11	6
	3	4	3	2	12	9	5	15	10	11	14	1	7	6	0	8	13
S_7	0	4	11	2	14	15	0	8	13	3	12	9	7	5	10	6	1
	1	13	0	11	7	4	9	1	10	14	3	5	12	2	15	8	6
	2	1	4	11	13	12	3	7	14	10	15	6	8	0	5	9	2
	3	6	11	13	8	1	4	10	7	9	5	0	15	14	2	3	12
S_8	0	13	2	8	4	6	15	11	1	10	9	3	14	5	0	12	7
	1	1	15	13	8	10	3	7	4	12	5	6	11	0	14	9	2
	2	7	11	4	1	9	12	14	2	0	6	10	13	15	3	5	8
	3	2	1	14	7	4	10	8	13	15	12	9	0	3	5	6	11

2. 子密钥计算

DES 子密钥产生过程(见图 2.13)中的输入为使用者所持有的 64 位初始密钥。在加密或解密时，使用者先将初始密钥输入至子密钥产生流程中即可。首先经过密钥置换 PC-1 (Permuted Choice 1，见表 2.5)，将初始密钥的 8 个奇偶校验位剔除掉，而留下真正的 56 位初始密钥。然后分为两个 28 位的分组 C_0 及 D_0，再分别经过一个循环左移函数 LS_1，得到

C_1 与 D_1，连成 56 位数据，再依密钥置换 PC-2(Permuted Choice 2，见表 2.6)做重排动作，便可输出子密钥 K_1，而 $K_2 \sim K_{16}$ 的产生方法依此类推。其中需要注意的是，密钥置换 PC-1 的输入为 64 位，输出为 56 位；而密钥置换 PC-2 的输入为 56 位，输出为 48 位。

图 2.13　DES 子密钥产生过程

表 2.5　密钥置换 PC-1

57	49	41	33	25	17	9
1	58	50	42	34	26	18
10	2	59	51	43	35	27
19	11	3	60	52	44	36
63	55	47	39	31	23	15
7	62	54	46	38	30	22
14	6	61	53	45	37	29
21	13	5	28	20	12	4

表 2.6　密钥置换 PC-2

14	17	11	24	1	5
3	28	15	6	21	10
23	19	12	4	26	8
16	7	27	20	13	2
41	52	31	37	47	55
30	40	51	45	33	48
44	49	39	56	34	53
46	42	50	36	29	32

对每个 i，$1 \leqslant i \leqslant 16$，计算 $C_i = \mathrm{LS}_i(C_{i-1})$，$D_i = \mathrm{LS}_i(D_{i-1})$，$K_i = \mathrm{PC}\text{-}2(C_i D_i)$。其中，$\mathrm{LS}_i$ 表示一个或两个位置的左循环移位，当 $i = 1, 2, 9, 16$ 时，移一个位置；当 $i = 3, 4, 5, 6, 7, 8$，$10, 11, 12, 13, 14, 15$ 时，移两个位置。

3. DES 工作模式

在实际应用中，DES 是根据其加密算法所定义的明文分组的大小（64 位）将数据分割成若干 64 位的加密区块，再以加密区块为单位，分别进行加密处理。如果最后剩下不足一个区块的大小，称之为短块。关于短块的处理方法一般有填充法、序列密码加密法、密文挪用技术。根据数据加密时每个加密区块间的关联方式来区分，可以分为 ECB（Electronic Codebook）、CBC（Cipher Block Chaining）、CFB（Cipher Feedback）和 OFB（Output Feedback）4 种加密模式。

1）ECB 模式

ECB 模式是分组密码的基本工作模式，图 2.14 为 ECB 加密模式示意图。

图 2.14　ECB 模式

在 ECB 模式下，每一个加密区块依次独立加密，产生独立的密文区块，每一加密区块的加密结果均不受其他区块的影响。使用此种方式，可以利用并行处理来加速加解密运算，且在网络传输时若任一区块有错误发生，均不会影响其他区块传输的结果，这是该模式的优点。

ECB 模式的缺点是容易暴露明文的数据模式。在计算机系统中，许多数据都具有固有的模式，这主要是由数据结构和数据冗余引起的，如果不采取措施，对于在要加密的文件中出现多次的明文，此部分明文若恰好是加密区块的大小，可能会产生相同的密文，且密文内容若遭剪贴、替换，也不易被发现。

2）CBC 模式

图 2.15 为 CBC 加密模式示意图。第一个加密块先与初始向量（Initialization Vector，IV）做异或（XOR）运算，再进行加密。其他每个加密区块加密之前，必须与前一个加密区块

的密文做一次异或运算,再进行加密。每一个区块的加密结果均会受到前面所有区块内容的影响,所以即使在明文中出现多次相同的明文,也会产生不同的密文。再者,密文内容若遭剪贴、替换,或在网络传输过程中发生错误,则其后续的密文将被破坏,无法顺利解密还原。这是该模式的优点,也是该模式的缺点。

图 2.15　CBC 模式

注:所有的分组长度均为 64 位。

另外,必须选择一个初始向量,用以加密第一个区块,且在加密作业时无法利用并行处理来加速加密运算,但其解密运算,因做异或的加密区块结果已存在,仍可以利用并行处理来加速。

3) CFB 模式

图 2.16 为 CFB 加密模式示意图。该模式可以将区块加密算法当作流密码加密器(Stream Cipher)使用,流密码加密器可以按照实际需要,每次加密区块大小自定(如每次 8 个位),每一个区块的明文与前一个区块加密后的密文做异或后成为密文。因此,每一个区块的加密结果也受之前所有区块内容的影响,也会使得在明文中出现多次相同的明文均产生不相同的密文。在此模式下,与 CBC 模式一样,为了加密第一个区块,必须选择一个初始向量,此初始向量必须唯一,每次加密时必须不一样,也难以利用并行处理来加快加密作业。

4) OFB 模式

图 2.17 为 OFB 加密模式的示意图。

图 2.16　CFB 模式

注：输入分组初始化时为一适当的初始化向量。

图 2.17　OFB 模式

注：输入分组初始化时为一适当的初始化向量。

输出反馈模式与 CFB 大致相同，都是每一个区块的明文与之前区块加密后的结果做异或操作后产生密文，不同的是之前区块加密后的结果为独立产生，每一个区块的加密结果不受之前所有密文区块内容的影响，如果有区块在传输过程中遗失或发生错误，将不至于无法完全解密。在此模式下，为了加密第一个区块，必须设置一个初始向量，否则难以利用并行处理来加快加密作业。

容易看出，这 4 种操作模式有不同的优点和缺点。在 ECB 模式和 OFB 模式中改变一个明文块将引起相应密文块的改变，而其他密文块不变，有些情况下这可能是一个好的特性。例如，OFB 模式通常用来加密卫星传输。

另一方面，在 CBC 模式和 CFB 模式中改变一个明文块，那么相应的密文块及其后的所有密文块将会改变，这个特性意味着 CBC 模式和 CFB 模式适用于鉴别的目的。更明确地说，这些模式能用来产生消息鉴别码（MAC），MAC 附在明文块序列的后面，用来保护消息的完整性。

4. DES 安全性

DES 算法存在如下几方面的安全问题：

（1）DES 算法具有互补性，即若明文组 x 和密钥 k 分别逐位取补得 bx 和 bk，且 $y=\text{DES}_k(x)$，则 $by=\text{DES}_{bk}(bx)$，其中 by 是 y 的逐位取补。这种互补性使得在选择性明文攻击时可以减少其可能的密钥数一半，为 2^{55} 个。

（2）存在弱密钥和半弱密钥。在 DES 算法中至少存在 4 个弱密钥和至少 12 个半弱密钥，如果使用弱密钥或半弱密钥，则在多重加密时第二次加密会还原第一次加密。

（3）由于 S-盒是 DES 算法实现非线性变换的关键，而它的设计准则至今还没有完全公开，因此有许多密码学家怀疑它存在"陷门"，一旦知道这些"陷门"，就可以破解 DES 算法。

（4）DES 算法的密钥长度太短，只有 56 位，密钥量约为 1.7×10^{17} 个，对抗穷举攻击法、差分攻击法和线性攻击法等的能力较差。

自 1977 年以后的 30 多年来，尽管计算机硬件及破解密码技术的发展日新月异，若撇开 DES 的密码太短、易于被使用穷尽密钥搜索法找到密钥的攻击法不谈，在目前所知攻击法中，如差分攻击法或线性攻击法，对于 DES 的安全性也仅仅做到了"质疑"的地步，并未从根本破解 DES。换言之，若是能用类似 Triple-DES 或是 DESX 的方式加长 DES 密钥长度，仍不失为一个安全的密码系统。

由于目前尚不存在一个评价密码系统的统一标准和严格的理论，人们只能从一个密码系统抵抗现有的密码分析手段的能力来评价它的好坏。自 1975 年以来，许多机构、公司和学者（包括美国国家安全局（NSA）、美国国家标准与技术研究院、IBM 公司、Bell 实验室和一大批著名的密码学家）对 DES 进行了大量的研究与分析。

对 DES 的批评主要集中在以下几点：

（1）DES 的密钥长度（56 位）可能太短；

（2）DES 的迭代次数可能太少；

（3）S-盒中可能有不安全因素；

（4）DES 的一些关键部分不应当保密。

比较一致的看法是 DES 的密钥太短。密钥量仅为 2^{56}（约为 10^{17}）个，不能抵抗穷尽密钥搜索攻击（所谓穷尽密钥搜索攻击是指攻击者在得到一组明文-密文对条件下，可对明文用不同的密钥加密，直到得到的密文与已知的明文-密文对中的相符，就可确定所用的密钥），事实证明的确如此。1997 年 1 月 28 日，美国的 RSA 数据安全公司在 RSA 安全年会上公布了一项"秘密密钥挑战"竞赛,分别悬赏 1000 美金、5000 美金和 1 万美金用于攻破不同密钥长度的 RC5,同时还悬赏 1 万美金破译密钥长度为 56 位的 DES。RSA 发起这场挑战赛是为了调查 Internet 上分布式计算的能力,并测试不同密钥长度的 RC5 和密钥长度为 56 位的 DES 的相对强度。美国科罗拉多州的程序员 Verser 从 1997 年 3 月 13 日起,用了 96 天的时间,在 Internet 上数万名志愿者的协同工作下,于 6 月 17 日成功地找到了 DES 的密钥,获得了 RSA 公司颁发的 1 万美金的奖励。这一事件表明,依靠 Internet 的分布式计算能力,用穷尽密钥搜索攻击方法破译已成为可能。1998 年 7 月,电子边界基金会(EFF)使用一台价值 25 万美金的计算机在 56 小时内破解了 56 位的 DES。1999 年 1 月 RSA 数据安全会议期间,电子边界基金会用 22 小时 15 分钟就宣告完成 RSA 公司发起的 DES 的第三次挑战。

　　最有意义的分析技巧就是差分分析(在密码学中,"分析"和"攻击"这两个术语的含义相同,以后不加区别)。差分分析(Differential Cryptanalysis)是由 Biham 和 Shamir 于 1991 年提出的选择明文攻击,可以攻击很多分组密码(包括 DES)。差分分析涉及带有某种特性的密文对和明文对比较,其中分析者寻找明文有某种差分的密文对。这些差分中的一些有较高的重现概率,差分分析用这些特征来计算可能密钥的概率,最后定位最可能的密钥。据说,这种攻击很大程度上依赖于 S-盒的结构,然而,DES 的 S-盒被优化可以抗击差分分析。尽管差分攻击比 DES 公布更迟,IBM 公司 Don Coppersmith 在一份内部报告中说:"IBM 设计小组早在 1974 年已经知道差分分析,所以设计 S-盒和换位变换时避开了它,这就是 DES 能够抵抗差分分析方法的原因。我们不希望外界掌握这一强有力的密码分析方法,因此这些年来我们一直保持沉默。"

　　轮数对差分分析有一个较大的影响。如果 DES 仅使用 8 轮,则在个人计算机上只需几分钟就可破译密码。在完全的 16 轮上,差分分析仅比穷尽密钥搜索稍微有效。然而,如果增加到 17 或 18 轮,则差分分析攻击和穷尽密钥搜索攻击花费同样的时间。如果 DES 被增加到 19 轮,则穷尽密钥搜索攻击比差分分析更容易。这样,尽管差分分析是理论可破的,但因为需花费大量的时间和数据支持,所以并不实用。然而,差分分析攻击显示,对任何少于 16 轮的 DES,在已知明文攻击下比穷尽密钥搜索更有效。1993 年,Masui 介绍了线性攻击(Linear Cryptanalysis),是一种已知明文攻击,用线性近似来描述分组密码的行为。线性分析证明比差分分析更有效。事实上,Matsui 在试验性条件下能恢复一个 DES 密钥,线性分析能用 2^{21} 个已知明文破译 8 轮 DES,用 2^{43} 个已知明文破译 16 轮 DES。

　　如前所述,DES 已经达到它的信任终点。1997 年 4 月 15 日,美国国家标准与技术研究院发起征集 AES 算法的活动,目的是确定一个非保密的、公开披露的、全球免费使用的分组密码算法,用于保护 21 世纪政府的敏感信息,并希望能够成为秘密和公开部门的数据加密标准。

2.3.2　AES

　　AES 又称为 Rijndael 加密算法,是由比利时密码学家 Joan Daemen 和 Vincent Rijmen 所设计的。这个标准用来替代原先的 DES。经过 5 年的甄选流程,Rijndael 加密算法被作为最终的高级加密标准候选算法,由美国国家标准与技术研究院于 2001 年 11 月 26 日发布于 FIPS PUB 197,并在 2002 年 5 月 26 日成为有效的标准。

1. AES 算法描述

AES 算法密钥长度可分为 128，192 和 256 位三种情况，而 AES 算法的输入数据都是 128 位，所有运算都是在一个称为状态的二维字节数组上进行。一个状态由 4 行组成，每一行包括 4 个字节。如图 2.18 所示，输入字节数组 in_0，in_1，$\cdots$，in_{15}，加密或解密的运算都在该状态矩阵上进行，最后的结果为 128 位的输出字节数组 out_0，out_1，$\cdots$，out_{15}。

图 2.18　状态矩阵及其输入和输出

AES 算法加密、解密的基本流程如图 2.19 所示。首先是对明文、密文进行一次密钥加变换，接下来进行多轮的循环运算。循环轮数依赖于密钥长度，如表 2.7 所示。AES 算法采用的是替代/置换（SP）网络结构，每一轮循环由如下 3 层组成：

（1）非线性层：进行字节代换（SubByte），即 S-盒替换，起到混淆的作用。

（2）线性混合层：进行行变换运算（ShiftRow）和列变换运算（MixColumn），以确保多轮之上的高度扩散。

（3）密钥加（AddRoundKey）层：轮密钥简单地异或到中间状态上。

图 2.19　AES 算法加、解密的基本流程

表 2.7　轮数与密钥长度的关系

算法类别	密钥长度 Nk（words）	分组大小 Nb（words）	轮数 Nr
AES-128	4	4	10
AES-192	6	4	12
AES-256	8	4	14

加密和解密运算的轮运算内部运算顺序有所不同，而且加密运算时最后一次循环不需要正向列混合变换，解密运算时最后一轮运算不需要逆列混合变换。AES 运算中每轮运算用到的轮密钥由 AES 密钥进行密钥扩展运算（Expanded Key）获得。

在 AES 每一轮的运算中包括字节代换、行位移变换、列混合变换和轮密钥加运算 4 个步骤，其中前 3 个步骤又可分为正向算法（加密算法）和逆向算法（解密算法）。

（1）字节代换（SubBytes）。

正向字节代换是一个非线性的字节代换操作，通过使用一个称为 Sbox 的替换表将状态中的每一个字节独立地映射为一个新的字节。这个 Sbox 的替换表是由以下两个变换复合而成的。

① 对所有的子字节在有限域 $GF(2^8)$ 中求其乘法逆，且规定"00"的逆为"00"，"01"的逆仍然为"01"。

② 经①处理后的字节值进行如下表达式的仿射变换。

$$
\begin{bmatrix} y_0 \\ y_1 \\ y_2 \\ y_3 \\ y_4 \\ y_5 \\ y_6 \\ y_7 \end{bmatrix} =
\begin{bmatrix}
1 & 0 & 0 & 0 & 1 & 1 & 1 & 1 \\
1 & 1 & 0 & 0 & 0 & 1 & 1 & 1 \\
1 & 1 & 1 & 0 & 0 & 0 & 1 & 1 \\
1 & 1 & 1 & 1 & 0 & 0 & 0 & 1 \\
1 & 1 & 1 & 1 & 1 & 0 & 0 & 0 \\
0 & 1 & 1 & 1 & 1 & 1 & 0 & 0 \\
0 & 0 & 1 & 1 & 1 & 1 & 1 & 0 \\
0 & 0 & 0 & 1 & 1 & 1 & 1 & 1
\end{bmatrix}
\bullet
\begin{bmatrix} x_0 \\ x_1 \\ x_2 \\ x_3 \\ x_4 \\ x_5 \\ x_6 \\ x_7 \end{bmatrix} +
\begin{bmatrix} 1 \\ 1 \\ 0 \\ 0 \\ 0 \\ 1 \\ 1 \\ 0 \end{bmatrix}
$$

在这个变换中，通过替换表找到状态的每个字节对应的多项式，然后对这个字节进行替换。例如，"00"用"63"替换，"63"用"fb"替换。

$$
\begin{bmatrix} b_0' \\ b_1' \\ b_2' \\ b_3' \\ b_4' \\ b_5' \\ b_6' \\ b_7' \end{bmatrix} =
\begin{bmatrix}
0 & 0 & 1 & 0 & 0 & 1 & 0 & 1 \\
1 & 0 & 0 & 1 & 0 & 0 & 1 & 0 \\
0 & 1 & 0 & 0 & 1 & 0 & 0 & 1 \\
1 & 0 & 1 & 0 & 0 & 1 & 0 & 0 \\
0 & 1 & 0 & 1 & 0 & 0 & 1 & 0 \\
0 & 0 & 1 & 0 & 1 & 0 & 0 & 1 \\
1 & 0 & 0 & 1 & 0 & 1 & 0 & 0 \\
0 & 1 & 0 & 0 & 1 & 0 & 1 & 0
\end{bmatrix}
\bullet
\begin{bmatrix} b_0 \\ b_1 \\ b_2 \\ b_3 \\ b_4 \\ b_5 \\ b_6 \\ b_7 \end{bmatrix} +
\begin{bmatrix} 1 \\ 0 \\ 1 \\ 0 \\ 0 \\ 0 \\ 0 \\ 0 \end{bmatrix}
$$

逆字节代换（InvSubBytes）的计算是通过查逆 Sbox 的替换表进行字节替换，即首先进行逆仿射变换的替换运算，然后求得输入字节的乘法逆。例如在逆 S 变换表中，"63"用

"00"替换,"fb"用"63"替换。

(2) 行位移变换(ShiftRows)。

行位移变换是线性变换,它和列混合运算相互影响,在多轮变换后,使密码信息达到充分的扩散。正向行位移变换是在状态矩阵的每个行间进行的,是状态矩阵中的行按照不同的偏移量进行循环左移运算,第 0 行循环左移 0 字节,第 1 行循环左移 1 字节,第 2 行循环左移 2 字节,第 3 行循环左移 3 字节。逆向行位移变换(InvShiftRows)与行位移类似,只是位移方向为循环右移。

(3) 列混合变换(MixColumns)。

正向列混合变换对状态的每一列进行操作。将每一列视作一个系数在 $GF(2^8)$ 上的多项式,乘上一个固定的多项式 $a(x)$,然后模 $x^4 + 1$。$a(x)$ 的定义如下:

$$a(x) = \{03\}x^3 + \{01\}x^2 + \{01\}x + \{02\}$$

这种运算可用矩阵乘法来表示,记 $b(x) = c(x) \otimes a(x)$,则:

$$\begin{bmatrix} b_0 \\ b_1 \\ b_2 \\ b_3 \end{bmatrix} = \begin{bmatrix} 02 & 03 & 01 & 01 \\ 01 & 02 & 03 & 01 \\ 01 & 01 & 02 & 03 \\ 03 & 01 & 01 & 02 \end{bmatrix} \cdot \begin{bmatrix} a_0 \\ a_1 \\ a_2 \\ a_3 \end{bmatrix}$$

由于 $c(x)$ 与 $x^4 + 1$ 互素,因此 $c(x)$ 可逆,且 $c^{-1}(x) = d(x) = \{0B\}x^3 + \{0D\}x^2 + \{09\}x + \{0E\}$。逆列混合变换(InvMixColumns)类似于列混合变换,只需将 $c(x)$ 换成 $d(x)$,也就是只需将系数矩阵换为其乘法逆矩阵,即:

$$\begin{bmatrix} a_0 \\ a_1 \\ a_2 \\ a_3 \end{bmatrix} = \begin{bmatrix} 0E & 0B & 0D & 09 \\ 09 & 0E & 0B & 0D \\ 0D & 09 & 0E & 0B \\ 0B & 0D & 09 & 0E \end{bmatrix} \cdot \begin{bmatrix} b_0 \\ b_1 \\ b_2 \\ b_3 \end{bmatrix}$$

(4) 轮密钥加变换(AddRoundKey)。

轮密钥加变换就是将状态矩阵与当前轮的轮密钥进行异或运算。轮密钥是由初始密钥通过密钥扩展获得,轮密钥的长度与状态矩阵长度是相同的。轮密钥加变换非常简单,却能影响状态矩阵中的每一位。密钥编排的复杂性和 AES 的其他阶段运算的复杂性确保了该算法的安全性。

2. 密钥扩展(Expanded Key)算法

密钥扩展就是将初始密钥通过一个密钥扩展函数扩展后,得到每一轮加密、解密所使用的轮密钥。因为 AES 算法要求进行一次初始密钥加法,并且每一轮都需要一个轮密钥,所以所需要的轮密钥位的总数等于 $128 \times (Nr+1)$。因此,如果密钥长度为 128 位,轮数为 10(即 Nr=10),那么就需要 1408 位的轮密钥。经过密钥扩展后,最高位的 128 位分组就用做初始密钥加法的轮密钥,扩展密钥的下一个 128 位分组作为第一轮的轮密钥,依此类推。最后,最低位的 128 位用做最后一轮的轮密钥。解密时的轮密钥顺序刚好与加密时相反,也就是加密时最后一轮的 128 位轮密钥就是解密时的第一轮密钥,其他顺序依此类推。

扩展密钥是以 4 字节字为元素的一维阵列,其中前 Nk(密钥长度)个字为用户输入密钥,后面的每个字都由它前面的字经过递归方式定义。具体算法分 Nk≤6 和 Nk>6 两种

情况,这两种情况略有不同,具体如下:

(1) 当 Nk≤6 时,即 AES 算法密钥长度为 128 和 192 位时,有:

```
KeyExpansion (byte Key[4 * Nk],word W[Nb * (Nr + 1)])
{
    for (i = 0; i < Nk; i++)
        W[i] = (Key[4 * i],Key[4 * i + 1],Key[4 * i + 2],Key[4 * i + 3]);
    for (i = Nk; i < Nb * (Nr + 1); i++)
    {
        temp = W[i - 1];
        if (i % Nk = = 0)
            temp = SubByte(RotByte(temp))^ Rcon[i/Nk];
            W[i] = W[i - Nk]^ temp;
    }
}
```

(2) 当 Nk>6 时,即 AES 算法密钥长度为 256 位时,有:

```
KeyExpansion (byte Key[4 * Nk],word W[Nb * (Nr + 1)])
{
    for (i = 0; i < Nk; i++)
        W[i] = (Key[4 * i],Key[4 * i + 1],Key[4 * i + 2],Key[4 * i + 3]);
    for (i = Nk; i < Nb * (Nr + 1); i++)
    {
        temp = W[i - 1];
        if (i % Nk = = 0)
            temp = SubByte(RotByte(temp))^ Rcon[i/Nk];
        else if (i % Nk = = 4)
            temp = SubByte(temp);
        W[i] = W[i - Nk]^ temp;
    }
}
```

在上面的子程序中,Key[4 * Nk]为初始密钥,看做以字节为元素的一维阵列;SubByte 函数对输入用 Sbox 进行字节代换;RotByte 函数对输入字节$[a_0,a_1,a_2,a_3]$进行循环左移一个字节,得到$[a_1,a_2,a_3,a_0]$;Rcon[i]是轮常量,其定义为$[RC[i],\{00\},\{00\},\{00\}]$,其中 i 是从 1 开始,RC[i]表示在有限域 $GF(2^8)$ 中 x^{i-1} 的值。表 2.8 给出了前 10 个 RC 的十六进制值。

表 2.8　RC[i]部分值

i	1	2	3	4	5	6	7	8	9	10
RC[i]	01	02	04	08	10	20	40	80	1B	36

3. AES 安全性

AES 加密算法自 2002 年成为有效标准至今,除了一次旁道攻击成功外,尚无其他成功破解的报道,AES 算法的安全性到目前为止是可靠的。当然,针对 AES 密码系统,不断有新的攻击方法提出,包括功耗分析、积分攻击和旁道攻击等,但这些攻击尚不能对 AES 构成实际的威胁。其中,旁道攻击不攻击密码本身,而是攻击那些在不安全系统(会在不经意间泄露信息)上的加密系统。

2.3.3 序列密码

1. 序列密码体制原理

根据如图 2.1 所示的保密通信系统模型,信源可以是报文、语言、图像、数据等,一般都是经编码器转化为 0,1 序列,加密是针对 0,1 序列进行。

序列密码将明文消息序列 $m=m_1,m_2,\cdots,m_n$ 用密钥流序列 $k=k_1,k_2,\cdots,k_n$ 逐位加密,得密文序列 $c=c_1,c_2,\cdots,c_n$,其中加密变换为 E_k:

$$c_i = E_k(m_i)$$

记为 $c=E_k(m)$,其解密变换为 D_k:

$$m_i = D_k(c_i)$$

记为 $m=D_k(c)$。

在序列密码中,加密变换常采用二元加法运算,即

$$c_i = m_i \oplus k_i \qquad m_i = c_i \oplus k_i$$

图 2.20 是一个二元加法流密码系统的模型。其中 k 为密钥序列生成器的初始密钥(也称种子密钥)。为了密钥管理的方便,k 一般较短,它的作用是控制密钥序列生成器生成长的密钥流序列 $k=k_1,k_2,\cdots$。

图 2.20 二元加法流密码系统的模型

恢复明文的关键是知道密钥流 k_i。如果非法接收者知道了密钥流 k_i,当然也就能从密文 c_i 恢复出明文 m_i,因此密码系统的安全性取决于密钥流的性能。当密钥流序列是完全随机序列时,该系统便被称为完善保密系统,即不可破的。然而,在通常的序列密码中,加密、解密用的密钥序列是伪随机序列,一般是由线性移位寄存器和非线性密钥生成器组合而成。线性移位寄存器具有序列周期长、实现简单和速度快等优点,但是它是可以预测的,密码强度较低;非线性密钥生成器主要提高密钥序列的不可预测性、随机性和复杂性,提高抗各种密码攻击的能力。RC4、A5 和 SEAL 等算法都是属于序列密码体制的,下面以 RC4 算法为例进行说明。

2. RC4 算法

RC4 是由美国麻省理工学院的 Ron Rivest 在 RSA 数据安全公司开发的可变密钥长度的流密码，是世界上普遍使用的流密码之一。RC4 的一个优点是软件实现很容易，它不仅已经应用于 Microsoft Windows、Lotus Notes 等软件中，而且用于安全套接字层（Secure Socket Layer，SSL）保护因特网的信息流。RC4 是一种基于非线性数据表变换的流密码，它以一个足够大的数据表 S 为基础，对表进行非线性变换，产生非线性的密钥流序列。RC4 数据表的大小随着参数 n 的变化而变化。通常取 $n=8$，此时总共可以生成 2^8 个元素的数据表，主密钥的长度至少为 40 位。RC4 密钥流的每个输出都是数据表 S 中的一个随机元素。密钥流的生成需要两个过程：密钥调度算法和伪随机生成算法。前者用于设置数据表 S 的初始排列，后者用于选取随机元素并修改 S 的原始排列顺序。

对密钥调度算法初始化数据表 S，有 $S(i)=i$ $(0 \leqslant i \leqslant 255)$（一个字节）。通过选取一系列数字，并加载到密钥数据表 $k(0)$，$k(1)$，$\cdots$，$k(255)$，其操作过程可用如下伪代码来描述：

```
for i from 0 to 255
        S[i] := i
endfor
        j := 0
for i from 0 to 255
        j := (j + S[i] + K[i mod keylength]) mod 256
        swap values of S[i] and S[j]
endfor
```

数据表 S 通过以下步骤实现随机化：

(1) 对表 S 进行线性填充，即 $S(0)=0$，$S(1)=1$，$S(2)=2$，$\cdots$，$S(255)=255$。

(2) 用种子密钥填充另一个 256 字符的 K 表 $k(0)$，$k(1)$，$\cdots$，$k(255)$，如果密钥的长度小于 K 的长度，则依次重复填充，直至将 K 填满。

(3) $j=0$。

(4) for $0 \leqslant i \leqslant 255$：

① $j=(j+S(i)+K(i \bmod(\text{keylength}))\bmod 256$；

② 交换 $S(i)$ 和 $S(j)$。

当密钥调度算法完成了 S 的初始化，伪随机生成算法就开始工作，为密钥流选取字节，从 S 中选取随机元素，并修改 S 以便下一次选取，选取过程取决于索引 i 和 j。其操作过程可用如下伪代码来表示。

```
    i := 0
    j := 0
while GeneratingOutput:
    i := (i + 1) mod 256
    j := (j + S[i]) mod 256
    swap values of S[i] and S[j]
    K := S[(S[i] + S[j]) mod 256]
    output K
endwhile
```

选取密钥流的每个字(一个字节)的步骤如下:

(1) $i=0$, $j=0$。

(2) $i=(i+1)\bmod 256$。

(3) $j=(j+S(i))\bmod 256$。

(4) 交换 $S(i)$ 和 $S(j)$。

(5) 输出密钥字 $K=S((S(i)+S(j))\bmod 256)$。

2.4　非对称密码体制

非对称密码体制又称为公钥密码体制,其主要特征是加密密钥可以公开,而不会影响到解密密钥的机密性。1976 年,W. Diffie 和 N. E. Hellman 在 *IEEE Transactions on information theory* 上发表了题为"密码学的新方向"的论文,该论文首次提出了非对称密码体制概念,开创了现代密码学研究的新领域,对密码学的发展有着极为重要的意义。非对称密码体制可用于保护数据的机密性、完整性和身份识别。

非对称密码体制的典型特点是:

(1) 在非对称密码体制中,有一对密钥(pk,sk),其中 pk 是公开的,即公开密钥,也就是说,这个密钥可以让每个人都知道。另一个密钥 sk 是保密的,这个密钥称为私人密钥,简称私钥。

(2) 在非对称密码体制中,进行加密和解密时使用不同的加密密钥和解密密钥,这里要求加密密钥和解密密钥不能相互推导出来或者很难推导出来。

(3) 一般来说,非对称密码体制都是建立在严格的数学基础上,公开密钥和私人密钥的产生是通过数学方法产生的,公钥算法的安全性是建立在某个数学问题很难解决的基础上。

下面通过一个例子,简单介绍一下非对称密码体制中的一个应用。现在 Alice 和 Bob 要用公钥密码体制进行通信(Alice 的密钥对为 KAP 和 KAS,而 Bob 的密钥对为 KBP 和 KBS):

(1) Alice 和 Bob 互相拥有对方的公钥,但都不知道对方的私钥。

(2) Alice 用自己的私钥 KAS 加密的信息,任何人都可以用其对应的公钥 KAP 进行解密。Bob 只要能用 KAP 正常解密这段信息,就可以断定这个信息是 Alice 发出的,而 Alice 也不能否认她发出的这段信息。因为只有 Alice 拥有自己的私钥,而只有用 Alice 的私钥加密的信息才能用 Alice 自己的公钥解密。这实现了 Alice 对其发送的信息的不可否认性及收信者对 Alice 的身份认证。

(3) Alice 用 Bob 的公钥 KBP 加密一段信息,这段信息只有 Bob 本人才能打开,因为只有 Bob 才拥有自己的私钥 KBS,而只有 Bob 自己的私钥才能解密用 Bob 的公钥加密的信息。这实现了信息传送的保密性。

(4) Alice 用自己的私钥对资料 P 加密后形成密文 C1,再用 Bob 的公钥加密密文 C1,形成 C2,并将 C2 传送给 Bob。Bob 用自己的私钥可以解密出 C1,并用 Alice 的公钥解密出原资料 P。这时 Bob 可以安全地接收到资料 P,即他可以确认该资料确实来自 Alice,并在中途未被更改过。因为其他人没有 Bob 的私钥 KBS,无法解密出 C1,即使能解密出 C1,且更改了资料 P,也无法再还原成 C1,因为第三方没有 Alice 的私钥。从这方面讲,即使 Bob

也无法更改密文 C1 的内容,从而否认接收到的原信息,因为他也没有 Alice 的私钥。这实现了信息的完整性验证。

综上所述,公钥密码体制可以完成以下工作:资料的保密性,资料的完整性,发送者的不可否认性和对发送者的认证,即加密模型和认证模型,如图 2.21 所示。

(a) 加密模型

(b) 认证模型

图 2.21 非对称密码体制中的两种模型

非对称密码体制根据其所依据的数学难题一般可以分为三类:大整数分解问题类、离散对数问题类和椭圆曲线类。有时也把椭圆曲线类归为离散对数类。非对称密码体制的出现是现代密码学的一个重大突破,给计算机网络安全带来了新的活力,为解决计算机网络安全提供了新的理论和技术基础。这里重点介绍两种有代表性的非对称密码体制:RSA 密码体制和椭圆曲线密码体制。

2.4.1 RSA 非对称密码体制

1977 年,即 Diffie-Hellman 的论文发表一年后,美国麻省理工学院的三名教授 Ron Rivest、Adi Shamir 和 Leonard Adelman 根据这一想法开发了一种实用加密方法,这就是 RSA,它是以三位开发人员姓的首字母大写命名的。该体制既可用于加密,又可用于数字签名,易懂、易实现,是目前仍然安全且逐步被广泛应用的一种体制。国际上的一些标准化组织 ISO、ITU 及 SWIFT 等均已接受 RSA 体制作为标准。在 Internet 中所采用的 PGP 加密中也将 RSA 作为传送会话密钥和数字签名的标准算法。

1. RSA 公钥体制的基本原理

RSA 体制基于“大数分解和素数检测”这一著名的数论难题:将两个大素数相乘十分容易,但将该乘积分解为两个大素数因子却极端困难。素数检测就是判定一个给定的正整数是否为素数的过程。

在 RSA 中,公开密钥和私人密钥是一对大素数(100~200 位十进制数或更大)的函数。在使用 RSA 公钥体制之前,每个参与者必须产生一对密钥。

(1) RSA 密码体制的密钥产生。

① 随机选择两个不同的大素数 p 和 q,计算乘积 $n=p \times q$;

② 计算其欧拉函数值 $\Phi(n)=(p-1)(q-1)$;

③ 随机选取加密密钥 k，使 k 和 $\Phi(n)$ 互素，即保证 $\gcd(k, \Phi(n)) = 1$，其中 $\gcd(\cdot)$ 是求两个数的最大公约数函数，从而在模 $\Phi(n)$ 意义下，k 有逆元。因为与 $\Phi(n)$ 互素的数可能不止一个，所以 k 的值是随机选择的。可以先设 k 为一个初值，并且 $k < \Phi(n)$，然后采用试探法求出满足条件的 k。可以令 $sk = k$（或 $pk = k$），这里要注意的是，如果选取一个密钥的值大于 $\Phi(n)$，就不能正确求出另一个密钥了。

④ 利用欧几里德扩展算法计算 sk 的逆元，即解密密钥 pk，以满足：

$$sk \cdot pk = 1 \bmod \Phi(n)$$

即：

$$pk = sk^{-1} \bmod \Phi(n)$$

注意：pk 和 n 也互素。pk 和 n 是公开密钥，sk 是私人密钥。当不再需要两个素数 p 和 q 时，应该将其丢弃，但绝不可以泄密。

（2）RSA 体制的加密。

在对消息 m 进行加密时，首先将它分解成比 n 小的数据分组 m_i，即 $m = m_1 m_2 \cdots m_i \cdots$。然后用每块明文自乘 sk 次幂，再按模 n 求余数，就可以得到密文。

密文为：

$$C_i = m_i^{sk} \bmod n$$

密文序列为：

$$C = C_1 C_2 \cdots C_i \cdots$$

（3）RSA 体制的解密。

RSA 体制的解密与加密算法基本相同，将每块密文自乘 pk 次幂，再按模 n 求余数，就可以得到明文。

明文为：

$$m_i = C_i^{pk} \bmod n$$

明文序列为：

$$m = m_1 m_2 \cdots m_i \cdots$$

可以证明，解密变换是加密变换的逆变换。

事实上，由假设 $pk = sk^{-1} \bmod \Phi(n)$ 可知，存在一个正整数 r，使得 $pk \cdot sk = r\Phi(n) + 1$ 成立，从而 $m^{pk \cdot sk} = m^{r\Phi(n) + 1}$。因为有限群 Z_p^* 中元素个数为 $\Phi(p)$ 个，故由 Lagrange 定理可知，当 $\gcd(m, p) \neq p$ 时，$m^{r\Phi(n) + 1} \equiv m^{r\Phi(p)\Phi(q) + 1} \equiv m \cdot m^{\Phi(p)\Phi(q)} \equiv m (\bmod p)$；而当 $\gcd(m, p) = p$ 时，两边都为 0，该式也成立。从而 $m^{r\Phi(n) + 1} \equiv m(\bmod p)$ 对任意 m 都成立。

同理可证 $m^{r\Phi(n) + 1} \equiv m(\bmod q)$。

可得 $m^{r\Phi(n) + 1} \equiv m(\bmod n)$。

所以 $m^{pk \cdot sk} (\bmod n) = m$，即解密变换就是加密变换的逆变换。

RSA 使用了大数的指数运算，选定大整数 n 后，明文（密文）分组是小于 n 的二进制值。显然，由 sk 无法算出 pk，明文发送方和接收方都必须知道 n 的值，发送方知道 sk 的值，而接收方只知道 pk 的值，从而公开密钥为 $KU = \{pk, n\}$，私有密钥为 $KR = \{sk, n\}$。

下面举一个例子说明 RSA 的加密和解密过程。

（1）选择两个素数 $p = 47$，$q = 61$；

（2）计算 $n = p \cdot q = 2867$；

（3）计算 $\Phi(n)=(p-1)(q-1)=2760$；

（4）选择一个 sk$=167$，它小于 $\Phi(n)$ 且与 $\Phi(n)=2760$ 互为素数；

（5）求出 pk，使得 sk $\cdot$ pk$=1\bmod 2760$，易见 pk$=1223$，因为 $1223*167=204241=74*2760+1$；

（6）结果得到的公开密钥为 KU$=\{1223,2867\}$，私人密钥为 KR$=\{167,2867\}$。

现用明文输入 $m=123\ 456\ 789$ 时的加密和解密过程来说明上述密码系统的应用。在加密时，首先将明文分成 3 组，即：

$$m_1 = 123$$
$$m_2 = 456$$
$$m_3 = 789$$

用私钥 sk 进行加密：

$$C_1 = m_1^{167} \bmod 2867 = 1770$$
$$C_2 = m_2^{167} \bmod 2867 = 1321$$
$$C_3 = m_3^{167} \bmod 2867 = 1297$$

可以得到密文为：

$$C = 1770\ 1321\ 1297$$

解密时，用公开密钥 pk 解密，只要计算：

$$m_1 = C_1^{1223} \bmod 2867 = 123$$
$$m_2 = C_2^{1223} \bmod 2867 = 456$$
$$m_3 = C_3^{1223} \bmod 2867 = 789$$

这样就将明文恢复出来了。

2. RSA 体制的安全性

从技术上说，RSA 的安全性完全依赖于大素数的分解问题，这个问题的求解困难性虽然从未在数学上得到理论证明，但经过 30 多年的应用以后，到目前为止还没有找到一种有效的方法来进行大素数分解。

RSA 算法的安全性取决于 p、q 的保密性以及分解大数的难度，即已知 $n=pq$，分解出 p、q 的困难性。所以在计算出 n 后，要立即彻底删除 p、q 的值。

目前攻击 RSA 算法主要有两种：一种是从 n 企图分解出 p、q，另一种是穷举密钥法。穷举法没有分解大素数有效。当前运用计算机和素数理论，已能够分解出 129 位长的十进制数。

一般来说，密钥长度越长，安全性越好。RSA 实验室建议，个人使用 RSA 算法时，公开模数的长度至少要达到 768 位，公司要用到 1024 位，极其重要的单位要用到 2048 位。当然，随着密钥长度变长以后，加密和解密的速度会降低很多，影响效率。为了提高加密速度，通常取加密的 sk 为特定的小整数，如 EDI（电子数据交换）国际标准中规定选择的 $k=2^{16}+1$，ISO/IEC 9796 甚至允许取 $k=3$，这样导致加密速度一般比解密速度快 10 倍以上。尽管如此，与对称加密体制相比，RSA 的加、解密速度还是太慢，所以它很少用于数据的加密，而一般只用于数字签名、密钥管理和认证。

2.4.2　椭圆曲线非对称密码体制

另一类重要的非对称密码体制的构造依赖于一个阶数相当大的有限群，特别是阶数含大素数因子的群。事实上,有限域乘法群和椭圆曲线加法群是非常方便的候选对象。用这两种群可以构造 Diffie-Hellman 密钥交换算法、ElGamal 加密算法和 ElGamal 数字签名算法。

椭圆曲线密码(Elliptic Curve Cryptography,ECC)是基于椭圆曲线算术的一种非对称密码方法。椭圆曲线在密码学中的使用是在 1985 年由 Neal Koblitz 和 Victor Miller 分别独立提出的。椭圆曲线密码有一些突出的优点:密钥长度短,抗攻击性强,单位比特的安全性强度高。比如 160 位的 ECC 与 1024 位的 RSA 有相同的安全强度。此外,ECC 的计算量小,处理速度快,比如在相同的强度下,用 160 位的 ECC 进行加密、解密或数字签名要比用 1024 位的 RSA 快大约 10 倍。目前 ECC 算法已经成为一种非常流行的非对称密码算法。

由于学习椭圆曲线密码体制需要较多的数学知识,本节仅介绍一些基本概念,感兴趣的读者可以参考相关材料。

1. 椭圆曲线

实数域上的椭圆曲线是指方程:

$$y^2 + axy + by = x^3 + cx^2 + dx + e$$

的所有解 $(x,y) \in R \times R$(R 表示实数域),再加上一个无穷远点(记作 O)所构成的一个集合 E,其中 a,b,c,d,e 是满足某些简单条件的实数。

在 E 上定义加法运算,对所有的 $P,Q \in E$,运算规则如下:

(1) O 是加法的单位元,有 $O = -O$。

(2) 对椭圆曲线上的任何一点 P,有 $P + O = P = O + P$。

(3) 如果 $P = (x_1, y_1)$,那么 $-P = (x_1, -y_1 - ax_1 - b)$。

(4) 如果 $Q = -P$,那么 $P + Q = O$。

(5) 如果 $P \neq O, Q \neq O, Q \neq -P, Q \neq P$,设 R 是过点 P 和 Q 的直线与 E 的交点,那么 $Q + P = -R$。

(6) Q 的倍数定义如下:在点 Q 作 E 的切线,并找出另一交点 S,定义 $Q + Q = 2Q = -S$。

结合(5),类似地可以定义 $3Q = Q + Q + Q, \cdots, nQ = Q + \cdots + Q$。

可以证明 E 关于上述定义的加法运算构成一个交换群。

2. 有限域上的椭圆曲线

实数是连续的,导致定义于其上的椭圆曲线也是连续的,但连续的椭圆曲线并不适合加密,所以在密码学上我们关心的是定义在有限域上的椭圆曲线。

有限域 F 上的椭圆曲线是指方程:

$$y^2 + axy + by = x^3 + cx^2 + dx + e$$

的所有解 $(x,y) \in F \times F$,再加上一个无穷远点 O 所构成的一个集合 E,其中 $a,b,c,d,e \in F$ 是满足某些简单条件的实数。

由上面有限域 F 上椭圆曲线的定义,可以看出有限域上的椭圆曲线是离散的。下面介绍定义于有限域 Z_p($p > 3$ 是素数)上的一类简单且常用的椭圆曲线 $y^2 = x^3 + ax + b$,至于其他类型有限域上的椭圆曲线,有兴趣的读者可以参阅有关文献。

有限域 Z_p（$p>3$ 是素数）上的椭圆曲线 $y^2=x^3+ax+b$ 是由一个称为无穷远点的 O 和满足同余方程：

$$y^2 = x^3 + ax + b(\mathrm{mod}p)$$

的解 $(x,y) \in Z_p \times Z_p$ 组成的集合 E，其中 $a,b \in Z_p$，并满足：

$$4a^3 + 27b^2(\mathrm{mod}p) \neq 0$$

为了以后叙述方便，把 Z_p 上的这类椭圆曲线记作 $E_p(a,b)$。与实数域上的椭圆曲线上的加法定义方式相同，椭圆曲线 $E_p(a,b)$ 上的加法定义如下（所有的运算都在 Z_p 上）。

对任意 $P=(x_1,y_1),Q=(x_2,y_2) \in E$，有

$$P+Q = \begin{cases} O & \text{如果 } x_1=x_2, y_1=-y_2 \\ (x_3,y_3) & \text{其他} \end{cases}$$

其中，

$$x_3 = \lambda^2 - x_2 - x_1, \qquad y_3 = \lambda(x_1-x_3) - y_1, \qquad \lambda = \begin{cases} (y_2-y_1)/(x_2-x_1) & P \neq Q \\ (3x_1^2+a)/(2y_1) & P=Q \end{cases}$$

最后对所有的 $P \in E$，定义 $P+(-P)=O$。

注意：Z_p（$p>3$ 是素数）上的椭圆曲线没有实数域上的椭圆曲线的直观几何解释，然而可以验证，$E_p(a,b)$ 关于上述定义的加法运算仍然构成了一个交换群。

若 E 是有限域 Z_p 上的椭圆曲线，且 G 是 E 的一个循环子群，α 是 G 的生成元，$\beta \in G$。那么已知 α 和 β，求满足：

$$n\alpha = \beta$$

的最小整数 n，称为椭圆曲线上的离散对数问题。

3. 椭圆曲线上的密码

在这里只介绍椭圆曲线上的 Menezes-Vanstone 公钥密码体制，它是 ElGamal 公钥密码体制在椭圆曲线上的实现，1993 年由 A. J. Menezes 和 S. A. Vanstone 提出。

Menezes-Vanstone 公钥密码算法描述如下。为了叙述方便，这里称发送方为 A，接收方为 B。

1）密钥生成

（1）A 选择一个大素数 p；

（2）A 选有限域 Z_p 上的一个椭圆曲线 E，且包含一个阶足够大的元素 α，α 的阶记为 $n=\mathrm{ord}(\alpha)$；

（3）A 选取整数 d，满足 $1 \leqslant d \leqslant n-1$，并计算 $\beta=d\alpha$；

（4）A 的公钥为 (E,p,α,β,n)，私钥为 d。

2）加密

（1）B 获取 A 的公钥 (E,p,α,β,n)；

（2）B 选取整数 k，满足 $1 \leqslant k \leqslant n-1$，计算 $y_0=k\alpha$ 和 $\delta=(c_1,c_2)=k\beta$；

（3）对明文 $x=(x_1,x_2) \in Z_p^* \times Z_p^*$（$Z_p^*=Z_p-\{0\}$），B 计算：

$$y_1 = c_1 x_1 \mathrm{mod}p$$

$$y_2 = c_2 x_2 \mathrm{mod}p$$

（4）B 得到密文 $y=(y_0,y_1,y_2) \in E \times Z_p^* \times Z_p^*$，并将它发送给 A。

3）解密

（1）A 收到 B 发给他的密文 $y=(y_0,y_1,y_2)$；

（2）A 计算 $dy_0=(c_1,c_2)$；

（3）A 分别计算 c_1 和 c_2 在 Z_p 上的逆元 c_1^{-1},c_2^{-1}；

（4）A 获得明文 $(c_1^{-1}y_1\bmod p,c_2^{-1}y_2\bmod p)=(c_1^{-1}c_1x_1\bmod p,c_2^{-1}c_2x_2\bmod p)=(x_1,x_2)=x$。

4. ECC 的安全性

椭圆曲线密码的安全性依赖于椭圆曲线离散对数问题（ECDLP）的难解性。从目前的研究来看，椭圆曲线离散对数问题比有限域上的离散对数问题似乎更难处理。迄今还没有出现类似于求解有限域上的离散对数问题的 index-calculs 类型的亚指数时间的算法，来求解一般椭圆曲线离散对数问题。这就意味着，可以在椭圆曲线密码体制中采用较小的数，以得到与使用更大的有限域同样的安全强度。

另外，如果定义于有限域 F 上的椭圆曲线 E 所含有点的个数恰好等于有限域 F 含有的元素个数，这样的椭圆曲线称为异常椭圆曲线。这类曲线易受攻击，在所有椭圆曲线密码体制中，该类曲线禁止使用。

2.5　密码学新进展

密码学把信息安全核心算法作为其研究目标，其研究内容也随着信息安全不断发展的需求而增长。本节介绍几个有代表性的密码学研究新方向，以及这些算法与传统密码算法相比较的特点。

2.5.1　可证明安全性

可证明安全性是指一个密码算法或密码协议，其安全性可以通过"归约"的方法得到证明。归约是把一个公认的难解问题通过多项式时间化成密码算法（或协议）的破译问题。换句话说，可证明安全性是假定攻击者能够成功，则可以从逻辑上推出这些攻击信息，可以使得攻击者或系统的使用者能够解决一个公认的数学难题。

这种思想使密码算法或密码协议的安全性论证比以往的方法更加科学、可信，因此成为密码学研究的一个热点问题。

2.5.2　基于身份的密码技术

利用用户的部分身份信息可以直接推导出它的公开密钥的思想，早在 1984 年 Shamir 就提出来了。对普通公钥密码来说，证书权威机构是在用户生成自己的公、私密钥对之后，对用户身份和公钥进行捆绑（签名），并公开这种捆绑关系。而对于基于身份的公钥密码来说，与证书权威机构对应的可信第三方，在用户的公、私密钥对生成过程中已经参与，而且公开密钥可以选择为用户的部分身份信息的函数值。这时，用户与其公钥的捆绑关系不是通过数字签名，而是通过可信第三方对密码参数进行可信、统一（而不是单独对每个用户的公钥）、公开的保障。可以看出，在多级交叉通信的情况下，对基于身份的密码使用比普通公钥密码的使用减少了一个签名、验证层次，从而受到人们的关注。

Shamir、Fiat 和 Feige 在 1984 年之后的几年中，提出了基于身份的数字签名方案和身份识别方案，但是直到 2001 年，Boneh 和 Franklin 才提出一个比较完善的基于身份的加密方案。Boneh 和 Franklin 的方案使用了椭圆曲线的 Weil 配对映射，从此人们总是把基于身份的密码与椭圆曲线的 Weil 配对联系在一起，成为近年来密码学的一个相当活跃的研究分支。

2.5.3　量子密码学

量子计算是近年来兴起的一个研究领域。早在 1982 年，物理学家们注意到，一些量子力学中的现象无法在现有计算机上进行仿真。但在 1994 年，美国电话电报公司的研究实验室提出了与现在计算机系统不同的结构模型，称为量子计算机，它通过量子力学原理实现超常规的计算。研究人员在假设可以制造一台量子计算机的前提下提出一种算法，可以在多项式时间内分解大整数。这是量子计算机理论的重大突破，与密码学有重要的联系。下面介绍的量子密钥分发技术足以显示量子密码技术的重要性。

1. 量子力学现象

光子和基本粒子都具有一定力学性质。力的分解与合成满足平行四边形法则或矢量的加法法则。特别地，如果有一个过 0 点的力 F，以及一个方向 e，则可以得到 F 在方向 e 上的分量 F_1，如图 2.22 所示。容易看出，F 在与自身同方向上的分量是自己，而在与 F 垂直方向上的分量是 0。

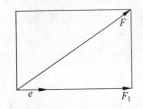

图 2.22　力的分解

可以用另一种方法表述上述现象：用方向 e 对 F 进行测量，得到结果 F_1。现在用光子来做一个实验。当光子传送时，它会在某个方向（如上下，左右或某个方向）上振荡。如果一束光中的所有光子都沿着一个方向振荡，则称它是极化的，否则称为非极化的。一束光通过一个偏光镜时，将得到极化的光束。一水平方向的极化光束 F，当遇到水平极化偏光镜 e 时，它们会全部通过，即得到的还是 F。而当 F 遇到垂直方向的极化偏光镜 e 时，则没有光子能通过。一般地，一极化的光束按照其大小和极性可以看成是矢量，当遇到一个与其极性的夹角成 α 的偏光镜 e 时，则通过的光束与 e 同向，而且其大小为 $F_1 = F \cdot \cos \alpha$。我们发现，用偏光镜过滤光束和用方向对力进行测量，其实是同样的道理。

对一个光子的解释比上述要困难。一个光子遇到偏光镜 e 时，如果光子极性与一个偏光镜 e 是平行（或垂直）时，光子将通过（或被阻止）。但当光子极性与一个偏光镜 e 夹角为 α 时，这个光子要么改变为 e 的方向通过，要么被阻止，因为光子是最小单位，不能有一个不完整的光子通过。因此物理学家给出的一个稍微合理的解释是，这时这个光子改变为 e 的方向通过的概率为 $p = \cos \alpha$。

选定两个垂直的方向，例如水平方向和垂直方向（用"—"和"｜"表示），或 45°左对角线和右对角线（用"／"和"＼"表示）。两种情况都称为一组极化基。第一组基记为 $B_1 = \{—, |\}$；第二组基记为 $B_2 = \{/, \backslash\}$。

由上面的讨论，在一组基上的两个方向之一的光子，如果用本组基方向上的偏光镜进行测量，可以正确地测量；而用另外一组极化基之一测量，则只能得到随机的结果。下面通过一个示例来说明怎样通过光量子分发密钥。

2. 量子密钥分发技术

例 2.8 假设 Alice 想和 Bob 共享一个随机位串。她想把 01110010 传送给 Bob。她随机选取一个等长的基序列 $B_1, B_2, B_1, B_1, B_2, B_2, B_1, B_2$。通信双方约定对于基 $B_1 = \{-, |\}$，把 1 编码为"—"，把 0 编码为"|"；对于基 $B_2 = \{/, \backslash\}$，把 1 编码为"/"，把 0 编码为"\"。因此 Alice 传递下列光子序列给 Bob：

$|, /, -, -, \backslash, \backslash, -, \backslash$

Bob 随机选择另一基序列 $B_2, B_2, B_2, B_1, B_2, B_1, B_1, B_2$，并用该基序列来接收收到的信息，它收到的量子位为：

$*, /, *, -, \backslash, *, -, \backslash$

注意："*"表示一些随机位。Bob 告诉 Alice 他在接收时使用的基序列。Alice 通过和自己选择的基序列对比后告诉 Bob，它所选取的第 2、4、5、7、8 个基是正确的。这样，Alice 在发送的序列中和 Bob 在接收的序列中对应地选出子序列是相同的：

$/, -, \backslash, -, \backslash$

通过译码，它们共享了一个序列 11010。此序列可作为双方以后通信中的数据加密密钥。

习 题 2

一、选择题

1. 下列（　　）算法属于公开密钥算法。
   A. AES 算法　　　　B. DES 算法　　　　C. RSA 算法　　　　D. 天书密码

2. 下列（　　）算法属于置换密码。
   A. 移位密码　　　　B. 天书密码　　　　C. Vigenère 密码　　D. 仿射密码

3. DES 加密过程中，需要进行（　　）轮变换。
   A. 8　　　　　　　　B. 16　　　　　　　　C. 24　　　　　　　　D. 32

二、填空题

1. 给定密钥 K=10010011，若明文为 P=11001100，则采用异或加密的方法得到的密文为_____。

2. 在数据加密标准 DES 中，需要进行_____轮相同的变换才能够得到 64 位密文输出。

3. RSA 算法的安全性完全取决于_____以及_____。

三、简答题

1. 说明研究密码学的意义以及密码学研究内容是什么。

2. 比较代替密码中移位密码、单表代换密码和多表代换密码的安全性优劣，说明理由。

3. 已知仿射密码的加密函数可以表示为：

$$f(a) = (aK_1 + K_0) \bmod 26$$

明文字母 e、h 对应的密文字母是 f、w，请计算密钥 K_1 和 K_0 来破译此密码。

4. 用 Vigenère 密码加密明文"please keep this message in secret"，其中使用的密码为"computer"，求其密文。

5. 设英文字母 $a,b,c,\cdots$，分别编号为 $0,1,2,\cdots,25$，仿射密码加密变换为 $c = (3m + 5) \bmod 26$，其中 m 表示明文编号，c 表示密文编号。

(1) 试对明文 security 进行加密。

(2) 写出该仿射密码的解密函数。

(3) 试对密文进行解密。

6. 简述序列密码算法与分组密码算法的不同。

7. 简述 DES 算法中 S-盒的特点。

8. 简述 AES 和 DES 的相同之处。

9. 画出 RSA 算法的流程图。

10. 使用 RSA 算法时，选择有关参数应该注意哪些问题？

11. 在一个使用 RSA 的公开密钥系统中，如果攻击者截获了公开密钥 pk＝5，公开模数 n＝35，密文 c＝10，明文是什么？

12. 简述 RSA 算法的优缺点。

13. 在一个使用 RSA 的公开密钥系统中，假设用户的私人密钥被泄露了，他仍使用原来的模数重新产生一对密钥，这样做安全吗？

第3章 信息认证技术

3.1 概　述

在当前开放式的网络环境中,任何在网络上的通信都可能遭到黑客的攻击,窃听机密消息,伪造、复制、删除和修改消息等攻击越来越多。所有的攻击都可能对正常通信造成破坏性的影响。因此,一个真实可靠的通信环境成为能够有效进行网络通信的基本前提。认证技术作为信息安全中的一个重要组成部分也显得尤为重要。

为了防止通信中的消息被非授权使用者攻击,有效的方法就是要对发送或接收到的消息具有鉴别能力,能鉴别消息的真伪和通信对方的真实身份。实现这样功能的过程称为认证。

一个安全的认证系统应满足以下条件:

(1) 合法的接收者能够检验所接收消息的合法性和真实性;

(2) 合法的发送方对所发送的消息无法进行否认;

(3) 除了合法的发送方之外,任何人都无法伪造、篡改消息。

通常情况下,一个完整的身份认证系统中除了有消息发送方和接收方外,还要有一个可信任的第三方,负责密钥分发、证书的颁发、管理某些机密信息等工作,当通信双方遇到争执、纠纷时,还充当仲裁者的角色。

通信双方进行认证的目的是进行真实而安全的通信。所谓认证就是在通信过程中,通信一方验证另一方所声称的某种属性。信息安全中的认证技术主要有两种:消息认证与身份认证。

如果验证的是消息的某种属性,则该认证方式称为消息认证。消息认证用于保证信息的完整性与不可抵赖性,验证消息在传送和存储过程中是否遭到篡改、重放等攻击。若认证的属性是关于通信中某一方或双方身份的话,则该认证过程称为身份认证。身份认证主要用于鉴别用户身份,是用户向对方出示自己身份的证明过程,通常是确认通信的对方是否拥有进入某个系统或使用系统中某项服务的合法权利的第一道关卡,确认消息的发送者和接收者是否合法。

3.2　哈希函数

哈希函数也叫单向散列函数,是信息安全领域广泛使用的一种密码技术,它主要用于提供消息的完整性验证。哈希函数以任一长度的消息 M 为输入,产生固定长度的数据输出。这个定长输出称为消息 M 的散列值或消息摘要。由于哈希函数具有单向的特性,因此该散列值也称为数据的"指纹"。

3.2.1 哈希函数概述

由于哈希(Hash)函数通过产生定长的散列值作为数据的特征"指纹",因此用于消息认证的哈希函数必须具有下列性质:

(1) 哈希函数的输入可以是任意长度的数据块 M,产生固定长度的散列值 h。

(2) 给定消息 M,很容易计算散列值 h。

(3) 给定散列值 h,根据 $H(M)=h$ 推导出 M 很难,这个性质称为单向性。单向性要求根据报文计算散列值很简单,但反过来根据散列值计算出原始报文十分困难。

(4) 已知消息 M,通过同一个 $H(\cdot)$,计算出不同的 h 是很困难的。

(5) 给定消息 M,要找到另一消息 M',满足 $H(M)=H(M')$,在计算上是不可行的,这条性质称为弱抗碰撞性。该性质是保证无法找到一个替代报文,否则就可能破坏使用哈希函数进行封装或者签名的各种协议的安全性。哈希函数的重要之处就是赋予 M 唯一的"指纹"。

(6) 对于任意两个不同的消息 $M \neq M'$,它们的散列值不可能相同,这条性质被称为强抗碰撞性。强抗碰撞性对于消息的哈希函数安全性要求更高,这条性质保证了对生日攻击的防御能力。

碰撞性是指对两个不同的消息 M 和 M',如果它们的散列值相同,则发生了碰撞。我们需要处理的消息是无限的,但可能的散列值却是有限的。不同的消息可能会产生同一散列值,因此碰撞是存在的。但是,哈希函数要求用户不能按既定的需要找到一个碰撞,意外的碰撞更是不太可能的。显然,从安全性的角度来看,哈希函数输出的位越长,抗碰撞的安全强度越大。

在信息认证技术中,哈希函数扮演着非常重要的角色,在通信安全中起着重要的作用,同时也是许多密码协议的基本模块。哈希函数的散列值也被称为哈希值、消息摘要、数字指纹、密码校验和、信息完整性检验码、操作检验码等。如果对明文进行轻微的改动,哪怕只是一个字母或一个标点符号,其对应的散列值也会有很大的不同。

哈希函数的设计是建立在压缩函数的思想上。压缩函数的输入是消息分组和文本前一分组的输出,即分组 M_i 的散列值为:

$$h_i = f(M_i, h_{i-1})$$

该散列值和下一轮的消息分组一起作为压缩函数下一轮的输入。最后一个分组的散列值就成为整个消息的散列值。

目前常用的哈希函数有 MD5、SHA-1 和 RIPEMD-160 等,本章重点介绍 MD5 和 SHA-1 算法的基本原理。

3.2.2 MD5

MD5 算法是由麻省理工学院的 Ron Rivest 提出的,是一种常用的哈希函数,它可将任意长度的消息经过变换得到一个 128 位的散列值,MD5 被广泛用于各种软件的密码认证和密钥识别上。

对 MD5 算法简要的叙述可以概括为:MD5 以 512 位分组来处理输入的信息,且每一分组又被划分为 16 个 32 位子分组,经过了一系列的处理后,算法的输出由 4 个 32 位分组组成,将这 4 个 32 位分组级联后将生成一个 128 位散列值。

MD5 是经 MD2、MD3 和 MD4 发展而来的。它的作用是让大容量信息在数字签名前被"压缩"成一种保密的格式(就是把一个任意长度的字串变换成一定长的大整数)。不管是 MD2、MD4 还是 MD5,它们都需要获得一个随机长度的信息并产生一个 128 位的信息摘要。虽然这些算法的结构或多或少有些相似,但 MD2 的设计与 MD4 和 MD5 完全不同,那是因为 MD2 是为 8 位机器做设计优化的,而 MD4 和 MD5 却是面向 32 位计算机的。

MD5 的算法步骤如下:

(1) 数据填充与分组。

将输入信息 M 按顺序进行分组,每 512 位为一组,即 $M=M_1,M_2,\cdots,M_{n-1},M_n$。将 M_n 的长度填充为 448 位,当 M_n 的长度 L 小于 448 位时,在信息 M_n 后加一个"1",然后再填充若干个"0",使得最后 M_n 的长度为 448 位。当 M_n 的长度大于 448 位时,在信息 M_n 后添加一个"1",然后再填充 $512-L+448$ 个"0",使最后信息 M_n 的长度为 512 位,M_{n+1} 的长度为 448 位。现在填充后的信息 M 的长度恰好是一个比 512 的倍数少 64 位的数,也就是信息长度等于 $512\times(n-1)+448$,其中 n 为某个整数。然后将填充前的信息 M 的长度 L 转换成 64 位二进制数,如果原信息长度 L 超过 64 位所能表示的范围,则只保留最后 64 位。最后再将该 64 位二进制数增加到填充后的信息 M 的 M_n 后面,使得最后一块的长度为 512 位。经过这些处理,现在信息的位长为 $(n-1)\times512+448+64=n\times512$,即长度恰好是 512 的整数倍。这样做的原因是为了满足后面处理中对信息长度的要求。

(2) 初始化散列值。

MD5 算法的中间结果和最终结果保存在 128 位的缓冲区中,缓冲区用 4 个 32 位的变量表示,这些变量被称做链接变量(Chaining Variable),初始化为:

$A=0\text{x}01234567$

$B=0\text{x}89\text{abcdef}$

$C=0\text{xfedcba}98$

$D=0\text{x}76543210$

当设置好这 4 个链接变量后,就开始进入算法的 4 轮循环运算。循环的总次数是信息中 512 位信息分组的数目。

(3) 计算散列值。

将上面 4 个链接变量复制到另外 4 个变量中,即 A 到 a,B 到 b,C 到 c,D 到 d。

主循环有 4 轮(MD4 只有 3 轮),每轮循环都很相似,主循环如图 3.1 所示。第一轮进行 16 次操作。每次操作对 a、b、c 和 d 中的三个作一次非线性函数运算,然后将所得结果加上第 4 个变量,文本的一个子分组和一个常数。再将所得结果循环左移某个位数,并加上 a、b、c 或 d 中之一。最后用该结果取代 a、b、c 或 d 中之一。

每轮运算使用的非线性函数都是一个基本的逻辑函数,其输入是三个 32 位的信息,输出是一个 32 位的信息,按位进行逻辑运算,这 4 个函数分别为:

$$F(X,Y,Z)=(X\wedge Y)\vee((\neg X)\wedge Z)$$

$$G(X,Y,Z)=(X\wedge Z)\vee(Y\wedge(\neg Z))$$

图 3.1 MD5 主循环

$$H(X,Y,Z) = X \oplus Y \oplus Z$$
$$I(X,Y,Z) = Y \oplus (X \lor (\neg Z))$$

其中，$\land$ 是与，$\lor$ 是或，$\neg$ 是非，$\oplus$ 是异或。如果 X、Y 和 Z 的对应位是独立和均匀的，那么这 4 个函数结果的每一位也应是独立和均匀的。

MD5 的基本操作过程如图 3.2 所示。

图 3.2 MD5 的基本操作过程

4 轮的迭代操作分别为：

FF(a,b,c,d,M_j,s,t_i) 表示 $a = b + ((a + F(b,c,d) + M_j + t_i) <<< s)$

GG(a,b,c,d,M_j,s,t_i) 表示 $a = b + ((a + G(b,c,d) + M_j + t_i) <<< s)$

HH(a,b,c,d,M_j,s,t_i) 表示 $a = b + ((a + H(b,c,d) + M_j + t_i) <<< s)$

II(a,b,c,d,M_j,s,t_i) 表示 $a = b + ((a + I(b,c,d) + M_j + t_i) <<< s)$

其中，M_j 表示消息的第 j 个子分组(从 0 到 15)，常数 $t_i = 2^{32} \times \mathrm{abs}(\sin(i))$ 的整数部分，$i=1,2,\cdots,64$，i 单位是弧度。$+$ 为模 2^{32} 加法，$<<< s$ 表示循环左移 s 位。

这 4 轮共 64 步如下：

第 1 轮：

FF$(a,b,c,d,M_0,7,\mathrm{0xd76aa478})$

FF$(d,a,b,c,M_1,12,\mathrm{0xe8c7b756})$

FF$(c,d,a,b,M_2,17,\mathrm{0x242070db})$

FF$(b,c,d,a,M_3,22,\mathrm{0xc1bdceee})$

$\mathrm{FF}(a,b,c,d,M_4,7,0\mathrm{xf57c0faf})$
$\mathrm{FF}(d,a,b,c,M_5,12,0\mathrm{x4787c62a})$
$\mathrm{FF}(c,d,a,b,M_6,17,0\mathrm{xa8304613})$
$\mathrm{FF}(b,c,d,a,M_7,22,0\mathrm{xfd469501})$
$\mathrm{FF}(a,b,c,d,M_8,7,0\mathrm{x698098d8})$
$\mathrm{FF}(d,a,b,c,M_9,12,0\mathrm{x8b44f7af})$
$\mathrm{FF}(c,d,a,b,M_{10},17,0\mathrm{xffff5bb1})$
$\mathrm{FF}(b,c,d,a,M_{11},22,0\mathrm{x895cd7be})$
$\mathrm{FF}(a,b,c,d,M_{12},7,0\mathrm{x6b901122})$
$\mathrm{FF}(d,a,b,c,M_{13},12,0\mathrm{xfd987193})$
$\mathrm{FF}(c,d,a,b,M_{14},17,0\mathrm{xa679438e})$
$\mathrm{FF}(b,c,d,a,M_{15},22,0\mathrm{x49b40821})$

第 2 轮:

$\mathrm{GG}(a,b,c,d,M_1,5,0\mathrm{xf61e2562})$
$\mathrm{GG}(d,a,b,c,M_6,9,0\mathrm{xc040b340})$
$\mathrm{GG}(c,d,a,b,M_{11},14,0\mathrm{x265e5a51})$
$\mathrm{GG}(b,c,d,a,M_0,20,0\mathrm{xe9b6c7aa})$
$\mathrm{GG}(a,b,c,d,M_5,5,0\mathrm{xd62f105d})$
$\mathrm{GG}(d,a,b,c,M_{10},9,0\mathrm{x02441453})$
$\mathrm{GG}(c,d,a,b,M_{15},14,0\mathrm{xd8a1e681})$
$\mathrm{GG}(b,c,d,a,M_4,20,0\mathrm{xe7d3fbc8})$
$\mathrm{GG}(a,b,c,d,M_9,5,0\mathrm{x21e1cde6})$
$\mathrm{GG}(d,a,b,c,M_{14},9,0\mathrm{xc33707d6})$
$\mathrm{GG}(c,d,a,b,M_3,14,0\mathrm{xf4d50d87})$
$\mathrm{GG}(b,c,d,a,M_8,20,0\mathrm{x455a14ed})$
$\mathrm{GG}(a,b,c,d,M_{13},5,0\mathrm{xa9e3e905})$
$\mathrm{GG}(d,a,b,c,M_2,9,0\mathrm{xfcefa3f8})$
$\mathrm{GG}(c,d,a,b,M_7,14,0\mathrm{x676f02d9})$
$\mathrm{GG}(b,c,d,a,M_{12},20,0\mathrm{x8d2a4c8a})$

第 3 轮:

$\mathrm{HH}(a,b,c,d,M_5,4,0\mathrm{xfffa3942})$
$\mathrm{HH}(d,a,b,c,M_8,11,0\mathrm{x8771f681})$
$\mathrm{HH}(c,d,a,b,M_{11},16,0\mathrm{x6d9d6122})$
$\mathrm{HH}(b,c,d,a,M_{14},23,0\mathrm{xfde5380c})$
$\mathrm{HH}(a,b,c,d,M_1,4,0\mathrm{xa4beea44})$
$\mathrm{HH}(d,a,b,c,M_4,11,0\mathrm{x4bdecfa9})$
$\mathrm{HH}(c,d,a,b,M_7,16,0\mathrm{xf6bb4b60})$
$\mathrm{HH}(b,c,d,a,M_{10},23,0\mathrm{xbebfbc70})$
$\mathrm{HH}(a,b,c,d,M_{13},4,0\mathrm{x289b7ec6})$
$\mathrm{HH}(d,a,b,c,M_0,11,0\mathrm{xeaa127fa})$
$\mathrm{HH}(c,d,a,b,M_3,16,0\mathrm{xd4ef3085})$
$\mathrm{HH}(b,c,d,a,M_6,23,0\mathrm{x04881d05})$
$\mathrm{HH}(a,b,c,d,M_9,4,0\mathrm{xd9d4d039})$
$\mathrm{HH}(d,a,b,c,M_{12},11,0\mathrm{xe6db99e5})$
$\mathrm{HH}(c,d,a,b,M_{15},16,0\mathrm{x1fa27cf8})$
$\mathrm{HH}(b,c,d,a,M_2,23,0\mathrm{xc4ac5665})$

第 4 轮：

$II(a,b,c,d,M_0,6,\text{0xf4292244})$
$II(d,a,b,c,M_7,10,\text{0x432aff97})$
$II(c,d,a,b,M_{14},15,\text{0xab9423a7})$
$II(b,c,d,a,M_5,21,\text{0xfc93a039})$
$II(a,b,c,d,M_{12},6,\text{0x655b59c3})$
$II(d,a,b,c,M_3,10,\text{0x8f0ccc92})$
$II(c,d,a,b,M_{10},15,\text{0xffeff47d})$
$II(b,c,d,a,M_1,21,\text{0x85845dd1})$
$II(a,b,c,d,M_8,6,\text{0x6fa87e4f})$
$II(d,a,b,c,M_{15},10,\text{0xfe2ce6e0})$
$II(c,d,a,b,M_6,15,\text{0xa3014314})$
$II(b,c,d,a,M_{13},21,\text{0x4e0811a1})$
$II(a,b,c,d,M_4,6,\text{0xf7537e82})$
$II(d,a,b,c,M_{11},10,\text{0xbd3af235})$
$II(c,d,a,b,M_2,15,\text{0x2ad7d2bb})$
$II(b,c,d,a,M_9,21,\text{0xeb86d391})$

4 轮循环操作完成之后，将 A、B、C、D 分别加上 a、b、c、d，即

$$A = A + a$$
$$B = B + b$$
$$C = C + c$$
$$D = D + d$$

这里的加法是模 2^{32} 加法。然后用下一分组数据继续运行算法。

（4）输出

对每个分组都作相应的处理以后，最后的输出就是 A、B、C 和 D 的级联，即 A 作为低位，D 作为高位，共计 128 位输出。

MD5 被广泛用于加密和解密技术中，在很多操作系统中（如 Linux 等），用户的密码是以 MD5 值的方式保存的。用户在登录验证时，系统首先把用户输入的密码计算成 MD5 值，然后再和系统中保存的密码 MD5 值进行比较。在该操作过程中，系统在不知道用户密码的情况下就可以确定用户登录系统的合法性。这不但可以避免用户的密码被具有系统管理员权限的用户知道，而且还在一定程度上增加了密码被破解的难度。

3.2.3 SHA-1

安全散列算法（Secure Hash Algorithm，SHA）是由美国国家标准与技术研究院提出的，并于 1993 年作为联邦信息处理标准（FIPS 180）发布，1995 年又发布了其修订版（FIPS 180-1），通常称为 SHA-1。SHA 算法也是建立在 MD4 算法之上的，其设计是在 MD4 的基础上改进而成的。

SHA-1 算法的输入是长度小于 2^{64} 位的消息，输出是 160 位的散列值，输入消息以 512 位的分组为单位进行处理。

与 MD5 算法相同，SHA 算法首先也需要对消息进行填充补位。补位是这样进行的：先添加一个 1，然后再添加若干个 0，使得消息长度满足对 512 取模后余数是 448。以"abc"为例显示补位的过程。

原始信息：

01100001 01100010 01100011

补位第一步：

01100001 01100010 01100011 1

首先补一个"1"，然后补 423 个"0"。

补位第二步：

01100001 01100010 01100011 10…0

可以把最后补位完成后的数据用十六进制写成下面的样子：

61626380 00000000 00000000 00000000

00000000 00000000 00000000 00000000

00000000 00000000 00000000 00000000

00000000 00000000

现在，数据的长度是 448 了，可以进行下一步操作。

填充完信息后，需要将原始信息的长度补到已经进行了补位操作的信息后面。通常用一个 64 位的数据来表示原始信息的长度。如果信息长度不大于 2^{64}，那么第一个字就是 0。在进行了补长度的操作以后，整个信息就变成下面的样子(十六进制格式)：

61626380 00000000 00000000 00000000

00000000 00000000 00000000 00000000

00000000 00000000 00000000 00000000

00000000 00000000 00000000 00000018

如果原始的信息长度超过了 512，需要将它补成 512 的倍数。然后把整个信息分成几个 512 位的数据块，分别处理每一个数据块，从而得到散列值。

与 MD5 算法不同，SHA 的中间结果和最终结果保存在 160 位的缓冲区中，缓冲区用 5 个 32 位的变量表示，这些变量初始化为：

$$A=0\text{x}67452301$$
$$B=0\text{x}efcdab89$$
$$C=0\text{x}98badcfe$$
$$D=0\text{x}10325476$$
$$E=0\text{xc3d2e1f0}$$

在进入主循环函数处理前，将上面 5 个变量复制到 5 个变量中：A 到 a，B 到 b，C 到 c，D 到 d，E 到 e。

当设置好这 5 个变量后，就开始进入 4 轮，每轮 20 步的循环运算，循环的总次数是信息中 512 位信息分组的数目，主循环结构如图 3.3 所示。每一步操作都使用一个非线性的逻辑函数对 a、b、c、d、e 中的 3 个变量进行一次按位的逻辑运算。

这几个非线性函数定义为：

$$f_t(X,Y,Z)=\begin{cases}(X\wedge Y)\vee((\neg X)\wedge Z) & 0\leqslant t\leqslant 19\\ X\oplus Y\oplus Z & 20\leqslant t\leqslant 39\\ (X\wedge Y)\vee(X\wedge Z)\vee(Y\wedge Z) & 30\leqslant t\leqslant 59\\ X\oplus Y\oplus Z & 40\leqslant t\leqslant 79\end{cases}$$

图 3.3　SHA-1 的主循环

其中，$\wedge$、$\vee$、$\neg$ 和 $\oplus$ 分别是与、或、非和异或运算。

与此同时，每一步操作也都使用一个加法常量 K_t，K_t 定义如下：

$$K_t = \begin{cases} 0\text{x5a827999} & 0 \leqslant t \leqslant 19 \\ 0\text{x6ed9eba1} & 20 \leqslant t \leqslant 39 \\ 0\text{x8f1bbcdc} & 40 \leqslant t \leqslant 59 \\ 0\text{xca62c1d6} & 60 \leqslant t \leqslant 79 \end{cases}$$

这些数的取值来自于 $0\text{x5a827999} = 2^{30} \times \sqrt{2}$，$0\text{x6ed9eba1} = 2^{30} \times \sqrt{3}$，$0\text{x8f1bbcdc} = 2^{30} \times \sqrt{5}$，$0\text{xca62c1d6} = 2^{30} \times \sqrt{10}$。

接着对 512 位的信息进行处理，将其从 16 个 32 位的信息分组 $(M_0, \cdots, M_{15})$ 变成 80 个 32 位的信息分组 $(W_0, \cdots, W_{79})$。W_t 定义如下：

$$W_t = \begin{cases} M_t & \text{当 } t = 0, 1, \cdots, 15 \\ (M_{t-3} \oplus M_{t-8} \oplus M_{t-14} \oplus M_{t-16}) <<< 1 & \text{当 } t = 16, 17, \cdots, 79 \end{cases}$$

设 t 是操作序号（$t = 0, \cdots, 79$），$<<< s$ 表示循环左移 s 位，则 SHA-1 中的每一步操作可表示为：

$TEMP = (a <<< 5) + f_t(b, c, d) + e + W_t + K_t$

$e = d$

$d = c$

$c = b <<< 30$

$b = a$

$a = TEMP$

图 3.4 给出了 SHA-1 的一次基本操作的运算过程。在 4 轮循环结束后，将进行：

$A = A + a$

$B = B + b$

$C = C + c$

$D = D + d$

$E = E + e$

这里的加法是模 2^{32} 加法。

然后用同样的方法对下一个分组进行运算，直到所有分组都处理完毕为止，最后将 A、B、C、D、E 输出，就得到 SHA 的散列值。

图 3.4　SHA-1 的基本操作过程

从上面的原理可以看出，通过使用不同移位、不同逻辑函数和不同初始变量，SHA 和 MD5 都实现了同样的功能。

1981 年，NIST 发布 FIPS 180-2，新增了三个哈希函数，分别为 SHA-256、SHA-384 和 SHA-512，其散列值的长度分别为 256、384 和 512。同时，NIST 指出 FIPS 180-2 的目的是要与使用 AES 而增加的安全性相适应。SHA 性质对比如表 3.1 所示。

表 3.1　SHA 性质对比

性　　质	SHA-1	SHA-256	SHA-384	SHA-512
散列值长度	160	256	384	512
信息长度	$<2^{64}$	$<2^{64}$	$<2^{128}$	$<2^{128}$
分组大小	512	512	1024	1024
字长	32	32	64	64
步数	80	80	80	80

3.3　消息认证技术

消息认证是指使合法的接收方能够检验消息是否真实的过程。检验内容包括验证通信的双方和验证消息内容是否伪造或遭到篡改。消息认证技术主要通过密码学的方法来实现，对通信双方的验证可采用数字签名和身份认证技术，对消息内容是否伪造或遭篡改通常使用的方式是在消息中加入一个认证码，并加密后发送给接收方，接收方通过对认证码的比较来确认消息的完整性。

本节首先对消息认证技术进行概述，然后介绍基于密码学的各种认证方法。

3.3.1　概述

随着因特网技术的发展,对网络传输过程中信息的保密性提出了更高的要求,这些要求主要包括:

(1) 对敏感的信息进行加密,即使别人截取信息也无法得到其内容。

(2) 保证数据的完整性,防止截获人在信息中加入其他信息。

(3) 对数据和信息的来源进行验证,以确保发信人的身份。

现在业界普遍采用加密技术来实现以上要求,实现消息的安全认证。消息认证就是验证所收到的消息确实是来自真正的发送方且未被修改的消息,也可以验证消息的顺序和及时性。

消息认证实际上是对消息产生一个指纹信息——MAC(消息认证码),消息认证码是利用密钥对待认证消息产生的新数据块,并对该数据块加密得到的。它对待保护的信息来说是唯一的,因此可以有效地保证消息的完整性,以及实现发送消息方的不可抵赖和不能伪造性。

消息认证技术可以防止数据伪造和篡改,以及证实消息来源的有效性,已广泛应用于当今的信息网络环境中。随着密码技术与计算机计算能力的提高,消息认证码的实现方法也在不断地改进和更新,实现方式的多样化为安全的消息认证提供了保障。

3.3.2　消息认证方法

消息认证主要使用密码技术来实现。在实际使用中,通过消息认证函数 f 产生用于鉴别的消息认证码,将其用于某个身份认证协议,发送方和接收方通过消息认证码对其进行相应的认证。

由此可见,在消息认证中,认证函数 f 是认证系统的一个重要组成部分。常见的认证函数主要有以下三种:

(1) 消息加密:将整个消息的密文作为认证码。

(2) 哈希函数:通过哈希函数产生定长的散列值作为认证码。

(3) 消息认证码(Message Authentication Code,MAC):将消息与密钥一起产生定长值作为认证码。

1. 基于加密方法的消息认证

就加密的方式而言,加密可以基于对称加密的消息认证和基于非对称加密的消息认证。

基于对称加密方式的消息认证简单明了,如图 3.5 所示,假设 K 是通信双方共同拥有的会话密钥,发送方 A 只需使用 K 对消息 M 进行加密,将密文 C 发送给接收方 B 即可。由于密钥 K 只有 A 和 B 共同拥有,因此能够保证消息的机密性。此外,由于 A 是除 B 外唯一

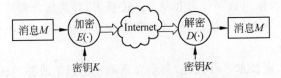

图 3.5　基于对称加密方式的消息认证过程

拥有密钥和产生正确密文 M 的一方,若 B 使用 K 对密文 C 进行解密还原出正确的消息 M,就可以知道消息 M 的内容没遭到篡改,同时也保证消息来自 A。

然而,在实际使用中,简单的加密并不能达到真正消息认证的目的。消息 M 对接收方 B 来说是未知的,因此当 B 对密文进行解密后,如何判断 M 的合法性。如果 M 本身具有某种结构,如文本文章,那么 B 只需对解密后的消息进行结构上的分析即可判断 M 的合法性。但是,在实际通信中,消息 M 可能是随机的二进制位序列,如可执行代码,声音文件等,即使 B 解密后仍无法判断究竟是否是合法的消息 M。

解决这一问题的方法是发送方在对消息 M 进行加密前,首先对消息通过校验函数 $F(\cdot)$ 产生一个校验码,将校验码附加在消息 M 之上,再进行加密,整个过程如图 3.6 所示。

图 3.6　添加校验码的消息认证过程

在公开密钥加密体制中,如图 3.7 所示,发送方 A 可以使用自己的私钥 K_{AS} 对消息 M 进行加密,由于只有对应 A 的公钥 K_{AP} 才能正确解密出消息 M,因此采用该方法可以对消息 M 的来源进行认证。同时,该方法和前面所讲的对称加密方法一样,在实际应用中需要在消息 M 加密之前附加一定的校验码来提高认证的能力。

图 3.7　基于公钥加密的消息认证过程

由于解密时使用的是 A 的公钥 K_{AP},因此该方法不能保证消息的机密性,要保证消息的机密性,必须使用接收方 B 的公钥 K_{BP}。A 可以先使用自己的私钥 K_{AS} 对消息进行加密,然后再使用接收方 B 的公钥 K_{BP} 进行加密,则同时既保证了机密性,又提供了消息认证的能力。

2. 基于哈希函数的消息认证

哈希函数由于其单向性和抗碰撞性,因此常用来做消息认证。哈希函数以一个变长的消息 M 作为输入,产生一个具有固定长度的散列值 $H(M)$,也称为消息摘要。散列值是原始消息的函数,原始信息任何内容的变化都将导致散列值的改变,因此可用于检测信息的完整性。

简单的消息认证方法可以用通信双方的共享密钥 K 对散列值 $H(M)$ 进行加密,将加密后的结果 $C = E_K(H(M))$ 以附件的方式附着在消息 M 上进行传输,接收方收到消息后,只需对 C 进行解密,即可获得散列值 $H(M)$,然后使用哈希函数对消息 M 计算另一个散列值 $H'(M)$,通过比较 $H(M)$ 与 $H'(M)$ 二者是否匹配,即可完成对消息进行的认证,如

图 3.8 所示。

图 3.8　使用哈希函数的消息认证过程

　　若需要保证消息的机密性,可将散列值附加在消息上,并使用双方的会话密钥 K 对其进行加密,得到加密后的密文 $C = E_K(M \parallel H(M))$,并对其进行传输,如图 3.9 所示。由于哈希函数的散列值具有对原始消息进行差错检测的能力,因此接收方可以通过这种方式来验证消息是否遭到篡改。因为只有使用通信双方所拥有的会话密钥 K 才能对密文进行解密,因此只要密钥不泄露就可验证消息来自正确的发送方,同时也保证了消息的机密性。

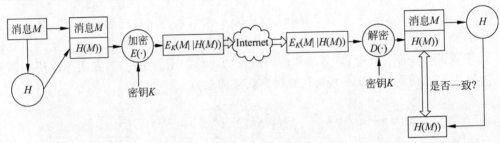

图 3.9　保证机密性的哈希函数消息认证过程

　　采用公钥加密的方法同样可以用于消息认证。该方法是发送方 A 使用自己的私钥 K_{AS} 对散列值 $H(M)$ 进行加密,将加密后的密文 $C = E_{KAS}(H(M))$ 附在原始消息 M 上进行传输。接收方 B 只需使用 A 的公钥对密文进行解密,得到散列值 $H(M)$ 后就能对消息进行认证。

　　同样,如果保证消息的机密性,可使用接收方 B 的公钥 K_{BP} 对消息 M 和加密后的密文 $C = E_{KAS}(H(M))$ 进行加密,得到新的密文 $X = E_{KBP}(M \parallel E_{KAS}(H(M)))$。由于使用了接收方 B 的公钥进行加密,因此只有正确的接收方 B 才能对密文进行正确解密,从而保证了消息的机密性的同时,也提供了认证的能力。

　　采用公钥进行非对称加密能提供很好的机密性,而且与对称加密相比,密钥的管理相对容易。但由于非对称加密算法产生的密文不紧凑,加密速度慢,不适合加密数据量较大的消息,因此在实际使用中,常常将对称加密与公钥加密合起来一起使用。具体方法是使用一个对称密钥 K 对消息 M 和加密后的密文 $C = E_{KAS}(H(M))$ 进行加密,再使用接收方 B 的公钥 K_{BP} 对密钥 K 进行加密,将两个加密结果进行传输,如图 3.10 所示。由于使用密钥 K 对消息进行了加密,同时使用了接收方的公钥 K_{BP} 对密钥 K 进行加密,因此只有正确的接收方 B 才能获得对称密钥 K,保证了消息的机密性和认证功能。同时,由于对称加密的速度较快,在保证了安全性的基础上提高了运算的速度。

图 3.10 混合加密认证

3. 基于消息认证码(MAC)的消息认证

使用消息认证码进行消息认证,其基本思想与使用哈希函数类似,同样都是对消息产生一个定长的输出,用于鉴别消息的完整性。然而使用哈希函数的时候往往需要对散列值进行加密,如果在不需要保证消息机密性的条件下,使用加密会影响速度。消息认证码在进行定长输出的时候,使用了一个密钥来和消息一起产生定长的输出,这个定长的输出就是消息认证码。

消息认证码的使用过程如图 3.11 所示,假设通信双方 A、B 拥有会话密钥 K,用于产生 MAC 的函数为 C。当发送方 A 要向接收方 B 发送消息 M 时,先计算出消息 M 的 MAC 值,即 $MAC = C_K(M)$,然后将 MAC 值附加在消息 M 上一起发送给 B。接收方 B 收到消息后,使用与发送方相同的会话密钥 K 计算出消息 M 的 MAC 值,然后与发送方 A 发送过来的 MAC 值进行比较,若二者匹配,则消息合法。由于共享密钥 K 只有 A 和 B 共享,攻击者想篡改消息 M,但没有密钥 K,那么计算出来的 MAC 值将与原先的 MAC 值不同,因此接收方 B 就能通过比较 MAC 值来判断消息的合法性。

图 3.11 基于消息认证码的认证过程

　　MAC 函数与加密函数的相似之处在于使用了密钥,但差别在于加密函数是可逆的,而 MAC 函数是单向的,它无需可逆,因此比加密更不容易破解。当然,使用 MAC 函数只能保证信息的完整性,若要保证信息的机密性,仍然要使用加密的方法来保证,具体方法与使用哈希函数的方法类似。

　　创建 MAC 函数常见的一种方法是采用分组算法的 CBC 模式来产生消息认证码。基于 DES 的 MAC 算法是一种常见的 MAC 算法,该算法采用 DES 运算的密码分组连接 (CBC)方式,其初始向量为 0,将需要认证的数据分成连续的 64 位分组 $D_1, D_2, \cdots, D_N$,如果最后一个分组不足 64 位,则在其后用 0 填充成 64 位的分组数据块。具体计算过程如下:

$$C_1 = E_K(D_1)$$
$$C_2 = E_K(D_2 \oplus C_1)$$
$$C_3 = E_K(D_3 \oplus C_2)$$
$$\vdots$$
$$C_N = E_K(D_N \oplus C_{N-1})$$

其中,$E(\cdot)$ 表示 DES 的加密算法,K 表示加密密钥。最后的消息认证码由 C_N 最左边的 M 位表示($16 \leqslant M \leqslant 64$)。

　　哈希函数同样也可以用来产生消息认证码。假设 K 是通信双方 A 和 B 共同拥有的密钥,A 要发送消息 M 给 B 时,在不需要进行加密的条件下,A 只需将 M 和 K 合起来一起通过哈希函数计算出其散列值,即 $H(M \parallel K)$,该散列值就是 M 的消息认证码。由于密钥 K 只有 A 和 B 才共享,因此攻击者能够获得消息 M,但没有密钥 K 也无法计算出正确的散列值,从而保证消息 M 的完整性。

3.4　数字签名

　　数字签名是采用密码学的方法对传输中的明文信息进行加密,以保证信息发送方的合法性,同时防止发送方的欺骗和抵赖。可以说,数字签名在网络信息安全中起到和现实生活中签名一样的功能。本节首先介绍数字签名的原理,接着介绍两类数字签名方法,即直接签名和仲裁签名,最后介绍数字签名标准(Digital Signature Standard,DSS)的原理。

3.4.1　数字签名概述

　　在实际网络通信中,用户可能受到来自多方面的攻击。在现实环境中,可以通过当面交易的方式或者通过手写签名盖章的方式来解决通信双方的欺骗和抵赖行为。但在网络环境中,每个人都是虚拟的,如何能够实现同现实中手写签名类似的功能? 这就是数字签名要解决的问题。在了解数字签名概念之前,先看下面的例子。

　　用户 A 与 B 相互之间要进行通信,双方拥有共享的会话密钥 K,在通信过程中可能会遇到以下问题:

　　(1) A 伪造一条消息,并称该消息来自 B。A 只需要产生一条伪造的消息,用 A 和 B 的共享密钥通过哈希函数产生认证码,并将认证码附于消息之后。由于哈希函数的单向性和密钥 K 是共享的,因此无法证明该消息是 A 伪造的。

（2）B 可以否认曾经发送过某条消息。因为任何人都有办法伪造消息，所以无法证明 B 是否发送过该消息。

上述例子说明使用哈希函数可以进行报文鉴别，但无法阻止通信用户的欺骗和抵赖行为。

因此，当通信双方不能互相信任的情况下，需要用除了报文鉴别以外的技术来防止类似的抵赖和欺骗行为。

数字签名也称为电子签名。1999 年通过的欧盟《电子签名共同框架指令》对其定义为："以电子形式所附或逻辑上与其他电子数据相关的数据，作为一种判别的方法。"

2001 年审议通过的联合国贸法会《电子签名示范法》对其定义为："在数据电文中以电子形式所含、所附或在逻辑上与数据电文有联系的数据，它可用于鉴别与数据电文相关的签名人和表明签名人认可数据电文所含信息。"

由此可见，数字签名应该能够在数据通信过程中识别通信双方的真实身份，保证通信的真实性以及不可抵赖性，起到与手写签名或者盖章同等作用。

数字签名的基本原理可以描述如下：

假设 A 要发送一个电子文件给 B，A、B 双方只需经过下面 3 个步骤即可。

（1）A 用其私钥加密文件，这便是签名过程；

（2）A 将加密的文件送到 B；

（3）B 用 A 的公钥解开 A 送来的文件。

以上方法符合 Schneier 总结的 5 个签名特征：

（1）签名是可信的。因为 B 是用 A 的公钥解开加密文件的，这说明原文件只能被 A 的私钥加密，而只有 A 才知道自己的私钥。

（2）签名是无法被伪造的。因为只有 A 知道自己的私钥，因此只有 A 能用自己的私钥加密一个文件。

（3）签名是无法重复使用的。签名在这里就是一个加密过程，自己无法重复使用。

（4）文件被签名以后是无法被篡改的。因为加密的文件被改动后是无法被 A 的公钥解开的。

（5）签名具有不可否认性。因为除 A 以外无人能用 A 的私钥加密一个文件。

3.4.2　数字签名的实现

实现数字签名的方法有多种，这些方法可分为两类：直接数字签名和仲裁数字签名。

1. 直接数字签名

直接数字签名实现比较简单，只涉及通信双方。在直接数字签名中，接收方需要知道发送方的公钥，按照上面提到的数字签名的 3 个步骤直接实现就可以了。但在数字签名的具体应用中还有一些问题需要解决。

签名后的文件可能被 B 重复使用。例如，如果签名后的文件是一张支票，B 很容易多次用该电子支票兑换现金，为此 A 需要在文件中加上一些该支票的特有凭证，如时间戳（Timestamp）等，以防止上述情况发生。

另外，公钥算法的效率是相当低的，不宜用于长文件信息的加密，为此可以采用 Hash 函数，将原文件信息 M 通过一个单向的 Hash 函数作用，生成相当短的输出 H，即 Hash

(M)＝H,然后再将公钥算法作用在 H 上生成签名 S,记为 $E_{k_1}(H)=S$,k_1 为 A 的私钥,A 将 $M\|S$ 传给 B,B 收到 $M\|S$ 后,需要验证 S 是否为 A 的签名。

通过比较 $H_1=H_2$,即 $D_{k_2}(S)=\text{Hash}(M)$,如果它们相等,就可以认为 S 就是 A 的签名。

以上方法实际上就是把签名过程从对原文件转移到一个很短的 Hash 值上,大大地提高了效率,并被广泛采用。如图 3.12 所示,直接数字签名过程可以总结为如下步骤:

(1) 发送方首先对被发送文件采用哈希函数进行运算,得到一个固定长度的数字串,称为报文摘要。

(2) 发送方生成发送文件的报文摘要,用自己的私钥对摘要进行加密,形成发送方的数字签名 S。

(3) 这个数字签名将作为报文的附件和报文 M 一起发送给接收方。

(4) 接收方接收到报文后,用同样的哈希算法计算出新的报文摘要,再用发送方的公钥对报文附件的数字签名进行解密,比较两个报文摘要,如果值相同,接收方就能确认该数字签名是发送方的。

图 3.12　直接数字签名

以上数字签名只涉及通信双方,并且假定接收方知道发送方的公开密钥,我们称之为直接数字签名。

直接数字签名的弱点是:签名的有效性依赖于发方私人密钥的安全性,如果发方的私人密钥丢失或被盗用,攻击者就可以伪造签名。这个弱点可以通过仲裁的方式来解决。

2. 仲裁数字签名

由于直接数字签名存在安全缺陷,在实际应用中多采用仲裁数字签名,通过引入仲裁者来解决直接数字签名中的问题。

在仲裁数字签名中,假设用户 A 与 B 要进行通信,每个从 A 发往 B 的签名报文首先都先发送给仲裁者 C,C 检验该报文及其签名的出处和内容,然后对报文注明日期,同时指明该报文已通过仲裁者的检验,如图 3.13 所示。仲裁者的引入解决了直接签名方案中所面临的问题,即发送方的否认行为。在这种方案中,仲裁者的地位十分关键和敏感,它必须是一个所有通信方都能充分信任的仲裁机构,也就是说仲裁者 C 必须是一个可信的系统。

```
A → C → B
```

图 3.13　仲裁签名

下面讨论仲裁数字签名的实现方案。

方案 1:采用对称加密算法的数字签名。

设 C 是可信第三方,它能同时与 A,B 通信。它与 A 有共享密钥 K_A,与 B 有共享密钥 K_B。

（1）A 产生报文 M 并计算其散列值 $H(M)$，然后将附加了数字签名的报文发送给仲裁者 C，并用 K_A 加密，数字签名由 A 的标识符 ID_A 和报文的散列值 $H(M)$ 构成。

（2）仲裁者 C 对数字签名进行解密，验证其散列值是有效散列值。

（3）验证后，C 向 A 发送一个报文，用 K_B 加密，该报文包括 A 的标识符 ID_A、A 发出的原始报文 M、A 的数字签名和时间戳 T。

（4）B 解密恢复出报文和签名。

时间戳 T 的作用是让 B 能够判断 M 是否是过时的报文。

如果用符号

$$P \rightarrow Q: M$$

来表示"P 向 Q 发送一个报文 M"，那么上述方案就可以表述为：

[1] $A \rightarrow C: M \parallel E_{KA}(ID_A \parallel H(M))$

[2] $C \rightarrow B: E_{KB}(ID_A \parallel M \parallel E_{KA}(ID_A \parallel H(M)) \parallel T)$

B 可以存储报文 M 及签名，当发生争执时 B 可将下列消息发给 C，以证明曾收到过来自 A 的报文：

$$E_{KB}(ID_A \parallel M \parallel E_{KA}(ID_A \parallel H(M)))$$

仲裁者 C 先用 K_B 恢复出 ID_A、M 和签名，然后用 K_A 解密该签名并验证其散列值，这样可断定报文 M 是否来自 A。

在这种方案中，B 不能直接验证 A 的签名，签名是用来解决争端的。B 可以认定报文 M 来自 A 是因为 M 经过了 C 的验证，这种方案中通信双方 A、B 对 C 是高度信任的，即 A 可以相信 C 不会泄露 K_A，因此不会产生伪造的签名。B 也相信 C 发送的报文 M 是经过验证的，确实来自 A。此外，A、B 还必须相信 C 能公平地解决争端。

这种方案的缺陷在于报文 M 的内容是以明文的形式传送给仲裁者 C，任何攻击者都能获取该消息。

方案 2：使用对称密码算法，密文传输。

方案 2 是在方案 1 的基础上加强了数据的机密性。在此方案中，通信双方 A、B 使用共享密钥 K_S 来加密所要传送的报文 M。A 向 C 传送的报文中包含 A 的标识符 ID_A、使用 K_S 加密原始报文 M 后的密文以及数字签名，其中数字签名是由 ID_A 和加密报文的散列值构成的。仲裁者 C 经过检验，将收到的报文添加时间戳后，加密发送给接收方 B。整个交互过程可以表述如下：

[1] $A \rightarrow C: ID_A \parallel E_{KS}(M) \parallel E_{KA}(ID_A \parallel H(E_{KS}(M)))$

[2] $C \rightarrow B: E_{KB}(ID_A \parallel E_{KS}(M) \parallel E_{KA}(ID_A \parallel H(E_{KS}(M))) \parallel T)$

在这种方案中，尽管仲裁者 C 无法读取消息报文 M 中的内容，但他仍能防止 A 或 B 中任何一方的欺诈。但两种方案都存在的问题是：仲裁者 C 可能与发送方勾结来否认签名报文，或与接收方共同伪造发送方的签名。

方案 3：使用公开密钥算法，密文传输。

针对上述两种方案的缺陷，采用公开密钥方案就能够迎刃而解。使用公开密钥进行数字签名时，A 对报文 M 进行两次加密：先用其私钥 K_{AS} 对消息 M 进行加密，再用 B 的公钥 K_{BP} 加密，得到加密后的签名；A 再用 K_{AS} 对其标识符 ID_A 和上述加密后的签名进行加密，然后连同 ID_A 一起发送给 C。经过双重加密后，报文 M 只有 B 才能阅读，对 C 来说是安全的,但 C 能通过外层的解密,从而证实报文确实是来自 A 的(因为只有 A 有私钥 K_{AS})。C 通过验证 A 的公/私钥对(K_{AP} 和 K_{AS})的有效性完成对报文的验证。然后 C 再用自己的私钥 K_{CS} 对 A 的标识符 ID_A、双重加密后的 M 以及时间戳进行加密后发送给 B。整个交互过程可以表述如下:

[1] A→C: $ID_A \parallel E_{KAS}(ID_A \parallel E_{KBP}(E_{KAS}(M)))$

[2] C→B: $E_{KCS}(ID_A \parallel E_{KBP}(E_{KAS}(M)) \parallel T)$

采用公开密钥的数字签名方案具有许多优点:首先,通信前,通信各方没有任何共享信息,从而避免了联合欺诈;其次,A 发给 B 的消息对其他人是保密的,包括 C;最后,即使 A 的私钥 K_{AS} 已泄密或被盗,但 C 的私钥 K_{CS} 没有泄密,那么时间戳不正确的消息是不能被发送的。

3.4.3　数字签名标准

数字签名标准(DSS)是美国国家标准与技术研究院在 1991 年提出作为美国联邦信息处理标准(FIPS)。它采用了美国国家安全局(NSA)主持开发的数字签名算法(Digital Signature Algorithm,DSA),DSS 使用安全散列算法(SHA),给出一种新的数字签名方法。DSS 在提出后,分别于 1993 年和 1996 年做了修改。2000 年发布该标准的扩充版,即 FIPS 186-2,其中包括基于 RSA 和椭圆曲线密码的数字签名算法。本节只介绍最初修订的 DSS。

DSS 的数字签名方法与 RSA 的数字签名方法不同。如图 3.14 所示,在 RSA 方法中,散列函数的输入是要签名的消息,输出是定长的散列值,用发送方的私钥对该散列值进行加密而形成签名。接收方接收到消息及其签名后用发送方的公钥对收到的签名进行解密,同时采用相同的散列函数计算收到的消息的散列值,如果两个散列值相同,则认为签名是有效的。

图 3.14　RSA 数字签名方法

DSS 方法也使用散列函数,它产生的散列值及其为此次签名产生的随机数 k 作为签名函数的输入。此外,签名函数还需要使用发送方的私钥和一组参数,这组参数被一组通信伙伴所共享,通常认为这组参数构成全局公钥。签名的结果由两部分组成,记为 s 和 r。接收方对接收到的消息产生散列值,并和签名一起作为验证函数的输入,若签名有效,验证函数的输出会等于签名分量 r。签名函数保证只有发送方的私钥才能产生有效的签名。DSS 签名流程如图 3.15 所示。

图 3.15　DSS 数字签名方法

　　DSS 的核心是其定义的数字签名算法(DSA),该算法是基于离散对数分解十分困难这个数学难题。该算法中有三个主要参数 p、q、g 作为全局的公开密钥,它们被一组用户所共享。

　　(1) p 是一个大素数,长度在 512～1024 之间,即 $2^{L-1}<p<2^{L}$,$512\leqslant L\leqslant 1024$,且 L 是 64 的倍数。

　　(2) q 是一个长度为 160 位的素数,q 能整除 $p-1$,即 $2^{159}<q<2^{160}$,且 $(p-1)\bmod q=0$。

　　(3) $g=h^{(p-1)/q}\bmod p$,其中 h 是满足 $1<h<(p-1)$,且 $h^{(p-1)/q}\bmod p>1$ 的任何整数。确定 p、q、g 以后,每个用户就可以确定其私钥并产生公钥。

　　私钥 x 必须是一个 $1\sim q-1$ 之间的随机数或伪随机数。

　　公钥 y 可以由私钥 x 计算得出:$y=g^{x}\bmod p$。由给定的 x 计算 y 比较简单,但由给定的 y 确定 x,其计算复杂度非常高,在计算上是不可行的,因为这就是求 y 的以 g 为底的模 p 的离散对数。

　　签名是通过签名函数计算产生的,该函数包含两个分量 r 和 s。r 和 s 是公钥$(p$、q、$g)$、用户私钥 x、消息的散列值 $H(M)$ 和随机数 k 的函数,k 在每次签名中是不同的。

　　签名函数(Sig)定义如下:

$$r = f_1(k,p,q,g) = (g^k \bmod p) \bmod q$$

$$s = f_2(H(M),k,x,r,q) = (k^{-1}(H(M)+xr)) \bmod q$$

其中,k^{-1} 表示 k 模 q 的乘法逆元,签名$=(r,s)$。

　　DSS 签名函数如图 3.16 所示。

　　DSS 验证函数(Ver)如图 3.17 所示。

$$w = f_3(s',q) = (s')^{-1} \bmod q$$

$$u_1 = [H(M)w] \bmod q$$

$$u_2 = (r')w \bmod q$$

$$v = f_4(y, q, g, H(M), w, r') = \left[g^{u_1} y^{u_2} \bmod p \right] \bmod q$$

检验 $v = r'$。

图 3.16　DSS 签名函数　　　　　　　　图 3.17　DSS 验证函数

在图 3.16 和图 3.17 中,该算法有这样一个特点:接收方的验证依赖于 r,但 r 却不依赖于原始消息,它是 k 和全局公钥的函数。k 模 p 的乘法逆元传给函数 f_2,f_2 的输入还包含消息的散列值和用户私钥。函数的这种结构使接收方可利用其收到的消息和签名、他的公钥和全局公钥来恢复 r。由于离散对数的求解困难性,攻击者想从 r 恢复出 k 或从 s 恢复出 x 都是不可行的。

从计算的复杂度来看,DSS 数字签名的计算量主要是 $g^k \bmod p$。由于它不依赖于被签名的消息,因此可以预先计算。另一项计算量较大的工作是计算 k 的乘法逆元 k^{-1},当然也可以采用预先计算的方法。

3.5　身份认证

身份认证是建立安全通信环境的前提条件,只有通信双方相互确认对方身份后才能通过加密等手段建立安全信道,同时它也是授权访问(基于身份的访问控制)和审计记录等服务的基础,因此身份认证在网络信息安全中占据着十分重要的位置。这些协议在解决分布式,尤其是开放环境中的信息安全问题时起到非常重要的作用。

3.5.1　概述

身份认证的目的在于对通信中某一方的身份进行标识和验证。其方法主要是验证用户所拥有的可被识别的特征。一个身份认证系统一般由以下几个部分组成:一方是提出某种申请要求,需要被验证身份的人;另一方是验证者,验证申请者身份的人;第三方是攻击者,可以伪装成通信中的任何一方,或对消息进行窃取等攻击的人。与此同时,在某些认证系统需要引入第四方,即可信任的机构作为仲裁或调解机构。

现实世界中的身份认证可以通过出示带相片的身份证件来完成,某些特殊的区域可能还使用指纹或虹膜等生物特征对进出人员的身份进行确认。不管用什么方法,身份认证机制就是将每个人的身份标识出来,并确认其身份的合法性。

在计算机中,传统的物理身份认证机制并不适用,其身份认证主要通过口令和身份认证协议来完成。在计算机网络通信中,身份认证就是用某种方法来证明正在被鉴别的用户身份是合法的授权者。

口令技术由于其简单易用,因此成为目前一种常用的身份认证技术。使用口令技术存在的最大隐患是口令的泄露问题。口令泄露可以有多种途径,例如登录时被他人窥视;攻击者从计算机存放口令的文件中获取;口令被在线攻击破解;也可能被离线攻击破解。

由于基于口令的认证方法存在较大的问题,因此在网络环境中,常使用身份认证协议来鉴别通信中的对方是否合法,是否与他所声称的身份一致。身份认证协议是一种特殊的通信协议,它定义了参与认证服务的所有通信方在身份认证过程中需要交换的消息格式、消息发生的次序以及消息的语义。在通信过程中,通常采用加密算法、哈希函数来保证消息的完整性、保密性。

使用密码学方法的身份认证协议比传统的基于口令的认证更安全,并能提供更多的安全服务。通过使用各种加密算法,可以对通信过程中的密钥进行很好的保护。在通信过程中,当需要传输用户提供的口令时,可以将用户口令首先进行加密处理,对加密后的口令进行传输,在接收端再进行相应的解密处理,从而对用户口令或密钥进行很好的保护。

身份认证协议一般有两个通信方,可能还会有一个双方都信任的第三方参与。其中一个通信方按照协议的规定向另一方或者第三方发出认证请求,对方按照协议的规定作出响应,当协议顺利执行完毕时双方应该确信对方的身份。

从使用加密的方法来看,身份认证可分为基于对称密钥的身份认证和基于公钥加密的身份认证。

基于对称密钥的身份认证思想是从口令认证的方法发展而来的。传统检验对方传递来的口令是否合法的做法很简单,因此口令容易在传递过程中被窃听而泄露。因此在实际网络环境中,必须采用既能够验证对方拥有共同的秘密,又不会在通信过程中泄露该秘密的方法。与此同时,在实际通信过程中,一台计算机可能需要与多台计算机进行身份认证,如果全部采用共享密钥的方式,那么就需要与众多的计算机都建立共享密钥。这样做在大型网络环境中既不经济也不安全,同时大量共享密钥的建立、维护和更新将是非常复杂的。这时需要一个可信赖的第三方,称为密钥分发中心(Key Distribution Center,KDC)来负责完成密钥的分配工作。在通信开始阶段,通信中的每一方都只与 KDC 有共享密钥,通信双方之间的认证借助 KDC 才能完成。KDC 负责给通信双方创建并分发共享密钥,通信双方获得共享密钥后再使用对称加密算法的协议进行相互之间的身份认证。

基于公钥加密的身份认证协议比基于对称密钥的身份认证能提供更强有力的安全保障,公钥加密算法可以让通信中的各方通过加密/解密运算来验证对方的身份。在使用公钥方式进行身份认证时需要事先知道对方的公钥,因此同样需要一个可信第三方来负责分发公钥。在实际应用中,公钥的分发是采用证书的形式来实现的。证书中含有证书所有人的名字、身份信息、公钥以及签发机构、签发日期、序列号、有效期等相关数据,并用证书权威机构自己的私钥进行签名。证书被设计存放在目录服务系统中,通信中的每一方都拥有证书权威机构的公钥,可以从目录服务中获得通信对方的证书,通过验证证书权威机构签名可以确认对方证书中公钥的合法性。

与此同时,从认证的方向性来看,可分为相互认证和单向认证。

相互认证用于通信双方的互相确认,同时可进行密钥交换。认证过程中密钥分配是重点。保密性和时效性是密钥交换中的两个重要问题。从机密性的角度看,为防止假冒和会话密钥的泄露,用户的身份信息和会话密钥等重要信息必须以密文的形式传送。另一方面,攻击者可以利用重放攻击对会话密钥进行攻击或假冒通信双方中的某一方,密钥的时效性可防止重放攻击的威胁。

常见的重放攻击如下:

(1) 简单重放。攻击者简单地复制消息并在此之后重放这条消息。

(2) 可检测的重放。攻击者在有效的时限内重放有时间戳的消息。

(3) 不可检测的重放。由于原始消息可能被禁止而不能到达接收方,只有通过重放消息才能发送给接收方,此时可能出现这种攻击。

(4) 不加修改的逆向重放。如果使用对称密码,并且发送方不能根据内容来区分发出的消息和接收的消息,那么可能出现这种攻击。

对于重放攻击,一般可使用以下方式来预防:

(1) 序列号。这种方法是为每个需要认证的消息添加一个序列号,新的消息到达后先对序列号进行检查,只有满足正确次序的序列号的消息才能被接收。这种方法存在的一个问题是通信各方都必须记录最近处理的序列号,而且还必须保持序列号的同步。

(2) 时间戳。这种方法是为传送的报文添加时间戳,当接收到新的消息时,首先对时间戳进行检查,只有在消息的时间戳与本地时钟足够接近时才认为该消息是一个新的消息。时间戳要求通信各方必须保持时钟的同步。使用时间戳方法存在三个问题:第一,通信各方的时间同步需要由某种协议来维持,同时为了能够应对网络的故障和恶意攻击,该协议还必须具有容错性和安全性;第二,如果由于通信一方时钟机制出错,那么攻击者的成功率将大大增加;第三,网络延时的可变性和不可预知性不可能保持各分布时钟精确同步,因此需要申请足够大的时间窗口以适应网络延时,这与小时间窗口的要求是矛盾的。

(3) 随机数/响应。这种方法是在接收消息前首先要发送一个临时的交互号(随机数),并要求所发送的消息要包含该临时交互号。随机数/响应不适合于无连接的应用,因为它要求在任何无连接传输之前必须先握手,这与无连接的特征相违背。

单向认证主要用于电子邮件等应用中。其主要特点在于发送方和接收方不需要同时在线。以电子邮件为例,邮件消息发送到接收方的电子邮箱中,并一直保存在邮箱中,等待接收方阅读邮件。电子邮件的存储-转发一般是由 SMTP(简单邮件传输协议)或 X. 400 来处理的,因此邮件报头必须是明文形式。但是,用户都希望邮件以密文的形式传输或转发,邮件要能够加密,而且邮件处理系统无法对其进行解密。此外,电子邮件的认证还包括邮件的接收方必须能够确认邮件消息是来自真正的发送方。

3.5.2　基于口令的身份认证

基于口令(password)的认证方法是传统的认证机制,主要用于用户对远程计算机系统的访问,确定用户是否拥有使用该系统或系统中的服务的合法权限。由于使用口令的方法简单,容易记忆,因此成为比较广泛采用的一种认证技术。基于口令的身份认证一般是单向认证。

常见的使用口令的方法是采用哈希函数对口令进行验证。假设用户 A 想要登录服务器系统 S,这时用户 A 只需向服务器发送服务器分配给他的 ID_A 号和口令 PW_A,即:

$$A \rightarrow S: ID_A \parallel PW_A$$

服务器在收到用户发送过来的信息后,首先将收到的 PW_A 通过哈希函数 $H(\cdot)$ 产生散列值,然后在自己的口令文档或数据库中查找是否存在和 $(ID_A, H(PW_A))$ 相匹配的记录,如果有,则认证成功,允许用户使用自己的服务。在这种方法中,为了确定用户是否有合法的权限使用该系统,服务器只要能够区分输入的口令是有效的还是无效的即可,并不需要知道口令本身的内容。因此,即使攻击者通过窃听双方通信或窃取了服务器中的口令列表,得到了 $H(PW_A)$,也无法假冒用户 A 来进行攻击。

在上述方法中,服务器保存了用户的口令列表,虽然该列表是口令的散列值,但存在着一定的不安全因素。由于用户的口令通常都比较短,因此当攻击者 C 已经获得服务器的口令列表的话,可采用以下的方法进行攻击。攻击者 C 可以在本地搜集很多个常用的口令(如 100 万个),然后用哈希函数对这些口令进行计算,得到相应的散列值,将这些结果存储起来。然后将服务器的口令列表和自己存储的文件相比较,得到匹配的数据,这样攻击者 C 就获得了某个或某些用户的口令,这种攻击方式称为字典攻击(Dictionary Attack)。

为了消除字典攻击,服务器中建立的口令列表记录可以修改成 $(ID, salt, H(PW, salt))$ 的形式。ID 表示用户的身份,salt 表示一个随机数,$H(PW, salt)$ 表示用户口令和随机数合起来的散列值。

在这种方式中,用户的口令在发送给服务器之前,首先和随机数一起进行散列,产生散列值 $H(PW, salt)$,即

$$A \rightarrow S: ID_A \parallel salt \parallel PW_A$$

服务器在收到用户的消息后,在自己的口令列表中查找与 $(ID_A, salt, H(PW_A, salt))$ 匹配的记录,若找到,则允许 A 访问自己的服务。

添加 salt 的方法虽然能抵抗字典攻击,但也有一定的安全隐患,即不能抵抗口令窃听的攻击,即攻击者使用各种方法获得用户口令的明文,从而进行相应的攻击。

口令窃听攻击之所以成功的原因,很大一部分在于用户每次登录时总是使用同一个口令。如果用户每次登录都使用不同的“口令”,那么攻击者进行口令窃听攻击成功的概率将大大降低。

还有一种方法称为哈希链方法,在该方法中,服务器首先对用户进行初始化,保存用户最初的口令记录 $(ID, n, H_n(PW))$,其中 ID 是用户的身份标识,n 是一个整数,$H(\cdot)$ 是哈希函数,$H_n(PW)$ 定义为 $H_n(PW) = H(H_{n-1}(PW)), n = 1, 2, \cdots$,即对用户口令 PW 通过哈希函数产生散列值,并将该散列值再通过哈希函数产生新的散列值,依此类推,一共进行 n 次哈希运算。用户在登录时只需要记住自己的口令 PW,当用户登录到服务器时,服务器会更新所保存的用户记录。

当客户机进行首次口令认证时,客户机对口令 PW 重复计算哈希函数 $n-1$ 次,得到 $H_{n-1}(PW)$。客户机将计算结果发送给服务器,服务器收到 $H_{n-1}(PW)$ 后,再进行一次哈希函数的运算,得到 $H_n(PW)$,并检查新的散列值是否与自己保存的用户记录中的相匹配。如果匹配,则表示认证通过,服务器确定对方就是合法授权的用户。接着,服务器更新所保存的口令记录,用 $(ID, n-1, H_{n-1}(PW))$ 更新 $(ID, n, H_n(PW))$。

在这种方法中,由于用户发给服务器的口令 PW 通过哈希函数计算后得到 $H_n(PW)$ 的次数是不同的,而且哈希函数是单向的,因此攻击者无法从 $H_n(PW)$ 中得到有用的信息,即

使攻击者通过某种手段获得了服务器所保存的口令列表也无法得到用户的口令 PW。

在基于哈希链的认证方法中，作为计数器的 n 值是变化的，依次递减到 1，当 n 最终减为 1 时，客户机和服务器端需要重新初始化以设置口令。

3.5.3　基于对称密钥的身份认证

1. 基于对称密钥的双向身份认证

在基于对称密钥的双向身份认证方法中，可以通过使用两层传统的加密密钥结构来保证网络环境中通信的保密性。这种方法要使用一个可信赖的密钥分配中心（KDC）。通信各方与 KDC 都有一个共享的密钥，称为主密钥，KDC 负责产生通信各方通信时短期使用的密钥，称为会话密钥，主密钥负责保护会话密钥的分发。

1）Needham-Schroeder 协议

Needham-Schroeder 协议利用 KDC 进行密钥分配，同时具备了身份认证的功能。假设通信双方 A、B 和 KDC 分别共享密钥 K_A 和 K_B。

[1] A→KDC：$ID_A \parallel ID_B \parallel N_1$

[2] KDC→A：$E_{Ka}(K_S \parallel ID_B \parallel N_1 \parallel E_{Kb}(K_S \parallel ID_A))$

[3] A→B：$E_{KB}(K_S \parallel ID_A)$

[4] B→A：$E_{KS}(N_2)$

[5] A→B：$E_{KS}(f(N_2))$

该协议的目的是要保证将会话密钥 K_S 安全地分配给 A 和 B。

第 1 步，A 将他的身份信息 ID_A，B 的身份信息 ID_B 以及一个作为临时交互值的随机数 N_1 组成的消息发给 KDC，表明 A 要与 B 认证并通信。

第 2 步，KDC 产生 A、B 之间的会话密钥 K_S，用 KDC 与 B 的共享密钥 K_B 对会话密钥 K_S 和 A 的身份信息 ID_A 进行加密，然后用它和 A 的共享密钥 K_A 对随机数 N_1、B 的身份信息 ID_B、会话密钥 K_S 和已加密的信息进行加密，然后将它发送给 A。

第 3 步，A 将消息解密并获得 K_S，比较 N_1 和第一步所发送的 N_1 是否一致，然后将 KDC 发来的用 K_B 加密的消息发送给 B。

第 4 步，B 对消息进行解密并获得 K_S，然后产生另一随机数 N_2，用 K_S 加密并发送给 A。

第 5 步，A 对消息解密，并用函数 f 产生新的结果，并用 K_S 加密，然后发给 B。

第 6 步，B 对消息解密，并验证它是否是 f 产生的结果。

在这个过程中，第 4、5 步可以防止某些重放攻击。例如，若攻击者窃听到第 3 步中的报文并进行重放，重放报文中的 K_S 是一个过期的会话密钥，若没有第 4、5 步的交互过程，B 将试图使用这个过期密钥，从而产生混乱。

尽管如此，该协议仍然存在漏洞，容易受到重放攻击。例如，攻击者 X 可能从某些途径获得一个过期的会话密钥。X 就可以冒充 A 重放第 3 步的报文，欺骗 B 使用过期的会话密钥，除非 B 明确记得以前与 A 通信所使用的所有会话密钥，否则 B 无法确定是否是重放的消息。

2）Denning 协议

Denning 协议对 Needham-Schroeder 协议进行了修改，引入了时间戳机制，整个过程如下：

　　[1] A→KDC：$ID_A \parallel ID_B$

　　[2] KDC→A：$E_{Ka}(K_S \parallel ID_B \parallel T \parallel E_{Kb}(K_S \parallel ID_A \parallel T))$

　　[3] A→B：$E_{KB}(K_S \parallel ID_A \parallel T)$

　　[4] B→A：$E_{KS}(N_1)$

　　[5] A→B：$E_{KS}(f(N_1))$

时间戳 T 使 A 和 B 确信会话密钥 K_S 是最新产生的,这样 A 和 B 都知道此次交换的是一个新的会话密钥。A 和 B 通过验证下列式子来验证密钥的及时性：

$$|c - T| < \Delta t_1 + \Delta t_2$$

其中,c 是本地时钟的时间值,T 是报文携带的时间戳,Δt_1 是 KDC 时钟与本地时钟的正常偏差,Δt_2 是网络的正常时延值,满足该公式的时间戳被认为是合法的。由于是使用与 KDC 的共享密钥对时间戳进行加密,因此即使攻击者知道旧的会话密钥,也不能成功地重放消息,因为 B 可以根据消息的及时性检测出来。

　　与 Needham-Schroeder 协议相比,Denning 协议的安全性更高,但同时也带来了新的问题,即如何安全准确地通过网络进行时钟同步。因此,该协议也存在着一定的危险,由于时钟同步机制的出错或受到破坏,通信各方的时钟不同步,协议将容易遭到重放攻击。例如,发送方的时钟快于接收方的时钟,攻击者可以窃听到发送端的报文,由于报文中的时间戳快于接收方的本地时间,攻击者可以等到接收方时钟等于报文时间戳时重放该报文,这种重放可能导致不可预知的结果,这样的攻击称为抑制-重放攻击。

　　解决抑制-重放攻击的一种方法是要求通信各方必须根据 KDC 的时钟周期性地校验时钟。另一种方法是基于随机数的临时交互值的认证协议,它不要求时钟同步,并且接收的临时交互值对发送方而言是不可预知的,从而不易受到抑制-重放攻击。

　　3) Neuman-Stubblebine 协议

　　Neuman-Stubblebine 协议提出目的是为了试图解决抑制-重放攻击,同时解决 Needham-Schroeder 协议中出现的问题：

　　[1] A→B：$ID_A \parallel N_1$

　　[2] B→KDC：$ID_B \parallel N_2 \parallel E_{Kb}(ID_A \parallel N_1 \parallel T)$

　　[3] KDC→A：$E_{KA}(ID_B \parallel N_1 \parallel K_S \parallel T) \parallel E_{KB}(ID_A \parallel K_S \parallel T) \parallel N_2$

　　[4] A→B：$E_{KB}(ID_A \parallel K_S \parallel T) \parallel E_{KS}(N_2)$

　　第 1 步,A 发起认证。A 产生临时交互值 N_1,连同自己的身份信息 ID_A 以明文的形式发送给 B,N_1 的作用是在进行密钥分发时将返回给 A,A 通过验证 N_1 的值来确认消息的时效性。

　　第 2 步,B 向 KDC 申请会话密钥。B 将 A 的身份信息 ID_A、临时交互值 N_1 以及时间戳 T 用他和 KDC 的共享密钥 K_B 加密,把加密结果、自己的身份信息 ID_B 和新的临时交互值 N_2 一起发送给 KDC。其中用 K_B 加密的数据 $E_{KB}(ID_A \parallel N_1 \parallel T)$ 的作用是请求 KDC 向 A 发布一个可信的"票据",指定了"票据"的接收者、有效期以及 A 发送的临时交互值 N_1。

　　第 3 步,KDC 产生会话密钥 K_S,然后产生两个消息。第一个消息是由 B 的身份信息 ID_B、A 的临时交互值 N_1、会话密钥 K_S 和时间戳组成,并用他与 A 的共享密钥 K_A 加密;第二个消息是由 A 的身份信息 ID_A、会话密钥 K_S 和时间戳组成,并用他与 B 的共享密钥 K_B

加密。将这两个消息连同 B 的临时交互值 N_2 一起发送给 A。时间戳 T 给出了会话密钥的使用时限，ID_B 用于证实 B 已经收到初始报文，N_1 能够检测重放攻击。

第 4 步，A 用 KDC 与 B 的共享密钥 K_B 加密的消息和加密后的 N_2 发送给 B。B 从加密消息中得到共享密钥并解密出 N_2，通过比较 N_2 来鉴别消息是来自 A 或者是一次重放攻击。

这个协议为 A、B 双方建立会话提供了一种安全有效的会话密钥交换方式。在协议中，时间戳 T 只是相对 B 的本地时钟，也只有 B 对其进行校验，因此不需要时钟的同步。同时，A 可以保存用于鉴别 B 的消息，可以减少与 KDC 的多次交互。假设 A、B 完成了上面的协议和通信，然后终止连接，A 要和 B 再次建立新的会话时，只要 A 保存了原有的消息，并在密钥的有效期限内，不必依赖 KDC，就能够在三步之内重新进行身份认证。

[1] A→B：$E_{KB}[ID_A \parallel K_S \parallel T] \parallel N_1'$

[2] B→A：$N_2' \parallel E_{KS}(N_1')$

[3] A→B：$E_{KS}(N_2')$

B 在第 1 步收到消息后可以验证密钥有没有过期，新产生的 N_1'、N_2' 用来检测是否有重放攻击。

2. 基于对称密钥的单向身份认证

基于对称密钥的单向认证一般也采用以 KDC 为基础的方法。但是在电子邮件的应用中，无法要求发送方和接收方同时在线，因此在协议过程中不存在双方的交互。具体过程如下：

[1] A→KDC：$ID_A \parallel ID_B \parallel N_1$

[2] KDC→A：$E_{KA}[K_S \parallel ID_B \parallel N_1 \parallel E_{KB}(K_S \parallel ID_A)]$

[3] A→B：$E_{KB}(ID_A \parallel K_S) \parallel E_{KS}(M)$

可以看出，该协议比较简洁，可以保证只有真正的接收方才能读取消息，同时也可以保证发送方的确是 A，但同样无法抵抗重放攻击。由于电子邮件的转发和处理过程中存在时延较大，因此通过添加时间戳的方式来抵抗重放攻击的可能性不大。

3.5.4　基于公钥的身份认证

1. 基于公钥的双向身份认证

1）Denning-Sacco 协议

在公开密钥加密的身份认证中，也需要有一个类似的中心系统来分发通信各方的公开密钥证书。因为在没有认证中心或密钥分配中心的情况下，要使通信各方都能拥有对方的当前公钥是不切实际的。

Denning-Sacco 协议是一种使用时间戳机制的公钥分配和认证方法。假设通信双方分别为 A 和 B，AS 为认证服务器。

[1] A→AS：$ID_A \parallel ID_B$

[2] AS→A：$E_{KSAS}(ID_A \parallel K_{PA} \parallel T) \parallel E_{KSAS}(ID_B \parallel K_{PB} \parallel T)$

[3] A→B：$E_{KSAS}(ID_A \parallel K_{PA} \parallel T) \parallel E_{KSAS}(ID_B \parallel K_{PB} \parallel T) \parallel E_{KPB}(E_{KSA}(K_S \parallel T))$

其中，K_{PA}、K_{SA}、K_{PB}、K_{SB} 分别为 A 和 B 的公钥和私钥。K_{PAS} 和 K_{SAS} 分别为 AS 的公钥

和私钥。在这个协议中,认证中心系统不负责密钥的分配,而是提供公钥证书,所以称为认证服务器(AS)。会话密钥 K_S 的选择和加密完全由 A 来完成,因此不存在被 AS 泄露的危险。同时使用了时间戳机制,可以防止重放攻击对密钥安全性的威胁。

这个协议简洁明了,但不足之处仍然是需要严格的时钟同步才能保证协议的安全。

2) Woo-Lam 协议

Woo-Lam 协议使用随机数作为临时交互值来代替时间戳,它是一种以 KDC 为中心的认证协议。

[1] A→KDC: $ID_A \parallel ID_B$

[2] KDC→A: $E_{KSK}(ID_B \parallel K_{PB})$

[3] A→B: $E_{KPB}(N_1 \parallel ID_A)$

[4] B→KDC: $ID_B \parallel ID_A \parallel E_{KPK}(N_1)$

[5] KDC→B: $E_{KSK}(ID_A \parallel K_{PA}) \parallel E_{KPB}(E_{KSK}(N_1 \parallel K_S \parallel ID_B))$

[6] B→A: $E_{KPA}(E_{KSK}(N_1 \parallel K_S \parallel ID_B) \parallel N_2)$

[7] A→B: $E_{KS}(N_2)$

其中,K_{PK} 和 K_{SK} 分别是 KDC 的公钥和私钥。在协议刚开始,A 向 KDC 发送一个要和 B 建立安全连接的请求,KDC 将 B 的公钥证书副本返回给 A,A 通过 B 的公钥告诉 B 想与之通信,同时将临时交互值 N_1 发给 B。然后,B 向 KDC 请求 A 的公钥证书和会话密钥,由于 B 发送消息中包含 A 的临时交互值,因此 KDC 可以用临时交互值对会话密钥加戳,其中临时交互值受 KDC 的公钥保护。接着,KDC 将 A 的公钥证书的副本和消息 $\{N_1, K_S, ID_B\}$ 一起返回给 B。这条消息说明,K_S 是 KDC 为 B 产生的且与 N_1 有关的密钥。N_1 使 A 确信 K_S 是新会话密钥。用 KDC 的私钥对三元组 $\{N_1, K_S, ID_B\}$ 加密,使得 B 可以验证该三元组确实来自 KDC。由于是用 B 的公钥对该三元组加密,因此其他各方均不能利用该三元组与 A 建立假冒连接。在第 6 步,B 用 A 的公钥对 $E_{KSA}(N_1 \parallel K_S \parallel ID_B)$ 和 B 产生的随机数 N_2 加密后发送给 A,A 先解密得出会话密钥 K,然后用 K_S 对 N_2 加密发送给 B,这样可以使 B 确信 A 已经获得正确的会话密钥。

相比 Denning-Sacco 协议,这个协议对抵抗攻击的能力更强,但也存在着某些安全隐患。改进的方法是在第 5 步和第 6 步中加入 A 的身份信息 ID_A,将会话密钥与双方的身份信息绑定在一起。将 ID_A 和 N_1 绑定在一起唯一标识了 A 的连接请求。具体过程如下:

[1] A→KDC: $ID_A \parallel ID_B$

[2] KDC→A: $E_{KSK}(ID_B \parallel K_{PB})$

[3] A→B: $E_{KPB}(N_1 \parallel ID_A)$

[4] B→KDC: $ID_B \parallel ID_A \parallel E_{KPK}(N_1)$

[5] KDC→B: $E_{KSK}(ID_A \parallel K_{PA}) \parallel E_{KPB}(E_{KSK}(N_1 \parallel K_S \parallel ID_A \parallel ID_B))$

[6] B→A: $E_{KPA}(E_{KSA}(N_1 \parallel K_S \parallel ID_A \parallel ID_B) \parallel N_2)$

[7] A→B: $E_{KS}(N_2)$

2. 基于公钥的单向身份认证

公开密钥由于其自身的特性,比对称密钥更适合用于单向认证。一般情况下,发送方需要掌握接收方的公钥,而接收方也需要拥有发送方的公钥,这样才能对消息进行加密,同时也能对消息的签名进行解密。

使用公钥进行验证的步骤相对简洁，主要有以下几种使用方法：

(1) A→B：$E_{KPB}(K_S) \parallel E_{KS}(M)$

(2) A→B：$E_{KSA}(H(M)) \parallel M$

(3) A→B：$E_{KPB}(K_S) \parallel E_{KS}(M \parallel E_{KSA}(H(M)))$

(4) A→B：$E_{KPB}(K_S) \parallel E_{KS}(M \parallel E_{KSA}(H(M))) \parallel E_{KSCA}(T \parallel ID_A \parallel K_{PA})$

方法(1)主要适用于强调机密性，不需要数字签名的应用环境。该方法首先使用会话密钥 K_S 对消息进行加密，接着再使用接收方 B 的公钥对会话密钥进行加密，再将结果发送给 B。由于使用 B 的私钥进行加密，因此只有 B 才能恢复出会话密钥 K_S，并解密出消息 M。使用会话密钥 K_S 对消息 M 进行对称加密的原因是对称加密的效率比非对称加密的效率高得多，因此对消息 M 进行加密采用会话密钥 K_S 进行加密，而不直接使用 B 的公钥 K_{PB} 对消息进行加密。方法(2)主要强调的应用是使用数字签名。首先使用哈希函数对消息 M 产生散列值，然后使用 A 的私钥对消息进行签名，接收方 B 收到消息后使用 A 的公钥进行解密，并验证散列值即可知道消息是否来自 A，是否被篡改过。

方法(1)主要是保证消息的机密性，但没有保证消息的不可否认性和完整性。方法(2)保证了消息的不可否认性和完整性，但消息是以明文的形式传输，因此内容容易遭到窃取。方法(3)是对方法(1)和方法(2)的综合，将消息 M 和 A 的签名 $E_{KSA}(H(M))$ 放在一起使用会话密钥 K_S 进行加密，解决了方法(1)和方法(2)各自的不足。

在实际使用中，公钥通常以数字证书的形式发布，证书由证书权威机构(Certificate Authority, CA)颁发，证书中包含有公钥及有效期等数据。因此在实际使用中，通信各方需要获取的是对方当前尚未过期的公钥。$E_{KSCA}(T \parallel ID_A \parallel K_{PA})$ 是证书权威机构对 A 的公钥的签名，以确保 K_{PA} 是 A 当前有效的公钥。

习 题 3

一、选择题

1. 身份认证是安全服务中的重要一环，以下关于身份认证的叙述不正确的是(　　)。

   A. 身份认证是授权控制的基础

   B. 身份认证一般不用提供双向的认证

   C. 目前一般采用基于对称密钥加密或公开密钥加密的方法

   D. 数字签名机制是实现身份认证的重要机制

2. 数据完整性可以防止以下(　　)攻击。

   A. 假冒源地址或用户的地址欺骗攻击

   B. 抵赖做过信息的递交行为

   C. 数据中途被攻击者窃听获取

   D. 数据中途被攻击者篡改或破坏

3. 数字签名要预先使用单向 Hash 函数进行处理的原因是(　　)。

   A. 多一道加密工序使密文更难破译

   B. 提高密文的计算速度

　　C. 缩小签名密文的长度,加快数字签名和验证签名的运算速度

　　D. 保证密文能正确地还原成明文

　4. 下列(　　)运算 MD5 没有使用到。

　　A. 幂运算　　　　B. 逻辑与或非　　　C. 异或　　　　D. 移位

二、填空题

　1. MD5 和 SHA-1 产生的散列值分别是_____位和_____位。

　2. 基于哈希链的口令认证,用户登录后将口令表中的 $(\text{ID}, k-1, H_{k-1}(\text{PW}))$ 替换为_____。

　3. Denning-Sacco 协议中使用时间戳 T 的目的是_____。

　4. 本章 3.5.4 节介绍的 Woo-Lam 协议中第[6]、[7]步使用随机数 N_2 的作用是_____。

三、简答题

　1. 弱抗碰撞性和强抗碰撞性有什么区别?

　2. 什么是消息认证码?

　3. 比较 MD5 和 SHA-1 的抗穷举攻击能力和运算速度。

　4. MD5 和 SHA-1 的基本逻辑函数是什么?

　5. Woo-Lam 协议一共 7 步,可以简化为如下 5 步:

[1] A→B:

[2] B→KDC:

[3] KDC→B:

[4] B→A:

[5] A→B:

请给出每步中传输的信息。

　6. Needham-Schroeder 协议存在的一个致命漏洞是旧的会话密钥仍有价值,假设黑客 H 通过某种途径获得旧的密钥 K_s, H 就可以假装成 A 发起一次攻击。请说明 H 是在协议的哪一步起发动攻击的,详细说明其过程(假设 H 能获得协议中每次传输的内容)。

第4章 计算机病毒

随着计算机技术的迅速发展,整个社会对计算机的依赖程度也越来越大。同时,网络的普及也给计算机病毒带来前所未有的发展机会。计算机病毒已经成为当今网络安全的主要威胁之一,给网络信息安全带来了严峻的挑战。在这种情况之下,对计算机病毒的深入了解和有效防治是非常必要的。

4.1 概　　述

代码是指计算机可以运行的程序,可以被执行完成特定的功能。然而,怀有恶意目的的人所编写的代码会给计算机信息安全带来严重的威胁,影响人们生活的各个方面,这种带有恶意目的的破坏程序被称为恶意代码。

计算机病毒属于恶意代码的一种,然而,当前的媒体常常用计算机病毒来代替恶意代码的概念,因此在广义上来讲,计算机病毒就是各种恶意代码的统称。本节将给出计算机病毒的定义,简述计算机病毒的发展,同时介绍计算机病毒所带来的危害。

4.1.1 定义

"病毒"一词来源于生物学。计算机病毒最早是由美国南加州大学的 Fred Cohen 提出的。他在 1983 年编写了一个小程序,这个程序可以自我复制,能在计算机中传播。该程序对计算机并无害处,能潜伏于合法的程序当中,通过软盘传染到计算机上。

Fred Cohen 博士对计算机病毒的定义是:"病毒是一种靠修改其他程序来插入或进行自身拷贝,从而感染其他程序的一段程序。"这一定义作为标准已被普遍地接受。

在《中华人民共和国计算机信息系统安全保护条例》中计算机病毒被明确定义为:"编制或在计算机程序中插入的破坏计算机功能或者破坏数据,影响计算机使用并且能够自我复制的一组计算机指令或者程序代码"。

计算机病毒是一个程序,一段可执行代码。就像生物病毒一样,计算机病毒有其独特的复制能力,它们能把自身附着在各种类型的文件上。当感染病毒的文件被复制或从一个介质传到另一个介质时,它们就随着该文件一起被复制或传送,并同时蔓延开来。

4.1.2 计算机病毒的发展

计算机病毒概念的起源相当早。1949 年冯·诺伊曼就在他的一篇论文《复杂自动装置的理论及组织的进行》里给出了计算机病毒的雏形,即它是一种"能够自我复制的自动机",但在当时并未引起人们足够的重视。

在冯·诺伊曼病毒程序雏形的概念提出后,绝大部分的计算机专家都无法想象这种会自我繁殖的程序是可能的,只有少数几位科学家默默地研究着这个问题。直到 10 年之后,在美国电话电报公司（AT&T）的贝尔（Bell）实验室中，这些概念在一种很奇怪的电子游戏中成型了，这种电子游戏叫做"磁芯大战"。"磁芯大战"的玩法如下：双方各写一套程序并将程序输入到同一部计算机中，这两套程序在计算机系统内互相追杀，有时它们会放下一些关卡甚至会停下来修复（重新写）被对方破坏的几行指令。当它被困时，也可以把自己复制一次从而逃离险境，因为它们都在计算机的记忆磁芯中游走，所以得到了"磁芯大战"之名。

1983 年 11 月，弗雷德·科恩（Fred Cohen）博士研制出一种在运行过程中可以自我复制的破坏性程序。伦·艾德勒曼（Len Adleman）将这种破坏性程序命名为计算机病毒（Computer Viruses），并在每周一次的计算机安全讨论会上正式提出，8 小时后专家们在VAX11/750 计算机系统上成功运行该程序。这样，第一个病毒实验成功。人们第一次真正意识到计算机病毒的存在。

1986 年年初，巴基斯坦的巴锡特（Basit）和阿姆杰德（Amjad）两兄弟经营着一家 IBM-PC 及其兼容机的小商店。他们编写的 Pakistan 病毒（即 Brain）在一年内流传到了世界各地。

1988 年冬天，正在康乃尔大学读书的莫里斯把一个称为"蠕虫"的计算机病毒送进了美国最大的计算机网络——因特网。1988 年 11 月 2 日下午 5 时，因特网的管理人员首次发现网络有不明入侵者。当晚，从美国东海岸到西海岸，因特网用户陷入一片恐慌。

1989 年，全世界的计算机病毒攻击十分猖獗，其中"米开朗基罗"病毒给许多计算机用户造成极大损失。这种病毒比较著名的原因，除了它拥有一代艺术大师米开朗基罗的名字之外，更重要的是它具有非常强大的杀伤力。

1991 年，在"海湾战争"中，美军第一次将计算机病毒用于实战，在空袭巴格达的战斗中成功地破坏了对方的指挥系统，使之瘫痪，保证了战斗的顺利进行，直至最后胜利。

1996 年首次出现针对微软公司 Office 的"宏病毒"。宏病毒的出现使病毒编制工作不再局限于晦涩难懂的汇编语言，因此越来越多的病毒出现了。

1997 年被公认为是计算机反病毒界的"宏病毒"年。宏病毒主要感染 Word、Excel 等文件。Word 宏病毒早期是用一种专门的 Basic 语言所编写的程序，后来是用 Visual Basic 编写的程序。与其他计算机病毒一样，宏病毒能对用户系统中的可执行文件和数据文本类文件造成破坏。常见的宏病毒有 Tw No.1（台湾一号）、Setmd、Consept 和 Mdma 等。

1998 年出现针对 Windows 95/98 系统的病毒，例如 CIH 病毒。CIH 病毒是继 DOS 病毒、Windows 病毒、宏病毒后的第四类新型病毒。它主要感染 Windows 95/98 的可执行程序，破坏计算机 Flash BIOS 芯片中的系统程序，导致主板损坏，同时破坏硬盘中的数据。当病毒发作时，硬盘驱动器不停旋转，硬盘上的所有数据（包括分区表）被破坏，只有对硬盘重新分区才有可能挽救硬盘。

1999 年，Happy99 等完全通过 Internet 传播的病毒的出现标志着 Internet 病毒将成为病毒新的增长点。其特点就是利用 Internet 的优势，快速进行大规模的传播，从而使病毒在极短的时间内遍布全球。

2001 年 7 月，一种名为"红色代码"的病毒在美国大面积蔓延，这个专门攻击服务器的病毒攻击了白宫网站，造成了全世界的恐慌。

2003 年，"2003 蠕虫王"病毒在亚洲、美洲、澳大利亚等地迅速传播，造成了全球性的网络灾害。

2004 年是"蠕虫"泛滥的一年,根据中国计算机病毒应急中心的调查显示,2004 年十大流行病毒都是蠕虫病毒。

2007 年,"熊猫烧香"病毒出现,该病毒是一种经过多种变种的蠕虫病毒,它主要通过下载的档案传染,对计算机程序、系统均可产生严重的破坏。同年,"U 盘寄生虫"再出新变种(Trojan. KillAV. er),该病毒会关闭大部分杀毒软件进程,降低系统安全性,同时还会窃取用户的私密信息,给用户带来严重的经济损失。

2009 年,"死牛"病毒作为病毒"大水牛"的最新变种,不仅会下载热门网游盗号木马,试图盗取用户网游账号密码,还会下载 ARP 病毒攻击局域网,危害极大。

2010 年,金山安全实验室捕获了一种被命名为"鬼影"的计算机病毒。由于该病毒成功运行后,在进程中、系统启动加载项里找不到任何异常,同时即使格式化重装系统,也无法彻底清除该病毒,犹如"鬼影"一般"阴魂不散",所以称为"鬼影"病毒。该病毒也因此成为国内首个"引导区"下载者病毒。

4.1.3　危害

计算机病毒的危害主要表现在以下几个方面:

1. 占用磁盘空间,破坏数据信息

寄生在磁盘上的病毒总要非法占用一部分磁盘空间。引导型病毒一般是由病毒本身占据磁盘引导扇区,而把原来引导区的内容转移到其他扇区,被覆盖的扇区数据将丢失,无法恢复。文件型病毒利用操作系统的某些功能来检测出磁盘中的未用空间,把病毒的传染部分写到磁盘的未用部位。所以在传染过程中一般不破坏磁盘上的原有数据,但非法侵占了磁盘空间。有些文件型病毒传染速度很快,在短时间内感染大量文件,每个文件都不同程度地加长了,造成磁盘空间的严重浪费。大部分病毒在激发的时候直接破坏计算机中的重要数据,所利用的手段有格式化磁盘、改写文件分配表和目录区、删除重要文件或者用无意义的垃圾数据改写文件、破坏 CMOS 设置等。

2. 干扰系统的正常运行

大多数病毒在活动状态下都是驻留内存的,这就必然抢占部分系统资源。病毒抢占内存,导致内存减少,一部分软件不能运行。

病毒不仅占用内存,同时也占用 CPU 资源。病毒为了判断传染激发条件,总要对计算机的工作状态进行监视。有些病毒不仅对磁盘上的病毒加密,而且进驻内存后的病毒也进行加密,当 CPU 每次寻址到病毒处时,都要运行解密程序把病毒解密成合法的 CPU 指令再执行,运行结束时同样需要运行加密程序对病毒重新加密。这样,CPU 将额外执行数千条以至上万条指令。

3. 给人造成心理影响

由于计算机病毒横行的案例不计其数,使得许多用户在当自己的计算机运行出现异常情况如死机、软件运行速度慢、开机速度慢等现象时,大多数用户的第一反应就是怀疑自己的计算机含有病毒。的确,这些现象很有可能是计算机病毒造成的,但是也有可能是其他原因。出于对病毒的恐惧,许多用户往往会采取措施来"杀毒",这就需要付出时间、金钱等方面的代价。某些用户怀疑病毒而冒然格式化磁盘所带来的损失更是难以弥补。另外,在一些大型网络系统中也难免为检测病毒而停机。总之,计算机病毒给人们造成了巨大的心理压力,极大地影响了现代计算机的使用效率,由此带来的无形损失是难以估量的。

4.2　计算机病毒的特征及分类

4.2.1　特征

计算机病毒通常具有以下几个明显的特征:

1. 传染性

这是病毒的基本特征,是判断一个程序是否为计算机病毒的最重要特征。病毒能通过自我复制来传染正常文件,达到破坏计算机正常运行的目的。但它的传染是有条件的,也就是病毒程序必须被执行之后才具有传染性,才能传染其他文件。病毒一旦进入计算机系统,就会开始寻找机会感染其他文件。

计算机病毒的主要传播渠道有硬盘、光盘、可移动存储器、网页、电子邮件和 FTP 下载等。

2. 破坏性

任何计算机病毒感染了系统后,都会对系统产生不同程度的影响。病毒都是可执行程序,当病毒代码运行时就会降低系统的工作效率,占用系统资源。病毒发作时的破坏程度取决于病毒设计者。轻则占用系统资源,影响计算机运行速度,降低计算机的工作效率,使用户不能正常使用计算机;重则毁坏系统,破坏用户计算机中的数据并使之无法恢复,甚至破坏计算机硬件,给用户带来巨大的损失。

3. 隐蔽性

计算机病毒具有很强的隐蔽性,它一般都是具有很高编程技巧的、短小精悍的代码,通常附在正常的程序之中或藏在磁盘隐秘的地方。没有经过代码分析是很难将病毒程序和正常程序区分开的。有些病毒采用了极其高明的手段来隐藏自己,如使用隐藏文件、注册表内的相似字符等,而且有的病毒在感染了系统之后,计算机系统仍能正常工作,用户不会感到有任何异常,普通用户无法在正常的情况下发现病毒。

4. 寄生性

一般情况下,计算机病毒都不会独立存在,而是寄生于其他程序中,当执行这个程序时,病毒代码就会被执行。病毒寄生在其他程序中的同时,也进行感染扩散,病毒潜伏寄生的时间越长,感染的范围也就越大,对用户造成的影响也就越大。在未满足触发条件或正常程序未启动之前,用户是不易发觉病毒存在的。

5. 可触发性

大部分病毒感染系统之后一般不会马上发作,而是隐藏在系统中,就像定时炸弹一样,只有在满足特定条件时才被触发。潜伏机制是计算机病毒内部的一种机制,在不满足触发条件时,病毒只会感染而不做破坏,只有在触发条件满足的情况下才会表现出来。例如,黑色星期五病毒,不到预定时间,用户就不会觉察出异常。一旦遇到 13 日并且是星期五,病毒就会被激活并且对系统进行破坏。当然,还有著名的 CIH 病毒,它是在每月的 26 日发作。

4.2.2　分类

目前全球大约有几十万种病毒,根据各种计算机病毒的特点,计算机病毒有不同的分类方法。按照不同的体系,可对计算机病毒进行如下分类。

1. 按病毒的寄生方式分类

根据病毒的寄生方式,病毒可以划分为网络病毒、文件病毒、引导型病毒和混合型病毒。

(1) 网络病毒:通过计算机网络传播感染网络中的可执行文件。

(2) 文件病毒:感染计算机中的文件(如 DOS 下的 COM、EXE 和 Windows 的 PE 文件等)。

(3) 引导型病毒:感染启动扇区(Boot)和硬盘的系统引导扇区(MBR)。

(4) 混合型病毒:是上述三种情况的混合病毒。例如,多型病毒(文件和引导型)感染文件和引导扇区两种目标,这样的病毒通常都具有复杂的算法,它们使用非常规的办法侵入系统,同时使用了加密和变形算法。

2. 按传播媒介分类

(1) 单机病毒:单机病毒的载体是磁盘或光盘。常见的传播途径是通过软盘或光盘传入硬盘,感染系统后,再传染给其他软盘或光盘,然后又感染给其他系统。

(2) 网络病毒:网络为病毒提供了很好的传播途径。通过网络传播的病毒传染能力强,破坏力大,主要利用网络协议或命令进行传播。

3. 按病毒破坏性分类

根据病毒破坏的能力,计算机病毒可划分为良性病毒和恶性病毒。

良性病毒是不包含对计算机系统产生直接破坏作用代码的计算机病毒。这类病毒为了表现其存在,只是不停地进行传播,并不破坏计算机内的数据。但它会使系统资源急剧减少,可用空间越来越少,最终导致系统崩溃。良性病毒又可分为无危害病毒和无危险病毒。前者是指除了传染时减少磁盘的可用空间外,对系统没有其他影响。后者是指在传播过程中不仅减少内存和硬盘空间,还伴随显示图像、发出声音等。

恶性病毒是指代码中包含有损伤和破坏计算机系统的操作,在其传染激发时会对系统产生直接破坏作用的计算机病毒。如破坏磁盘扇区,格式化磁盘导致数据丢失等。这些代码都是刻意写进病毒的,是其本性之一。恶性病毒可分为危险型病毒和非常危险型病毒。危险型病毒是指破坏和干扰计算机系统的操作,从而造成严重的错误。非常危险型病毒主要是删除程序、破坏数据、清除系统内存和操作系统中重要的信息。

4. 按计算机病毒的链接方式分类

由于计算机病毒本身必须有一个攻击对象才能实现对计算机系统的攻击,并且计算机病毒所攻击的对象是计算机系统可执行的部分,因此根据链接方式,计算机病毒可分为源码型病毒、嵌入型病毒、外壳型病毒、译码型病毒、操作系统型病毒。

(1) 源码型病毒:该病毒攻击高级语言编写的程序,在高级语言所编写的程序编译前插入到源程序中,经编译成为合法程序的一部分。

(2) 嵌入型病毒:这种病毒是将自身嵌入到现有程序中,把计算机病毒的主体程序与其攻击的对象以插入的方式链接。这种计算机病毒是难以编写的,一旦侵入程序体后也较难消除。如果同时采用多态性病毒技术、超级病毒技术和隐蔽性病毒技术,将给当前的反病毒技术带来严峻的挑战。

(3) 外壳型病毒:外壳型病毒将其自身包围在主程序的外面,对原来的程序不作修改。这种病毒最为常见,易于编写,也易于发现,一般测试文件的大小即可察觉。

(4) 译码型病毒:隐藏在微软 Office、AmiPro 文档中,如宏病毒、脚本病毒等。

(5) 操作系统型病毒:这种病毒用自身的程序加入或取代部分操作系统进行工作,具有很强的破坏力,可以导致整个系统的瘫痪。圆点病毒和大麻病毒就是典型的操作系统型病毒。

这种病毒在运行时,用自己的逻辑部分取代操作系统的合法程序模块,根据病毒自身的特点和被替代的合法程序模块在操作系统中运行的地位与作用,以及病毒取代操作系统的取代方式等,对操作系统进行破坏。

5. 按病毒攻击的操作系统分类

根据病毒的攻击目标,计算机病毒可以分为 DOS 病毒、Windows 病毒和其他系统病毒。

(1) DOS 病毒:是针对 DOS 操作系统开发的病毒。目前几乎没有新制作的 DOS 病毒,由于 Windows 9x 病毒的出现,DOS 病毒几乎绝迹。但 DOS 病毒在 Windows 9x 环境中仍可以进行感染活动,因此若执行染毒文件,Windows 9x 用户的系统也会被感染。通常使用杀毒软件能够查杀的病毒中一半以上都属于 DOS 病毒,可见 DOS 时代 DOS 病毒的泛滥程度。但这些众多的病毒中除了少数几个让用户胆战心惊的病毒之外,大部分病毒都只是制作者出于好奇或对公开代码进行一定变形而制作的病毒。

(2) Windows 病毒:主要指针对 Windows 9x 操作系统的病毒。现在的计算机用户一般都安装 Windows 系统,Windows 病毒一般感染 Windows 9x 系统,其中最典型的病毒有 CIH 病毒。但这并不意味着可以忽略系统是 Windows NT 系列的计算机。一些 Windows 病毒不仅在 Windows 9x 上正常感染,还可以感染 Windows NT 上的其他文件。

(3) 其他系统病毒:主要攻击 Linux、UNIX、OS2、Macintosh 及嵌入式系统的病毒。由于系统本身的复杂性,这类病毒数量不是很多,但对于当前的信息处理也产生了严重的威胁。

6. 按病毒的攻击类型分类

按计算机病毒攻击的机器类型可分为攻击微型机的计算机病毒、攻击小型机的计算机病毒和攻击工作站的计算机病毒,其中攻击微型机的计算机病毒是最为庞大的病毒家族。

4.3　常见的病毒类型

4.3.1　引导型与文件型病毒

1. 引导型病毒

引导型病毒是指专门感染磁盘引导扇区或硬盘主引导区的病毒程序。如果被感染的磁盘作为系统启动盘使用,那么在系统启动时,病毒程序会自动被带入内存,从而使运行的系统感染上病毒。如果系统已经感染上病毒,那么在对磁盘进行操作时,病毒程序会主动进行传染,从而使其他磁盘也感染上病毒。

引导型病毒在 ROM BIOS 装载之后,先于操作系统加载。它依托于 BIOS 中断服务程序,利用操作系统的引导模块放在某个固定的位置,并且控制权是以物理位置为依据,而不是以操作系统引导区的内容为依据。这类病毒把原来的主引导记录保存到磁盘的其他扇区,然后用病毒程序替代原来的主引导记录。当系统启动时,病毒体得到控制权,在做完了自己的处理后,将控制权交给真正的引导区内容。

引导型病毒按其寄生对象不同又可分为两类:MBR(主引导区)病毒和 BR(引导区)病毒。MBR 病毒也称为分区病毒,将病毒寄生在硬盘分区的主引导程序所占据的硬盘 0 头 0 柱面 1 扇区中。BR 病毒是将病毒寄生在磁盘逻辑 0 扇区中。

正常的操作系统引导过程是不减少系统内存的。而引导型病毒是在装载操作系统前进入内存的,寄生对象相对固定,因此该类型病毒必须采用减少操作系统所掌管的内存容量的方法来驻留内存高端。

引导型病毒一般是通过修改 int 13h 中断向量的方式将病毒传染给软盘的,而新的 int 13h 中断向量地址必定指向内存高端的病毒程序。

引导型病毒的寄生对象相对固定,把当前的系统主引导区和引导区与干净的主引导区和引导区进行比较,如果内容不一样,可以认定系统引导区异常。

2. 文件型病毒

文件型病毒是一种数量很多的病毒,一般把通过操作系统的文件系统进行感染的病毒都称为文件型病毒。常见的文件型病毒都是寄生于.COM 文件和.EXE 文件的病毒。

COM 文件中的程序代码只在一个段内运行,文件长度不超过 64KB,结构比较简单。COM 文件型病毒通过修改 COM 进行感染时,一般采取两种方法:一种方法是将病毒添加在 COM 文件前面,病毒将宿主程序全部往后移,而将自己插在宿主程序之前,这样病毒就自然先获得控制权,病毒执行完之后,控制权自动交给宿主程序。另一种方法是附加在文件尾部,然后将文件的第一条指令修改为跳转指令,跳转到病毒开始位置,病毒执行完之后再跳回到原程序的开始位置继续执行。

EXE 文件病毒也是将自身代码添加在宿主程序中,但病毒是通过修改指令指针的方式指向病毒起始位置来获取控制权的。此外,病毒一般还会修改文件长度等信息,有些病毒还修改文件的最后修改时间。

PE 病毒是当前产生重大影响的病毒类型之一,如"CIH"、"尼姆达"、"求职信"、"中国黑客"等,给广大计算机用户带来了巨大的损失。这类病毒主要以 Windows 系统中的 PE 文件格式的文件(如 EXE、SCR 和 DLL 等)作为感染目标。

PE 病毒在感染宿主程序时,通常被插入到宿主程序的代码中间,并且插入位置不固定。这样,对于计算机病毒程序中的一些变量(常量)来说,如果还是按照最初编译时的地址来寻址,必将导致寻址不正确,从而导致程序无法正常运行。因而计算机病毒必须采取重定位技术。

PE 文件中存在诸如代码节、数据节、引入函数节、引出函数节、资源节等多个节,这些节通常在文件中是按照 200H 对齐的。这样,每个节中极可能存在部分剩余空间。

PE 病毒主要的感染方法有以下几种：

（1）添加新节。PE 病毒常见的感染其他文件的方法是在文件中添加一个新节，然后往该节中添加病毒代码和病毒执行后返回宿主程序的代码，并修改文件头中代码开始执行位置指向新添加的病毒节的代码入口，以便程序运行后先执行病毒代码。

（2）插入式感染。PE 文件的代码基本上都存放在代码节中，病毒同样可以将病毒代码插入到宿主程序文件的代码节的中间或前后。这种感染方式会增加代码节的大小，并且可能修改宿主程序中的一些参数实际位置，导致宿主程序运行失败。

（3）碎片式感染。该方法是病毒将自己的代码分解成多个部分分别插入到每个节的剩余空间进行存储。当病毒需要执行时，其在内存中重新组装在一起执行。

（4）伴随式感染。比较普遍的一种伴随式感染方法是病毒将宿主程序备份，而病毒自身则替换宿主程序，当病毒执行完毕之后，再将控制权交给原来的宿主程序。

4.3.2　蠕虫与木马

1. 蠕虫

从狭义的病毒概念来看，蠕虫不算是病毒的一种。准确地说，它是一种通过网络传播的恶意代码，具有传染性、隐蔽性、破坏性等病毒所拥有的特点。近年来，越来越多的病毒采用蠕虫的技术，同时越来越多的蠕虫也采用部分病毒的技术，导致二者之间越来越难区分，因此目前常将蠕虫称为病毒。

与文件型病毒和引导型病毒不同，蠕虫不利用文件寄生，也不感染引导区，蠕虫的感染目标是网络中的所有计算机，因此共享文件、电子邮件、恶意网页和存在大量漏洞的服务器都成为蠕虫传播的途径。

根据攻击的对象，蠕虫可分为两种：一种是针对企业和局域网的，这种蠕虫利用系统的漏洞主动攻击，对整个网络可能会造成灾难性的影响。这类蠕虫具有很大的攻击性，而且爆发有一定的突然性，但查杀起来并不是很难。另一种是针对个人用户，通过网络（电子邮件或网页）进行传播。这类蠕虫的传播方式比较复杂多样，同时也是比较难清除的。

蠕虫的主要特点如下：

（1）主动攻击。蠕虫在本质上已变为黑客入侵的工具，从漏洞扫描到攻击系统，再到复制副本，整个过程全部由蠕虫自身主动完成。

（2）传播方式多样。蠕虫可利用的传播方式包括文件、电子邮件、Web 服务器、网页和网络共享等。

（3）制作技术不同于传统的病毒。许多蠕虫病毒是利用当前最新的编程语言和编程技术来实现的，容易修改以产生新的变种，从而躲过反病毒软件的检测。

（4）行踪隐蔽。蠕虫在传播过程中不需要像传统病毒那样要用户的辅助工作（如执行文件、打开文件等），所以在蠕虫传播的过程中，用户基本上不可察觉。

（5）反复性。即使清除了蠕虫在系统中留下的任何痕迹，如果没有修复系统的漏洞，重新接入到网络的计算机仍然有被重新感染的危险。

2. 木马

木马的全称是"特洛伊木马（Trojan Horse）"，实际上是一种典型的黑客程序，它是一种基于远程控制的黑客工具。特洛伊木马取自希腊神话中的特洛伊战争,当时希腊人对特洛伊城攻了很久而攻不下,就假装撤退,同时留下了木马,隐藏在木马中的士兵悄悄地进入特洛伊城,夜间打开城门,使希腊军队最后攻下了特洛伊城。将黑客程序形容为特洛伊木马就是要体现黑客程序的隐蔽性和欺骗性。

通过木马,攻击者可以远程窃取用户计算机上的所有文件、查看系统消息、窃取用户口令、篡改文件和数据、接收执行非授权者的指令、删除文件甚至格式化硬盘,还可以将其他病毒传染到计算机上,可以远程控制计算机鼠标、键盘,查看用户的一举一动,甚至可造成系统的崩溃、瘫痪。

一般用户会认为自己的计算机中没有什么秘密资料,不怕木马,其实不然。首先,中了木马以后,计算机的安全性没有了,所有的邮箱密码、上网密码、网络银行密码等信息都会被偷走;其次,鼠标也会被黑客控制,键盘的敲击动作也会被记录下来,屏幕信息可能会被远程窥视,自己的计算机可能就不是自己的了,甚至会成为攻击其他计算机的工具。

到目前为止,比较著名的木马程序有 BackOrifice(BO)、Netspy(网络精灵)、Glacier(冰河)、广外女生和灰鸽子等。这些木马程序大多可以从网上下载直接使用。

木马系统程序一般由两个部分组成:一个是服务器端程序,另一个是客户机程序。如果某台计算机中安装了黑客服务器端程序,那么黑客就可以利用自己的客户机程序进入这台计算机中,通过客户机程序达到控制和监视这台计算机的目的。以冰河程序为例,被控制端可视为一台服务器,而控制端则是一台客户机,服务器端安装了 G_Server.exe 服务程序,客户机安装了 G_Client.exe 控制程序,如果有客户机向服务器端的端口提出连接请求,服务器端的相应程序就会自动运行,响应客户机的请求。

木马本质上只是一个网络客户机/服务器程序(Client/Server)。在 VB 中,可以使用 WinSock 控件来编写客户机/服务器程序,实现方法如下:

服务器端:

```
G_Server.LocalPort = 7626        '冰河的默认端口,可以更改
G_Server.Listen                  '等待连接
```

客户机:

```
G_Client.RemoteHost = ServerIP   '设远端地址为服务器地址
G_Client.RomotePort = 7626       '设远端端口为冰河的默认端口
G_Client.Connect                 '调用 Winsock 控件连接
```

其中,G_Server 和 G_Client 均为 WinSock 控件。一旦服务器端接到客户机的连接请求,就接受连接。

```
Private Sub G_Server connection Request
G_Server.Accept requested
End Sub
```

客户机用 G_Client.SendData 发送命令,而服务器端在 G_Server DataArrive 事件中接收并执行命令(几乎所有的木马功能都在这个事件处理程序中实现)。如果客户断开连接,则关闭连接并重新监听端口。

```
Private Sub G_Server Close()
```

```
G_Server.Close              '关闭连接
G_Server.Listen             '再次监听
End Sub
```

其他部分可以用命令传递来进行,客户机上传一个命令,服务器端解释并执行。

一般木马的传播方式有以下几种:

(1) 以邮件附件的形式传播。控制端将木马程序伪装后,比如用.exe 文件绑定,将木马捆绑在小游戏上,或者将木马程序的图标直接修改为 html、txt 和 jpg 等文件的图标,然后将该木马程序添加到附件中,再发送给收件人。

(2) 通过聊天软件的文件发送功能。在和对方聊天对话的过程中,利用文件传送功能发送伪装后的木马程序给对方。

(3) 通过软件下载网站传播。有些网站可能会被攻击者利用,将木马捆绑在软件上,用户下载软件后如果没有进行安全检查就进行安装,木马就会驻留内存。

(4) 通过病毒和蠕虫传播。某些病毒和蠕虫本身就具备木马的功能,或可能成为木马的宿主而传播木马。

(5) 通过带木马的磁盘和光盘传播。带有木马的磁盘和光盘也是木马传播的途径之一。

受害主机在执行木马程序或携带木马程序后,木马就会进行安装。一般将自己复制到系统目录下,并将名字伪装成类似常用程序的名字,然后在注册表、ini 文件或启动文件设置自启动触发条件。普通木马设置成开机自动加载的方式,捆绑文件木马会在常用程序运行时载入内存。

在受害主机成功实施安装后的木马必须与木马的控制端进行第一次握手。服务器端木马程序植入受害者的主机后,一旦受害者主机登录上网,其 IP 地址就会通过某种方式发送给控制端,或者控制端自动扫描受害者主机。

当木马与控制端实现第一次握手后,控制端给木马传送木马通道的配置参数。木马成功配置后,返回木马通道的响应参数。配置参数主要包括木马通道的通信协议和端口、木马通道中加密用的密钥参数、通信的数据格式和木马数据通道的时间参数。

木马如果使用固定端口容易被杀毒软件或木马清除软件所识别,因此,好的木马一般提供端口定制的功能,控制方可以为服务器配置 1024～65 535 之间的任意一个端口。一般情况下,木马使用固定端口建立通道后,通过配置命令完成新通道的建立。木马通道建立后,客户机可以通过木马通道给木马发送控制命令。同理,木马利用木马通道将客户机所需要的数据发送回来。

4.3.3　其他病毒介绍

1. 宏病毒

宏是被存储在 Visual Basic 模块中的一系列命令和函数。在需要执行宏时,宏可以立刻被执行,简单地说,宏就是一组动作的组合。宏病毒是使用宏语言编写的程序,宏语言最初开发的目的是为了帮助用户将一定顺序的操作录制并重放,使用户从大量的重复性操作中解脱出来。使用宏编写的程序可以在一些数据处理系统中运行。宏病毒利用宏语言的特点,将自己复制并且繁殖到其他数据文档中。

　　宏语言作为一种编程语言,存在一些弱点。首先,宏语言不能脱离母程序运行。其次,宏语言是解释型的,不是编译型的。每个宏命令要在其运行时嵌入到相应的位置,这种解释非常耗费时间。Office 新的宏语言实际上是部分编译成中间代码,称为 p 代码。但是 p 代码仍然需要解释执行。

　　与普通病毒不同,宏病毒不感染 EXE 文件和 COM 文件,也不需要通过引导区传播,它只感染文档文件。制作宏病毒并不难,只需要懂得一种宏语言,并且可以用它来操纵自己和其他文件,保证能够按照预先定义好的事情执行即可。这导致了宏病毒传播极快,制作方便,变种多等特点,使得宏病毒成为病毒家族中数量最多的一类,任何对于一种宏语言有一定了解的人写一个简单的宏病毒可能只需要几分钟的时间。

　　宏病毒获取系统控制权的方法比较特别,它利用一些数据处理系统内置宏命令编程语言的特性,把特定的宏命令代码附加在指定的文件上,通过文件的打开或关闭来获取系统的控制权,同时实现宏命令在不同文件之间的共享和传递,以实现传染。

　　宏病毒只能在一个又一个的文档文件中传递,离开了相应的环境就不能存活。入侵的第一步就是用自己替代原有的正常宏。病毒关心的是内置软件中的宏,它们随软件一起安装,很多功能都是在底层调用的,如文件读写、磁盘操作等,只要能获取它们的文件操作功能即可获得对文件的控制。同时,还可以通过对系统的控制实现各种典型的病毒操作,如感染、破坏等。

2. 网页病毒

　　网页病毒是利用网页进行破坏的病毒,它是用一些 SCRIPT 语言编写的恶意代码,利用浏览器的漏洞来实现病毒植入。当用户登录某些含有网页病毒的网站时,网页病毒便被悄悄激活,这些病毒一旦激活,可以利用系统的一些资源进行破坏。轻则修改用户的注册表,使用户的首页、浏览器标题改变;重则可以关闭系统的很多功能,装上木马,染上病毒,使用户无法正常使用计算机系统,严重者则可以将用户的系统格式化。而这种网页病毒容易编写和修改,使用户防不胜防。

　　目前的网页病毒都是利用 JS. ActiveX、WSH 共同合作来实现对客户机进行本地的写操作,如改写注册表,在本地计算机硬盘上添加、删除、更改文件夹或文件等操作。而这一功能却恰恰使网页病毒、网页木马有了可乘之机。

　　网页病毒使得各种非法恶意程序得以被自动执行,在于它完全不受用户的控制。只要浏览含有病毒的网页,即可在不知不觉的情况下中毒,给用户的系统带来不同程度的破坏,令用户苦不堪言,甚至损失惨重,无法弥补。

　　既然是网页病毒,那么简单地说,它就是一个网页,但在这个网页运行于本地时,它所执行的操作就不仅仅是下载后再读出,伴随着该操作背后还有该病毒软件或木马的下载,然后执行,悄悄地修改注册表,等等。

　　这类网页具有以下特征:

　　(1) 美丽的网页名称。

　　(2) 利用浏览者的好奇心。

　　(3) 无意识的浏览者。

　　网页病毒主要是利用软件或系统操作平台等的安全漏洞,通过执行嵌入在网页内的 Java Applet 小应用程序、Java Script 脚本语言程序或 ActiveX 插件等程序。网络交互技术支持可自动执行的代码,以强行修改用户操作系统的注册表设置及系统实用配置,恶意删除硬盘文件、格式化硬盘等方法作为手段,达到非法控制系统资源,盗取用户文件的恶意行为。

根据目前因特网上流行的常见网页病毒的作用对象及表现特征,归纳为以下两大种类。

(1) 通过 Java Script、Applet、ActiveX 编辑的脚本程序修改 IE 浏览器。

- 默认主页被修改;
- 主页设置被屏蔽锁定,且设置选项无效,不可改回;
- 默认的 IE 搜索引擎被修改;
- IE 标题栏被添加非法信息;
- 鼠标右键菜单被添加非法网站广告链接;
- 鼠标右键弹出菜单功能被禁用失常;
- IE 收藏夹被强行添加非法网站的地址链接;
- 在 IE 工具栏非法添加按钮;
- 锁定地址下拉菜单及其添加文字信息;
- IE 菜单"查看"下的"源文件"选项被禁用。

(2) 通过 Java Script、Applet、ActiveX 编辑的脚本程序修改用户操作系统。

- 开机出现对话框;
- 系统正常启动后,IE 被锁定网址自动调用打开;
- 格式化硬盘;
- 暗藏"万花谷"蛤蟆病毒,全方位侵害封杀系统,最后导致瘫痪崩溃;
- 非法读取或盗取用户文件;
- 锁定禁用注册表;
- 注册表被锁定禁用之后,编辑 *.reg 注册表文件打开方式错乱;
- 启动后首页被再次修改;
- 更改"我的电脑"下的一系列文件夹名称。

4.4　计算机病毒制作与反病毒技术

4.4.1　计算机病毒的一般构成

计算机病毒一般由三个基本模块组成,即安装模块、传染模块和破坏模块。对每个病毒程序来说,安装模块、传染模块是必不可少的,而破坏模块则可以直接隐含在传染模块中,也可以单独构成一个模块。

1. 安装模块

每个用户都不会主动运行一个病毒程序,因此病毒程序必须通过自身实现自启动并安装到计算机系统中,不同类型的病毒有不同的安装方法。安装模块随着感染的宿主程序的执行进入内存。首先,初始化其运行环境,使病毒相对独立于宿主程序,为传染模块做好准备。然后,利用各种可能的隐藏方式,躲避各种检测,欺骗系统,将自己隐蔽起来。

2. 传染模块

传染模块包括如下三部分内容：

（1）传染控制部分。病毒一般都有一个控制条件，满足这个条件就开始感染。例如，首先按病毒判断某个文件是否是 .exe 文件，如果是，就进行传染，否则再寻找下一个文件。

（2）传染判断部分。每个病毒程序都有一个标记，在传染时判断这个标记，如果磁盘或者文件已经被传染就不再传染，否则就进行传染。

（3）传染操作部分。在满足传染条件的时候进行传染操作。

3. 破坏模块

计算机病毒的最终目的是进行破坏，其破坏的基本手段就是删除文件或数据。破坏模块包括两个部分：一个是激发控制，当病毒满足一个条件，例如当满足"某月 13 日，并且是星期五"时，病毒就发作；另一个就是破坏操作，不同病毒有不同的操作方法，典型的恶性病毒是疯狂复制或删除文件等。

4.4.2　计算机病毒制作技术

1. 采用自加密技术

计算机病毒采用自加密技术就是为了防止被计算机病毒检测程序扫描出来，并被轻易地反汇编。计算机病毒使用加密技术后，给分析和破译计算机病毒的代码及清除病毒等工作增加了难度。

2. 采用特殊的隐形技术

当计算机病毒采用特殊的隐形技术后，可以在计算机病毒进入内存后，使计算机用户几乎感觉不到它的存在。采用这种"隐形"技术的计算机病毒可以有以下几种表现形式：

（1）这种计算机病毒进入内存后，用户不用专门的软件或专门手段去检查，几乎觉察不到病毒驻留内存而引起内存可用容量的减少。

（2）计算机病毒感染正常文件以后，该文件的日期、时间和文件长度等信息不发生变化。

（3）计算机病毒在内存中时，若查看计算机病毒感染的文件，根本看不到计算机病毒的程序代码，只能看到原正常文件的程序代码。

（4）计算机病毒在内存中时，若查看被感染的引导扇区，只会看到正常的引导扇区，而看不到实际上处于引导扇区位置的计算机病毒程序。

（5）计算机病毒在内存中时，计算机病毒防范程序和其他工具程序检查不出中断向量已经被计算机病毒所接管，但实际上计算机病毒代码已链接到系统的中断服务程序中了。

3. 对抗计算机病毒防范系统

计算机病毒采用对抗计算机病毒防范系统技术时，当发现磁盘中某些著名的杀毒软件或在文件中查到出版这些软件的公司名，就会删除这些杀毒软件或文件，造成杀毒软件失效，甚至引起系统崩溃。

4. 反跟踪技术

跟踪技术是利用 Debug、SoftICE 等专用程序调试软件对病毒代码执行过程进行跟踪，以达到分析病毒和杀毒的目的。计算机病毒采用反跟踪技术的主要目的是要提高计算机病毒程序的防破译和防伪能力。常规程序使用的反跟踪技术在计算机病毒程序中都可以利用,例如,将堆栈指针指向中断向量表中的 INT 0～INT 3 区域,以阻止用户利用 SoftICE 等调试软件对病毒代码进行跟踪。

4.4.3　病毒的检测

在与病毒的对抗中,尽早发现病毒十分重要,早发现,早处置,可以减少损失。病毒检测就是采用各种检测方法将病毒识别出来。识别病毒包括对已知病毒的识别和对未知病毒的识别。目前,对病毒的检测方法主要有特征代码法、校验和法、行为监测法和软件模拟法等。

1. 特征代码法

特征代码技术是根据病毒程序的特征,如感染标记、特征程序段内容、文件长度变化、文件校验和变化等对病毒进行分类处理,而后在程序运行中凡有类似的特征点出现,则认定是病毒。特征代码法是早期病毒检测技术的主要方法,也是大多数反病毒软件的静态扫描方法。一般认为,特征代码法是检测已知病毒的最简单、开销最小的方法。

特征代码法的工作原理是对每种病毒样本抽取特征代码,根据该特征代码进行病毒检测。主要依据原则如下:抽取的代码比较特殊,不大可能与普通正常程序代码吻合。抽取的代码要有适当的长度,一方面维持特征代码的唯一性,也就是说一定要具有代表性,使用所选的特征码都能够正确地检查出它所代表的病毒。如果病毒特征码选择的不准确,就会带来误报(发现的不是病毒)或漏报(真正病毒没有发现)。另一方面,不要有太大的时间和空间的开销。一般是在保持唯一性的前提下,尽量使特征代码长度短些,以减少时间和空间的开销。用每一种病毒代码中含有的特定字符或字符串对被检测的对象进行扫描,如果在被检测对象内部发现某种特定字符或字符串,则表明发现了该字符或字符串代表的病毒。前面介绍传染机制时提到的感染标记就是一种识别病毒的特定字符。实现这种扫描的软件叫做特征扫描器。根据特征代码法的工作原理,特征扫描器由病毒特征码库和扫描引擎两部分组成。病毒特征码库包含了经过特别选定的各种病毒的反映其特征的字符或字符串。扫描引擎利用病毒特征代码库对检测对象进行匹配性扫描,一旦有匹配便发出告警。显然,病毒特征码库中的病毒特征码越多,扫描引擎能识别的病毒也就越多。

特征代码法的优点是检测速度快,误报警率低,能够准确地查出病毒并确定病毒的种类和名称,为消除病毒提供了确切的信息。但其缺点是不能检测未知病毒、变种病毒和隐蔽性病毒,需要定期更新病毒资料库,具有滞后性,同时搜集已知病毒的特征代码费用开销大。

2. 校验和法

校验和法的工作原理是计算正常文件内容的校验和,将该校验和写入文件中或写入别的文件中保存。在文件使用过程中,定期地或每次使用文件前,检查文件当前内容算出的校验和与原来保存的校验和是否一致,如果不一致便发出染毒报警。

运用校验和法检测病毒一般采用三种方式:

(1) 在检测病毒工具中纳入校验和法,对被查对象文件计算其正常状态的校验和,将校验和值写入被查文件中或检测工具中,然后进行比较。

（2）在应用程序中放入校验和自动检查功能,将文件正常状态的校验和写入文件本身中,每当应用程序启动时,比较当前校验和与原校验和的值,实现应用程序的自检测。

（3）将校验和检查程序常驻内存,每当应用程序开始运行时,自动比较检查应用程序内容或别的文件中预先保存的校验和。

校验和法既能发现已知病毒,也能发现未知病毒,但是它不能识别病毒种类,不能报出病毒名称。由于病毒感染并非文件内容改变的唯一性原因,文件内容的改变有可能是正常程序引起的,如软件版本更新、变更口令以及修改运行参数等,因此校验和法常常有虚假报警,而且此法也会影响文件的运行速度。另外,校验和法对某些隐蔽性极好的病毒无效。这种病毒进驻内存后,会自动剥去染毒程序中的病毒代码,使校验和法受骗,对一个有毒文件算出正常校验和。因此,校验和法的优点是方法简单,能发现未知病毒,被查文件的细微变化也能发现;其缺点是必须预先记录正常状态的校验和,会有虚假报警,不能识别病毒名称,不能对付某些隐蔽性极好的病毒。

3. 行为监测法

行为监测法是常用的行为判定技术,其工作原理是对病毒的特有行为特征进行检测,一旦发现病毒行为则立即报警。经过对病毒多年的观察和研究,人们发现病毒的一些行为是病毒共有的,而且比较特殊。在正常程序中,这些行为比较罕见,如一般引导型病毒都会占用 INT 13H;病毒常驻内存后,为防止操作系统将其覆盖,必须修改系统内存总量;对.com、.exe 文件必须执行写入操作;染毒程度运行时,先运行病毒,后执行宿主程序,两者切换等许多特征行为。行为监测法就是引入一些人工智能技术,通过分析检查对象的逻辑结构,将其分为多个模块,分别引入虚拟机中执行并监测,从而查出使用特定触发条件的病毒。

行为监测法的长处在于不仅可以发现已知病毒,而且可以相当准确地预报未知的多数病毒。但也有其短处,即可能虚假报警和不能识别病毒名称,而且实现起来有一定难度。

4. 软件模拟法

变种病毒每次感染都变化其病毒代码,对付这种病毒,特征代码法失效,因为变种病毒代码实施密码化,而且每次所用的密钥不同,把染毒的代码相互比较也无法找出相同的可能作为特征的稳定代码。虽然行为监测法可以检测出变种病毒,但在检测出病毒后,因为病毒的种类不知道,也无法做杀毒处理。

软件模拟法是新的病毒检测工具所使用的方法之一。该工具开始运行时,使用特征代码法检测病毒,如果发现有隐蔽性病毒或变种病毒的嫌疑时,启动软件模拟模块。软件模拟法模拟 CPU 的执行,在其设计的虚拟机下执行病毒的变体引擎解码程序,安全地将变种病毒解开,监视病毒的运行,使其露出本来的面目,再加以扫描。待病毒自身的密码译码以后,再运用特征代码法来识别病毒的种类。

总的来说,特征代码法查杀已知病毒比较安全彻底,实施比较简单,常用于静态扫描模块中。其他几种方法适宜于查杀未知病毒和变种病毒,但误报率高,实施难度大,在常驻内存的动态监测模块中发挥重要作用。

4.4.4　病毒的预防与清除

事先预防病毒的入侵是阻止病毒攻击和破坏的最有效手段,主要的病毒预防措施有:

(1) 安全地启动计算机系统。在保证硬盘无毒的情况下,尽量使用硬盘引导系统。启动前,一般应将软盘或 U 盘从驱动器中取出,这是因为即使在不通过软盘或 U 盘启动的情况下,只要在启动时读过软盘或 U 盘,病毒也有可能进入内存。

(2) 安全使用计算机系统。在自己的计算机上使用别人的 U 盘前应先进行检查,在别人的计算机上使用过曾打开的写保护的软盘或 U 盘,再在自己的计算机上使用之前也应进行病毒检测。对重点保护的计算机系统应做到专机、专盘、专人、专用,在封闭的使用环境中是不会产生病毒的。

(3) 备份重要的数据。硬盘分区表、引导扇区等关键数据应做备份妥善保管,在进行系统维护和修复时可作参考。重要数据文件要定期做备份,如果硬盘资料已遭破坏,不必急着格式化,可以利用灾后重建的反病毒程序加以分析、重建,可能可以恢复被破坏的文件资料。

(4) 谨慎下载文件。不要随便直接运行或打开电子邮件中的附件,不要随意下载软件,对于新软件应主动检查,这样可以过滤掉大部分病毒。对于一些可执行文件或 Office 文档,即使不是不明文件,下载后也要先用最新的反病毒软件来检查。

(5) 留意计算机系统的异常。当计算机系统出现异常,如屏幕显示异常、出现不明的声音、不执行命令、自动重启、内存异常、速度变慢、文件长度改变等都表示可能存在病毒。

(6) 使用正版杀毒软件。尊重知识产权,使用正版软件。

习　题　4

一、选择题

1. 关于计算机病毒,下列说法正确的是(　　　)。

    A. 计算机病毒不感染可执行文件和.COM 文件

    B. 计算机病毒不感染文本文件

    C. 计算机病毒只能以复制方式进行传播

    D. 计算机病毒可以通过读写磁盘和网络等方式传播

2. 与文件型病毒对比,蠕虫病毒不具有的特征是(　　　)。

    A. 寄生性　　　　　B. 传染性　　　　　C. 隐蔽性　　　　　D. 破坏性

二、填空题

1. 与普通病毒不同,宏病毒不感染 EXE 文件和 COM 文件,也不需要通过引导区传播,它只感染_____。

2. 计算机病毒一般由三个基本模块组成,即_____、_____和_____。

三、简答题

1. 简述计算机病毒的定义和基本特征。

2. 计算机病毒有哪几种类型?

3. 简述计算机病毒的一般构成。

4. 计算机病毒的制作技术有哪些?

5. 目前使用的查杀病毒的技术有哪些?

6. 什么是特洛伊木马?特洛伊木马一般由哪几部分组成?

7. 编写一个病毒演示程序,实现自动执行、自动传染和删除指定文件的功能。

8. 分析下面的代码,程序运行将有什么结果?

```
<html>
<body>
<A href = "" onmouseover = "while(true){window.open()}">点击可进入你需要的网站</A>
</body>
</html>
```

第5章　网络攻击与防范技术

从信息安全技术体系的角度来讲,网络攻击和评测的理论与实践是对信息系统安全性的考验。俗话说"知己知彼,百战不殆",只有对网络攻击技术和方法进行深入、详细的了解,才能对系统提供更有效的保护。

5.1　网络攻击概述和分类

简单地说,所谓"攻击"就是指一切针对计算机的非授权行为,攻击的全过程应该是由攻击者发起的,攻击者应用一定的攻击方法和攻击策略,利用一些攻击技术或工具,对目标系统进行非法访问,达到一定的攻击效果,并实现攻击者的预定攻击目标。因此,凡是试图绕过系统的安全策略,或对系统进行渗透,以获取信息、修改信息甚至破坏目标网络或系统功能的行为都可以称为攻击。

5.1.1　网络安全漏洞

从技术上说,网络容易受到攻击的原因主要是网络软件不完善和网络协议本身存在安全漏洞。例如,使用最多、最著名的 TCP/IP 协议就存在大量的安全漏洞。这是因为 TCP/IP 协议在设计时,设计人员只考虑到如何实现粗犷的信息通信,信息的送达是重要的,而忽略了会有人破坏信息通信的安全性问题。下面举例说明 TCP/IP 协议的几个安全漏洞。

(1) 由于 TCP/IP 协议数据流采用的是明文传输,因此电子信息很容易被在线窃听、篡改和伪造。特别是在使用 FTP 和 Telnet 命令时,如果用户的账号、口令是明文传输的,攻击者就可以使用 Sniffer 等软件截取用户账号和口令。

(2) 由于 TCP/IP 协议是用 IP 作为网络节点的唯一标识,但是节点的 IP 地址又是不固定的,是一个公共数据,因此攻击者可以直接修改节点的 IP 地址来冒充某个可信节点的 IP 地址进行攻击,实现源地址欺骗或 IP 欺骗。因此,IP 地址不能作为一种可信的认证方法。

(3) TCP/IP 协议只能根据 IP 地址进行鉴别,而不能对节点上的用户进行有效的身份认证,因此服务器无法鉴别登录用户的身份有效性。目前主要依靠服务器软件平台提供的用户控制机制,比如用户名、口令等进行身份认证。

TCP/IP 协议的安全漏洞还有很多,感兴趣的读者可以查阅有关网络安全的书籍,这里不再细述。

除了 TCP/IP 漏洞以外,软件系统本身的漏洞也是给网络攻击有机可乘的另外一个重要因素。

从操作系统的发展历史可以看到,在早期的 Windows 3.1 操作系统大概有 300 万行代码,发展到后来的 Windows 95 约有 1500 万行代码,Windows 98 约有 1800 万行代码,

Windows XP 约有 3500 万行代码，Windows 2000 约有 4000 万行代码，发展到现在的
Windows Vista 系统约有 5000 万行代码，可以想到，如此庞大规模的代码量，再加上人们的
认知能力和实践能力的有限性，出现很多漏洞是一个大概率事件。图 5.1 展示了从国家漏
洞库(CNNVD)统计得到的数据，可以看出，随着信息技术的发展，2006 年以前漏洞的数量
总体呈现一个快速上升的趋势，而在 2006 年以后则呈现小幅下降。在这些漏洞中，基础型
漏洞(如系统内核漏洞)数量下降速度较快，但应用型漏洞数量却急剧增加，特别是 Web 漏
洞增长极为明显。这一方面说明开发者的安全意识和防范技术都日渐提高以后，部分漏洞
得到适当的避免，但另一方面也说明有可能受到利益驱使，部分漏洞信息在地下传播，导致
公开漏洞信息减少。从图 5.1 可以看出，漏洞是无法避免的，安全的风险随时存在。

图 5.1   近十年安全漏洞发布趋势

5.1.2   网络攻击的基本概念

在介绍网络攻击概念之前，首先要清楚为什么会存在网络攻击，网络攻击的理由和目标
又是什么？

其实，大多数网络攻击的理由都很简单，大体可以分为如下几个原因：

(1) 想要在别人面前炫耀自己的技术。如进入别人的计算机去修改一个文件或目录名。

(2) 恶作剧、练功。这是许多人进行入侵或破坏的主要原因，除了练习的效果外，还可
得到网络探险的感觉。

(3) 窃取数据。可能是偷盗硬盘中的文件或各种账户和密码，然后从事某种商业应用。

(4) 报复心理。如对老板或公司制度不满，事先把报复程序或病毒程序写入到所编的
程序，并设定在将来某个时刻或某条件下激活并发作，摧毁原公司的网络系统。

(5) 抗议或宣示。如 2001 年 5 月 1 日中美黑客大战，中美两国的黑客相互攻击对方网
站，双方均有数以千计的网站遭到攻击，轻者被篡改主页面，严重的则整个系统遭受毁灭性
打击。

总体来说，网络攻击可以从攻击的位置、攻击的层次进行分类。通常攻击的位置有两
种，即远程攻击和本地攻击。所谓远程攻击是指外部攻击者通过各种手段，从该子网以外的
地方向该子网或者子网内的系统发动攻击，攻击发起者通常不会用自己的机器直接发动攻
击，而是通过跳板的方式对目标进行迂回攻击，以迷惑系统管理员，避免暴露自己的真实身

份。所谓本地攻击是指本单位的内部人员通过所在的局域网向本单位的其他系统发动攻击。

就目前常见的网络攻击方法,大致可以分为以下几个大类:

(1) 窃听。攻击者通过非法手段对系统活动的监视,从而获得一些安全关键信息。目前属于窃听技术的常用攻击方法有如下几种:

① 键击记录:进入操作系统内核的隐蔽软件通常实现为一个键盘设备驱动程序,能够把每次键击都记录下来,存放到攻击者指定的本地隐藏文件中,如 Windows 32 平台下使用的 IKS 等。

② 网络监听:攻击者一旦在目标网络上获得一个立足点之后,刺探网络情报的最有效方法,通过设置网卡的混杂模式获得网络上所有的数据包,并从中抽取关键信息,如明文方式传输的口令等。网络监听工具有 Windows 32 平台下的 Sniffer 和 UNIX 平台下的 Libpcap 等。

③ 非法访问数据:攻击者或内部人员违反安全策略对其访问权限之外的数据进行非法访问。

④ 获取密码:进行口令破解,获取特权用户或其他用户的口令。

(2) 欺骗。攻击者冒充正常用户以获取对攻击目标访问权或获取关键信息。属于此类的攻击方法有如下几种:

① 获取口令:通过默认口令、口令猜测和口令破解三种途径。针对一些弱口令进行猜测,也可以使用专门的口令猜测工具进行破解,如遍历字典或高频密码列表,从而找到正确的口令。

② 恶意代码:包括特洛伊木马应用程序、邮件病毒、网页病毒等,通常冒充成有用的软件工具,诱导用户下载运行,或利用邮件客户机和浏览器的自动运行机制,在启动后悄悄安装恶意程序,通常为攻击者给出能够完全控制该主机的远程连接。

③ 网络欺骗:攻击者通过向攻击目标发送冒充其信任主机的网络数据包,达到获取访问权限或执行命令的目的,具体有 IP 欺骗、会话劫持、ARP 重定向和 RIP 路由欺骗等。

(3) 拒绝服务。指造成终端完全拒绝对合法用户、网络、系统和其他资源的服务的攻击方法,其意图就是彻底破坏,这也是比较容易实现的攻击方法。特别是分布式拒绝服务攻击对目前的 Internet 构成了严重威胁。

(4) 数据驱动攻击。通过向某个程序发送数据,以产生非预期结果的攻击,通常为攻击者给出访问目标系统的权限。大致可分为如下几种:

① 缓冲区溢出:通过向程序的缓冲区中写入超出其边界的内容造成缓冲区的溢出,使得程序转而执行攻击者指定的代码,通常是为攻击者打开远程连接的 ShellCode,以达到攻击的目标。

② 格式化字符串攻击:主要是利用由于格式化输出函数的微妙程序设计错误造成的安全漏洞,通过传递精心编制的含有格式化指令的文本字符串,以使目标程序执行任意命令。

③ 信任漏洞攻击:利用程序滥设的信任关系获取访问权限的一种方法。

5.1.3　网络攻击的步骤概览

如图 5.2 所示,一般网络攻击过程的流程大致如下:

（1）目标探测。攻击者在攻击之前的首要任务就是明确攻击目标，是单个主机还是整个网段，并了解目标的具体网络信息等。

（2）端口扫描。通过端口扫描可以搜集到目标主机各种有用的信息，包括端口是否开放，能否匿名登录，等等。

（3）网络监听。黑客可以借助网络监听技术对其他用户进行攻击，同时也可以截获用户名、口令等有用信息。

（4）实施攻击。采用有效的方式对目标主机进行攻击，例如缓冲区溢出、DoS 等。

（5）撤退。留下后门，消除攻击的痕迹。

攻击者 → 目标探测 → 端口扫描 → 网络监听 → 实施攻击 → 撤退

图 5.2　网络攻击的一般流程

5.2　目　标　探　测

攻击者在攻击以前的首要任务就是要明确攻击对象，是单个主机还是整个网段。目标探测是通过自动或人工查询的方法获得与目标网络相关的物理和逻辑参数。目标探测是黑客攻击的第一步。

5.2.1　目标探测的内容

目标探测所包含的内容基本上有以下两类：

（1）外网信息。包括域名、管理员信息、域名注册机构、DNS 主机、网络地址范围、网络位置、网络地址分配机构信息、系统提供的各种服务和网络安全配置等。

（2）内网信息。包括内部网络协议、拓扑结构、系统体系结构和安全配置等。

一次攻击的成功与前期的目标探测关系很大，通常目标探测方法可以分为如下三类：

（1）使用各种扫描工具对攻击目标进行大规模扫描，得到系统信息和运行时的服务信息，这涉及一些扫描工具的使用，将在后面的章节中介绍。

（2）利用第三方资源对目标进行信息收集，例如常用的搜索引擎谷歌、百度等。其实 Google Hacking 在国外已经流行很久了，攻击者利用谷歌强大的搜索功能来搜索某些关键词，找到有系统漏洞和 Web 漏洞的服务器，打造成自己的"肉鸡"。

（3）利用各种查询手段得到与被攻击者相关的一些信息，通过这种方式得到的信息会被社会工程学这种入侵手法用到。社会工程学（Social Engineering）通常是利用大众疏于防范的心理，让受害者掉入陷阱。该技术通常采用交谈、欺骗、假冒或口语用字等方式，从合法用户中套取敏感的信息，例如用户名单、用户密码及网络结构等，即使很小心的人，也有可能被高明的社会工程学手段侵害。网络安全是一个整体，对某个目标在久攻不下的情况下，黑客会把矛头指向目标的系统管理员，因为人在这个整体中往往是最不安全的因素。黑客通过搜索引擎对系统管理员的一些个人信息进行搜索，比如电子邮件地址、MSN、QQ 等关键词，分析出这些系统管理员的个人爱好，常去的网站、论坛等，然后利用掌握的信息与系统管理员拉关系套近乎，骗取对方的信任，使其一步步落入黑客设计好的圈套，最终系统被入侵。

这也就是常说的"没有绝对的安全,只有相对的安全,只有时刻保持警惕,才能换来网络的安宁"。

5.2.2 目标探测的方法

目标探测的方法和手段多种多样,除了必要的技术之外,还要有丰富的经验和相应的技巧。

1. 确定目标范围

入侵一个目标,首先要确定该目标的网络地址分布和网络分布范围及位置,通过开放的资源进行搜索是获得该信息最有效的方法,因为在因特网上的一些规模巨大的数据库可以方便、自由和实时地提供目标网络的信息。

如目标网络中有一个域名 www.sina.com.cn,通过该域名可以查看提供该 Web 服务的一台服务器的地址(一个大型网站通常有很多台服务器提供同一个网站的服务)。通过 Ping 命令就可以获取其中一台服务器的 IP 地址。

```
C:\> ping www.sina.com.cn
    Pinging newstietong.sina.com.cn [211.98.132.93] with 32 bytes of data:
Reply from 211.98.132.93: bytes = 32 time = 53ms TTL = 55
```

屏幕上所显示的 211.98.132.93 就是提供 www.sina.com.cn 服务的一台服务器地址。但这种方法可以被防火墙所屏蔽。

另外,还可以利用 Whois 查询得到目标主机的 IP 地址分配、机构地址位置和接入服务商等重要信息。

Whois 查询就是查询域名和 IP 地址的注册信息。国际域名由设在美国的 Internet 信息管理中心(InterNIC)和它设在世界各地的认证注册商管理,国内域名由中国互联网信息中心(CNNIC)管理。通过 http://www.allwhois.com 就可以查询到目标主机的相关信息。

随着 Internet 的迅猛发展,各种信息呈现爆炸式的增长,用户要在信息海洋里查找信息就像大海捞针一样。每个上网用户都面临着信息过载的问题,无法准确找到所需要的信息。搜索引擎正是为了解决这个问题而出现的技术。现在通过谷歌、百度、雅虎等搜索引擎可以获得大多数需要的信息,也就是说,通过搜索引擎,同样可以获得大多数目标主机的相关信息。

当然,借助于一些软件工具,也可以获得目标网络的相关信息。例如 Netscan、VisualRoute 和 Traceroute 等。这些软件的主要功能是快速分析和辨别 Internet 连接的来源,标识某个 IP 地址的地理位置,目标网络 Whois 查询,提供可视化的显示。图 5.3 是 Visual Route 的主界面。

2. 分析目标网络路由

虽然每次数据包从某个出发点到达同一目的地所走的路径可能不一样,但大部分时候是相同的,了解信息从一台计算机到达另一台计算机的传播路径是非常重要的。如果某段网络不通或者网速很慢,可以利用路由跟踪找出故障点,方便维护人员的维护工作。对于攻击者来说,这是个很有用的功能,它可以大概分析出目标所在网络的状况。

图 5.3　Visual Route 的主界面

要检测数据包的传播路径有很多种工具，目前最常用的检测工具是 Traceroute。该工具在 UNIX 系统环境中的命令为 Traceroute，在 Windows 中的命令为 Tracert。在 Windows 中有最新的 3d Traceroute，如图 5.4 所示，可以通过图形界面的形式给出跟踪的结果。通过 Traceroute 可以知道信息从本地计算机到 Internet 另一端的主机走的什么路径，通过发送小的数据包到目标设备再返回来测量其需要多长时间。一条路径上的每个设备要测试 3 次，输出结果中包括每次测试的时间和设备的名称及其 IP 地址。在这里通过 Windows 中的 Tracert 来介绍路由跟踪技术。

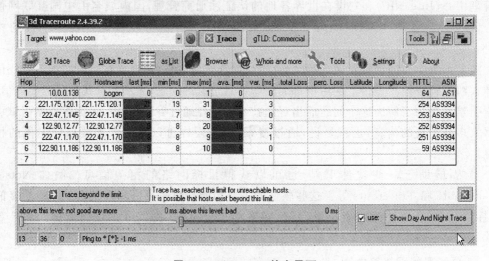

图 5.4　Traceroute 的主界面

1) Traceroute 工作原理

Traceroute 程序的设计是利用 ICMP 及 IP header 的 TTL 字段。首先，Traceroute 送出一个 TTL 是 1 的 IP 报文，当路径上的第一个路由器收到这个数据包时，它将 TTL 减 1。

此时,TTL 变为 0 了,所以该路由器会将此数据包丢掉,并送回一个"ICMP time exceeded"消息(包括发 IP 包的源地址、IP 包的所有内容及路由器的 IP 地址),Traceroute 收到这个消息后,便知道这个路由器存在于这个路径上,接着 Traceroute 再送出另一个 TTL 是 2 的数据包,发现第二个路由器······Traceroute 每次将送出的数据包的 TTL 加 1 来发现另一个路由器,这个重复的动作一直持续到某个数据包抵达目的地。当数据包到达目的地后,该主机并不会送回 ICMP time exceeded 消息,因为它已是目的地了,那么 Traceroute 如何得知目的地到达了呢?

Traceroute 在送出 UDP 数据包到目的地时,它所选择送达的端口号是一般应用程序都不会用的一个号码(30 000 以上),所以当此 UDP 数据包到达目的地后,该主机会送回一个"ICMP port unreachable"的消息,而当 Traceroute 收到这个消息时,便知道目的地已经到达了。所以 Traceroute 在 Server 端也是没有所谓的 Daemon 程序。

Traceroute 提取发 ICMP TTL 到期消息设备的 IP 地址并作域名解析。每次,Traceroute 都打印出一系列数据,包括所经过的路由设备的域名及 IP 地址,三个包每次来回所花时间。

Traceroute 有一个固定的时间等待响应(ICMP TTL 到期消息)。如果这个时间过了,它将打印出一系列的 * 号表明:在这个路径上,这个设备不能在给定的时间内发出 ICMP TTL 到期消息的响应。然后,Traceroute 给 TTL 计数器加 1,继续进行。

在大多数情况下,作为网络工程技术人员或者系统管理员会在 UNIX 主机系统下直接执行命令行:

```
Traceroute hostname
```

而在 Windows 系统下是执行 Tracert 的命令:

```
Tracert hostname
```

如果要使用 Windows NT 系统中的 Tracert 命令,用户可通过选择"开始"→"运行"命令,在打开的对话框中输入 cmd 调出命令窗口,然后使用此命令。

```
C:\> tracert www. yahoo. com
Tracing route to www. yahoo. com [204.71.200.75] over a maximum of 30 hops:
  1 161 ms 150 ms 160 ms 202.99.38.67
  2 151 ms 160 ms 160 ms 202.99.38.65
  3 151 ms 160 ms 150 ms 202.97.16.170
  4 151 ms 150 ms 150 ms 202.97.17.90
  5 151 ms 150 ms 150 ms 202.97.10.5
  6 151 ms 150 ms 150 ms 202.97.9.9
  7 761 ms 761 ms 752 ms border7 - serial3 - 0 - 0. Sacramento. cw. net [204.70.122.69]
  8 751 ms 751 ms  *  core2 - fddi - 0. Sacramento. cw. net [204.70.164.49]
  9 762 ms 771 ms 751 ms border8 - fddi - 0. Sacramento. cw. net [204.70.164.67]
 10 721 ms  *  741 ms globalcenter. Sacramento. cw. net [204.70.123.6]
 11  *  761 ms 751 ms pos4 - 2 - 155M. cr2. SNV. globalcenter. net [206.132.150.237]
 12 771 ms  *  771 ms pos1 - 0 - 2488M. hr8. SNV. globalcenter. net [206.132.254.41]
 13 731 ms 741 ms 751 ms bas1r - ge3 - 0 - hr8. snv. yahoo. com [208.178.103.62]
 14 781 ms 771 ms 781 ms www10. yahoo. com [204.71.200.75]
Trace complete.
```

2）用 Traceroute 解决问题

Traceroute 最早是 Van Jacobson 在 1988 年编写的小程序。当时主要是解决他自己碰到的一些网络问题。Traceroute 是一个正确理解 IP 网络并了解路由原理的重要工具。它对负责网络工程技术与系统管理的 Webmaster 来说是一个十分方便的程序。

可以使用 Traceroute 确定数据包在网络上的停止位置。下例中，默认网关确定 192.168.10.99 主机没有有效路径，这可能是路由器配置的问题，或者是 192.168.10.0 网络不存在（错误的 IP 地址）。

```
C:> Tracert 192.168.10.99
Tracing route to 192.168.10.99 over a maximum of 30 hops
1 10.0.0.1 reports: Destination net unreachable.
Trace complete.
```

Tracert 实用程序对于解决大网络问题非常有用，可以采取几条路径到达同一个点。

5.3　扫描的概念和原理

扫描就是对计算机系统或者其他网络设备进行安全相关的检测，以找出安全隐患和可被黑客利用的漏洞。例如，可以通过扫描发现远程服务器各种 TCP 端口的分配情况、提供的服务和它们的软件版本，从而间接或直观地了解远程主机所存在的安全问题。通过扫描，能对扫描对象的脆弱性和漏洞进行深入了解，从而给扫描时发现的问题提供一个良好的解决方案。对于黑客来说，扫描是信息获取的重要步骤，通过网络扫描可以进一步定位目标，或区域目标系统相关的信息，同时为下一步的攻击提供充分的资料，从而大大提高攻击的成功率。

扫描技术可以分为如下三类：主机扫描、端口扫描和漏洞扫描。主机扫描能够发现系统的存活情况，确定在目标网络上的主机是否可达，同时尽可能多映射目标网络的拓扑结构，主要利用 ICMP 数据包来实现。端口扫描用于发现远程主机开放的端口，也就是发现哪些服务在运行。漏洞扫描能够暴露网络上潜在的脆弱性，避免遭受不必要的攻击。

5.3.1　主机扫描

主机扫描分为简单主机扫描和复杂主机扫描。传统的主机扫描利用 ICMP 的请求/应答报文，主要有如下三种：

（1）通过发送一个 ICMP Echo Request 数据包到目标主机，如果接收到 ICMP Echo Reply 数据包，说明主机是存活状态；如果没有收到，就可以初步判断主机没有在线或者使用了某些过滤设备过滤了该消息。

（2）使用 ICMP Echo Request 轮询多个主机称为 Ping 扫描，对于中型网络，使用这种方法来探测主机是一种比较好的方式，但对大型网络，这种方法会比较慢，因为 Ping 在处理下一个命令之前会等待正在探测主机的回应。

（3）广播 ICMP 扫描，通过发送 ICMP Echo Request 到广播地址或者目标网络地址可以简单地反映目标网络中活动的主机,这样的请求会广播到目标网络中的所有主机,所有活动的主机都会发送 ICMP Echo Reply 到攻击者的 IP 地址。

这三种方法的缺点是会在目标主机的 DNS 服务器中留下攻击者的日志记录。

利用被探测主机产生的 ICMP 错误报文可以进行复杂的主机扫描,主要有如下几种方式:

(1) 异常的 IP 包头。向目标主机发送包头错误的 IP 包,目标主机或过滤设备会反馈 ICMP Parameter Problem Error 信息。常见的伪造错误字段为 Header Length 和 IP Options。

(2) IP 头中设置无效的字段值。向目标主机发送的 IP 包中填充错误的字段值,比如协议项填一个没使用的超大值,目标主机或过滤设备会反馈 ICMP Destination Unreachable 信息。

(3) 错误的数据分片。当目标主机接收到错误的数据分片,并且在规定的时间间隔内得不到更正时,将丢弃这些错误数据包,并向发送主机反馈 ICMP Fragment Reassembly Time Exceeded 错误报文。

(4) 反向映射探测。用于探测被过滤设备或防火墙保护的网络和主机。构造可能的内部 IP 地址列表,并向这些地址发送数据包。当对方路由器接收到这些数据包时,会进行 IP 识别并路由,对不在其服务范围的 IP 包发送 ICMP Host Unreachable 或 ICMP Time Exceed 错误报文,没有接收到相应错误报文的 IP 地址被认为在该网络中。

对主机扫描的工具非常多,比如著名的 Nmap、Netcat 和 Superscan 等。

主机扫描大多使用 ICMP 数据包,因此使用可以检测并记录 ICMP 扫描的工具,使用入侵检测系统,在防火墙或路由器中设置允许进出自己网络的 ICMP 分组类型,这些方法都可以有效防止主机扫描的发生。

5.3.2　端口扫描

端口扫描的直接结果就是可以得到目标主机开放和关闭的端口列表,这些开放的端口往往与某些服务相对应,通过这些开放的端口,黑客就能了解主机运行的服务类型,从而进一步整理和分析这些服务可能存在的漏洞,为后续的攻击提供依据。端口扫描是建立在 TCP/IP 协议基础之上,在 TCP/IP 的实现中,一般遵循以下原则:

(1) 当一个 SYN 或者 FIN 数据包到达一个关闭的端口,TCP 丢弃数据包,同时发送一个 RST 数据包。

(2) 当一个 SYN 数据包到达一个监听端口时,正常的三阶段握手继续,回答一个 SYN|ACK 数据包。

(3) 当一个 SYN|ACK 或者 FIN 数据包到达一个监听端口时,数据包被丢弃。

(4) 当一个 SYN|ACK 或者 FIN 数据包到达一个关闭端口时,数据包被丢弃,并返回一个 RST 数据包。

(5) 当一个包含 ACK 的数据包到达一个监听或者关闭的端口时,数据包被丢弃,同时发送一个 RST 数据包。

(6) 当一个 SYN 位关闭的数据包到达一个监听端口时,数据包被丢弃。

基于上述的 TCP/IP 协议,常用的端口扫描方法主要有 TCP Connect 扫描、TCP SYN 扫描、TCP FIN 扫描和 TCP NULL 扫描等。

1. 常用的端口扫描技术

1）TCP Connect 扫描

这是最为简单的端口扫描方式,本地主机通过调用 Connect 函数连接目标主机的特定端口,如果成功建立连接,则说明这个端口是打开的,否则说明该端口是关闭的。因为该扫描需要建立一个完整的端口连接,所以该扫描也称为全连接扫描。

该方法最大的优点是不需要任何权限,系统中的任何用户都可以使用这个调用。该方法的另一个优点是速度比较快。该方法最大的缺点是容易被发觉,因为它会在目标计算机的日志文件中留下一串连接的消息。

2）TCP SYN 扫描

扫描器向目标主机的选择端口发送 SYN 置 1 的数据包,如果应答是 RST 置 1 的数据包,那么说明端口是关闭的,如图 5.5 所示。如果应答是 SYN 和 ACK 置 1 的数据包,说明目标处于监听状态,再传送一个 RST 包给目标机,停止建立连接,如图 5.6 所示。由于在 TCP SYN 扫描时全连接尚未建立,因此这种技术通常称为半打开扫描。

图 5.5 目标端口关闭时 TCP SYN 扫描的步骤

图 5.6 目标端口打开时 TCP SYN 扫描的步骤

TCP SYN 扫描的优点是隐蔽性比全连接扫描好,因为很少有系统会记录这样的行为。另外,它的扫描结果也是相当准确的,能达到很快的速度。该方法的缺点是通常构造 SYN 数据包需要超级用户或者授权用户访问专门的系统调用。SYN 洪泛是一种常见的拒绝服务攻击方法,许多防火墙和入侵检测系统对 SYN 包都建立了报警和过滤机制,因此 SYN 扫描的隐蔽性逐渐下降。

3）TCP FIN 扫描

这种扫描方式是利用操作系统协议栈实现上的不同来达到扫描的目的。客户机向目标端口发送一个带 FIN 标志的数据包,目标端口如果是开放的,它就会忽略这个数据包;如果目标端口关闭了,目标主机会向本地主机回应一个 RST 数据包,如图 5.7 所示。利用这点差异就可以判断目标主机是否开放了某个端口。FIN 扫描只对 UNIX/Linux 系统有效。FIN 扫描的优点是比 TCP SYN 扫描更为隐蔽,能够通过只检测 SYN 包的防火墙或者入侵检测系统。缺点是因为是反向确定结果,如果网络的传输收不到返回包就会导致错误判断,扫描结果不是很可靠。

图 5.7　目标端口关闭时 TCP FIN 扫描的步骤

4) TCP Xmas 扫描

根据 RFC793 规定，当主机收到一个带 FIN、URG 和 PSH 标志的 TCP 数据包时，如果其对应的端口开放，则会忽略这个数据包；如果端口关闭，主机会返回一个 RST 包作为响应。利用这种差异就可以判断目标端口是否开放，如图 5.8 所示。

图 5.8　目标端口关闭时 TCP Xmas 扫描的步骤

这种扫描技术的优点是扫描活动比较隐蔽，不足之处是效率不高，需要等待超时，而且这里涉及数据包的构造与发送，所以需要管理员权限才能操作。

5) TCP NULL 扫描

与 Xmas 扫描相反，TCP 空扫描将 TCP 包中的所有标志位都置 0。当这个数据包被发送到主机时，如果目标端口是开放的，则不会返回任何数据包；如果目标端口是关闭的，被扫描主机将发回一个 RST 包，如图 5.9 所示。不同的操作系统会有不同的响应方式。

图 5.9　目标端口关闭时 TCP NULL 扫描的步骤

这种扫描技术的优点也是比较隐蔽。不足之处与前一种扫描技术一样，需要等待超时，所以效率不高。此外，不同操作系统的扫描有差别，不能适用于所有的操作系统，而且仍然需要管理员权限才能操作。

6) UDP 扫描

这种扫描利用 UDP 协议向目标端口发送一个 UDP 包，开放的 UDP 端口并不需要送回 ACK 包，而关闭的端口会送回一个 ICMP_PROT_UNREACH 的包，则说明端口关闭。

UDP 扫描并不可靠，主要原因如下：

① 目标主机可以禁止任何 UDP 包通过。

② UDP 本身不是可靠的传输协议，数据传输的完整性不能得到保证。

③ 系统在协议栈的实现上有差异，对一个关闭的 UDP 端口，可能不会返回任何信息，

而只是简单地丢弃。

7) FTP 返回扫描

FTP 返回扫描是利用 FTP 协议支持代理 FTP 连接这个特点来实现的。本地主机首先与 FTP 服务器建立连接,然后通过 PORT 命令向 FTP 服务器传输目标主机的地址和端口,最后发送 LIST 命令。如果目标主机相应的端口打开的话,就会返回成功的消息;如果目标端口关闭,则返回连接失败的消息。FTP 返回扫描示意图如图 5.10 所示。

FTP服务器

客户机　　　　　　　　　　　　　　　　　目标机

图 5.10　FTP 返回扫描示意图

这种扫描的优点很明显,很难跟踪,而且能有效穿透防火墙。缺点是速度较慢,而且需要一台 FTP 服务器做代理,现在提供这种功能的服务器较少。

2. 防止端口扫描

对抗端口扫描的对策主要可以归结为如下两种方法:

1) 关闭闲置和有潜在危险的端口

除正常使用的计算机端口外(如 HTTP 的 80 端口,FTP 的 21 端口,QQ 的 4000 端口等),将所有其他端口都关闭掉。因为对黑客来说,所有端口都可能成为攻击的目标。

在 Windows NT 为核心的操作系统中,要关闭闲置端口还是比较方便的,可以采用“定向关闭指定服务的端口”和“只开放允许端口的方式”。计算机的一些网络服务会由系统分配默认的端口,将一些限制的服务关闭掉,其对应的端口也关闭了。打开“控制面板”→“管理工具”→“服务”项,关闭掉一些没有使用的服务,它们对应的端口也就关闭了。至于“只开放允许端口的方式”,可以利用系统的 TCP/IP 筛选功能实现,设置的时候只允许系统中一些基本网络通信需要的端口即可。在 UNIX/Linux 中,在/etc/inetd.conf 中注释掉不必要的服务,并在系统启动脚本中禁止其他不必要的服务。

2) 利用网络防火墙软件

对抗端口扫描最好的方法是使用防火墙软件,当攻击者进行端口扫描时,攻击者会不断与目标计算机尝试建立连接,可以通过防火墙自带的拦截规则进行判断,当发现有端口扫描症状时,通过防火墙可以立即屏蔽该端口,即通过设置防火墙的过滤规则,可以有效阻止对端口的扫描,例如,可以设置检测 SYN 扫描而忽略 FIN 扫描。另外,借助入侵检测系统,禁止所有不必要的服务,把自己的机器暴露程度降到最低也是一种很好的方法。

5.3.3　漏洞扫描

漏洞扫描是对目标网络或者目标主机进行安全漏洞检测与分析,发现可能被攻击者利用的漏洞。当前的漏洞扫描技术主要是基于特征匹配原理,漏洞扫描器通过检测目标主机不同端口开放的服务,记录其应答,然后与漏洞库进行比较,如果满足匹配条件,则认为存在安全漏洞。漏洞扫描技术中,漏洞库的定义精确与否直接影响最后的扫描结果。

目前漏洞扫描器主要分为两类,即通用漏洞扫描器和专用漏洞扫描器。它们各自的侧重点不同,通用漏洞扫描器侧重扫描主机的整体安全,适合用于攻击以及本机防护,而专用漏洞扫描器侧重主机的某一特定漏洞,主要用于漏洞攻击。

通用漏洞扫描器一般由以下几个部分组成:控制台模块、扫描活动处理模块、扫描引擎模块、结果处理模块和漏洞库。

而专用漏洞扫描器相对于通用漏洞扫描器来说要简单一些,可以说是一种简化了的通用漏洞扫描器。专用漏洞扫描器不用考虑多个漏洞,只需检测某个特定的漏洞,并发线程减少,检测效率提高了很多。

目前常用的漏洞扫描工具主要有 Nmap、X-Scan、SuperScan、Shadow Security Scanner 和 MS06040Scanner 等,感兴趣的读者可以通过网络信息进一步了解漏洞扫描工具。

5.4　网　络　监　听

网络监听技术是提供给网络安全管理人员进行网络管理的工具,可以用来监视网络状态、数据流动情况以及网络上传输的信息等。当信息以明文的形式在网络上传输时,只要将网卡设置成混杂模式,便可以源源不断地截获网上传输的信息。然而黑客也会利用网络监听技术对其他用户进行攻击,黑客可以利用网络监听截取口令,当黑客控制一台主机后,如果想通过这台主机控制其所在的整个局域网,网络监听往往是他们最佳的选择。

5.4.1　网络监听原理

在因特网上有很多使用以太网(Ethernet)协议的局域网,许多主机通过电缆、集线器连在一起。在协议的高层或者从用户的角度来看,当同一网络中的两台主机通信时,源主机将写有目标主机地址的数据包发向目标主机,或者当网络中的一台主机同外部的主机通信时,源主机将写有目标主机 IP 地址的数据包发向网关。

但这种数据包并不能在协议栈的高层直接发出去,要发送的数据必须从 TCP/IP 协议的 IP 层交给网络接口,而网络接口是不会识别 IP 地址的,因此网络接口中由 IP 层传来的带有 IP 地址的数据包又增加了一部分以太帧帧头的信息。在帧头中,有两个域分别为只有网络接口才能识别的源主机和目标主机的物理地址,这是一个与 IP 地址对应的 48 位地址。

下面用一个常见的 UNIX 系统命令 ifconfig 来看一看做者本人的一台正常工作的机器的网卡:

```
[yiming@server/root]# ifconfig -a
    hme0: flags = 863 < UP, BROADCAST, NOTRAILERS, RUNNING, MULTICAST > mtu 1500
        inet 192.168.1.35 netmask ffffffe0
        ether 8: 0: 20: c8: fe: 15
```

从这个命令的输出中可以看到上面讲到的这些概念,如第二行的 192.168.1.35 是 IP 地址,第三行的 8:0:20:c8:fe:15 是 MAC 地址。请注意第一行的 BROADCAST 和

MULTICAST,这是什么意思？一般而言,网卡有几种接收数据帧的状态,如 Unicast、Broadcast、Multicast 和 Promiscuous 等。Unicast 是指网卡在工作时接收目的地址是本机硬件地址的数据帧。Broadcast 是指接收所有类型为广播报文的数据帧。Multicast 是指接收特定的组播报文。Promiscuous 则是通常说的混杂模式,是指对报文中的目的硬件地址不加任何检查,全部接收的工作模式。对照这几个概念,看看上面的命令输出,可以看到,正常的网卡应该只接收发往自身的数据报文、广播和组播报文。

对网络使用者来说,浏览网页、收发邮件等都是很平常、很简便的工作,其实在后台这些工作是依靠 TCP/IP 协议族实现的。下面从 TCP/IP 模型的角度来看数据包在局域网内发送的过程：当数据从应用层自上而下传递时,在网络层形成 IP 数据包,再向下到达数据链路层,由数据链路层将 IP 数据包分割为数据帧,增加以太网包头,再向下一层发送。需要注意的是,以太网的包头中包含着本机和目标设备的 MAC 地址,即链路层的数据帧发送时,是依靠 48 位的以太网地址而非 IP 地址来确认的,以太网的网卡设备驱动程序不会关心 IP 数据包中的目的 IP 地址,它所需要的仅仅是 MAC 地址。

目标 IP 的 MAC 地址又是如何获得的呢？ 发端主机会向以太网上的每一个主机发送一份包含目的地的 IP 地址的以太网数据帧(称为 ARP 数据包),并期望目的主机回复,从而得到目的主机对应的 MAC 地址,并将这个 MAC 地址存入自己的一个 ARP 缓存内。

当局域网内的主机都通过集线器等方式连接时,一般称为共享式的连接。这种共享式的连接有一个很明显的特点：集线器会将接收到的所有数据向集线器上的每个端口转发,也就是说当主机根据 MAC 地址进行数据包发送时,尽管发送端主机告知了目标主机的地址,但这并不意味着在一个网络内的其他主机听不到发送端和接收端之间的通信,只是在正常状况下其他主机会忽略这些通信报文而已。如果这些主机不愿意忽略这些报文,网卡被设置为 Promiscuous 状态的话,那么对于这台主机的网络接口而言,任何在这个局域网内传输的信息都是可以被监听的。

5.4.2　网络监听检测与防范

一般来说,网络监听是很难被发现的,因为运行网络监听的主机只是被动地接收在局域网上传输的信息,不会主动与其他主机交换信息,这就导致检测并防范网络监听是比较困难的。

1. 网络监听检测

1) 反应时间

向怀疑有网络监听行为的网络发送大量垃圾数据包,根据各个主机回应的情况进行判断,正常的系统回应的时间应该没有太明显的变化,而处于混杂模式的系统由于对大量的垃圾信息照单全收,因此很有可能回应时间会发生较大的变化。

2) 观测 DNS

许多的网络监听软件都会尝试进行地址反向解析,在怀疑有网络监听发生时可以在DNS 系统上观测有没有明显增多的解析请求。

3) 利用 ping 模式进行监测

当一台主机进入混杂模式时,以太网的网卡会将所有不属于它的数据照单全收。按照这个思路,就可以这样来操作：假设怀疑的主机的硬件地址是 00：30：6E：00：9B：B9,它的 IP 地址是 192.168.1.1,那么现在伪造出这样的一种 icmp 数据包：硬件地址是不与局域网内任何一台主机相同的 00：30：6E：00：9B：B9，目的地址是 192.168.1.1 不变，可以设想一下这种数据包在局域网内传输会发生什么现象：任何正常的主机会检查这个数据包，比较数据包的硬件地址，和自己的不同，于是不会理会这个数据包。而处于网络监听模式的主机呢？由于它的网卡现在是在混杂模式，因此它不会去对比这个数据包的硬件地址，而是将这个数据包直接传到上层，上层检查数据包的 IP 地址，符合自己的 IP，于是会对这个 ping 的包作出回应。这样，一台处于网络监听模式的主机就被发现了。

4) 利用 ARP 数据包进行监测

除了使用 ping 进行检测外，目前比较成熟的可以利用 ARP 方式进行检测的。这种模式是上述 ping 方式的一种变体，它使用 ARP 数据包替代了上述的 icmp 数据包。向局域网内的主机发送非广播方式的 ARP 包，如果局域网内的某个主机响应了这个 ARP 请求，那么就可以判断它很可能就是处于网络监听模式了，这是目前相对而言比较好的检测模式。

值得注意的是，现在因特网上流传着一些基于上面这两种技术的脚本和程序，它们宣称能准确捕捉到局域网内所有进行网络监听的主机。目前来讲，这种说法基本上是不可靠的，因为上述技术在实现中，除了要考虑网卡的硬件过滤外，还需要考虑到不同操作系统可能产生的软件过滤。虽然理论上网卡处于混杂模式的系统应该接收所有的数据包，但实际上不同的操作系统甚至相同的操作系统的不同版本在 TCP/IP 的实现上都有自己的一些特点，有可能不会接收这些理论上应该接收的数据包。

相对而言，对发生在本机的网络监听，是可以利用一些工具软件来发现的，有兴趣的读者可以参考相关的网站。

2. 网络监听的防范方法

首先，采用加密手段进行信息传输是一个很好的办法，如果监听到的数据都是以密文形式传输的，那么对入侵者来说，即使抓取到了传输的数据信息，意义也是不大的。这是目前相对而言使用较多的手段之一，在实际应用中往往是指替换掉不安全的采用明文传输数据的服务，如在服务器端用 SSH、Openssh 等替换 UNIX 系统自带的 Telnet、FTP、RSH，在 Client 端使用 Securecrt、Sshtransfer 替代 Telnet、FTP 等。

除了加密外，使用交换机目前也是一个应用比较多的方式。不同于工作在第一层的集线器，交换机是工作在第二层，也就是数据链路层。以 CISCO 的交换机为例，交换机在工作时维护着一张 ARP 数据库，在这个库中记录着交换机每个端口绑定的 MAC 地址，当有数据包发送到交换机上时，交换机会将数据包的目的 MAC 地址与自己维护的数据库内的端口对照，然后将数据包发送到"相应的"端口上。注意，不同于集线器的报文广播方式，交换机转发的报文是一一对应的。对二层设备而言，仅有两种情况会发送广播报文，一是数据包的目的 MAC 地址不在交换机维护的数据库中，此时报文向所有端口转发；二是报文本身就是广播报文。由此可以看到，这在很大程度上解决了网络监听的困扰。随着 Dsniff、Ettercap 等软件的出现，交换机的安全性已经面临着严峻的考验。

此外，对安全性要求比较高的公司可以考虑 Kerberos，Kerberos 是一种为网络通信提供可信第三方服务的面向开放系统的认证机制，它提供了一种强加密机制，使 Client 端和 Server 端即使在非安全的网络连接环境中也能确认彼此的身份，而且在双方通过身份认证后，后续的所有通信也是被加密的。在实现中，通过可信的第三方服务器保留与之通信的系统的密钥数据库，仅 Kerberos 和与之通信的系统本身拥有私钥(Private Key)，然后通过私钥以及认证时创建的 Session Key 来实现可信的网络通信连接。

5.5 缓冲区溢出攻击

5.5.1 缓冲区溢出原理

缓冲区（Buffer）是程序运行期间在内存中分配的连续空间，用于保存包括字符数组在内的各种数据类型。溢出是所填充的数据超出了原有缓冲区的边界，并非法占据了另一端内存区域。缓冲区溢出是指由于填充数据越界而导致程序运行流程的改变，黑客借此精心构造填充数据，让程序转而执行特殊的代码，最终获得系统的控制权。

通过往程序的缓冲区写超出其长度的内容，造成缓冲区的溢出，从而破坏程序的堆栈，使程序转而执行其他指令，以达到攻击的目的。造成缓冲区溢出的原因是程序中没有仔细检查用户输入的参数。例如下面的程序：

```
void function(char * str)
{
    char buffer[16];
    strcpy(buffer,str);
}
```

上面的 strcpy()直接把 str 中的内容复制到缓冲区中。这样，只要 str 的长度大于 16，就会造成缓冲区的溢出，使程序运行出错。存在像 strcpy 这样问题的标准函数还有 strcat()、sprintf()、vsprintf()、gets()和 scanf()等。

当缓冲区溢出时，为什么会导致程序不能正常工作呢？因为一个程序在内存中是按代码区、数据区和堆栈区顺序存放的。代码区存放程序的机器码和只读数据，数据区存放程序中的静态数据和全局数据，堆栈区存放程序运行时申请的内存空间，用来存放动态数据。图 5.11(a)是程序在内存中的分配情况，图 5.11(b)是栈中的数据排列顺序。

(a)程序在内存中的分配   (b)栈中数据排列顺序

图 5.11 程序运行时内存分配和堆栈排列

当然，随便向缓冲区中填数据可造成程序溢出，这时一般只会出现"分段错误"（Segmentation Fault），而不能达到攻击的目的。为了说明该攻击的有效性，下面通过例子来说明溢出攻击的基本原理。

通常 C 语言对边界不进行检查，当输入的数据超出缓冲区的大小时，接下来的数据就会将 EBP（基址寄存器）、RET（返回地址）等覆盖掉，导致程序无法正常执行。下面的例子说明了另外一种缓冲区溢出。

```
# include < iostream.h>
```

```
#include <string.h>
void function(int a)
{
    char buffer[5];
    char * ret;
    ret = buffer + 12;
    * ret += 8;
}
void main()
{
    int x;
    x = 10;
    function(7);
    x = 1;
    cout << x << endl;
}
```

如果不仔细分析这段程序,很可能认为它的执行结果是 1,而不是 10。实际上这段程序的运行结果是 10,而不是 1。通常函数调用的执行过程大致如下:

(1) 为该函数的形式参数分配内存,并将实际参数的值赋给形式参数。

(2) 将函数返回地址压栈。

(3) 执行被调用函数。

(4) 被调用函数执行结束以后,跳到 RET 指向的指令继续执行。

这段代码的执行过程是: 首先为形式参数 a、RET 和 EBP 各分配 4 个字节的空间,最后为语句 char buffer[5]分配内存时,因为对齐的问题需要分配 8 个字节。执行 ret=buffer+12 这条语句后,ret 恰好指向 RET,而 RET 的值恰好是函数 function(7)的返回地址。即"x=1"这条语句的首地址。但执行 * ret += 8 语句后,就将 RET 的值加上了 8,而 x=1 这条语句恰好占用 8 个字节。由于 RET 存放函数 function(7)的返回地址,因此 function(7)执行结束后将跳过 x=1 这条语句,直接执行 cout≪x≪end。

缓冲区溢出攻击之所以成为一种常见的安全攻击手段,其原因在于缓冲区溢出漏洞太普遍了,并且易于实现。而且缓冲区溢出漏洞给予了攻击者他所想要的一切: 植入并且执行攻击代码。被植入的攻击代码以一定的权限运行有缓冲区溢出漏洞的程序,从而得到被攻击主机的控制权。

5.5.2　缓冲区溢出攻击方法

缓冲区溢出攻击的目的在于扰乱具有某些特权运行程序的功能,从而使得攻击者取得程序的控制权。如果该程序具有足够的权限,那么整个主机就被控制了。为了达到这个目的,攻击者必须达到如下的两个目标:

(1) 在程序的地址空间里安排适当的代码;

(2) 通过适当的初始化寄存器和内存,让程序跳转到入侵者安排的地址空间执行。

根据这两个目标可以对缓冲区溢出攻击进行分类,缓冲区溢出攻击分为代码安排和控制程序执行流程两种方法。

1. 在程序地址空间里安排适当代码的方法

1) 植入法

攻击者向被攻击的程序输入一个字符串,程序会把这个字符串放到缓冲区里。这个字符串包含的资料是可以在这个被攻击的硬件平台上运行的指令序列。在这里,攻击者用被攻击程序的缓冲区来存放攻击代码。缓冲区可以设在任何地方:栈(stack,自动变量)、堆(heap,动态分配的内存区)和静态资料区。

2) 利用已经存在的代码

有时攻击者想要的代码已经在被攻击的程序中了,攻击者所要做的只是对代码传递一些参数。例如,攻击代码要求执行 exec("/bin/sh"),而在 libc 库中的代码执行 exec (arg),其中 arg 是一个指向一个字符串的指针参数,那么攻击者只要把传入的参数指针改为指向/bin/sh。

2. 控制程序转移到攻击代码的方法

所有的这些方法都是在寻求改变程序的执行流程,使之跳转到攻击代码。最基本的就是溢出一个没有边界检查或者其他弱点的缓冲区,这样就扰乱了程序的正常执行顺序。通过溢出一个缓冲区,攻击者可以用暴力的方法改写相邻的程序空间,而直接跳过系统的检查。

分类的基准是攻击者所寻求的缓冲区溢出的程序空间类型。原则上可以是任意的空间。实际上,许多的缓冲区溢出是用暴力的方法来寻求改变程序指针的。这类程序的不同之处就是程序空间的突破和内存空间的定位不同。主要有以下三种:

1) 激活记录(Activation Records)

每当一个函数调用发生时,调用者会在堆栈中留下一个活动记录,它包含了函数结束时返回的地址。攻击者通过溢出堆栈中的自动变量,使返回地址指向攻击代码。通过改变程序的返回地址,当函数调用结束时,程序就跳转到攻击者设定的地址,而不是原先的地址。这类缓冲区溢出称为堆栈溢出攻击(Stack Smashing Attack),是目前最常用的缓冲区溢出攻击方式。

2) 函数指针(Function Pointers)

函数指针可以用来定位任何地址空间。例如,"void (* foo)()"声明了一个返回值为 void 的函数指针变量 foo。所以,攻击者只需在任何空间内的函数指针附近找到一个能够溢出的缓冲区,然后溢出这个缓冲区来改变函数指针。在某一时刻,当程序通过函数指针调用函数时,程序的流程就按攻击者的意图实现了。它的一个攻击范例就是在 Linux 系统下的 superprobe 程序。

3) 长跳转缓冲区(Longjmp Buffers)

在 C 语言中包含了一个简单的检验/恢复系统,称为 setjmp/longjmp。意思是在检验点设定 setjmp(buffer),用 longjmp(buffer)来恢复检验点。然而,如果攻击者能够进入缓冲区的空间,那么 longjmp(buffer)实际上是跳转到攻击者的代码。像函数指针一样,长跳转缓冲区能够指向任何地方,所以攻击者所要做的就是找到一个可供溢出的缓冲区。一个典型的例子就是 Perl 5.003 的缓冲区溢出漏洞。攻击者首先进入用来恢复缓冲区溢出的长跳转缓冲区,然后诱导进入恢复模式,这样就使 Perl 的解释器跳转到攻击代码上了。

5.5.3　防范缓冲区溢出

在 C 语言中,指针和数组越界不保护是缓冲区溢出的根源,而且在 C 语言标准库中就有许多能提供溢出的函数,如 strcat()、strcpy()、sprintf()、vsprintf()、gets()和 scanf()等。虽然大家都认为缓冲区溢出可以在编程阶段得到避免,但在实际编程操作中却并没有那么简单。这主要在于,有些开发人员没有意识到问题的存在;有些开发人员不愿意使用边界检查,因为这样做会影响到程序的效率和性能。

因此综合起来,防范缓冲区溢出主要有如下方法:

(1) 编写正确的代码。在开发过程中,尽量使用带有边界检查的函数版本,或者自己进行越界检查是防止缓冲区溢出的基本方法。

(2) 及时安装漏洞补丁。缓冲区溢出是代码中固有的漏洞,除了在开发阶段注意编写正确的代码外,对于用户的一般防范措施就是关闭不必要的端口和服务,并及时安装厂商提供的补丁,这是解决缓冲区溢出问题最有效的方法。

(3) 借助于防火墙阻止缓冲区溢出。在防火墙上过滤特殊的流量也是一个防范的基本方法,但使用防火墙无法阻止来自内部人员的溢出攻击。此外,为了限制黑客溢出成功的权限,以所需要的最小权限运行软件也是一种很好的防范方法。

5.6　拒绝服务攻击

DoS(Denial of Service,拒绝服务)攻击是一种既简单又有效的攻击方式,它是针对系统的可用性发起的攻击,通过某些手段使得目标系统或者网络不能提供正常的服务。该攻击主要是利用了 TCP/IP 协议中存在的设计缺陷或操作系统及网络设备的网络协议栈存在的实现缺陷。

一些商业及政府网站都曾经遭受拒绝服务攻击。在 2000 年 2 月发生的一次针对某些高利润的站点如雅虎、易趣等的拒绝服务攻击持续了近两天,使这些公司遭受了很大的损失,事后这些攻击确定为分布式的拒绝服务攻击。

从攻击技术看,DoS 攻击表现为带宽消耗、系统资源消耗、程序实现上的缺陷、系统策略的修改等几种。带宽消耗是通过网络发送大量信息,用足够的传输信息消耗掉有限的带宽资源。系统资源消耗是向系统发送大量信息,针对操作系统中有限的资源,如进程数、磁盘、CPU、内存、文件句柄等。利用程序实现上的缺陷,对异常行为的不正确处理,通过发送一些非法数据包使系统死机或重启,比如 Ping of Death。修改或篡改系统策略也可以使得它不能提供正常的服务。

从攻击目标来看,有通用类型的 DoS 攻击和系统相关的攻击。通用类型的 DoS 攻击往往是与具体系统无关的,比如针对协议设计缺陷的攻击。系统相关的攻击往往与具体的实现有关。最终,所有的攻击都是系统相关的,因为有些系统可以针对协议的缺陷提供一些补救措施,从而免受此类攻击。

一些典型的拒绝服务攻击有 Ping of Death、Teardrop、UDP Flooding、Land、SYN Flooding 和 Smurf 等。

5.6.1　IP 碎片攻击

1. IP 碎片是如何产生的

链路层具有最大传输单元(MTU)这个特性,它限制了数据帧的最大长度,不同的网络类型都有一个上限值。以太网的 MTU 是 1500,可以用 netstat -i 命令查看这个值(在 Linux 下)。如果 IP 层有数据包要传,而且数据包的长度超过了 MTU,那么 IP 层就要对数据包进行分片（Fragmentation)操作,使每一片的长度都小于或等于 MTU。假设要传输一个 UDP 数据包,以太网的 MTU 为 1500 字节,一般 IP 首部为 20 字节,UDP 首部为 8 字节,数据的净荷(Payload)部分预留是 1500−20−8＝1472 字节。如果数据部分大于 1472 字节,就会出现分片现象。

IP 首部包含了分片和重组所需的信息:

| Identification |R|DF|MF| Fragment Offset |<−16>|<3>|<−13>|

参数解释:

(1) Identification:发送端发送的 IP 数据包标识字段,是一个唯一值,该值在分片时被复制到每个片中。

(2) R:保留未用。

(3) DF:Dont Fragment,"不分片"位,如果将这一位置 1,IP 层将不对数据包进行分片。

(4) MF:More Fragment,"更多的分片",除了最后一片外,其他每个组成数据包的片都要把该位置为 1。

(5) Fragment Offset:该片偏移原始数据包开始处的位置。偏移的字节数是该值乘以 8。

了解了分片,也分析了 IP 头的一些信息,下面再介绍 IP 碎片是怎样运用在网络攻击上的。

2. IP 碎片攻击

IP 首部有两个字节表示整个 IP 数据包的长度,所以 IP 数据包最长只能为 0xFFFF,就是 65 535 字节。如果有意发送总长度超过 65 535 字节的 IP 碎片,一些旧的系统内核在处理的时候就会出现问题,导致崩溃或者拒绝服务。另外,如果分片之间偏移量经过精心构造,一些系统就无法处理,导致死机。所以说,漏洞的起因是出在重组算法上。下面逐个分析一些著名的碎片攻击程序来了解如何人为制造 IP 碎片来攻击系统。

1) 攻击方式之 Ping of Death

Ping of Death 是利用 ICMP 协议的一种碎片攻击。攻击者发送一个长度超过 65 535 字节的 Echo Request 数据包,目标主机在重组分片的时候会造成事先分配的 65 535 字节缓冲区溢出,系统通常会崩溃或挂起。ping 不就是发送 ICMP Echo Request 数据包的吗？尝试把 IP 和 ICMP 首部长度设为 65 535 字节,发送一个包:

```
# ping −c 1 −s 65535 192.168.0.1
    Error: packet size 65535 is too large. Maximum is 65507
```

一般来说,Linux 自带的 ping 是不允许做这个坏事的。65 507 是它计算好的,即 65 535−20−8＝65 507。Windows 2000 下的 ping 数据只允许 65 500 字节大小。所以必须找另外的程序来发包,但是目前新版本的操作系统已经搞定这个缺陷了。

2) 攻击方式之 jolt2 攻击

jolt2.c 是在一个死循环中不停地发送一个 ICMP/UDP 的 IP 碎片,可以使 Windows 系统的机器死锁。测试没打补丁的 Windows 2000 系统,CPU 利用率会立即上升到 100％,鼠标无法移动。

用 Snort 分别抓取采用 ICMP 和 UDP 协议发送的数据包。发送的 ICMP 包:

```
01/07 −15: 33: 26.974096 192.168.0.9 −> 192.168.0.1
```

```
        ICMP TTL: 255 TOS: 0x0 ID: 1109 IpLen: 20 DgmLen: 29
        Frag Offset: 0x1FFE Frag Size: 0x9
        08 00 00 00 00 00 00 00 00 00 …
```

发送的 UDP 包：

```
01/10 - 14: 21: 00.298282 192.168.0.9  -> 192.168.0.1
        UDP TTL: 255 TOS: 0x0 ID: 1109 IpLen: 20 DgmLen: 29
        Frag Offset: 0x1FFE Frag Size: 0x9
        04 D3 04 D2 00 09 00 00 61 …a
```

从上面的结果可以看出：分片标志位 MF＝0，说明是最后一个分片。偏移量为
0x1FFE，计算重组后的长度为（0x1FFE ＊ 8）＋ 29 ＝ 65 549 ＞ 65 535，溢出。

ICMP 包：类型为 8，代码为 0，是 Echo Request。校验和为 0x0000，程序没有计算校
验，所以确切地说这个 ICMP 包是非法的。

UDP 包：目的端口由用户在命令参数中指定。源端口是目的端口和 1235 进行 OR 的结
果。校验和为 0x0000，和 ICMP 的一样，没有计算，非法的 UDP。净荷部分只有一个字符 a。

jolt2 应该可以伪造源 IP 地址，但是源程序中并没有把用户试图伪装的 IP 地址赋值给
src_addr，不知道作者是不是故意的。

jolt2 的影响相当大，通过不停地发送这个偏移量很大的数据包，不仅死锁未打补丁的
Windows 系统，同时也大大增加了网络流量。曾经有人利用 jolt2 模拟网络流量，测试 IDS
在高负载流量下的攻击检测效率，就是利用这个特性。

3）攻击方式之 Teardrop

Teardrop 是一种 IP 碎片攻击，也是一种常见的 DoS 攻击方式，它的攻击方式非常简
单，通过发送一些 IP 分片异常的数据包，在 IP 包的分片装配过程中，由于分片重叠，计算过
程中出现长度为负值，在执行 memcpy 的时候导致系统崩溃。当网络分组穿越不同的网络
时，需要根据网络最大传输单元来把它们分割成较小的片。早期的 Linux 系统在处理 IP 分
片重组问题时，尽管对片断是否过长进行检查，但对过短片段却没有进行验证，所以导致了
Teardrop 形式的攻击。该攻击主要影响 Linux 和 Windows NT/95 系统。

如图 5.12 所示，在 Linux 2.0 内核中有以下处理：当发现有位置重合时（offset2＜endl），
将 offset 向后调到 end1（offset＝end1），然后更改 len2 的值，即 len2＝end2－offset2，此时
len2 变成了一个小于 0 的值，会导致以后处理时出现溢出。

图 5.12　异常分片重组

3. 如何防止 IP 碎片攻击

为了防止 IP 碎片攻击，Windows 系统打上最新的 Service Pack 后可以解决这个问题，

目前的 Linux 内核已经不受影响。如果可能，在网络边界上禁止碎片包通过，或者用 IPtables 限制每秒通过碎片包的数目。如果防火墙有重组碎片的功能，确保自身的算法没有问题，否则被 DoS 就会影响整个网络。在 Windows 2000 系统中，自定义 IP 安全策略，设置"碎片检查"，防止 IP 碎片攻击。

在很多路由器上也有"IP 碎片（Fragment）攻击防御"的设置，网络规模在 150 台左右，建议 IP 碎片值设置在 3000 包/秒。

5.6.2 UDP 洪泛

UDP 洪泛攻击的原理是各种各样的假冒攻击利用简单的 TCP/IP 服务，如 Chargen 和 Echo 来传送毫无用处的占满带宽的数据。通过伪造与某一主机的 Chargen 服务之间的一次 UDP 连接，回复地址指向开着 Echo 服务的一台主机，这样就在两台主机之间生成足够多的无用数据流，导致带宽耗尽的拒绝服务攻击。

关掉不必要的 TCP/IP 服务，或者对防火墙进行配置，阻断来自 Internet 的对这些服务的 UDP 请求都可以防范 UDP 洪泛攻击。

5.6.3 SYN 洪泛

SYN 洪泛攻击利用 TCP/IP 连接三次握手过程，打开大量的半开 TCP 连接，使得目标机器不能进一步接受 TCP 连接。每个机器都需要为这种半开连接分配一定的资源，并且这种半开连接的数量是有限制的，达到最大数量时，CPU 满负荷或内存不足，机器就不再接受进来的连接请求，如图 5.13 所示。在 SYN 洪泛攻击中，连接请求是正常的，但是源 IP 地址往往是伪造的，并且是一台不可达机器的 IP 地址，否则被伪造地址的机器会重置这些半开连接。一般半开连接超时之后会自动清除，所以攻击者的系统发出 SYN 报的速度都要比目标机器清除半开连接的速度要快。任何连接到 Internet 上并提供基于 TCP 的网络服务都有可能成为攻击的目标。这样的攻击很难跟踪，因为源地址往往不可信，而且不在线。

图 5.13 SYN 洪泛攻击示意图

SYN 洪泛攻击的攻击特征是目标主机的网络上出现大量的 SYN 包，而没有相应的应答包；SYN 包的源地址可能是伪造的，甚至无规律可循。

可以在主机和网络上采取措施来防止 SYN 洪泛攻击。防火墙或路由器可以在给定的时间内只允许有限数量的半开连接,入侵检测可以发现这样的 DoS 攻击行为。主机上可以限制 SYN Timeout 的时间。此外,一些操作系统也实现了防止 SYN 洪泛攻击的功能,如 Linux 和 Solaris 使用了一种称为 SYN cookie 的技术来解决 SYN 洪泛攻击:在半开连接队列之外另设置一套机制,使得合法连接得以正常继续。

5.6.4 Smurf 攻击

在 Smurf 攻击中,攻击者向一个广播地址发送 ICMP Echo 请求,并且用受害者的 IP 地址作为源地址,于是,广播地址网络上的每台机器响应这些 Echo 请求,同时向受害者主机发送 ICMP Echo Reply 应答。受害者主机会被这些大量的应答包所淹没,如图 5.14 所示。此类攻击还有一个变种叫做 fraggle,使用 UDP 包,或称为 udpsmurf。比如攻击者向 7 号端口发送 ICMP Echo 请求,如果目标机器的端口开放,则发送 ICMP Echo Reply,否则产生 ICMP 不可到达消息。这个攻击的两个主要特点是使用伪造的数据包和使用广播地址。在这个攻击中,不仅被伪造地址的机器受害,目标网络本身也是受害者,它们要发送大量的应答包。Smurf 攻击涉及三方:攻击者、中间目标网络和受害者。它以较小的网络带宽资源,通过放大作用,攻击具有较大带宽的受害者系统。

图 5.14 Smurf 攻击示意图

可采取的防范措施如下:

(1) 配置路由器,禁止 IP 广播包进网。

(2) 配置网络上所有计算机的操作系统,禁止对目标地址为广播地址的 ICMP 包响应。

(3) 被攻击目标与 ISP 协商,让 ISP 暂时阻止这些流量。

(4) 对于从本网络向外部网络发送的数据包,本网络应该将其源地址为其他网络的这部分数据包过滤掉。

5.6.5 分布式拒绝服务攻击

传统的拒绝服务是一台机器向受害者发起攻击,分布式拒绝服务攻击(Distributed Denial of Service,DDoS)不仅仅是一台机器,而是多台机器合作,同时向一个目标发起攻击。DDoS 攻击模型如图 5.15 所示,该攻击过程涉及三个层次,即攻击者、主控端和代理端。攻击者所用的计算机是攻击主控台,可以是网络上的任何一台主机。攻击者操纵整个攻击过程,它向主控端发送攻击指令。主控端是攻击者非法侵入并控制的一些主机,这些主机还分别控制着大量的客户机。主控端主机上面安装了特定的程序,可以接收来自攻击者的特殊指令,并将这些命令发送到代理端。代理端同样也是攻击者侵入并控制的一批主机,它们上面运行攻击程序。在一个特定的时间,主控程序与大量的代理程序通信,代理程序收到指令后就进行攻击。利用客户机/服务器技术,主控程序能在几秒内激活成百上千个代理程序进行攻击。

图 5.15　DDoS 拒绝服务攻击原理

　　DDoS 攻击的主要工具有 TFN(Tribe Flood Network)、TFN2K 和 Stacheldraht 等。

　　由于 DDoS 攻击具有隐蔽性,到目前为止还没有找到对 DDoS 攻击行之有效的解决方法,因此只能加强安全防范意识,提高网络系统的安全性。主要的防御策略有:

　　(1) 及早发现系统存在的漏洞,及时安装系统补丁程序。对一些系统重要信息建立和完善备份机制。对一些特权账号的密码设置要谨慎。

　　(2) 经常检查系统的物理环境,禁止不必要的网络服务。建立边界安全界限,确保输出的包受到正确限制。经常检查系统配置信息,并注意查看每天的安全日志。

　　(3) 充分利用防火墙等网络安全设备,加固网络的安全性,配置好它们的安全规则,过滤掉所有可能伪造的数据包。

5.7　欺骗攻击与防范

　　欺骗攻击是利用 TCP/IP 协议等本身的漏洞而进行的攻击行为。这些攻击包括 IP 欺骗、DNS 欺骗、ARP 欺骗等。欺骗攻击本身不是攻击的目的,而是为实现攻击目标所采取的手段。欺骗攻击往往都是基于相互之间的信任关系。两台计算机进行相互通信时,往往需要首先进行认证。认证是网络上的计算机用于相互之间进行识别的过程,经过认证的过程,获准相互交流的计算机之间就建立起相互信任的关系。信任和认证具有逆反关系,即如果计算机之间存在高度信任关系,交流时就不会要求严格的认证。而反之,如果计算机之间没有很好的信任关系,交流时就会要求进行严格的认证。

欺骗实质上就是一种冒充他人身份通过计算机认证骗取计算机信任的攻击方式。攻击者针对认证机制的缺陷,将自己伪装成可信任方,从而与受害者进行交流,最终窃取信息或展开进一步的攻击。欺骗的种类很多,下面具体介绍 IP 欺骗和 ARP 欺骗,其他类型的欺骗攻击,感兴趣的读者可以查找相关方面的材料。

5.7.1　IP 欺骗攻击与防范

所谓 IP 欺骗(IP Spoofing)就是伪造某台主机 IP 地址的技术。通过 IP 地址的伪装使得某台主机能够伪装成另外一台主机,其实质就是让一台主机扮演另一台主机,而这台主机往往具有某种特权,或者被另外的主机所信任。IP 欺骗大多是利用主机之间的信任关系发动的,所以在介绍 IP 欺骗攻击之前,先说明一下什么是信任关系,以及信任关系的建立。

1. IP 欺骗攻击中的信任关系

在 UNIX 主机中,存在一种特殊的信任关系。假设有两台主机 A 和 B,上面各有一个账户 Alice,在使用中会发现,在 A 上使用,要输入在 A 上的相应账户 Alice,主机 A 和 B 把 Alice 当作两个互不相关的用户,显然有些不方便。为了减少这种不便,可以在主机 A 和 B 中建立起两个账户的相互信任关系。

(1) 在 A 和 B 的/home/Alice 目录中创建. rhosts 文件。

(2) 从主机 A 的 home 目录中用命令 echo "B Alice">~. /rhosts 实现 A 和 B 的信任关系。

这时,从主机 B 上就能毫无阻碍地使用任何以 r 开头的远程调用命令,如 rlogin、rsh 和 rcp 等,而无需输入口令验证就可以直接登录到 A 上。这些命令将允许以地址为基础的验证,允许或拒绝以 IP 地址为基础的存取服务。rlogin 是一个简单的客户机/服务器程序,它的作用和 Telnet 差不多,不同的是 Telnet 完全依赖口令验证,而 rlogin 是基于信任关系的验证,它使用了 TCP 协议进行传输。当用户从一台主机登录到另一台主机上,并且目标主机信任它,rlogin 将允许在不应答口令的情况下使用目标主机上的资源,验证完全基于源主机的 IP 地址。

2. IP 欺骗的原理

IP 欺骗通过利用主机之间的正常信任关系来发动。既然 A 和 B 之间的信任关系是基于 IP 地址的,如果能够冒充 B 的 IP,那么就可以使用 rlogin 登录到 A,而不需要任何口令验证。这就是 IP 欺骗最根本的理论依据,如图 5.16 所示。但 TCP 协议对 IP 进行了进一步的封装,它是一种相对可靠的协议,下面看一下正常的 TCP/IP 的会话过程。

由于 TCP 协议是面向连接的协议,因此双方正式传输数据之前需要三次握手来建立连接。假设还是 A

图 5.16　IP 欺骗示意图

和 B 两台主机进行通信,B 首先发送带有 SYN 标志的数据通知 A 建立 TCP 连接。TCP 的可靠性就是由数据包中的数据序列 SYN 和数据确认标志 ACK 来保证的。B 将 TCP 包头中的 SYN 设为自己本次连接中的初始值(ISN)。

当 A 收到 B 的 SYN 包之后,A 会发送给 B 一个带有 SYN+ACK 标志的数据段,告知自己的 ISN,并确认 B 发送来的第一个数据段,将 ACK 设置为 B 的 SYN+1。

当 B 确认收到 A 的 SYN+ACK 数据包后,将 ACK 设置成 A 的 SYN+1。A 收到 B 的 ACK 后,连接成功建立,双方可以正式传输数据了。图 5.17 显示了这个连接过程。

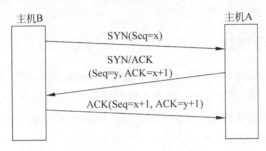

图 5.17　TCP 三次握手

很明显,假如冒充 B 对 A 进行攻击,就要先使用 B 的 IP 地址发送 SYN 标志给 A,但是当 A 收到 SYN 标志后,并不会把 SYN+ACK 发送到攻击者主机上,而是发送到真正的 B 上,这时 IP 欺骗就失败了,因为 B 根本没法发送 SYN 请求。所以要冒充 B,首先要让 B 失去工作能力,也就是所谓的拒绝服务攻击,设法使 B 瘫痪。

前面已经提到,要对目标主机进行攻击,必须知道目标主机使用的数据包序列号。攻击者首先与被攻击主机的一个端口(SMTP 是一个很好的选择)建立起正常连接。通常这个过程被重复若干次,并将目标主机最后所发送的 ISN 存储起来。黑客还需要估计他的主机与被信任主机之间的 RTT 时间(往返时间),这个 RTT 时间是通过多次统计平均求出的。RTT 对于估计下一个 ISN 非常重要,因为每秒钟 ISN 增加 128 000,每次连接增加 64 000。现在就不难估计出 ISN 的大小了,它是 128 000 乘以 RTT 的一半,如果此时目标主机刚刚建立过一个连接,那么再加上一个 64 000。在估计 ISN 大小后,立即就开始攻击。当黑客虚假的 TCP 数据包进入目标主机时,根据估计的准确程度会发生不同情况:

(1) 如果估计的序列号是准确的,进入的数据将被放置在接收缓冲区以供使用。如果估计的序列号小于期待的数字,那么将被放弃。

(2) 如果估计的序列号大于期待的数字,并且在滑动窗口(缓冲)之内,那么该数据被认为是一个未来的数据,TCP 模块将等待其他缺少的数据。

(3) 如果估计的序列号大于期待的数字,并且不在滑动窗口之内,那么 TCP 将会放弃该数据,并返回一个期望获得的数据序列号。

攻击者伪装成被信任的主机 IP,然后向目标主机的 513 端口(rlogin)发送连接请求。目标主机立刻对连接请求作出响应,并更新 SYN+ACK 确认包给被信任主机,因为此时被信任主机仍然处于瘫痪状态,它当然无法收到这个包,紧接着攻击者向目标主机发送 ACK 数据包,该包使用前面估计的序列号加 1。如果攻击者估计正确的话,目标主机将会接收该 ACK,连接就正式建立起来了。这时就可以将 cat '++'>>~/.rhosts 命令发送过去,这样完成本次攻击后就可以不用口令直接登录到目标主机上。如果达到这一步,一次完整的 IP 欺骗就完成了。黑客已经在目标主机上得到了一个 Shell 权限,接下来就是利用系统的溢出或错误配置扩大权限。当然,黑客的最终目的还是获得服务器的 root 权限。

从上面的攻击过程可以看出,一般地,一个 IP 欺骗攻击的整个步骤如下:

(1) 让被信任主机的网络暂时瘫痪,以免对攻击造成干扰。

(2) 连接到目标主机的某个端口,猜测 ISN 基值和增加规律。

(3) 把源地址伪装成被信任主机,发送带有 SYN 标志的数据段请求连接。

(4) 等待目标机发送 SYN+ACK 包给已经瘫痪的主机。

(5) 再次伪装成被信任主机向目标机发送 ACK,此时发送的数据段带有预测目标机的 ISN+1。

(6) 连接建立,发送命令请求。

3. IP 欺骗的防范

对于来自网络外部的欺骗,防范的方法很简单,只需要在局域网的对外路由器上加一个限制设置就可以实现了,即在路由器的设置里面禁止运行由外部来的但声称来自于网络内部的信息包。

对于来自局域网外部的 IP 欺骗攻击,也可以通过防火墙进行防范。但对于来自内部的攻击,通过设置防火墙起不了什么作用,这时应该注意内部网的路由器是否支持内部接口。如果路由器支持内部网络子网的两个接口,则必须提高警惕,因为它很容易受到 IP 欺骗。

通过对信息包的监控来检查 IP 欺骗攻击是非常有效的方法,使用 netlog 等信息包检查工具对信息的源地址和目的地址进行验证,如果发现了信息包来自两个以上的不同地址,则说明系统有可能受到了 IP 欺骗攻击。

5.7.2　ARP 欺骗攻击与防范

在局域网中,实际传输的数据是按照帧进行传输的,帧里面有目标主机的 MAC 地址。一台主机要与另一台主机进行直接通信,必须要知道目标主机的 MAC 地址,目标 MAC 地址就是通过 ARP(Address Resolution Protocol)协议获得的。所谓地址解析,就是主机在发送帧之前将目标 IP 地址转换成目标 MAC 地址的过程。ARP 协议的基本功能就是通过目标设备的 IP 地址,查询目标设备的 MAC 地址,以保证通信的顺利进行。

ARP 欺骗攻击是针对 ARP 协议的一种攻击技术,可以造成内部网络的混乱,让某些被欺骗的计算机无法正常访问网络,让网关无法同客户机正常通信。一般来说,IP 地址的冲突可以通过多种方法和手段来避免,而 ARP 协议工作在最底层,当 ARP 缓存出错的时候,系统并不会判断 ARP 缓存正确与否,无法像 IP 冲突那样给出提示。而且很多黑客工具可以随时发送 ARP 欺骗数据包和 ARP 恢复数据包,这样就可以实现在一台普通计算机上通过发送 ARP 数据包的方式来控制网络中任何一台计算机的上网与否,甚至还可以直接对网关进行攻击,让所有连接网络的计算机都无法正常上网。

1. ARP 欺骗攻击的原理

当某机器 A 要向机器 B 发送报文,会查询本地的 ARP 缓存表,找到 B 的 IP 地址对应的 MAC 地址后就进行数据传输,如果未找到,则广播一个 ARP 请求报文,请求 IP 地址为

B 的主机回答其物理地址。网上所有主机包括 B 都收到 ARP 请求,但只有主机 B 响应,于是向 A 主机发送一个 ARP 响应报文,其中就包含 B 的 MAC 地址。A 接收到 B 的应答后,就会更新本地 ARP 缓存,接着使用这个 MAC 地址发送数据。因此,本地高速缓存的这个 ARP 表是本地网络畅通的基础,并且这个缓存是动态的。

ARP 欺骗攻击就是通过伪造 IP 地址和 MAC 地址实现 ARP 欺骗,过程如下:

(1) 假设有这样一个网络,包含一个交换机,连接了三台机器,依次是计算机 A、B、C。

- A 的地址为 IP:192.168.1.1,MAC:AA-AA-AA-AA-AA-AA。
- B 的地址为 IP:192.168.1.2,MAC:BB-BB-BB-BB-BB-BB。
- C 的地址为 IP:192.168.1.3,MAC:CC-CC-CC-CC-CC-CC。

(2) 正常情况下,在 A 计算机上运行 ARP-A,查询 ARP 缓存表,应该出现如下信息:

```
Interface: 192.168.1.1 on Interface 0x1000003
Internet Address Physical Address Type
192.168.1.3 CC-CC-CC-CC-CC-CC dynamic
```

(3) 在计算机 B 上运行 ARP 欺骗程序,发送 ARP 欺骗包。B 向 A 发送一个伪造的 ARP 应答,这个应答中的数据为:发送方 IP 地址是 192.168.1.3(C 的 IP 地址),MAC 地址是 DD-DD-DD-DD-DD-DD(C 的 MAC 地址本来应该是 CC-CC-CC-CC-CC-CC)。当 A 接收到 B 伪造的 ARP 应答,就会更新本地的 ARP 缓存。A 不知道这是从 B 发过来的,A 这里只有 192.168.1.3(C 的 IP 地址)和无效的 MAC 地址 DD-DD-DD-DD-DD-DD。

(4) 在 A 计算机上运行 ARP-A 查询 ARP 缓存信息,原来正确的信息现在也出现了错误。

```
Interface: 192.168.1.1 on Interface 0x1000003
Internet Address Physical Address Type
192.168.1.3 DD-DD-DD-DD-DD-DD dynamic
```

(5) 当 A 计算机访问 C 计算机时,MAC 地址会被 ARP 协议错误地解析为 DD-DD-DD-DD-DD-DD。

当局域网中的一台机器反复向其他机器,特别是网关发送这样无效的假冒 ARP 应答信息包,严重的阻塞就会开始。由于网关 MAC 地址错误,因此从网络中计算机发来的数据无法正常发送到网关,自然无法正常上网,就造成了无法访问外网的问题。另外,由于很多时候网关还控制着局域网,这时 LAN 访问也就出问题了。

2. ARP 攻击防护

目前对于 ARP 攻击防护主要有两种方法:绑定 IP 和 MAC,使用 ARP 防护软件。

1) 静态绑定

最常用的方法就是做 IP 和 MAC 的静态绑定,在局域网内把主机和网关都做 IP 和 MAC 绑定。欺骗是通过 ARP 的动态实时的规则欺骗内网机器,所以把 ARP 全部设置为静态,可以解决对内网计算机的欺骗。同时在网关也要进行 IP 和 MAC 地址的静态绑定,这样双向绑定才比较保险。

IP 和 MAC 静态绑定可以通过命令"arp -s IP MAC 地址"来实现。如 arp -s 192.168.1.1 AA-AA-AA-AA-AA-AA。

当然,对于网络中的每台主机都做静态绑定,工作量非常大,而且在计算机每次启动以后都必须重新绑定,因此操作上不是很方便。

2) 使用 ARP 防护软件

ARP 类防护软件的工作原理是过滤所有的 ARP 数据包,对每个 ARP 应答进行判断,只有符合规则的 ARP 包才会被进一步处理,这样就防止了计算机被欺骗。同时对每个发出去的 ARP 应答都进行检测,只有符合规则的 ARP 包才会被发送出去,这样就实现了对发送攻击的拦截。如 360ARP 防火墙就可以实现该功能。

习　题　5

一、选择题

1. (　　)是使计算机疲于响应这些经过伪装的不可到达客户的请求,从而使计算机不能响应正常的客户请求等,达到切断正常连接的目的。

  A. 包攻击   B. 拒绝服务攻击

  C. 缓冲区溢出攻击   D. 口令攻击

2. (　　)就是要确定你的 IP 地址是否可以到达,运行哪种操作系统,运行哪些服务器程序,是否有后门存在。

  A. 对各种软件漏洞的攻击   B. 缓冲区溢出攻击

  C. IP 地址和端口扫描   D. 服务型攻击

3. 分布式拒绝服务(DDoS)攻击分为三层:(　　)、主控端、代理端,三者在攻击中扮演着不同的角色。

  A. 其他   B. 防火墙   C. 攻击者   D. 受害主机

4. 有一种称为嗅探器(　　)的软件,它是通过捕获网络上传送的数据包来收集敏感数据,这些数据可能是用户的账号和密码,或者一些机密数据等。

  A. softice   B. Unicode   C. W32Dasm   D. Sniffer

5. 攻击者在攻击之前的首要任务就是要明确攻击目标,这个过程通常称为(　　)。

  A. 安全扫描   B. 目标探测   C. 网络监听   D. 缓冲区溢出

6. 从技术上说,网络容易受到攻击的原因主要是由于网络软件不完善和(　　)本身存在安全缺陷造成的。

  A. 网络协议   B. 硬件设备   C. 操作系统   D. 人为破坏

7. 每当新的操作系统、服务器程序等软件发布之后,黑客就会利用(　　)寻找软件漏洞,从而达到导致计算机泄密、被非法使用,甚至崩溃等目的。

  A. IP 地址和端口扫描   B. 口令攻击

  C. 各种软件漏洞攻击程序   D. 服务型攻击

8. (　　)攻击是指借助于客户机/服务器技术,将多个计算机联合起来作为攻击平台,对一个或多个目标发动 DoS 攻击,从而成倍地提高拒绝服务攻击的威力。

  A. 分布式拒绝服务   B. 拒绝服务

  C. 缓冲区溢出攻击   D. 口令攻击

9.（　　）是一种破坏网络服务的技术，其根本目的是使受害主机或网络失去及时接收处理外界请求，或及时回应外界请求的能力。

  A. 包攻击   B. 拒绝服务

  C. 缓冲区溢出攻击   D. 口令攻击

二、简答题

1. 什么是目标探测？目标探测的方法主要有哪些？

2. 从整个信息安全角度来看，目前扫描器主要有哪几种类型？

3. 如何有效防止端口扫描？

4. 网络监听的主要原理是什么？

5. 如何检测网络监听？如何防范网络监听？

6. 举例说明缓冲区溢出攻击的原理是什么。

7. 如何防范缓冲区溢出攻击？

8. 指出下述程序段存在的问题，并修改它。

```
char str[10];
char bigstr[20];
    ⋮
while(scanf("%20s",bigstr)!=NULL)
{
    bigstr[20]='\0';
    strcpy(str,bigstr,sizeof(str));
        ⋮
}
```

9. 下面的程序是一个缓冲区溢出演示程序，请编译和执行一下，逐渐增加输入字符个数，分析程序执行结果。如何执行 hacker 函数？

```
# include <stdio.h>
# include <string.h>
void function(const char * input)
{
    char buffer[5];
    printf("my stack looks:\n%p \n%p \n%p \n%p \n%p \n%p \n%p \n%p \n%p \n\n");
    strcpy(buffer,input);
    printf("%s \n",buffer);
    printf("Now my stack looks like: \n%p \n%p \n%p \n%p \n%p \n%p \n%p \n%p \n%p \n\n");
}
void hacker(void)
{
    printf("Oh, I've been hacked! \n");
}
int main(int argc,char * argv[])
{
    printf("address of function = %p \n",function);
    printf("address of hacker = %p \n",hacker);
    return 0;
}
```

提示：

（1）在 Visual C++环境中，由于 Debug 模式包含了对栈问题进行检测的操作，因此需要在 Release 模式下编译和运行。

（2）根据屏幕显示结果找到 EBP 和 RET 的地址。

（3）为了能使程序执行 hacker 函数，可编写一段名为 hacker.pl 的 pearl 脚本。

```
$ arg = "aaaaaaaaa…"."hacker 函数地址";
$ cmd = "该程序文件名", $ arg;
system( $ cmd);
pearl hacker.pl
```

这样，程序就可能会执行 hacker 函数(取决于所使用的编译器)。

10. 什么是拒绝服务(DoS) 攻击? 什么是分布式拒绝服务(DDoS)攻击?

11. 如何有效防范 DDoS 攻击?

12. 什么是欺骗攻击? 简述欺骗攻击的原理。

13. IP 欺骗主要是针对 UNIX 操作系统的，在 Windows 操作系统中有没有 IP 欺骗的问题?

第6章　防火墙技术

随着因特网的发展,网络的安全性越来越成为网络建设中的关键技术,企业及组织为确保内部网络及系统的安全,均设置不同层次的信息安全解决机制,而防火墙（Firewall)就是各企业及组织在设置信息安全解决方案中最常被优先考虑的安全控管机制。

6.1　防火墙概述

古时候,人们常在寓所之间砌起一道砖墙,一旦火灾发生,它能够防止火势蔓延到别的寓所。现在,如果一个网络连接到了 Internet 上,它的用户就可以方便地访问外部世界并与之通信。但同时,外部世界也同样可以访问该网络并与之交互。为了安全起见,可以在该网络和 Internet 之间插入一个中介系统,竖起一道安全屏障。这道屏障的作用是阻断来自外部网络对本网络的威胁和入侵,提供扼守本网络的安全和审计的唯一关卡,它的作用与古时候的防火砖墙有类似之处,因此把这个屏障叫做"防火墙"。

在计算机中,防火墙是一种装置,它是由软件或硬件设备组合而成,通常处于企业的内部局域网(Intranet) 与 Internet 之间(见图 6.1),限制 Internet 用户对内部网络的访问以及管理内部用户访问外界的权限。换言之,防火墙是一个位于被认为是安全和可信的内部网络与一个被认为是不安全和可信的外部网络(通常是 Internet)之间的封锁工具。防火墙技术是一种被动的技术,因为它假设网络边界的存在,它对内部的非法访问难以有效地控制。因此防火墙只适合于相对独立的网络,例如企业内部的局域网络等。

图 6.1　防火墙示意图

6.1.1　防火墙的定义

顾名思义,防火墙是一种隔离设备。防火墙是一种高级访问控制设备,是置于不同网络安全域之间的一系列部件的组合,它是不同网络安全域之间通信流的唯一通道,能根据用户设置的安全策略控制进出网络的访问行为。

从专业角度讲,防火墙是位于两个或多个网络之间,实施网络访问控制的组件集合。从用户角度讲,防火墙就是被放置在用户计算机与外网之间的防御体系,网络发往用户计算机的所有数据都要经过其判断处理才决定能否将数据交给计算机,一旦发现数据异常或有害,防火墙就会将数据拦截,从而实现对计算机的保护。

　　防火墙是网络安全策略的组成部分,它只是一个保护装置,通过检测和控制网络间的信息交换和访问行为来实现对网络安全的有效管理,其主要目的就是保护内部网络的安全。

　　防火墙是在两个网络通信时执行的一种访问控制工具,它能允许用户"同意"的人和数据进入用户的网络,同时将用户"不同意"的人和数据拒之门外,最大限度地阻止网络中的黑客来访问用户的网络。换句话说,如果不通过防火墙,公司内部的人就无法访问 Internet,Internet 上的人也无法和公司内部的人进行通信。

6.1.2　防火墙的特性

　　防火墙是保障网络安全的一个系统或一组系统,用于加强网络间的访问控制,防止外部用户非法使用内部网的资源,保护内部网络的设备不被破坏,防止内部网络的敏感数据被窃取。防火墙应具备以下三个基本特性:

　　(1) 内部网络和外部网络之间的所有网络数据流都必须经过防火墙。

　　这是防火墙所处网络位置特性,同时也是一个前提。因为只有当防火墙是内、外部网络之间通信的唯一通道,才可以全面、有效地保护企业内部网络不受侵害。根据美国国家安全局制定的《信息保障技术框架》,防火墙适用于用户网络系统的边界,属于用户网络边界的安全保护设备。所谓网络边界,即是采用不同安全策略的两个网络连接处,比如用户网络和因特网之间连接、用户网络和其他业务往来单位的网络连接、用户内部网络不同部门之间的连接等。防火墙的目的就是在网络连接之间建立一个安全控制点,通过允许、拒绝或重新定向经过防火墙的数据流,实现对进、出内部网络的服务和访问的审计与控制。

　　(2) 只有符合安全策略的数据流才能通过防火墙。

　　防火墙最基本的功能是确保网络流量的合法性,并在此前提下将网络的流量快速地从一条链路转发到另外的链路上。原始的防火墙是一台"双穴主机",即具备两个网络接口,同时拥有两个网络层地址。防火墙将网络上的流量通过相应的网络接口进行接收,按照 OSI 协议栈的七层结构顺序上传,在适当的协议层进行访问规则和安全审查,然后将符合通过条件的报文从相应的网络接口送出,而对于那些不符合通过条件的报文则予以阻断。因此,从这个角度上来说,防火墙是一个类似于桥接或路由器的、多端口的(网络接口≥2)转发设备,它跨接于多个分隔的物理网段之间,并在报文转发过程之中完成对报文的审查工作。

　　(3) 防火墙自身应具有非常强的抗攻击能力。

　　这是防火墙之所以能担当企业内部网络安全防护重任的先决条件。防火墙处于网络边缘,它就像一个边界卫士一样,每时每刻都要面对黑客的入侵,这样就要求防火墙自身要具有非常强的抗击入侵能力。它之所以具有这么强的功能,防火墙操作系统本身是关键,只有自身具有完整信任关系的操作系统才可以保证系统的安全性。其次就是防火墙自身具有非常低的服务层次,除了专门的防火墙嵌入系统外,再没有其他应用程序在防火墙上运行。

6.1.3　防火墙的功能

　　笼统地说,防火墙应具备以下功能:

　　(1) 阻止易受攻击的服务进入内部网。一个防火墙(作为阻塞点、控制点)能极大地提高一个内部网络的安全性,并通过过滤不安全的服务而降低风险。由于只有经过精心选择的应用协议才能通过防火墙,因此网络环境变得更安全。如防火墙可以禁止诸如众所周知的不安全 NFS 协议进出受保护网络,这样外部的攻击者就不可能利用这些脆弱的协议来攻击内部网络。防火墙同时可以保护网络免受基于路由的攻击,如 IP 选项中的源路由攻击和 ICMP 重定向中的重定向路径。防火墙应该可以拒绝所有以上类型攻击的报文并通知管理员。

(2) 集中安全管理。通过以防火墙为中心的安全方案配置,能将所有安全机制(如口令、加密、身份认证和审计等)配置在防火墙上。与将网络安全问题分散到各个主机上相比,防火墙的集中安全管理更经济。例如在网络访问时,一次一密口令(OTP)系统和其他的身份认证系统完全可以不必分散在各个主机上,而集中在防火墙身上。

(3) 对网络存取和访问进行监控审计。如果所有的访问都经过防火墙,那么防火墙就能记录下这些访问并作出日志记录,同时也能提供网络使用情况的统计数据。当发生可疑动作时,防火墙能进行适当的报警,并提供网络是否受到探测和攻击的详细信息。另外,收集一个网络的正常使用和误用情况也是非常重要的。而网络使用统计对网络需求分析和威胁分析等而言也是非常重要的。

(4) 检测扫描计算机的企图。防火墙还可以检测到端口扫描,当计算机被扫描时,防火墙能发出警告,可以通过禁止连接来阻止攻击,可以跟踪和报告进行扫描攻击的计算机 IP 地址。

(5) 防范特洛伊木马。特洛伊木马会在计算机上企图打开 TCP/IP 端口,然后连接到外部计算机与黑客进行通信。用户可以指定一个合法通过防火墙的应用程序列表,任何不在列表中的木马程序进行外部通信连接时都会被拒绝。

(6) 防病毒功能。现在的防火墙支持防病毒功能,能够扫描电子邮件附件、FTP 下载的文件内容,防止或减少病毒入侵。从 HTTP 页面剥离 Java Applet、ActiveX 等小程序,从 Script 代码中检测出危险代码或病毒,并向用户报警。

除了安全作用外,防火墙还支持具有 Internet 服务特性的企业内部网络技术体系 VPN。通过 VPN,将企事业单位在地域上分布在全世界各地的 LAN 或专用子网有机地联成一个整体。不仅省去了专用通信线路,而且为信息共享提供了技术保障。

6.1.4 防火墙的局限性

通常,人们认为防火墙可以保护处于它身后的网络不受外界的侵袭和干扰。但随着网络技术的发展,网络结构日趋复杂,传统防火墙在使用的过程中暴露出以下的不足:

(1) 传统的防火墙在工作时,入侵者可以伪造数据绕过防火墙或者找到防火墙中可能开启的后门。

(2) 防火墙不能防止来自网络内部的袭击。通过调查发现,有将近一半以上的攻击都来自网络内部,对于那些故意泄露企业机密的员工来说,防火墙形同虚设。

(3) 由于防火墙性能上的限制,通常它不具备实时监控入侵行为的能力。

(4) 防火墙不能防御所有新的威胁。防火墙仅仅是一种被动的防护手段,只能用来防备已知的威胁,无法检测和防御最新的拒绝服务攻击及蠕虫病毒的攻击。

正因为如此,认为在 Internet 入口处设置防火墙系统就足以保护企业网络安全的想法就力不从心了。也正是这些因素引起了人们对入侵检测技术的研究及开发。入侵检测系统(IDS)可以弥补防火墙的不足,为网络提供实时的监控,并且在发现入侵的初期采取相应的防护手段。IDS 系统作为必要附加手段,已经被大多数组织机构的安全构架所接受。

6.2　防火墙的分类

6.2.1　防火墙的发展简史

1. 第一代防火墙

第一代防火墙技术几乎与路由器同时出现,采用了包过滤(Packet Filter)技术。图 6.2表示了防火墙技术的简单发展历史。

图 6.2　防火墙技术的简单发展历史

2. 第二代和第三代防火墙

1989 年,贝尔实验室的 Dave Presotto 和 Howard Trickey 推出了第二代防火墙,即电路层防火墙,同时提出了第三代防火墙——应用层防火墙(代理型防火墙)的初步结构。

3. 第四代防火墙

1992 年,USC 信息科学院的 BobBraden 开发了基于动态包过滤(Dynamic Packet Filter)技术的第四代防火墙,后来演变为目前所说的状态监视(Stateful Inspection)技术。1994 年,以色列的 CheckPoint 公司开发出了第一个采用这种技术的商业化产品。

4. 第五代防火墙

1998 年,NAI 公司推出了一种自适应代理(Adaptive Proxy)技术,并在其产品 Gauntlet Firewall for Windows NT 中得以实现,给代理类型的防火墙赋予了全新的意义,可以称之为第五代防火墙。

5. 一体化安全网关 UTM

UTM 采用统一威胁管理,是在防火墙基础上发展起来的,具备防火墙、IPS、防病毒、防垃圾邮件等综合功能的设备。由于同时开启多项功能会大大降低 UTM 的处理性能,因此主要用于对性能要求不高的中低端领域。在中低端领域,UTM 已经出现了代替防火墙的趋势,因为在不开启附加功能的情况下,UTM 本身就是一个防火墙,而附加功能又为用户的应用提供了更多选择。在高端应用领域,比如电信、金融等行业,仍然以专用的高性能防火墙、IPS 为主流。

6.2.2　按防火墙软硬件形式分类

如果从防火墙的软、硬件形式来分的话,防火墙可以分为软件防火墙和硬件防火墙以及芯片级防火墙。

1. 软件防火墙

软件防火墙运行于特定的机器上,它需要客户预先安装好计算机操作系统的支持,一般来说这台计算机就是整个网络的网关,俗称"个人防火墙"。软件防火墙就像其他的软件产品一样,需要先在计算机上安装并做好配置才可以使用。防火墙厂商中做网络版软件防火墙最出名的莫过于 Checkpoint。使用这类防火墙,需要网管对所工作的操作系统平台比较熟悉。

2. 硬件防火墙

这里说的硬件防火墙是指所谓的硬件防火墙。之所以加上"所谓"二字是针对芯片级防火墙说的。它们最大的差别在于是否基于专用的硬件平台。目前市场上大多数防火墙都是这种所谓的硬件防火墙,它们都基于 PC 架构,就是说,它们和普通家庭用的 PC 没有太大区别。在这些 PC 架构计算机上运行一些经过裁剪和简化的操作系统,最常用的有旧版本的UNIX、Linux 和 FreeBSD 系统。值得注意的是,由于此类防火墙采用的依然是别人的内核,因此会受到 OS(操作系统)本身的安全性影响。

3. 芯片级防火墙

芯片级防火墙基于专门的硬件平台,没有操作系统。专有的 ASIC 芯片促使它们比其他种类的防火墙速度更快,处理能力更强,性能更高。做这类防火墙最出名的厂商有NetScreen、FortiNet 和 Cisco 等。这类防火墙由于是专用 OS(操作系统),因此防火墙本身的漏洞比较少,不过价格相对比较昂贵。

6.2.3　按防火墙技术分类

防火墙技术总体来讲可分为"包过滤型"和"应用代理型"两大类。前者有以色列的Checkpoint 防火墙和美国 Cisco 公司的 PIX 防火墙作为代表,后者有美国 NAI 公司的Gauntlet 防火墙作为代表。

1. 包过滤(Packet Filtering)型

包过滤型防火墙工作在 OSI 网络参考模型的网络层和传输层,它根据数据包头源地址、目的地址、端口号和协议类型等标志确定是否允许通过。只有满足过滤条件的数据包才被转发到相应的目的地,其余数据包则被从数据流中丢弃。

包过滤方式是一种通用、廉价和有效的安全手段。之所以通用,是因为它不是针对各个具体的网络服务采取特殊的处理方式,适用于所有网络服务;之所以廉价,是因为大多数路由器都提供数据包过滤功能,所以这类防火墙多数是由路由器集成的;之所以有效,是因为它能满足绝大多数安全要求。

在整个防火墙技术的发展过程中,包过滤技术出现了两种不同版本,称为"第一代静态包过滤"和"第二代动态包过滤"。

（1）第一代静态包过滤型防火墙。这类防火墙几乎是与路由器同时产生的（见图 6.3），它根据定义好的过滤规则审查每个数据包，以便确定其是否与某一条包过滤规则匹配。过滤规则基于数据包的包头信息进行制订。包头信息中包括 IP 源地址、IP 目标地址、传输协议（TCP、UDP 和 ICMP 等）、TCP/UDP 目标端口、ICMP 消息类型等。

图 6.3　第一代静态包过滤型防火墙工作层次结构

（2）第二代动态包过滤型防火墙。这类防火墙采用动态设置包过滤规则的方法，避免了静态包过滤所具有的问题。这种技术后来发展成为包状态检测（Stateful Inspection）技术。采用这种技术的防火墙对通过其建立的每一个连接都进行跟踪，并且根据需要可动态地在过滤规则中增加或更新条目。

包过滤方式的优点是不用改动客户机和主机上的应用程序，因为它工作在网络层和传输层（见图 6.4），与应用层无关。但其弱点也是明显的：过滤判别的依据只是网络层和传输层的有限信息，因而各种安全要求不可能充分满足；在许多过滤器中，过滤规则的数目是有限制的，且随着规则数目的增加，性能会受到很大的影响；由于缺少上下文关联信息，不能有效地过滤如 UDP、RPC（远程过程调用）一类的协议；另外，大多数过滤器中缺少审计和报警机制，它只能依据包头信息，而不能对用户身份进行验证，很容易受到"地址欺骗型"攻击。对安全管理人员素质要求高，建立安全规则时，必须对协议本身及其在不同应用程序中的作用有较深入的理解。因此，过滤器通常是和应用网关配合使用，共同组成防火墙系统。

图 6.4　第二代动态包过滤型防火墙工作层次结构

2. 应用代理（Application Proxy）型

由于包过滤技术无法提供完善的数据保护措施，而且对一些特殊的报文攻击，仅使用过滤的方法并不能消除危害（如 SYN 攻击等），因此人们需要一种更全面的防火墙保护技术。在这样的需求背景下，采用"应用代理"技术的防火墙诞生了。

应用代理型防火墙是工作在 OSI 的最高层,即应用层。它完全"阻隔"了网络通信流,通过对每种应用服务编制专门的代理程序,实现监视和控制应用层通信流的作用。其典型网络结构如图 6.5 所示。

图 6.5　代理型防火墙结构示意图

在代理型防火墙技术的发展过程中,它也经历了两个不同的版本:第一代应用层网关代理型防火墙和第二代自适应代理型防火墙。

(1) 第一代应用层网关(Application Gateway)型防火墙。这类防火墙(见图 6.6)是通过一种代理(Proxy)技术参与到一个 TCP 连接的全过程。从内部发出的数据包经过这样的防火墙处理后,就好像是源于防火墙外部网卡一样,从而可以达到隐藏内部网结构的作用。这种类型的防火墙被网络安全专家和媒体公认为是最安全的防火墙。它的核心技术就是代理服务器技术。

图 6.6　第一代应用层网关型防火墙工作层次结构

(2) 第二代自适应代理(Adaptive Proxy)型防火墙。这类防火墙是近几年才得到广泛应用的一种新型防火墙。它可以结合代理型防火墙的安全性和包过滤型防火墙的高速度等优点,在毫不损失安全性的基础上将代理型防火墙的性能提高 10 倍以上。组成这种类型防火墙的基本要素有两个:自适应代理服务器(Adaptive Proxy Server)与动态包过滤器

(Dynamic Packet Filter)。

　　在"自适应代理服务器"与"动态包过滤器"之间存在一个控制通道。在对防火墙进行配置时,用户仅仅将所需要的服务类型、安全级别等信息通过相应 Proxy 的管理界面进行设置就可以了。然后,自适应代理就可以根据用户的配置信息,决定是使用代理服务从应用层代理请求还是从网络层转发包,如图 6.7 所示。如果是后者,它将动态地通知包过滤器增减过滤规则,满足用户对速度和安全性的双重要求。

图 6.7　第二代自适应代理型防火墙工作层次结构

　　代理型防火墙的最突出优点就是安全。由于它工作于最高层,因此它可以对网络中任何一层数据通信进行筛选保护,而不是像包过滤那样,只是对网络层的数据进行过滤。

　　另外,代理型防火墙采取的是一种代理机制,它可以为每一种应用服务建立一个专门的代理,所以内外部网络之间的通信不是直接的,都需先经过代理服务器审核,通过后再由代理服务器代为连接,根本没有给内、外部网络计算机任何直接会话的机会,从而避免了入侵者使用数据驱动类型的攻击方式入侵内部网。

　　代理型防火墙的最大缺点就是速度相对比较慢,当用户对内、外部网络网关的吞吐量要求比较高时,代理型防火墙就会成为内、外部网络之间的瓶颈。因为防火墙需要为不同的网络服务建立专门的代理服务,在代理程序为内、外部网络用户建立连接时需要时间,所以给系统性能带来了一些负面影响,但通常不会很明显。

6.2.4　按防火墙结构分类

　　从防火墙结构上分,防火墙主要分为单一主机防火墙、路由器集成式防火墙和分布式防火墙三种。

1. 单一主机防火墙

　　单一主机防火墙是最为传统的防火墙,独立于其他网络设备,它位于网络边界。

　　这种防火墙其实与一台计算机结构类似,包括 CPU、内存、硬盘、主板等基本组件,且主板上也有南、北桥芯片。它与一般计算机最主要的区别就是一般防火墙都集成了两个以上的以太网卡,因为它需要连接一个以上的内、外部网络。其中的硬盘就是用来存储防火墙所用的基本程序,如包过滤程序和代理服务器程序等,有的防火墙还把日志记录也记录在此硬盘上。虽然如此,但不能说它就与我们平常使用的 PC 一样,因为它的工作性质决定了它要具备非常高的稳定性、实用性,具备非常高的系统吞吐性能。正因为如此,看似与 PC 差不多的配置,价格却相去甚远。

2. 路由器集成式防火墙

原来单一主机的防火墙由于价格非常昂贵,仅有少数大型企业才能承受得起,为了降低企业网络投资,现在许多中、高档路由器中集成了防火墙功能。如 Cisco IOS 防火墙系列。但这种防火墙通常是较低级的包过滤型。这样,企业就不用再同时购买路由器和防火墙,大大降低了网络设备购买成本。

3. 分布式防火墙

随着防火墙技术的发展及应用需求的提高,原来作为单一主机的防火墙现在已发生了许多变化。最明显的变化就是现在许多中、高档的路由器中已集成了防火墙功能,还有的防火墙已不再是一个独立的硬件实体,而是由多个软、硬件组成的系统,这种防火墙俗称"分布式防火墙"。

分布式防火墙再也不是只位于网络边界,而是渗透于网络的每一台主机,对整个内部网络的主机实施保护。在网络服务器中,通常会安装一个用于防火墙系统管理软件,在服务器及各主机上安装有集成网卡功能的 PCI 防火墙卡,这样一块防火墙卡同时兼有网卡和防火墙的双重功能。这样一个防火墙系统就可以彻底保护内部网络。各主机把任何其他主机发送的通信连接都视为"不可信"的,都需要严格过滤。而不是传统边界防火墙那样,仅对外部网络发出的通信请求"不信任"。

6.2.5　按防火墙的应用部署分类

如果按防火墙的应用部署位置分,防火墙可以分为边界防火墙、个人防火墙和混合式防火墙三大类。

1. 边界防火墙

边界防火墙是最为传统的防火墙类型,它们位于内、外部网络的边界,所起的作用是对内、外部网络实施隔离,保护边界内部网络。这类防火墙一般都是硬件类型的,价格较贵,性能较好。

2. 个人防火墙

个人防火墙安装于单台主机中,防护的也只是单台主机。这类防火墙应用于广大的个人用户,通常为软件防火墙,价格最便宜,性能也最差。

3. 混合式防火墙

混合式防火墙可以说就是"分布式防火墙"或者"嵌入式防火墙",它是一整套防火墙系统,由若干个软、硬件组件组成,分布于内、外部网络边界和内部各主机之间,既对内、外部网络之间的通信进行过滤,又对网络内部各主机间的通信进行过滤。它属于最新的防火墙技术之一,性能最好,价格也最贵。

6.2.6　按防火墙性能分类

如果按防火墙的性能来分,防火墙可以分为百兆级防火墙和千兆级防火墙两类。因为防火墙通常位于网络边界,所以通常过滤的数据流量都会很大,不可能只是十兆级的流量。这主要是指防火墙的通道带宽(Bandwidth),或者说是吞吐率。当然,通道带宽越宽,性能越高,这样的防火墙因包过滤或应用代理所产生的延时也越小,对整个网络通信性能的影响也就越小。

6.3 防火墙的体系结构

防火墙的体系结构大致可以分为 4 种类型:堡垒主机体系结构、双宿主主机体系结构、屏蔽主机体系结构和屏蔽子网体系结构。目前有关防火墙体系结构的名称还没有统一,但含义基本相同。

6.3.1 堡垒主机体系结构

如图 6.8 所示,堡垒主机体系结构在某些地方也称为筛选路由器体系结构。堡垒主机是内部网在 Internet 上的代表。堡垒主机是任何外来访问者都可连接、访问的。通过该堡垒主机,防火墙内的系统可对外操作,外部网用户可获取防火墙内的服务。

外部网　　　　　　堡垒主机　　　　内部网

图 6.8　堡垒主机体系结构

堡垒主机是一种被强化的可以防御进攻的计算机,被暴露于因特网之上,作为进入内部网络的一个检查点(checkpoint),以达到把整个网络的安全问题集中在某个主机上解决。正是由于这个原因,防火墙的建造者和防火墙的管理者应尽力给予其保护,特别是在防火墙的安装和初始化的过程中应予以仔细保护。

设计和建立堡垒主机的基本原则有两条:最简化原则和预防原则。

(1) 最简化原则。堡垒主机越简单,对它进行保护就越方便。堡垒主机提供的任何网络服务都有可能因为软件存在缺陷或在配置上的错误,导致堡垒主机的安全保障出问题。在构建堡垒主机时,应该提供尽可能少的网络服务。因此在满足基本需求的条件下,在堡垒主机上配置的服务必须最少,同时对必须设置的服务给予尽可能低的权限。

(2) 预防原则。尽管已对堡垒主机严加保护,但还有可能被入侵者破坏。只有对最坏的情况加以准备,并设计好对策,才可有备无患。对网络的其他部分施加保护时,也应考虑到“堡垒主机被攻破怎么办”。强调这一点的原因非常简单,就是因为堡垒主机是外部网最直接访问的机器。由于外部网与内部网无直接连接,因此堡垒主机是试图破坏内部系统的入侵者首先攻击到的机器。要尽量保障堡垒主机不被破坏,但同时又得时刻提防“它一旦被攻破怎么办”。

一旦堡垒主机被破坏,还得尽力让内部网仍处于安全保障之中。要做到这一点,必须让内部网只有在堡垒主机正常工作时才信任它。日常要仔细观察堡垒主机提供给内部网的服务,并依据这些服务的内容确定这些服务的可信度及拥有的权限。

　　另外,还有很多方法可用来加强内部网的安全性。比如,可以在内部网主机上操作控制机制(设置口令、鉴别设备等),或者在内部网与堡垒主机间设置包过滤。

6.3.2　双宿主主机体系结构

　　双宿主主机的防火墙系统由一台装有两个网卡的堡垒主机构成。两个网卡分别与外部网及内部网相连。堡垒主机上运行防火墙软件,可以转发数据,提供服务等。堡垒主机将防止在外部网络和内部系统之间建立任何直接的连接,可以确保数据包不能直接从外部网络到达内部网络。双宿主主机防火墙体系结构如图6.9所示。

图 6.9　双宿主主机体系结构示意图

　　双宿主主机有两个接口,具有以下特点:

　　(1) 两个端口之间不能进行直接的 IP 数据包的转发。

　　(2) 防火墙内部的系统可以与双宿主主机进行通信,同时防火墙外部的系统也可以与双宿主主机进行通信,但二者之间不能直接进行通信。

　　这种体系结构的优点是结构非常简单,易于实现,并且具有高度的安全性,可以完全阻止内部网络与外部网络的通信。

　　这种主机还可以充当与这台相连的若干网络之间的路由器。它能将一个网络的 IP 数据包在无安全控制下传递给另外一个网络。但是在将一台双宿主主机安装到防火墙结构中时,首先要使双宿主主机的这种路由功能失效。从一个外部网络(如 Internet)来的数据包不能无条件地传递给另外一个网络(如内部网络)。双宿主主机内外的网络均可与双宿主主机实施通信,但内外网络之间不可直接通信,内外部网络之间的 IP 数据流被双宿主主机完全切断。

　　双宿主主机可以提供很高的网络控制机制。如果安全规则不允许数据包在内外部网之间直传,而又发现内部网有一个对应的外部数据源,这就说明系统的安全机制有问题了。在有些情况下,如果一个申请者的数据类型与外部网提供的某种服务不相符合时,双宿主主机可以否决申请者要求的与外部网络的连接。同样情况下,用包过滤系统要做到这种控制是非常困难的。

　　双宿主主机的实现方案有两种:

　　(1) 应用层数据共享。用户直接登录到双宿主主机,如图 6.10 所示。

　　(2) 应用层代理服务。在双宿主主机上运行代理服务器,如图 6.11 所示。

　　双宿主主机只有用代理服务的方式或者让用户直接注册到双宿主主机上才能提供安全控制服务,但在堡垒主机上设置用户账户会产生很大的安全问题。因为用户的行为是不可预知的,如双宿主主机上有很多用户账户,这会给入侵检测带来很大的麻烦。另外,这种结构要求用户每次都必须在双宿主主机上注册,这样会使用户感到使用不方便。采用代理服务的方式安全性较好,可以将被保护的网络内部结构屏蔽起来,堡垒主机还能维护系统日志或远程日志。但是应用级网关需要针对每一个特定的 Internet 服务安装相应的代理服务软件,用户不能使用未被服务器支持的服务,导致某些网络服务无法找到代理,并不能完全按照要求提供全部安全服务。同时堡垒主机是入侵者致力攻击的目标,一旦被攻破,防火墙就完全失效了。

图 6.10　双宿主主机体系结构(应用层数据共享)

图 6.11　双宿主主机体系结构(应用层代理服务)

6.3.3　屏蔽主机体系结构

双宿主主机体系结构是由一台同时连接在内外部网络之间的双宿主主机提供安全保障的,而屏蔽主机体系结构则不同,在屏蔽主机体系结构提供安全保护的主机仅仅与内部网相连。另外,主机过滤还有一台单独的过滤路由器。包过滤路由器避免用户直接与代理服务器相连。图 6.12 显示了一个屏蔽主机体系结构的例子。

这种结构的堡垒主机位于内部网络,而过滤路由器按如下规则过滤数据包:任何外部网(如 Internet)的主机都只能与内部网的堡垒主机建立连接,甚至只有提供某些类型服务的外部网主机才被允许与堡垒主机建立连接。任何外部系统对内部网络的操作都必须经过堡垒主机,同时堡垒主机本身就要求有较全面的安全维护。包过滤系统也允许堡垒主机与外部网进行一些"可以接受(即符合站点的安全规则)"的连接。屏蔽主机防火墙转发数据包的过程如图 6.13 所示。

过滤路由器可按如下规则之一进行配置:

(1) 允许其他内部主机(非堡垒主机)为某些类型的服务请求与外部网建立直接连接。

(2) 不允许所有来自内部主机的直接连接。

图 6.12　屏蔽主机体系结构示意图

图 6.13　屏蔽主机防火墙转发数据包的过程

当然，可以对不同的服务请求混合使用这些配置，有些服务请求可以被允许直接进行包过滤，而有些必须代理后才能进行包过滤，这主要是由所需要的安全规则确定。

例如，对于入站连接，根据安全策略，屏蔽路由器可以允许某种服务的数据包先到达堡垒主机，然后与内部主机连接；也可以直接禁止某种服务的数据包入站连接。对于出站连接，根据安全策略，对于一些服务（如 Telnet），可以允许它直接通过屏蔽路由器连接到外部网络，而不通过堡垒主机，至于其他服务（如 WWW 和 SMTP 等），必须经过堡垒主机才能连接到 Internet，并在堡垒主机上运行该服务的代理服务器。

由于屏蔽主机体系结构允许包从外部网络直接传给内部网，因此这种结构的安全性能看起来似乎比双宿主主机体系结构差。而在双宿主主机体系结构中，外部的包理论上不可能直接抵达内部网。但实际上，双宿主主机体系结构也会出错，而让外部网的包直接抵达内部网（这种错误的产生是随机的，故无法在预先确定的安全规则中加以防范）。另外，在一台路由器上施加保护比在一台主机上施加保护容易得多。一般来讲，屏蔽主机体系结构比双宿主主机体系结构能提供更好的安全保护，同时也更具可操作性。

当然，同其他体系结构相比，这种体系结构的防火墙也有一些缺点。一个主要的缺点是只要入侵者设法通过了堡垒主机，那么对入侵者来讲，整个内部网与堡垒主机之间就再也没有任何保护了。路由器的保护也会有类似的缺陷，即若入侵者闯过路由器，那么整个内部网便会完全暴露在入侵者面前,正因为如此,屏蔽子网体系结构的防火墙更受到青睐。

6.3.4 屏蔽子网体系结构

屏蔽子网体系结构也称为屏蔽子网网关体系结构,就是在屏蔽主机体系结构中的内部网和外部网之间再增加一个被隔离的子网,这个子网由堡垒主机、应用级网关等公用服务器组成,习惯上将这个子网称为"非军事区"(DeMilitarised Zone,DMZ)。在屏蔽主机体系结构中,堡垒主机最易受到攻击,尽管可以对它提供最大限度的保护,因为它是入侵者首先能攻击到的机器,所以它仍然是整个系统最容易出问题的环节。

用边界网络来隔离堡垒主机与内部网,能减轻入侵者在攻破堡垒主机后带给内部网的压力。入侵者即使攻破堡垒主机也不可能对内部网进行任意操作,而只可能进行部分操作。

在最简单的屏蔽子网体系结构中,有两台都与边界网络相连的过滤路由器,一台位于边界网络与内部网络之间,而另一台位于边界网络与外部网之间,如图 6.14 所示。在这种结构下,入侵者要攻击到内部网必须通过两台路由器的安全控制,即使入侵者通过了堡垒主机,它还必须通过内部路由器才能抵达内部网,这样,整个网络安全机制就不会因一点攻破而全部瘫痪。

图 6.14 屏蔽子网体系结构示意图

有些站点还可用多层边界网络加以保护,低可靠性的保护由外层边界网络提供,高可靠性的保护由内层边界网络提供。在这种结构下,入侵者攻破了外层边界网络后,必须再破坏更为精致的内部边界网络才可到达内部网。下面讨论这个结构中的各个组成部分。

1. 边界网络

边界网络(周边网络),也称为"停火区"或"非军事区",如果入侵者成功地闯过外层保护网到达防火墙,边界网络就能在入侵者与内部网之间再提供一层保护。

在许多诸如 Ethernet、令牌网、FDDI 等网络结构中,网络上的任意一台机器都可以观察到其他机器的信息出入情况,监听者仍能通过监听用户使用的 Telnet、FTP 等操作成功地窃取口令。即使口令不被泄露,监听者仍能得到用户操作的敏感文件的内容。

如果入侵者仅仅侵入到边界网络的堡垒主机,他只能偷看到这层网络的信息流,而看不到内部网的信息,而这层网络的信息流仅从边界网络往来于外部网或者从边界网络往来于堡垒主机。因为没有内部主机间互传的重要和敏感的信息在边界网络中流动,所以即使堡垒主机受到损害也不会让入侵者损害到内部网的信息流。

显而易见,往来于堡垒主机和外部网的信息流还是可见的,因此在设计防火墙时就是要确保上述信息流的暴露不会牵连到整个内部网络的安全。

2. 堡垒主机

在屏蔽子网结构中,将堡垒主机与边界网络相连,而这台主机是外部网服务于内部网的主要节点。它为内部网服务的主要功能有:

(1) 接收外来的电子邮件(SMTP),再分发给相应的站点。

(2) 接收外来的 FTP,并将它连到内部网络匿名 FTP 服务器。

(3) 接收外来的有关内部网站点的域名服务。

这台主机向外的服务功能可用以下方法来实施:

(1) 在内、外部路由器上建立包过滤,以便内部网的用户可直接操作外部服务器。

(2) 在主机上建立代理服务,在内部网的用户与外部的服务器之间建立间接的连接。也可以在设置包过滤后,允许内部网的用户与主机的代理服务进行交互,但禁止内部网用户与外部网直接通信。

堡垒主机在何种类型的服务请求下,包过滤才允许它主动连到外部网或允许外部网申请连到它上面,则完全由安全机制确定。不管它是在为某些协议(如 FTP 或 HTTP)运行特定的代理服务软件,还是为代理协议(如 SMTP)运行标准服务软件,堡垒主机做的主要工作还是为内外部服务请求进行代理。

3. 内部路由器

内部路由器的主要功能是保护内部网络免受来自外部网与参数网络的侵扰。内部路由器完成防火墙的大部分包过滤工作,它允许某些站点的包过滤系统认为符合安全规则的服务在内外部网之间的互传(各站点对各类服务的安全确认规则是不同的)。根据各站点的需要和安全规则,可允许的服务是以下这些外向服务中的若干种,如 Telnet、FTP、WAIS、Gopher 或者其他服务。

内部路由器可以这样设定:使边界网络上的堡垒主机与内部网之间传递的各种服务和内部网与外部网之间传递的各种服务不完全相同。限制一些服务在内部网与堡垒主机之间互传的目的是减少在堡垒主机被侵入后而受到入侵的内部网主机的数目,如 SMTP、DNS等。还能对这些服务作进一步的限定,限定它们只能在提供某些服务的主机与内部网的站点之间互传。比如,对于 SMTP 就可以限定站点只能与堡垒主机或内部网的邮件服务器通信。对其余可以从堡垒主机上申请连接的主机就更得加以仔细保护,因为这些主机将是入侵者撞开堡垒主机的保护后首先能攻击到的机器。

4. 外部路由器

理论上,外部路由器既保护边界网络又保护内部网。实际上,在外部路由器上仅做一小部分包过滤,它几乎让所有边界网络的外向请求通过。而外部路由器与内部路由器的包过滤规则基本上是相同的,也就是说,如果安全规则上存在问题,那些入侵者可用同样的方法通过内、外部路由器。

由于外部路由器一般是由外界(如 ISP)提供,因此对外部路由器可做的操作是受限制的。ISP 一般仅会在该路由器上设置一些普通的包过滤,而不会专门设置特别的包过滤,或更换包过滤系统,因此,对于安全保障而言,不能像依赖于内部路由器一样地依赖外部路由器,有时 ISP 甚至会因更换外部路由器而忘记再设置包过滤。

外部路由器的包过滤主要是对边界网络上的主机提供保护。然而,一般情况下,因为边界网络上主机的安全主要通过主机安全机制加以保障,所以由外部路由器提供的很多保护并非必要。另外,还能将内部路由器的安全准则加到外部路由器的安全规则中,这些规则可以防止不安全的信息流在内部网的主机与外部网之间互传。为了支持代理服务,只要是内部站点与堡垒主机间的交互协议,内部路由器就准许通过。同样,只要协议来自堡垒主机,外部路由器就准许它通过并抵达外部网。虽然外部路由器的这些规则相当于另加了一层安全机制,但这一层安全机制能阻断的包在理论上并不存在,因为它们早已被内部路由器阻断了。如若存在这样的包,则说明不是内部路由器出了故障就是已有未知的主机侵入了边界网络,因此,外部路由器真正有效的安全保护任务之一就是阻断来自外部网并具有伪源地址的内向数据包。为此,数据包的特征显示出它是内部网,而其实它来自外部网络。

虽然内部路由器也具有上述功能,但它不能识别声称来自边界网络的包是否是伪装的包。虽然边界网络上的数据不是完全可靠的,但它比来自外部网的仍要可靠得多。将数据包伪装成来自边界网络是入侵者攻击堡垒主机常用的伎俩,内部路由器不能防止网络上的系统免受伪包的侵扰。

6.3.5　防火墙的结构组合策略

前面讨论的包过滤型防火墙、屏蔽主机、屏蔽子网结构的防火墙都是最基本的防火墙结构,防火墙结构中还可以有很多变化和组合,如使用多堡垒主机,合并内、外部路由器,合并堡垒主机与外部路由器等。

1. 多堡垒主机

虽然我们大多讨论的是单堡垒主机结构,但也可以在防火墙结构中配置多台堡垒主机,采用这种结构可以提高系统效能,增加系统冗余,能够分离数据和程序。

可以让一台堡垒主机处理一些对于用户比较重要的服务,如 SMTP、代理服务等,而让另一台堡垒主机处理由内部网向外部网提供的服务,如匿名 FTP 服务,这样外部用户对内部网的操作就不会影响内部网用户的操作。

即使在不为外部网提供服务的情况下,为进一步提高系统的效能,也可以使用多台堡垒主机。一些类似于 USENET 新闻组的服务占用系统资源较多又易于和别的服务分离,对于这种服务可以专门配置堡垒主机。更进一步,为加快系统响应速度,可以用多台主机提供相同的服务,但这样做的难度在于如何使多台堡垒主机的运行保持平衡。大多数服务可配置到独立的服务器上,所以如能预测到每种服务的工作量,就可以为某些服务配置专门的主机以提高系统的响应速度。

如果防火墙配置中有多台主机,也可以用它们为某个服务做冗余结构。这样,如果提供服务的某个主体主机出了故障,则另一个冗余主机马上可以接替。但只有某些服务软件支持该方式,如可以配置几台主机作域名服务器或 SMTP 服务器。当其中一台主机故障或过载时,那么域名服务和 SMTP 服务将由冗余的备份系统承担。

还可以用多台堡垒主机防止各种服务软件与数据、数据与数据之间的相互干扰。这样做除了可提高系统的效能外,还有助于提高系统的安全性。比如,可以用一台主机为你的客户提供对外部网的 HTTP 服务,用另一台主机提供普通的公共服务。用这两台服务器提供不同的数据给予用户,以此提高系统的效能。当然,还可以让 HTTP 服务与 FTP 服务处在分离的两台服务器上以避免它们之间的相互干扰。

2. 合并内、外部路由器

如果路由器具有足够的处理能力,可将内、外部路由器合并到一台路由器上,这样做一般需要一台每一端口可以分别设置输入输出的路由器。如果使用如图 6.15 所示的内、外部路由器合一的路由器,仍需要边界网络与路由器的一个端口相连。该路由器的另一个端口与内部网相连。凡符合路由器安全规则的包可在内、外部网间互传。

图 6.15 合并内、外部路由器结构示意图

像屏蔽主机体系结构一样,这种结构因只有一台路由器,故安全机制比较脆弱。在一般情况下,路由器比主机更容易加以保护,但路由器也并非坚不可破。

3. 合并堡垒主机与外部路由器

在防火墙结构中也可以采取让双宿主主机同时充当堡垒主机和外部路由器的结构,如图 6.16 所示。例如,假定只有一个拨号方式的 SLIP 或 PPP 与 Internet 相连,则可在堡垒主机上运行某种软件,使得该主机同时充当堡垒主机与外部路由器的角色。这样做在功能上与前面讨论的内部路由器、堡垒主机、外部路由器结构完全一样。

图 6.16 合并堡垒主机与外部路由器结构示意图

使用双宿主主机来路由信息流可能使系统效能变差,同时它也不像真正的路由器那样具有柔性。但是,如果系统与外部网之间只有一个窄带连接的条件下,上述缺陷并不明显。可依据双宿主主机上使用的操作系统和应用软件状况决定是否在主机上要进行包过滤操作。有许多接口软件具有很强的包过滤能力,然而由于外部路由器的包过滤工作并不多,因此即使使用一个包过滤功能不太强的软件,问题也不大。

与内外部路由器的合并相同,将外部路由器与堡垒主机合并并不会使网络变得脆弱,但这种结构将使堡垒主机对外网的暴露增多,且主机只能由它上面的包过滤加以保护,故要谨慎地设置这层保护。

4. 合并堡垒主机与内部路由器

前面讨论了将堡垒主机与外部路由器合并的结构,而将堡垒主机与内部路由器合并就将损害网络的安全性。堡垒主机与外部路由器执行不同的保护任务,它们相互补充,但并不相互依赖,而内部路由器则在某种程度上是上述二者的补充。

如果将堡垒主机与内部路由器合并,其结构如图 6.17 所示,其实已从根本上改变了防火墙的结构。在使用一台内部路由器和堡垒主机体系结构中,会拥有一个子网过滤,边界网络上不传输任何内部信息流,即使入侵者成功地穿过堡垒主机,他还必须穿过内部路由器才可抵达内部网。在堡垒主机与内部路由器合并的情况下,只有一个屏蔽主机。如果堡垒主机被攻被,那么在内部网与堡垒主机之间就再也没有对内部网的保护机制了。

图 6.17　合并堡垒主机与内部路由器防火墙结构示意图

边界网络的一个主要功能是防止从堡垒主机上监听内部信息流,而将堡垒主机与内部路由器合二为一会使所有的内部信息流对堡垒主机公开。

除此之外,还可以使用多内部路由器、多边界网络、多堡垒主机和多边界网络组合等方式。在混合配置防火墙时存在着很大的灵活性,可以使它最大限度地适应用户的硬件系统,符合资金要求和安全规则。

6.4　防火墙的部署

6.4.1　防火墙的设计原则

当搭建防火墙设备时,经常要遵循下面两个主要的概念。首先要保持设计的简单性;其次要计划好一旦防火墙被渗透应该怎么办。

1. 保持设计的简单性

一个黑客渗透系统最常用的方法就是利用安装在堡垒主机上不注意的组件。因此,建立堡垒主机时要尽可能使用较小的组件,无论硬件还是软件。堡垒主机的建立只需提供防火墙功能。在防火墙主机上不要安装像 Web 服务的应用程序服务。要删除堡垒主机上所有不必需的服务或守护进程。在堡垒主机上运行尽量少的服务,避免给潜在的黑客穿过防火墙提供机会。

2. 安排事故计划

如果已设计好防火墙性能,只有通过防火墙才能允许访问公共网络。当设计防火墙时安全管理员要对防火墙主机崩溃或危机的情况作出计划。如果仅仅是用一个防火墙设备把内部网络和因特网隔离开,那么黑客渗透防火墙后就会对内部的网络有完全的访问权限。为了防止这种渗透,要设计几种不同级别的防火墙设备。不要依赖一个单独的防火墙来保护网络安全。为了确保网络的安全,无论何时都需要制定合适的安全策略,包括:

(1) 创建软件备份;

(2) 配置同样的系统并存储到安全的地方;

(3) 确保所有需要安装到防火墙上的软件都容易配置。

6.4.2　防火墙的选购原则

在市场上,防火墙的售价极为悬殊,从几万元到数十万元,甚至到百万元。因为各企业用户使用的安全程度不尽相同,因此厂商所推出的产品也有所区分,甚至有些公司还推出类似模块化的功能产品,以符合各种不同企业的安全需求。

当一个企业或组织决定采用防火墙来实施保卫自己内部网络的安全策略之后,下一步要做的事情就是选择一个安全、实惠、合适的防火墙。那么面对种类如此繁多的防火墙产品,用户需要考虑的因素有哪些? 应该如何进行取舍呢?

1. 第一要素:防火墙的基本功能

防火墙系统可以说是网络的第一道防线,对计算机信息系统十分重要,因此一个企业在决定使用防火墙保护内部网络的安全时,首先需要了解一个防火墙系统应具备的基本功能。一个成功的防火墙产品应该具有下述基本功能:

防火墙的设计策略应遵循安全防范的基本原则——"除非明确允许,否则就禁止";防火墙本身支持安全策略,而不是添加上去的;如果组织机构的安全策略发生改变,可以加入新的服务;有先进的认证手段或有挂钩程序,可以安装先进的认证方法;如果需要,可以运用过滤技术允许和禁止服务;可以使用 FTP 和 Telnet 等服务代理,以便先进的认证手段可以被安装和运行在防火墙上;拥有界面友好、易于编程的 IP 过滤语言,并可以根据数据包的性质进行包过滤,数据包的性质有目标和源 IP 地址、协议类型、源和目的 TCP/UDP 端口、TCP 包的 ACK 位、出站和入站网络接口等。

如果用户需要 NNTP(网络消息传输协议)、XWindow、HTTP 和 Gopher 等服务,防火墙应该包含相应的代理服务程序。防火墙也应具有集中邮件的功能,以减少 SMTP 服务器和外界服务器的直接连接,并可以集中处理整个站点的电子邮件。防火墙应允许公众对站点的访问,应把信息服务器和其他内部服务器分开。

防火墙应该能够集中和过滤拨入访问,并可以记录网络流量和可疑的活动。此外,为了使日志具有可读性,防火墙应具有精简日志的能力。虽然没有必要让防火墙的操作系统和公司内部使用的操作系统一样,但在防火墙上运行一个管理员熟悉的操作系统会使管理变得简单。防火墙的强度和正确性应该可被验证,设计尽量简单,以便管理员理解和维护。防火墙和相应的操作系统应该用补丁程序进行升级,且升级必须定期进行。

正像前面提到的那样,Internet 每时每刻都在发生着变化,新的易受攻击点随时可能会产生。当新的危险出现时,新的服务和升级工作可能会对防火墙的安装产生潜在的阻力,因此防火墙的可适应性是很重要的。

2. 第二要素:企业的特殊要求

企业安全政策中往往有些特殊需求,这些需求不是每一个防火墙都会提供的,这方面常会成为选择防火墙的考虑因素之一。常见的需求如下：

1）网络地址转换功能（NAT）

进行地址转换有两个好处：其一是隐藏内部网络真正的 IP，这可以使黑客无法直接攻击内部网络；另一个好处是可以让内部使用保留的 IP，这对许多 IP 不足的企业是有益的。

2）双重 DNS

当内部网络使用没有注册的 IP 地址，或是防火墙进行 IP 转换时，DNS 也必须经过转换，因为同样的一个主机在内部的 IP 与给予外界的 IP 将会不同，有的防火墙会提供双重DNS，有的则必须在不同主机上各安装一个 DNS。

3）虚拟专用网络（VPN）

VPN 可以在防火墙与防火墙或移动的客户机之间对所有网络传输的内容加密，建立一个虚拟通道，让两者感觉是在同一个网络上，可以安全且不受拘束地互相存取。

4）病毒扫描功能

大部分防火墙都可以与防病毒软件搭配实现扫毒功能，有的防火墙则可以直接集成扫毒功能，差别只是扫毒工作是由防火墙完成，或是由另一台专用的计算机完成。

5）特殊控制需求

有时候企业会有特别的控制需求，如限制特定使用者才能发送 E-mail，FTP 只能下载文件而不能上传文件，限制同时上网人数，限制使用时间或阻塞 Java、ActiveX 控件等，依需求不同而定。

3. 第三要素：与用户网络结合

1）管理的难易度

防火墙管理的难易度是防火墙能否达到目的的主要考虑因素之一。一般企业之所以很少以已有的网络设备直接当作防火墙的原因，除了先前提到的包过滤并不能达到完全的控制之外，设定工作困难、需具备完整的知识以及不易排错等管理问题是一般企业不愿意使用的主要原因。

2）自身的安全性

大多数人在选择防火墙时都将注意力放在防火墙如何控制连接以及防火墙支持多少种服务上，往往忽略了一点，防火墙也是网络上的主机之一，也可能存在安全问题，防火墙如果不能确保自身安全，则防火墙的控制功能再强，也终究不能完全保护内部网络。

大部分防火墙都安装在一般的操作系统上，如 UNIX、Windows NT 系统等。在防火墙主机上执行的除了防火墙软件外，所有的程序、系统核心也大多来自于操作系统本身的原有程序。当防火墙主机上所执行的软件出现安全漏洞时，防火墙本身也将受到威胁。此时，任何的防火墙控制机制都可能失效，因为当一个黑客取得了防火墙上的控制权以后，黑客几乎可为所欲为地修改防火墙上的访问规则，进而侵入更多的系统。因此，防火墙自身应有相当高的安全保护。

3）完善的售后服务

用户在选购防火墙产品时，除了从以上的功能特点考虑之外，还应该注意好的防火墙应该是企业整体网络的保护者，并能弥补其他操作系统的不足，使操作系统的安全性不会对企业网络的整体安全造成影响。防火墙应该能够支持多种平台，因为使用者才是完全的控制者，而使用者的平台往往是多种多样的，它们应选择一套符合现有环境需求的防火墙产品。

由于新产品的出现,就会有人研究新的破解方法,因此好的防火墙产品应拥有完善及时的售后服务体系。

4) 完整的安全检查

好的防火墙还应该向使用者提供完整的安全检查功能,但是一个安全的网络仍必须依靠使用者的观察及改进,因为防火墙并不能有效地杜绝所有的恶意封包,企业想要达到真正的安全,仍然需要内部人员不断记录、改进、追踪。防火墙可以限制唯有合法的使用者才能进行连接,但是否存在利用合法掩护非法的情形仍需依靠管理者来发现。

5) 结合用户情况

在选购一个防火墙时,用户应该从自身考虑下面的因素:

(1) 网络受威胁的程度;

(2) 若入侵者闯入网络,将要受到的潜在损失;

(3) 其他已经用来保护网络及其资源的安全措施;

(4) 由于硬件或软件失效,或防火墙遭到"拒绝服务攻击"而导致用户不能访问Internet,造成整个机构的损失;

(5) 机构所希望提供给 Internet 的服务,希望能从 Internet 得到的服务以及可以同时通过防火墙的用户数目;

(6) 网络是否有经验丰富的管理员;

(7) 今后可能的要求,如要求增加通过防火墙的网络活动或要求新的 Internet 服务。

6.4.3 常见防火墙产品

防火墙产品的用户主要分为个人用户、企业用户和政府部门用户。个人用户的安全需求基本局限于防止网络病毒和"邮件炸弹",一般的单机防火墙软件就能满足需求。而企业用户和政府部门用户是安全产品最重要的应用对象。因此这里主要介绍针对后两类用户的防火墙产品。

1. Checkpoint Firewall-1

Checkpoint 公司是一家专门从事网络安全产品开发的公司,是软件防火墙领域中的佼佼者,其旗舰产品 Checkpoint Firewall-1(简称 CP Firewall-1)在全球软件防火墙产品中位居第一。

CP Firewall-1 是一个综合的、模块化的安全套件,它是一个基于策略的解决方案,提供集中管理、访问控制、授权、加密、网络地址传输、内容显示服务和服务器负载平衡等功能。主要用在保护内部网络资源、保护内部进程资源和内部网络访问者验证等领域。CP Firewall-1 套件提供单一的、集中的分布式安全策略,跨越 UNIX、Windows NT、路由器、交换机和其他外围设备,提供大量的 API,有 100 多个解决方案和 OEM 厂商的支持。

CP Firewall-1 由三个交互操作的组件构成:控制组件、加强组件和可选组件。这些组件既可以运行在单机上,也可以部署在跨平台系统上。其中,控制组件包括 Firewall-1 管理服务器和图形化的客户机;加强组件包含 Firewall-1 检测模块和 Firewall-1 防火墙模块;可选组件包括 Firewall-1 Encryption Module(主要用于保护 VPN)、Firewall-1 Connect Control Module(执行服务器负载平衡)和 Router Security Module(管理路由器访问控制列表)。

CP Firewall-1 防火墙的操作在操作系统的核心层进行,而不是在应用程序层,这样可以使系统达到最高性能的扩展和升级。此外,CP Firewall-1 支持基于 Web 的多媒体和基于 UDP 的应用程序,并采用多重验证模板和方法,使网络管理员容易验证客户机、会话和用户对网络的访问。目前该产品支持的平台有 Windows NT、Windows 2000、Sun OS、Sun Solaris、IBM AIX、HP-UX 以及 Bay Networks Router 等。CP Firewall-1 的不足是价格偏高。

2. Sonicwall 系列防火墙

Sonicwall 系列防火墙是 Sonic System 公司针对中小企业需求开发的产品,并以其高性能和极具竞争力的价格受到中小企业和 ISP 公司的青睐。Sonicwall 系列防火墙包括 Sonicwall/10、Sonicwall/50 Sonicwall/Plus、Sonicwall/Bandit 和 Sonicwall/DMZ Plus 等。这些产品除了具有普通防火墙的功能外,还可管理和控制访问 Internet 的流量。其可视化的 Web Browser 设置更使得非专业人员可以方便地进行配置和管理。Sonicwall 系列防火墙具有以下主要功能:

(1) 阻止未授权用户访问防火墙内网络;

(2) 阻止拒绝服务攻击,并可完成 Internet 内容过滤;

(3) IP 地址管理,网络地址转换(NAT),也可作为 Proxy;

(4) 制定网络访问规则,规定对某些网站访问的限制,如 Internet Chat;

(5) 自动通知升级软件;

(6) Sonicwall/DMZ Plus 提供 VPN 功能。

Sonicwall 系列防火墙的市场定位是中小型企业,价格不算太高,功能也较齐全,不失为一款质优价廉的产品。

3. NetScreen Firewall

NetScreen 科技公司推出的 NetScreen 防火墙产品是一种新型的网络安全硬件产品,具有 Trusted(可信端口)、Untrusted(非信任端口)和 Optional(可选端口)三个 J-45 网络接口,配有 PCMCIA 插槽,支持 10MB、20MB、40MB 和 150MB 快闪存储器。防火墙的配置可在网络上任何一台带有浏览器的机器上完成,它把多种功能诸如流量控制、负载均衡、VPN 等集成到一起。NetScreen 防火墙的优势之一是采用了新的体系结构,可以有效地消除传统防火墙实现数据加盟时的性能瓶颈,能实现最高级别的 IP 安全保护。NetScreen 防火墙支持的标准包括 ARP、TCP/IP、UDP、ICMP、DHCP、HTTP、RADIUS、IPSEC、MD5、DSS、SHA-1、DES-MAC、DES/TripleDES、ISAKMP 和 X.509 v3 等。与 CP Firewall-1 相比,NetScreen Firewall 在执行效率和带宽处理上似乎更胜一筹。

NetScreen 防火墙产品可真正实现线速传输,可同时支持最大 62 094 个并行 FTP 连接。NetScreen 防火墙系列产品中的 NetScreen-10 和 NetScreen-100 已分别通过了 ICSA(国际计算机安全协会)的防火墙认证和中华人民共和国公安部计算机网络安全产品检测中心的检测,并获得了在中国的销售许可证。

4. Alkatel Internet Devices 系列防火墙

1999 年 6 月,阿尔卡特公司与 Internet Devices 公司经过谈判达成协议,以 1.8 亿美元巨资收购 Internet Devices 公司——一个在业界具有重要地位的防火墙和 VPN 解决方案供应商。

  Internet Devices 公司专门从事高性能计算机网络安全系统的设计、开发、销售和服务，其产品系列 Internet Devices 1000/3000/5000 和 Internet Devices 10K 分别适用于小型、中型、大型网络环境。其中 Internet Devices 3000、Internet Devices 5000 及 Internet Devices 10K 带有 VPN 功能，支持 VPN 移动用户。

  Internet Devices 硬件防火墙采用独有的 ASIC 设计和基于 Intel 的 FreeBSD UNIX 平台，使用简单易行，用户只需要插入装置，开通 Web 浏览器与内部网络接口的连接并进行简单的设置，就可以完成防火墙的配置。Internet Devices 系列产品率先提供了 100MB 的吞吐能力和无用户数限制，支持 64 000 个并发会话，有效地消除了软件防火墙的性能瓶颈，达到了安全和性能的完美统一。

  Internet Devices 系列产品都支持自定义插件组合，所有产品都具备以下特性：企业级防火墙安全性、集中策略管理、网络地址转换（NAT）、完整的 LDAP 数据库、SPAM E-mail 过滤器、Web 高速缓存、全面的报告及广泛的诊断。

5. 北京天融信公司网络卫士防火墙

  北京天融信公司的网络卫士是我国第一套自主版权的防火墙系统，目前在我国电信、电子、教育、科研等单位广泛使用，它由防火墙和管理器组成。其中，防火墙由多个模块组成，包括包过滤、应用代理、NAT、VPN、防攻击等功能模块，各模块可分离、裁剪和升级，以满足不同用户的需求。管理器的硬件平台为能运行 Netscape 4.0 浏览器的 Intel 兼容微机，软件平台采用 Windows 9x 操作系统。

  网络卫士防火墙系统集中了包过滤型防火墙、应用代理、网络地址转换、用户身份认证、虚拟专用网、Web 页面保护、用户权限控制、安全审计、攻击检测、流量控制与计费等功能，可以为不同类型的 Internet 接入网络提供全方位的网络安全服务。它目前有 FW-2000 和 NG FW-3000 两种产品。该系统在增强传统防火墙安全性的同时，还通过 VPN 架构，为企业网提供一整套从网络层到应用层的安全解决方案，包括访问控制、身份验证、授权控制、数据加密、数据完整性等安全服务。

  在体系结构上，网络卫士采用了集中控制下的分布式客户机/服务器结构，性能好、配置灵活。公司内部网络可以设置多个防火墙，并由一个管理器负责监控。对于受安全保护的信息，客户只有在获得授权后才能访问它。此外，网络卫士还支持多种应用程序、服务和协议，包括 Web、E-mail、FTP、Telnet 和基于 TCP 协议的应用程序等。

  网络卫士防火墙采用了领先一步的 SSN（安全服务器网络）技术，安全性高于其他防火墙普遍采用的 DMZ（隔离区）技术。SSN 与外部网之间有防火墙保护，与内部网之间也有防火墙保护，一旦 SSN 受到破坏，内部网络仍会处于防火墙的保护之下。值得一提的是，网络卫士防火墙系统是中国人自己设计的，因此管理界面完全是中文化的，使管理工作更加方便。目前，网络卫士防火墙已经获得公安部颁发的《计算机信息系统安全专用产品销售许可证》，并在许多单位获得了广泛的应用。

6. NAI Gauntlet 防火墙

  NAI 公司是全球著名的网络安全产品提供商，其产品包括网络监测、防火墙以及防病毒产品等。NAI 的 Gauntlet 防火墙使用完全的代理服务方式提供广泛的协议支持以及高速的吞吐能力,很好地解决了安全、性能及灵活性之间的协调问题。由于完全使用应用层代理服务,Gauntlet 提供了一种安全性较高的解决方案,从而对访问的控制更加细致。

虽然应用代理型防火墙具有很好的安全性,但速度不尽如人意。因此,NAI 公司随后又推出了具有"自适应代理"特性的防火墙,这种防火墙不仅能维护系统安全,还能够动态"适应"传送中的分组流量。自适应代理型防火墙允许用户根据具体需求定义防火墙策略,而不会牺牲速度或安全性。如果对安全要求较高,那么最初的安全检查仍在应用层进行,保证实现传统代理型防火墙的最大安全性。而一旦代理明确了会话的所有细节,其后的数据包就可以直接经过速度更快的网络层。Gauntlet 防火墙的新型自适应代理技术还允许单个安全产品,如安全脆弱性扫描器、病毒安全扫描器和入侵防护传感器之间实现更加灵活的集成。作为自适应安全计划的一部分,NAI 将允许经过正确验证的设备在安全传感器和扫描仪发现重要的网络威胁时,根据防火墙管理员事先确定的安全策略自动"适应"防火墙级别。

6.5　防火墙技术的发展趋势

随着新的网络攻击的出现,防火墙技术也有一些新的发展趋势。这主要可以从包过滤技术、防火墙体系结构和防火墙系统管理三方面来体现。

6.5.1　防火墙包过滤技术发展趋势

1. 身份认证技术

一些防火墙厂商把在 AAA 系统上运用的用户认证及其服务扩展到防火墙中,使其拥有可以支持基于用户角色的安全策略功能。该功能在无线网络应用中非常必要。具有用户身份验证的防火墙通常是采用应用级网关技术。用户身份验证功能越强,它的安全级别越高,但它给网络通信带来的负面影响也越大,因为用户身份验证需要时间,特别是加密型的用户身份验证。

2. 多级过滤技术

所谓多级过滤技术是指防火墙采用多级过滤措施,并辅以鉴别手段。在分组过滤(网络层)级别,过滤掉所有的源路由分组和假冒的 IP 源地址;在传输层级别,遵循过滤规则,过滤掉所有禁止出或/和入的协议和有害数据包,如 nuke 包、圣诞树包等;在应用网关(应用层)级别,能利用 FTP、SMTP 等各种网关控制和监测 Internet 提供的所有通用服务。这是针对以上各种已有防火墙技术的不足而产生的一种综合型过滤技术,它可以弥补以上各种单独过滤技术的不足。

这种过滤技术在分层上非常清楚,每种过滤技术对应于不同的网络层,从这个概念出发,又有很多内容可以扩展,为将来的防火墙技术发展打下基础。

3. 防病毒技术

防病毒技术使防火墙具有病毒防护功能,目前主要还是在个人防火墙中体现,因为它是纯软件形式,更容易实现。这种防火墙技术可以有效地防止病毒在网络中的传播,比等待攻击的发生更加积极。拥有病毒防护功能的防火墙可以大大减少公司的损失。

6.5.2 防火墙的体系结构发展趋势

随着网络应用的增加,对网络带宽提出了更高的要求。这意味着防火墙要能够以非常高的效率处理数据。在以后几年里,多媒体应用将会越来越普遍,它要求数据穿过防火墙所带来的延迟要足够小。为了满足这种需要,一些防火墙制造商开发了基于 ASIC 的防火墙和基于网络处理器的防火墙。从执行速度的角度来看,基于网络处理器的防火墙也是基于软件的解决方案,它需要在很大程度上依赖于软件的性能,但是由于这类防火墙中有一些专门用于处理数据层面任务的引擎,从而减轻了 CPU 的负担,该类防火墙的性能要比传统防火墙的性能好许多。

与基于 ASIC 的纯硬件防火墙相比,基于网络处理器的防火墙具有软件色彩,因而更加具有灵活性。基于 ASIC 的防火墙使用专门的硬件处理网络数据流,比起前两种类型的防火墙具有更好的性能。但是纯硬件的 ASIC 防火墙缺乏可编程性,这就使得它缺乏灵活性,从而跟不上防火墙功能的快速发展。理想的解决方案是增加 ASIC 芯片的可编程性,使其与软件更好地配合。这样的防火墙就可以同时满足来自灵活性和运行性能的要求。

首信 CF-2000 系列 EP-600 和 CG-600 高端千兆防火墙即采用了功能强大的可编程专有 ASIC 芯片作为专门的安全引擎,很好地兼顾了灵活性和性能的需要。它们可以以线速处理网络流量,而且其性能不受连接数目、包大小以及采用何种策略的影响。该款防火墙支持 QoS,所造成的延迟可以达到微秒量级,可以满足各种交互式多媒体应用的要求。浙大网新也在杭州正式发布三款基于 ASIC 芯片的网新易尚千兆系列网关防火墙,据称,其ES4000 防火墙速度达到 4Gbps,3DES 速度可达 600Mbps。易尚系列千兆防火墙还采用了最新的安全网关概念,集成了防火墙、VPN、IDS、防病毒、内容过滤和流量控制等多项功能。

6.5.3 防火墙的系统管理发展趋势

防火墙的系统管理也有一些发展趋势,主要体现在以下几个方面:

1. 集中式管理与分布式和分层的安全结构

集中式管理可以降低管理成本,并保证在大型网络中安全策略的一致性。快速响应和快速防御也要求采用集中式管理系统。目前这种分布式防火墙早已在 Cisco(思科)、3Com等大的网络设备开发商中开发成功,也就是目前所称的“分布式防火墙”和“嵌入式防火墙”。关于这一新技术将在下一节中详细介绍。

2. 强大的审计功能和自动日志分析功能

这两点的应用可以更早地发现潜在的威胁并预防攻击的发生。日志功能还可以使管理员有效地发现系统中存在的安全漏洞,及时调整安全策略。不过具有这种功能的防火墙通常是比较高级的,早期的静态包过滤型防火墙是不具有的。

3. 网络安全产品的系统化

随着网络安全技术的发展,现在有一种提法,叫做“建立以防火墙为核心的网络安全体系”。因为在现实中发现,仅现有的防火墙技术难以满足当前网络安全需求。通过建立一个以防火墙为核心的安全体系,就可以为内部网络系统部署多道安全防线,各种安全技术各司其职,从各方面防御外来入侵。

如现在的 IDS 设备就能很好地与防火墙一起联合。一般情况下,为了确保系统的通信性能不受安全设备的影响太大,IDS 设备不能像防火墙一样置于网络入口处,只能置于旁路位置。而在实际使用中,IDS 的任务往往不仅在于检测,很多时候在 IDS 发现入侵行为以后,也需要 IDS 本身对入侵及时遏止。显然,要让处于旁路侦听的 IDS 完成这个任务太难,同时主链路又不能串接太多类似设备。在这种情况下,如果防火墙能和 IDS、病毒检测等相关安全产品联合起来,充分发挥各自的长处,协同配合,共同建立一个有效的安全防范体系,那么系统网络的安全性就能得以明显提升。

目前主要有两种解决办法:一种是直接把 IDS、病毒检测部分"做"到防火墙中,使防火墙具有 IDS 和病毒检测设备的功能;另一种是各个产品分立,通过某种通信方式形成一个整体,一旦发现安全事件,则立即通知防火墙,由防火墙完成过滤和报告。目前更看重后一种方案,因为它实现方式较前一种容易许多。

6.5.4 分布式防火墙技术

在前面已提到一种新的防火墙技术,即分布式防火墙技术已在逐渐兴起,并在国外一些大的网络设备开发商中得到实现。由于其优越的安全防护体系符合未来的发展趋势,因此这一技术一出现便得到许多用户的认可和接受。下面介绍分布式防火墙技术。

1. 分布式防火墙的产生

因为传统的防火墙设置在网络边界,介于内、外部网络之间,所以称为"边界防火墙"(Perimeter Firewall)。随着人们对网络安全防护要求的提高,边界防火墙明显感觉到力不从心,因为给网络带来安全威胁的不仅是外部网络,更多的是来自内部网络。但边界防火墙无法对内部网络实现有效的保护,除非对每一台主机都安装防火墙,这是不可能的。基于此,一种新型的防火墙技术——分布式防火墙(Distributed Firewalls)技术产生了。它可以很好地解决边界防火墙以上的不足,当然不是为每台主机安装防火墙,而是把防火墙的安全防护系统延伸到网络中各台主机。一方面有效地保证了用户的投资不会很高,另一方面给网络所带来的安全防护是非常全面的。

传统边界防火墙用于限制被保护企业内部网络与外部网络(通常是因特网)之间相互进行信息存取、传递操作,它所处的位置在内部网络与外部网络之间。实际上,所有以前出现的各种不同类型的防火墙,从简单的包过滤方式,到应用层代理,以至自适应代理,都是基于一个共同的假设,那就是防火墙把内部网络一端的用户看成是可信任的,而外部网络一端的用户则都被视做潜在的攻击者来对待。而分布式防火墙是一种主机驻留式的安全系统,它是以主机为保护对象,它的设计理念是主机以外的任何用户访问都是不可信任的,都需要进行过滤。当然在实际应用中,也不是要求对网络中每台主机都安装这样的系统,这样会严重影响网络的通信性能。它通常用于保护企业网络中的关键节点服务器、数据及工作站免受非法入侵的破坏。

分布式防火墙负责对网络边界、各子网和网络内部各节点之间的安全防护,所以"分布式防火墙"是一个完整的系统,而不是单一的产品。根据其所需完成的功能,新的防火墙体系结构包含如下部分:

(1) 网络防火墙(Network Firewall):这一部分有的公司采用的是纯软件方式,而有的可以提供相应的硬件支持。它是用于内部网与外部网之间,以及内部网各子网之间的防护。

与传统边界防火墙相比,它多了一种对内部子网之间的安全防护层,这样整个网络的安全防护体系就显得更加全面,更加可靠。不过在功能上与传统的边界式防火墙类似。

(2) 主机防火墙(Host Firewall):同样也有纯软件和硬件两种产品,是用于对网络中的服务器和桌面机进行防护。这也是传统边界式防火墙所不具备的,是对传统边界式防火墙在安全体系方面的一个完善。它是作用在同一内部子网之间的工作站与服务器之间,以确保内部网络服务器的安全。这样,防火墙的作用不仅是用于内部与外部网之间的防护,还可应用于内部网各子网之间、同一内部子网工作站与服务器之间。可以说达到了应用层的安全防护,比起网络层更加彻底。

(3) 中心管理(Central Managerment):这是一个防火墙服务器管理软件,负责总体安全策略的策划、管理、分发及日志的汇总。这是新的防火墙的管理功能,也是以前传统边界防火墙所不具有的。这样,防火墙就可进行智能管理,提高了防火墙的安全防护灵活性,具备可管理性。

2. 分布式防火墙的主要特点

综合起来,这种新的防火墙技术具有以下几个主要特点:

(1) 主机驻留。这种分布式防火墙的最主要特点就是采用主机驻留方式,所以称为"主机防火墙"(传统边界防火墙通常称为"网络防火墙")。它的重要特征是驻留在被保护的主机上,该主机以外的网络不管是处在网络内部还是网络外部都认为是不可信任的,因此可以针对该主机上运行的具体应用和对外提供的服务设定针对性很强的安全策略。主机防火墙对分布式防火墙体系结构的突出贡献是使安全策略不仅仅停留在网络与网络之间,而是把安全策略推广延伸到每个网络末端。

(2) 嵌入操作系统内核。这主要是针对目前的纯软件式分布式防火墙来说的。操作系统自身存在许多安全漏洞目前是众所周知的,运行在其上的应用软件无一不受到威胁。分布式主机防火墙也运行在主机上,所以其运行机制是主机防火墙的关键技术之一。为自身的安全和彻底堵住操作系统的漏洞,主机防火墙的安全监测核心引擎要以嵌入操作系统内核的形态运行,直接接管网卡,在把所有数据包进行检查后再提交操作系统。为实现这样的运行机制,除防火墙厂商自身的开发技术外,与操作系统厂商的技术合作也是必要的条件,因为这需要一些操作系统不公开的内部技术接口。

(3) 类似于个人防火墙。个人防火墙是一种软件防火墙产品,它是用来保护单一主机系统的。分布式防火墙与个人防火墙有相似之处,如都是对应个人系统。但它们之间又有着本质上的差别。

首先,它们的管理方式迥然不同,个人防火墙的安全策略由系统使用者自己设置,全面功能和管理都在本机上实现,它的目标是防止主机以外的任何外部用户攻击;而针对桌面应用的主机防火墙的安全策略由整个系统的管理员统一安排和设置,除了对该桌面机起到保护作用外,也可以对该桌面机的对外访问加以控制,并且这种安全机制是桌面机的使用者不可见和不可改动的。

其次,不同于个人防火墙是单纯的直接面向个人用户,针对桌面应用的主机防火墙是面向企业级客户的,它与分布式防火墙其他产品共同构成一个企业级应用方案,形成一个安全策略中心统一管理,所以它在一定程度上也面对整个网络。它是整个安全防护系统中不可分割的一部分,整个系统的安全检查机制分散布置在整个分布式防火墙体系中。

（4）适用于服务器托管。因特网和电子商务的发展促进了因特网数据中心（IDC）的迅速崛起,其主要业务之一就是服务器托管服务。对服务器托管用户而言,该服务器逻辑上是其企业网的一部分,只不过物理上不在企业内部。对于这种应用,边界防火墙解决方案就显得比较牵强附会。对于这类用户,他们通常所采用的防火墙方案是采用虚拟防火墙方案,但这种配置相当复杂,非一般网管人员能胜任。而针对服务器的主机防火墙解决方案则是其一个典型应用。对于纯软件式的分布式防火墙,用户只需在该服务器上安装主机防火墙软件,并根据该服务器的应用设置安全策略即可,利用中心管理软件对该服务器进行远程监控,不需额外租用新的空间放置防火墙。对于硬件式的分布式防火墙,因其通常采用 PCI卡式的,兼顾网卡作用,所以可以直接插在服务器机箱里面,无需单独的空间托管费用,对于企业来说更加实惠。

3. 分布式防火墙的主要优势

在新的安全体系结构下,分布式防火墙代表新一代防火墙技术的潮流,它可以在网络的任何交界和节点处设置屏障,从而形成了一个多层次、多协议,内外兼防的全方位安全体系。主要优势如下:

（1）增强的系统安全性。增加了针对主机的入侵检测和防护功能,加强了对来自内部攻击的防范,可以实施全方位的安全策略。

在传统边界式防火墙应用中,企业内部网络非常容易受到有目的的攻击,一旦侵入了企业局域网的某台计算机,并获得这台计算机的控制权,他们便可以利用这台机器作为入侵其他系统的跳板。而最新的分布式防火墙将防火墙功能分布到网络的各个子网、桌面系统、笔记本计算机以及服务器 PC 上。分布于整个公司内的分布式防火墙使用户可以方便地访问信息,而不会将网络的其他部分暴露在潜在非法入侵者面前。凭借这种端到端的安全性能,用户通过内部网、外联网、虚拟专用网及远程访问所实现的与企业互联方法不再有任何区别。分布式防火墙还可以使企业避免发生由于某一台端点系统的入侵而导致向整个网络蔓延的情况发生,同时也使通过公共账号登录网络的用户无法进入那些限制访问的计算机系统。针对边界式防火墙对内部网络安全性防范的不足问题,分布式防火墙使用了 IP 安全协议,能够很好地识别在各种安全协议下的内部主机之间的端到端网络通信,使各主机之间的通信得到了很好的保护。所以分布式防火墙有能力防止各种类型的被动和主动攻击。特别是当使用 IP 安全协议中的密码凭证来标志内部主机时,基于这些标志的策略对主机来说无疑更具可信性。

（2）系统性能的提高。消除了结构性瓶颈问题,提高了系统性能。

传统防火墙由于拥有单一的接入控制点,无论对网络的性能还是对网络的可靠性都有不利的影响。从网络性能角度来说,自适应防火墙是一种在性能和安全之间寻求平衡的方案;从网络可靠性角度来说,采用多个防火墙冗余也是一种可行的方案,但是它们引入了更多的复杂性。分布式防火墙从根本上去除了单一的接入点,而使这一问题迎刃而解。另一方面,分布式防火墙可以针对各个服务器及终端计算机的不同需要,对防火墙进行最佳配置,配置时能够充分考虑到这些主机上运行的应用,如此便可在保障网络安全的前提下大大提高网络运转效率。

（3）系统的扩展性。分布式防火墙随系统扩充提供了安全防护无限扩充的能力。

因为分布式防火墙分布在整个企业的网络或服务器中,所以它具有无限制的扩展能力。

随着网络的增长,它们的处理负荷也在网络中进一步分布,因此它们的高性能可以持续保持,而不会像边界式防火墙一样随着网络规模的增大而不堪重负。

(4) 主机策略的方便性。对网络中的各节点可以起到更安全的防护。

现在防火墙大多缺乏对主机意图的了解,通常只能根据数据包的外在特性进行过滤控制。虽然代理型防火墙能够解决该问题,但它需要对每一种协议单独地编写代码,其局限性也显而易见。在没有上下文的情况下,防火墙是很难将攻击包从合法的数据包中区分出来的,因而也就无法实施过滤。事实上,攻击者很容易伪装成合法包发动攻击,攻击包除了内容以外的部分可以完全与合法包一样。分布式防火墙由主机来实施策略控制,主机对自己的意图有足够的了解,所以分布式防火墙依赖主机作出合适的决定就能很自然地解决这一问题。

(5) 应用更为广泛,支持 VPN 通信。其实分布式防火墙最重要的优势在于它能够保护物理拓扑上不属于内部网络,但位于逻辑上的"内部"网络的那些主机,这种需求随着 VPN 的发展越来越多。对这个问题的传统处理方法是将远程"内部"主机和外部主机的通信依然通过防火墙隔离来控制接入,而远程"内部"主机和防火墙之间采用"隧道"技术保证安全性,这种方法使原本可以直接通信的双方必须绕经防火墙,不仅效率低,而且增加了防火墙过滤规则设置的难度。与之相反,分布式防火墙的建立本身就是基本逻辑网络的概念,因此对它而言,远程"内部"主机与物理上的内部主机没有任何区别,它从根本上防止了这种情况的发生。

4. 分布式防火墙的主要功能

上面介绍了分布式防火墙的特点和优势,那么到底这种防火墙具备哪些功能呢?因为采用了软件形式(有的采用了软件＋硬件形式),所以功能配置更加灵活,具备充分的智能管理能力,总的来说可以体现在以下几个方面:

(1) Internet 访问控制。依据工作站名称、设备指纹等属性,使用"Internet 访问规则"控制该工作站或工作站组在指定的时间段内是否允许/禁止访问模板或网址列表中所规定的 Internet Web 服务器,某个用户可否基于某工作站访问 WWW 服务器,同时当某个工作站/用户达到规定流量后确定是否断网。

(2) 应用访问控制。通过对网络通信从链路层、网络层、传输层、应用层基于源地址、目标地址、端口、协议的逐层包过滤与入侵监测,控制来自局域网/Internet 的应用服务请求,如 SQL 数据库访问、IPX 协议访问等。

(3) 网络状态监控。实时动态报告当前网络中所有的用户登录、Internet 访问、内网访问、网络入侵事件等信息。

(4) 黑客攻击的防御。抵御包括 Smurf 拒绝服务攻击、ARP 欺骗、Ping 扫描、Trojan 木马攻击等在内的近百种来自网络内部以及来自 Internet 的黑客攻击手段。

(5) 日志管理。对工作站协议规则日志、用户登录事件日志、用户 Internet 访问日志、指纹验证规则日志、入侵检测规则日志的记录与查询分析。

(6) 系统工具。包括系统层参数的设定、规则等配置信息的备份与恢复、流量统计、模板设置、工作站管理等。

习　题　6

一、选择题

1. 关于防火墙,以下(　　)说法是错误的。

　A. 防火墙能隐藏内部 IP 地址

　B. 防火墙能控制进出内网的信息流向和信息包

　C. 防火墙能提供 VPN 功能

　D. 防火墙能阻止来自内部的威胁

2. 防火墙是确保网络安全的重要设备之一,如下各项中可以由防火墙解决的一项网络安全问题是(　　)。

　A. 从外部网伪装为内部网　　　　　　B. 从内部网络发起的攻击

　C. 向内部网用户发送病毒携带文件　　D. 内部网上某台计算机的病毒问题

3. 包过滤型防火墙工作在 OSI 的(　　)。

　A. 物理层　　　　　B. 传输层　　　　　C. 网络层　　　　　D. 应用层

4. 防火墙对数据包进行状态检测时,不进行检测过滤的是(　　)。

　A. 源地址和目的地址　　　　　　　　B. 源端口和目的端口

　C. IP 协议号　　　　　　　　　　　　D. 数据包中的内容

二、填空题

1. 常见防火墙按采用的技术分类主要有_____、_____和_____。

2. _____是防火墙体系的基本形态。

3. 应用层网关型防火墙的核心技术是_____。

三、简答题

1. 什么是防火墙?古代防火墙与网络安全中的防火墙有何联系和区别?

2. 分析防火墙的局限性。

3. 简述包过滤型防火墙的工作机制和包过滤类型。

4. 简述包过滤型防火墙的工作过程及特点。

5. 试述代理型防火墙的工作原理及特点。

6. 常见的防火墙系统有哪几种?比较它们的优缺点。

7. 屏蔽子网的防火墙系统是如何实现的?

8. 双宿主堡垒主机与单宿主堡垒主机的区别是什么?

9. 状态检测防火墙的技术特点是什么?

第 7 章　入侵检测技术

入侵检测系统(Intrusion Detection System,IDS)作为最常见的网络安全产品之一,已经得到了非常广泛的应用。但近年来随着入侵防御系统(Intrusion Prevention System, IPS)的异军突起,不断有人认为 IPS 是 IDS 的升级版本,甚至还有认为 IDS 没有用。本章从入侵检测系统的起源、成长和未来发展的几个角度出发介绍入侵检测系统。

7.1　入侵检测的基本概念

入侵检测(Intrusion Detection),顾名思义,是对入侵行为发现和响应的系统。它对计算机网络或计算机系统中的若干关键点收集的信息进行分析,从中发现网络或系统中是否有违反安全策略的行为和被攻击的迹象。进行入侵检测的软件与硬件的组合便是入侵检测系统。与其他安全产品不同的是,入侵检测系统需要更多的智能,它必须可以将得到的数据进行分析,并得出有用的结果。一个合格的入侵检测系统能大大简化管理员的工作,保证网络安全地运行。

7.1.1　网络入侵的概念

入侵是所有试图破坏网络信息的完整性、保密性和可用性的网络攻击行为。入侵行为企图破坏系统的安全措施以达到非法访问信息、改变系统行为和破坏系统可用性的目的。入侵是一个广义的概念,不仅包括发起攻击的人(如恶意的黑客)取得超出合法范围的系统控制权,也包括收集漏洞信息,造成拒绝服务(Denial of Service,DoS)等危害计算机系统的行为。入侵行为主要有以下几种:

(1) 外部渗透:即未被授权使用计算机,又未被授权使用数据或程序资源的渗透。

(2) 内部渗透:虽被授权使用计算机,但是未被授权使用数据或程序资源的渗透。

(3) 不法行为:利用授权使用计算机、数据和程序资源的合法用户身份的渗透。

另外,这几种入侵行为并非静止不变的,而是可以相互转变,互为因果。例如,入侵者通过外部渗透获取了某用户的账号和密码,然后利用该用户的账号进行内部渗透。同样,内部渗透也可以转变为不法行为。

7.1.2　入侵检测的发展

业界将 James P. Anderson 在 1980 年发表的论文 *Computer Security Threat Monitoring and Surveillance* 作为入侵检测概念的最早起源。在该文中,不仅将威胁分成外部渗透、内部渗透和不法行为三种,还创造性地提出了将审计技术应用到对威胁的检测上来。无论厂商还是用户,都是先开发或拥有入侵检测产品,而后再考虑审计产品。从技术上来说,入侵检测技术的确是起源于审计技术,所不同的是,入侵检测更关注"坏"的事件,而审计产品则更多关注"好"的事件。

1986 年,Dorothy Denning 等人在论文 *An Intrusion Detection Model* 中给出了一个入侵检测的抽象模型 IDES(入侵检测专家系统),并在 1988 年开发出一个 IDES 系统,系统模型如图 7.1 所示。

图 7.1　IDES 系统模型

在这个模型中,可以很清楚地看出 Denning 的二维检测思想:基于专家系统的特征检测以及基于统计异常模型的异常检测。这一点也奠定了入侵检测技术领域的两大方向:误用检测(Misuse Detection)和异常检测(Anomaly Detection)。

在这个模型的基础上,1990 年 Herberlein 等人开发出了第一个真正意义上的入侵检测系统 NSM(Network Security Monitor)。在这个实物模型中,第一次采用了网络实时数据流而非历史存档信息作为检测数据的来源,这为入侵检测系统的产品化作出了巨大贡献:再也不需要将各式各样的审计信息转化为统一格式后才能分析,入侵检测开始逐步脱离"审计"的影子。谁也没有想到,过了不到 10 年的时间,审计产品反过来开始学习入侵检测产品的这种分析实时数据流的模式。

20 世纪 90 年代中期,商业入侵检测产品初现端倪,1994 年出现了第一台入侵检测产品——ASIM。到了 1997 年,Cisco 将网络入侵检测集成到其路由器设备中,同年,ISS 推出 Realsecure,入侵检测系统正式进入主流网络安全产品阶段。

在这个时期,入侵检测通常被视做防火墙的有益补充,这个阶段用户已经能够逐渐认识到防火墙仅能对 4 层以下的攻击进行防御,而对那些基于数据驱动攻击或者被称为深层攻击的威胁无能为力。

而后,在 2001—2003 年之间,蠕虫病毒大肆泛滥,红色代码、尼姆达、震荡波、冲击波此起彼伏。由于这些蠕虫多是使用正常端口,除非明确不需要使用此端口的服务,防火墙是无法控制和发现蠕虫病毒传播,倒是入侵检测产品可以对这些蠕虫病毒所利用的攻击代码进行检测(就是前面提到的误用检测,将针对漏洞的攻击代码结合病毒特征做成事件特征,当发现有该类事件发生,就可判断为出现蠕虫病毒)。入侵检测和防火墙、防病毒一起并称为"网络安全三大件"。

正当入侵检测概念如日中天之际,2003 年 GARTNER 的一篇《入侵检测已死》的文章带来了一个新的概念——入侵防御。在此之前,防火墙产品之所以不能做 4 层以上的分析,有一个原因就是分析性能跟不上,入侵检测产品由于采用旁路部署方式,对数据实时性的要求不是很高。当硬件发展和软件算法都足以支撑串行设备进行深层分析的时候,串接在网络中,对应用层的威胁行为也能发现并防御的产品需求就呼之欲出了。

入侵检测产品真的只是防火墙的补充么? 如果是这样的话,那么当网关类产品实现了对深层威胁行为的防御之后,入侵检测产品真的就寿终正寝了吗? 这也是 GARTNER 认为入侵检测已死的最重要原因: 已经有了对应用层攻击进行防护的产品,这种只能检测的产品——入侵检测已经走到了尽头。

其实不然,在入侵检测产品被广泛应用的过程中,"发现应用层攻击行为"已经不是入侵检测产品功能的全部了。旁路部署的入侵检测有一个最大的天然优势就是可以从全局的角度查看网络数据:不论是进出网络的,还是网络内部的。这使得入侵检测拥有了成为管理手段,而非使用工具的机会。

和入侵防御产品不同,入侵检测产品关注网络中的所有事件,而不仅仅是值得阻断的威胁事件。因为通过对历史数据的分析和对比,入侵检测可以实现其更高的管理价值:提供安全建议和评估网络安全建设效果。

7.2　入侵检测系统

针对日益严重的网络安全问题和越来越突出的安全需求,人们提出了各种网络安全模型,以适应网络安全建设的要求,其中具有代表性的是 PDR 模型。PDR 模型有很多变种,人们普遍接受的一个模型是 PPDR 模型,包括策略(Policy)、防护(Protection)、检测(Detection)和响应(Response)4 个部分,它们的关系如图 7.2 所示。

图 7.2　PPDR 模型

策略是这个模型的核心,也就是说,网络安全的其他几个方面要围绕着策略进行才能够建立完善的安全体系。一般来说,防护是保证系统安全的第一步,它的基础是检测与响应的结果;防护相对于攻击来说是滞后的,防护手段的采用相对于漏洞被发现或者新的攻击手段的产生总会落后一些,检测就是弥补这种滞后的必要手段;在发现了攻击企图或者攻击之后,需要系统及时地进行反应。图 7.2 中虽然表示的是一个平面的循环,但实际上应该是一个螺旋上升的过程,经过一个 PDR 循环之后,安全防护的水平就应上升到一个新的层次。在系统安全策略的控制和指导下,在综合运用防护工具(如防火墙、操作系统身份认证、加密等手段)的同时,利用检测工具(如漏洞评估、入侵检测等系统)了解和评估系统的安全状态,通过适当的响应将系统调整到"最安全"和"风险最低"的状态,这样系统就在动态的安全循环中维持系统的安全状态。

7.2.1　入侵检测系统的特点

一个成功的入侵检测系统至少要满足以下 5 个主要功能要求:

(1) 实时性要求。如果攻击或者攻击的企图能够尽早被发现,这就有可能查找出攻击者的位置,阻止进一步的攻击活动,把破坏控制在最小限度,并能够记录下攻击者攻击过程的全部活动,作为证据进行回放。实时入侵检测可以避免在常规情况下,管理员通过对系统日志进行审计的方式查找入侵者或入侵行为线索时的种种不便与技术上的限制。

（2）可扩展性要求。因为存在成千上万种不同的已知和未知的攻击手段,它们的攻击行为特征也各不相同,所以必须建立一种机制,把入侵检测系统的体系结构与使用策略区分开。一个已经建立的入侵检测系统必须能够保证在新的攻击类型出现时,可以通过某种机制在无需对入侵检测系统本身进行改动的情况下,使系统能够检测到新的攻击行为。并且在入侵检测系统的整体功能设计上,也必须建立一种可以扩展的结构,以便系统结构本身能够适应未来可能出现的扩展要求。

（3）适应性要求。入侵检测系统必须能够适用于多种不同的环境,比如高速大容量计算机网络环境,并且在系统环境发生改变,比如增加环境中的计算机系统数量,改变计算机系统类型时,入侵检测系统应当依然能够正常工作。适应性也包括入侵检测系统本身对其宿主平台的适应性,即跨平台工作的能力,适应其宿主平台软、硬件配置的各种不同情况。

（4）安全性与可用性要求。入侵检测系统必须尽可能地完善与健壮,不能向其宿主计算机系统以及其所属的计算机环境中引入新的安全问题及安全隐患。并且入侵检测系统应该在设计和实现中能够有针对性地考虑几种可以预见的,对应于该入侵检测系统类型与工作原理的攻击威胁,及其相应的抵御方法,确保该入侵检测系统的安全性与可用性。

（5）有效性要求。能够证明根据某一设计所建立的入侵检测系统是切实有效的,即对于攻击事件的错报与漏报能够控制在一定范围内。

7.2.2　入侵检测系统的基本结构

图 7.3 给出了一个通用的入侵检测系统结构图。很多入侵检测系统还包括界面处理、配置管理等模块。

图 7.3　通用入侵检测系统的基本结构图

数据提取模块的作用在于为系统提供数据,数据的来源可以是主机上的日志信息、变动信息,也可以是网络上的数据信息,甚至是流量变化等,这些都可以作为数据源。数据提取模块在获得数据之后,需要对数据进行简单的处理,如简单的过滤、数据格式的标准化等,然后将经过处理的数据提交给数据分析模块。

数据分析模块的作用在于对数据进行深入地分析,发现攻击并根据分析的结果产生事件,传递给事件响应处理模块。数据分析的方法多种多样,可以简单到对某种行为的计数(如一定时间内某个特定用户登录失败的次数,或者某种特定类型报文的出现次数),也可以是一个复杂的专家系统。该模块是入侵检测系统的核心。

事件响应模块的作用在于警告与反应,这实际上与 PDR 模型的 R 有所重叠。从非技术的角度来说,事件响应模块的告警是通知管理员,而 R 的作用在于产生一个正式的告警,作为安全事件进行处理;从技术角度来说,两者的功能很难划分,也可以将事件响应功能归结为 R 的一部分。

7.2.3　入侵检测系统的分类

根据着眼点的不同,对入侵检测技术的分类方法很多。可以依照检测方法、对入侵的响应方式和信息的来源等不同的标准来划分入侵检测系统。传统的划分方法是根据信息的来源将入侵检测系统分为基于主机的入侵检测系统(Host Intrusion Detection System,HIDS)、基于网络的入侵检测系统(Network Intrusion Detection System,NIDS)以及分布式入侵检测系统 (Distributed Intrusion Detection System,DIDS)。

1. 基于主机的入侵检测系统

基于主机的入侵检测系统通常安装在需要重点检测的主机之上,主要是对该主机的网络实时连接以及系统审计日志进行智能分析和判断。

由于基于主机的入侵检测系统必须安装在需要保护的设备上,这必定降低该设备的工作效率。另外,全面部署主机入侵检测系统代价较大,任何企业都无法将所有主机用主机入侵检测系统保护,只能选择其中的一部分。此时,那些未安装主机入侵检测系统的机器将成为保护的盲点,入侵者可利用这些机器达到攻击目标。因此,随着网络使用的频繁程度越来越高,基于主机的入侵检测系统将无法适应这种局面,它只能作为网络入侵检测的一个有力补充。

2. 基于网络的入侵检测系统

NIDS 在混杂模式下监视网段中传输的各种数据包,并对这些数据包的内容、源地址、目的地址等进行分析和检测。如果发现入侵行为或者可疑事件,入侵检测系统就会发出警报,甚至切断网络连接。它通常安装在网络上比较重要的网段,也可以说是容易出问题的地方,利用网络侦听技术,通过对网络上的数据流进行捕捉、分析,以判断是否存在入侵行为。它以网络上传输的信息包为主要研究对象,保护网络的运行。

基于网络的 IDS 成本低,只需要在网络的关键点进行部署即可。其次,对那些基于协议的入侵行为有很好的防范作用,并且对攻击能够做到实时响应,而与主机操作系统无关。但是随着网络上传送数据包的日益庞大,对每个数据包进行捕获分析已经不太现实了,这将严重增大系统的负荷,丢包现象将逐渐增多,从而影响 NIDS 的性能。

基于对上述两种 IDS 的分析,分布式入侵检测系统已经是现在和将来入侵检测系统应用发展的必然趋势。

3. 分布式入侵检测系统

典型的 DIDS 是管理端/传感器结构。NIDS 作为传感器放置在网络的各个地方,并向中央管理平台汇报情况。攻击日志定时地传送到管理平台并保存在中央数据库中,新的攻击特征库能发送到各个传感器上。每个传感器能根据所在网络的实际需要配置不同的规则集,报警信息能发到管理平台的消息系统,用各种方式通知 IDS 管理员。

对 DIDS 来说,传感器可以使用 NIDS、HIDS,或者同时使用,而且传感器有的工作在混杂模式,有的工作在非混杂模式。然而,无论什么情况,DIDS 都有一个显著的特征,即分布在网络不同位置的传感器都向中央管理平台传送报警和日志信息。

7.3　入侵检测的技术模型

最早的入侵检测模型由 Dorothy Denning 在 1986 年提出。这个模型与具体系统和具体输入无关,对此后的大部分实用系统都有很好的借鉴价值。图 7.4 表示了这个通用模型的体系结构。

图 7.4　入侵检测模型

事件产生器的任务是从入侵检测系统之外的计算机环境中收集事件数据,一般可来自审计记录、网络数据包以及其他可视行为。这些事件构成了检测的基础。

行为特征模块是整个检测系统的核心,它包含了用于计算用户行为特征的所有变量,这些变量可根据具体所采纳的统计方法以及事件记录中的具体动作模式而定义,并根据匹配的记录数据更新变量值。如果有统计变量的值达到了异常程度,则行为特征表产生异常记录,并采取一定措施。

规则模块可以由系统安全策略、入侵模式等组成。它一方面为判断是否入侵提供参考机制,另一方面根据事件记录、异常记录以及有效日期等控制并更新其他模块的状态。在具体实现上,规则的选择与更新可能不尽相同,但一般来说,行为特征模块执行基于行为的检测,而规则模块执行基于知识的检测。这两种方法具有一定的互补性,在实际系统中经常结合使用。

入侵行为的属性可分为异常(Anomaly)和误用(Misuse)两种,分别对其建立异常检测模型和误用检测模型,再对入侵行为进行分析。从这个角度来看,入侵检测系统可分为基于异常检测和基于误用检测两类。下面分别介绍这两类入侵检测系统。

7.3.1　基于异常的入侵检测

基于异常的入侵检测(Anomaly Detection)基于如下原则:任何一种入侵和误用行为通常与正常的行为存在严重的差异,通过检查出这些差异就可以检查出入侵。这种方法主要是建立计算机系统中正常行为的模式库,然后根据收集到的信息数据,通过某种方法,看是否存在重大偏差,如果偏差在规定范围之外,则认为发生了入侵行为,否则视为正常。

异常检测的一个很大的优点是不需要保存各种攻击特征的数据库,随着统计数据的增加,检测的准确性会越来越高,可能还会检测到一些未知的攻击。但由于用户的行为有很大的不确定性,很难对其行为确定出正常范围,因此门限值的确定也比较困难,出错的概率比较大。同时,它只能说明系统发生了异常的情况,并不能指出系统遭受了什么样的攻击,这给系统管理员采取应对措施带来了一定困难。

异常检测中常用的方法有量化分析、统计分析和神经网络。

1. 量化分析

量化分析是异常检测中使用最为广泛的方案，其特点是使用数字来定义检测规则和系统属性。量化分析通常涉及到一系列的计算过程，包括从简单的计数到复杂的加密运算，计算的结果可以作为异常检测统计模型的数据基础。常用的量化分析方法有门限检测、启发式门限检测和目标完整性检查。

门限检测的基本思想是使用计数器来描述系统和用户行为的某些属性，并设定可以接受的数值范围，一旦在检测过程中发现系统的实际属性超出了设定的门限值，就认为系统出现了异常。门限检测最经典的例子是操作系统设定的允许登录失败的最大次数。其他可以设置门限的系统属性还有特定类型的网络连接数、试图访问文件的次数、访问文件或目录的个数及所访问网络系统的个数等。

启发式门限检测是对门限检测的改进，对于包含大量用户和目标环境的系统来说，可以大幅度地提高检测的准确性。举例来说，传统的门限检测规则是：一个小时内，如果登录失败的次数大于 3 次，就认为出现异常；而启发式门限检测将这个规则定义为：登录失败的次数大于一个异常数，就会发出警报。这个异常数可以使用多种方法来设定，例如使用高斯函数计算平均的登录失败次数 m，并计算出标准的偏移量 δ，在检测过程中将实际登录失败的次数与 $m+\delta$ 比较，检查是否超出门限。

目标完整性检查是对系统中的某些关键对象，检查其是否受到无意或恶意的更改。通常是使用消息摘要函数计算系统对象的密码校验值，并将计算得到的值存放在安全的区域。系统定时地计算校验值，并与预先存储值比较，如果发现偏差，就发出警报信息。

2. 统计分析

统计分析技术采用统计分析的方法为每一个系统用户和系统主体建立统计行为模式。所建立的模式被定期地更新，以便及时反映用户行为随时间推移而产生的变化。检测系统维护一个由行为模式组成的统计知识库，每个模式采用一系列系统度量（如文件的访问、终端的使用、CPU 的时间占用等）来表示特定用户的正常行为，当用户的行为偏离其正常的行为模式时，就认为发生了入侵。

统计分析的方法可以针对那些冒充合法用户的入侵者，通过发现其异常的行为来发现入侵，并且不需要像误用检测系统那样需要维护规则库。但是统计分析所采用的度量必须要精心挑选，要能根据用户行为的改变产生一致性变化。同时统计分析的方法多是以批处理的方式对审计记录进行分析，因此实时性较差。

3. 神经网络

神经网络是人工智能研究中的一项技术，它是由大量并行的分布式处理单元组成。每个单元都能存储一定的"知识"，单元之间通过带有权值的连接进行交互。神经网络所包含的知识体现在网络结构当中，学习过程也就表现为权值的改变和连接的增加或删除。

利用神经网络进行入侵检测包括两个阶段。首先是训练阶段，这个阶段使用代表用户行为的历史数据进行训练，完成神经网络的构建和组装；接着便进入入侵分析阶段，网络接收输入的事件数据，与参考的历史行为比较，判断出两者的相似度或偏离度。神经网络使用以下方法来标识异常的事件：改变单元的状态、改变连接的权值、添加或删除连接。同时也具有对所定义的正常模式进行逐步修正的功能。

神经网络有以下优点：

（1）大量的并行分布式结构。

（2）有自学习能力，能从周围的环境中不断学习新的知识。

（3）能根据输入产生合理的输出。

神经网络的上述优点使其能处理特别复杂的问题。例如对用户或系统行为的学习和分析，这些都符合入侵检测系统不断面临新的情况和新的入侵的现况。但目前神经网络技术尚不十分成熟，所以还没有较为完善的产品。

7.3.2 基于误用的入侵检测

基于误用的入侵检测（Misuse Detection）的工作原理是收集非正常操作的行为特征，建立相关的特征库，也就是所谓的专家知识库。通过监测用户或系统的行为，将收集到的数据与预先确定的特征知识库里的各种攻击模式进行比较，如果能够匹配，则判断有攻击，系统就认为该行为是入侵。误用入侵检测技术有时也称为规则入侵检测技术。顾名思义，是进行规则库的匹配。

误用检测能迅速发现已知的攻击，并指出攻击的类型，便于采取应对措施；同时用户可以根据自身情况选择所要监控的事件类型和数量；并且误用检测没有浮点运算，效率较高。但其缺点也是显而易见的：由于依赖误用模式库，它只能检测数据库中已有的攻击，对未知的攻击无能为力，这便要求不断地升级数据库，加入新攻击的特征码；随着数据库的不断扩大，检测所要耗费的存储和计算资源也会越来越大；由于没有通用的模式定义语言，数据库的扩展很困难，增加自己的模式往往很复杂；并且将攻击的自然语言描述转换成模式是比较困难的，如果模式不能被正确定义，将无法检测到入侵。

误用检测中常用的方法有简单的模式匹配、专家系统和状态转移法。

1. 简单的模式匹配

简单的模式匹配是最为通用的误用检测技术，它拥有一个攻击特征数据库。如果当前被检测的数据与数据库中的某个模式（规则）相匹配，就认为发生了入侵行为。这种方法的特点是原理简单、扩展性好、检测效率高、可以实时检测，但只适用于检测比较简单的攻击，并且误报率高。由于其实现、配置和维护都非常方便，因此得到了广泛的应用。Snort 系统就采用了这种检测手段。

2. 专家系统

专家系统是最早的误用检测方案之一，被许多入侵检测模型所使用。

专家系统的应用方式是：首先使用类似于 if-then 的规则格式输入已有的知识（攻击模式），然后输入检测数据（审计事件记录），系统根据知识库中的内容对检测数据进行评估，判断是否存在入侵行为模式。专家系统的优点在于把系统的推理控制过程和问题的最终解答相分离，即用户不需要理解或干预专家系统内部的推理过程，而只需把专家系统看成是一个黑盒。

专家系统应用于入侵检测时，存在以下一些实际问题：

（1）处理海量数据时的效率问题。专家系统的推理和决策模块通常使用解释型语言实现,执行速度比编译型语言要慢。

（2）缺乏处理序列数据的能力,即数据前后的相关性问题。

（3）专家系统的性能取决于设计者的知识和技能。

（4）只能检测已知的攻击模式。

（5）无法处理判断的不确定性。

规则库的维护是一项艰巨的任务,更改规则时必须考虑到对知识库中其他规则的影响。

3. 状态转移法

状态转移法（State Transition Approaches）采用优化的模式匹配技术来处理误用检测的问题,这种方法采用系统状态和状态转移的表达式来描述已知的攻击模式。基于状态转移的入侵检测方法主要有状态转移分析和着色 Petri 网（CP-Nets）两种方法。状态转移分析是通过检测攻击行为所引起的系统状态的变化来发现入侵的,而着色 Petri 网则通过对攻击行为本身的特征进行模式匹配来检测入侵行为。

1）状态转移分析（State Transition Analysis）

状态转移分析是使用状态转移图来表示和检测已知攻击模式的误用检测技术。NetSTAT 系统采用了这种技术。

状态转移分析使用有限状态机模型来表示入侵过程。入侵过程是由一系列导致系统从初始状态转移到入侵状态的行为组成。初始状态表示在入侵发生之前的系统状态,入侵状态则表示入侵完成后系统所处的状态。系统状态通常使用系统属性或用户权限来描述。用户的行为和动作会导致系统状态的改变,当系统状态由正常状态改变为入侵状态时,即认为发生了入侵。

2）着色 Perti 网

另一种采用状态转移技术来优化误用检测的方法是由 Purdue University 的 Sandeep Kumar 和 Gene Spafford 设计的着色 Petri 网（CP-Nets）。

这种方法将入侵表示成一个着色的 Petri 网,特征匹配过程由标记（token）的动作构成。标记在审计记录的驱动下,从初始状态向最终状态（标识入侵发生的状态）逐步前进。处于各个状态时,标记的颜色用来表示事件所处的系统环境（context）。当标记出现某种特定的颜色时,预示着目前的系统环境满足了特征匹配的条件,此时就可以采取相应的响应动作。

误用检测的原理简单,很容易配置,特征知识库也容易扩充,但它存在一个致命的弱点——只能检测已知的攻击方法和技术。异常检测可以检测出已知的和未知的攻击方法和技术,问题是正常行为标准只能采用人工智能、机器学习算法等来生成,并且需要大量的数据和时间,同时,现在人工智能和机器学习算法仍处于研究阶段。所以现在的入侵检测系统大多采用误用检测的分析方法。

7.4 常用入侵检测系统介绍

1. Snort

Snort 系统是一个以开放源代码（Open Source）形式发行的网络入侵检测系统,由 Martin Roesch 编写,并由遍布世界各地的众多程序员共同维护和升级。Snort 运行在

libpcap 库函数基础之上，并支持多种系统软硬件平台，如 RedHat Linux、Debian Linux、HP-UX、Solaris(x86 和 Sparc)、x86 Free/Net/OpenBSD、NetBSD 以及 MacOS X 等。系统代码遵循 GNU/GPL 协议。

　　与许多昂贵且庞大的商用系统相比，Snort 系统具有系统规模小、易于安装、便于配置、功能强大、使用灵活等优点。Snort 不仅是一个网络入侵检测系统，还可以作为网络数据包分析器(Sniffer)和记录器(Logger)来使用。它采用基于规则的工作方式，对数据包内容进行规则匹配来检测许多不同的入侵行为和探测活动，例如缓冲区溢出、隐蔽端口扫描、CGI 攻击、SMB 探测等。Snort 具备实时报警的功能，可以发送警报消息到系统日志文件、SMB 消息或者是指定的警报文件中。系统采用命令行开关选项和可选 BPF 命令的形式进行配置。系统检测引擎采用了一种简单的规则语言进行编程，用于描述对每一个数据包所对应的测试和对应可能的相应动作。

　　1) Snort 的工作模式

　　Snort 作为一个功能强大的网络安全工具，它可以被设置成三种工作模式：

　　(1) 网络嗅探分析仪(Sniffer)：进行网络协议的实时分析。

　　当被设置成这种模式时，Snort 从网络中读取所有的数据包并进行解码(Decode)，然后根据参数将相应的信息显示给用户。

　　(2) IP 包日志记录器(Packet logger)：将网络中的数据包记录到日志文件中。

　　在这种模式下，Snort 将数据包解码后以 ASCII 码的形式存储在磁盘的指定目录中。在自动形成的层次目录结构中，一般用被记录的 IP 地址作为 log 日志的子目录名，并在各自的子目录下自动形成以通信端口为名字的日志文件。日志模式可以和嗅探模式混合使用。

　　(3) 网络入侵检测系统(NIDS)。

　　网络入侵检测系统模式是 Snort 的最主要功能。Snort 首先通过一种简单、轻量级的规则描述语言来制定出一系列的规则，然后将监听到的数据包与现有规则集进行匹配，根据匹配的结果采取相应的动作(Actions)。所谓动作就是当 Snort 发现从网络中获取的数据包与事先定义好的规则相匹配时，下一步所要进行的处理方式。通常可采取的动作有 5 个：alert、log、pass、activate、dynamic。

　　① alert：用事先定义好的方式产生报警，并将数据包记入日志。

　　② log：将数据包记入日志。

　　③ pass：忽略数据包。

　　④ activate：产生报警，并转向(激活)相应的 dynamic 规则。

　　⑤ dynamic：等待被 activate 规则激活，激活后等同于 log 动作。activate 和 dynamic 一般是成对出现的，activate/dynamic 规则使 Snort 的规则定义功能更加充实。

　　2) Snort 的模块结构

　　Snort 在逻辑上可以分成多个模块，这些模块共同工作来检测特定的攻击，并产生符合特定要求的输出格式。一个基于 Snort 的 IDS 包含下面的主要部件：数据包解码器(传感器)、预处理器、检测引擎、日志和报警系统、输出模块。

　　Snort 模块的组成以及相互关系如图 7.5 所示，任何来自 Internet 的包到了包解码器，然后被送到输出模块，在这里要么被丢弃，要么产生日志或报警。

图 7.5　Snort 模块的组成及其相互关系

数据包解码采用 Libpcap 库函数捕获数据链路层的分组并进行协议栈分析（TCP/IP 协议），以便交给检测引擎进行规则匹配。解码器运行在各种协议栈之上，从数据链路层到传输层，最后到应用层。Snort 的包解码支持以太网、SLIP（串行线路接口协议）及 PPP 媒体介质。数据包解码所做的工作就是为检测引擎准备数据。

预处理器是 Snort 在检测引擎作出一些操作来发现数据包是否用来入侵之前排列或者修改数据包的组件或者插件。一些预处理器也可以通过发现数据包头部异常来执行一些探测工作，并产生报警。预处理器的工作对 IDS 的检测引擎依据规则分析数据都是非常重要的。黑客有很多欺骗 IDS 的技术。比如，建立这样一条规则，用来在 HTTP 包中发现包含"scripts/iisadmin"的入侵特征，如果字符匹配过于严格，那么黑客只需要做一些细小的变通，就能很轻易地欺骗 IDS。例如：

```
scripts/./iisadmin
scripts/examples/../iisadmin
scripts/.\iisadmin
```

为了使问题复杂化，攻击者也会在字符中嵌入 16 位 URI 字符或者 Unicode 字符，这对 Web 服务器来说是同样合法的，因为 Web 服务器能够理解所有这些字符，并将它们处理成为类似于"scripts/iisadmin"这样的字符。如果 IDS 严格匹配某一字符串，就可能无法探测到这种类型的攻击。预处理器可以将字符重新排列，以使 IDS 能够探测到类似情形。

检测引擎是 Snort 的核心模块。当数据包从预处理器送过来后，检测引擎依据预先设置的规则检查数据包，一旦发现数据包中的内容和某条规则相匹配，就会有相应的动作（记录日志或报警等）产生，否则数据包就会被丢弃。

依据在数据包中所找到的数据特征，一个包可以用来记录行为或产生报警。日志可以存为简单的文本文件、Tcpdump 格式文件或者其他的形式。

2. OSSEC HIDS

这是一个基于主机的开源入侵检测系统，它可以执行日志分析、完整性检查、Windows 注册表监视、rootkit 检测、实时警告以及动态的实时响应。除了 IDS 的功能之外，它通常还可以被用做一个 SEM/SIM 解决方案。因为其强大的日志分析引擎，因特网供应商、大学和数据中心都乐意运行 OSSEC HIDS，以监视和分析其防火墙、IDS、Web 服务器和身份验证日志。

3. Fragroute/Fragrouter

一个能够逃避网络入侵检测的工具箱，这是一个自分段的路由程序，它能够截获、修改并重写发往一台特定主机的通信,可以实施多种攻击,如插入、逃避、拒绝服务攻击等。它拥有一套简单的规则集,可以对发往某一台特定主机的数据包延迟发送,或复制、丢弃、分段、重叠、打印、记录、源路由跟踪等。严格来讲,这个工具是用于协助测试网络入侵检测系统的,也可以协助测试防火墙,基本的 TCP/IP 堆栈行为。

4. BASE

又称为基本的分析和安全引擎。BASE 是一个基于 PHP 的分析引擎,它可以搜索、处理由各种 IDS、防火墙、网络监视工具所生成的安全事件数据。其特性包括一个查询生成器并查找接口,这种接口能够发现不同匹配模式的警告,还包括一个数据包查看器/解码器,基于时间、签名、协议、IP 地址的统计图表等。

5. Sguil

这是一款被称为网络安全专家,监视网络活动的控制台工具,它可以用于网络安全分析。其主要部件是一个直观的 GUI 界面,可以从 Snort/barnyard 提供实时的事件中进行分析。还可借助于其他的部件,实现网络安全监视活动和 IDS 警告的事件驱动分析。

7.5 入侵检测技术存在的问题与发展趋势

7.5.1 入侵检测系统目前存在的问题

入侵检测系统在信息安全中有着重要的作用,但在国内的应用还远远没有普及。一方面是由于用户的认知程度较低,另一方面是由于入侵检测是一门比较新的技术,还存在一些技术上的困难,不是所有厂商都有研发入侵检测产品的实力。目前的入侵检测产品大多存在如下一些问题:

1. 误报和漏报的矛盾

入侵检测系统对网络上所有的数据进行分析,如果攻击者对系统进行攻击尝试,而系统相应服务开放,只是漏洞已经修补,那么这一次攻击是否需要报警,这就是一个管理员需要判断的问题。因为这也代表了一种攻击的企图。但大量的报警事件会分散管理员的精力,反而无法对真正的攻击作出反应。和误报相对应的是漏报,随着攻击的方法不断更新,入侵检测系统是否能检测出网络中所有的攻击也是一个重要问题。

2. 隐私和安全的矛盾

入侵检测系统可以收集网络上的所有数据,并对其进行分析和记录,这对网络安全极其重要。同时,这也对用户的隐私构成一定的威胁,关键要看具体的入侵检测产品是否能提供相应功能以供管理员进行取舍。

3. 被动分析与主动发现的矛盾

入侵检测系统是采取被动监听的方式发现网络问题,无法主动发现网络中的安全隐患和故障。如何解决这个问题也是入侵检测产品面临的难题。

4. 海量信息与分析代价的矛盾

随着网络数据流量的不断增长,入侵检测产品能否高效地处理网络中的数据也是衡量入侵检测产品的重要依据。

5. 功能性和可管理性的矛盾

随着入侵检测产品功能的增加,可否在功能增加的同时不增大管理的难度? 例如,入侵检测系统的所有信息都储存在数据库中,此数据库能否自动维护和备份而不需管理员的干预? 另外,入侵检测系统自身安全性如何? 是否易于部署? 采用何种报警方式? 也都是需要考虑的因素。

6. 单一的产品与复杂的网络应用的矛盾

入侵检测产品最初的目的是为了检测网络的攻击,但仅仅检测网络中的攻击远远无法满足目前复杂的网络应用需求。通常,管理员难以分清网络问题是由于攻击引起的还是网络本身的故障。入侵检测检测出的攻击事件又如何处理? 可否和目前网络中的其他安全产品进行联合处理?

7.5.2　入侵检测系统的发展趋势

1. 分析技术的改进

入侵检测误报和漏报的解决最终还需要依靠分析技术的改进。目前入侵检测分析方法主要有统计分析、模式匹配、数据重组、协议分析、行为分析等。

统计分析是统计网络中相关事件发生的次数,达到判别攻击的目的。模式匹配利用对攻击的特征字符进行匹配完成对攻击的检测。数据重组是对网络连接的数据流进行重组再加以分析,而不仅仅分析单个数据包。

协议分析技术是在对网络数据流进行重组的基础上,理解应用协议,再利用模式匹配和统计分析的技术来判明攻击。例如,某个基于 HTTP 协议的攻击含有 ABC 特征,如果此数据分散在若干个数据包中,如一个数据包含 A,另外一个包含 B,另外一个包含 C,则单纯的模式匹配就无法检测,只有基于数据流重组才能完整检测。而利用协议分析,则只在符合的协议(HTTP)检测到此事件才会报警。假设此特征出现在电子邮件里,因为不符合协议,就不会报警。利用此技术,有效地降低了误报和漏报。

行为分析技术不仅简单分析单次攻击事件,还根据前后发生的事件确认是否有攻击发生,攻击行为是否生效,是入侵检测分析技术的最高境界。由于目前算法处理和规则制定的难度很大,该技术还不是非常成熟,但却是入侵检测技术发展的趋势。目前最好综合使用多种检测技术,而不只是依靠传统的统计分析和模式匹配技术。另外,规则库能否及时更新也和检测的准确程度相关。

2. 内容恢复和网络审计功能的引入

入侵检测的最高境界是行为分析。但行为分析目前还不是很成熟,因此,个别优秀的入侵检测产品引入了内容恢复和网络审计功能。

内容恢复即在协议分析的基础上,对网络中发生的行为加以完整的重组和记录,网络中发生的任何行为都逃不过它的监视。网络审计即对网络中所有的连接事件进行记录。入侵检测的接入方式决定入侵检测系统中的网络审计不仅类似于防火墙可以记录网络进出信息,还可以记录网络内部连接状况,此功能对内容恢复无法恢复的加密连接尤其有用。

内容恢复和网络审计让管理员看到网络的真正运行状况,其实就是调动管理员参与行为分析过程。此功能不仅能使管理员看到孤立的攻击事件的报警,还可以看到整个攻击过程,了解攻击确实发生与否,查看攻击者的操作过程,了解攻击造成的危害。不但发现已知攻击,而且发现未知攻击。不但发现外部攻击者的攻击,也发现内部用户的恶意行为。毕竟管理员是最了解其网络的,管理员通过此功能的使用,很好地达成了行为分析的目的。但使用此功能的同时需注意对用户隐私的保护。

3. 集成网络分析和管理功能

入侵检测不但对网络攻击进行检测,同时,入侵检测可以收集网络中的所有数据,对网络的故障分析和健康管理也可起到重大作用。当管理员发现某台主机有问题时,希望能马上对其进行管理。入侵检测不应只采用被动分析方法,最好能和主动分析结合起来。所以,入侵检测产品集成网管功能,扫描器(Scanner)、嗅探器(Sniffer)等功能是以后研究发展的重要方向。

4. 安全性和易用性的提高

入侵检测是一个安全产品,自身安全极为重要。因此,目前的入侵检测产品大多采用硬件结构,黑箱式接入,免除自身安全问题。同时,对易用性的要求也日益增强。例如,全中文的图形界面,自动的数据库维护,多样的报表输出。这些都是优秀入侵产品的特性和以后继续发展细化的趋势。

5. 改进对大数据量网络的处理方法

随着对大数据量处理的要求,入侵检测的性能要求也逐步提高,出现了快速入侵检测等产品。但如果入侵检测产品不仅具备攻击分析,同时具备内容恢复和网络审计功能,则其存储系统也很难完全工作在千兆网络环境下。这种情况下,网络数据分流也是一个很好的解决方案,性价比也较好。

6. 防火墙联动功能

入侵检测发现攻击,自动发送给防火墙,防火墙加载动态规则拦截入侵,称为防火墙联动功能。目前此功能还没有到完全实用的阶段,主要是一种概念,随便使用会导致很多问题。目前主要的应用对象是自动传播的攻击,如 Nimda 等,联动只在这种场合有一定的作用。无限制地使用联动,如未经充分测试,对防火墙的稳定性和网络应用会造成负面影响。但随着入侵检测产品检测准确度的提高,联动功能日益趋向实用化。

习　题　7

一、选择题

1. 下列(　　)功能是入侵检测实现的。
　　A. 过滤非法地址　　　　　　　　　　B. 流量统计
　　C. 屏蔽网络内部主机　　　　　　　　D. 检测和监视已成功的安全突破

2. 有一种攻击是不断对网络服务系统进行干预,改变其正常的作业流程,执行无关程序使系统响应减慢甚至瘫痪。这种攻击叫做(　　)。
　　A. 重放攻击　　　B. 反射攻击　　　C. 拒绝服务攻击　　　D. 服务攻击

3. 入侵检测系统的第一步是(　　)。
　　A. 信号分析　　　　B. 信息收集　　　　C. 数据包过滤　　　　D. 数据包检查
4. 以下(　　)不属于入侵检测系统的功能。
　　A. 监视网络上的通信数据流　　　　　　B. 捕捉可疑的网络活动
　　C. 提供安全审计报告　　　　　　　　　D. 过滤非法的数据包

二、填空题

1. 根据信息的来源将入侵检测系统分为基于_____的 IDS、基于_____的 IDS 和_____的 IDS。

2. PPDR 模型包括_____、_____、_____和_____。

3. 入侵检测技术分为_____和_____两大类。

三、简答题

1. 什么是入侵检测系统?

2. 简述入侵检测系统目前面临的挑战。

3. 为什么要进行入侵检测?

4. 简述基于主机入侵检测系统的工作原理。

5. 简述基于网络入侵检测系统的工作原理。

6. 简述误用检测的技术实现。

7. 简述异常检测的技术实现。

第 8 章　操作系统安全

操作系统作为用户使用计算机和资源的界面,发挥着重要的作用,因此,操作系统本身的安全就成为信息安全当中的一个重要研究课题。在计算机的发展史上,出现过许多不同的操作系统,其中最常用的有 DOS、Windows、Linux、UNIX/Xenix 和 OS/2 这 5 种。当前使用最广泛的操作系统主要有基于 NT 技术的 Windows 操作系统和 UNIX 操作系统。

操作系统的安全通常包括如下几个方面:

(1) 操作系统本身提供的安全功能和安全服务;

(2) 针对各种常见的操作系统,采取配置措施,使之能正确地应付各种入侵;

(3) 如何保证操作系统本身所提供的网络服务得到安全配置。

对于操作系统安全没有一个统一的定义,如果一个计算机系统是安全的,一般意义上是指该系统能够通过特定的安全功能控制外部对系统的访问。也就是说,只有经过授权的用户或者代表该用户运行的进程才能读、写、创建或删除信息。

操作系统内的活动,从某种意义上来说,都可以看做是主体针对计算机系统内部所有资源的一系列操作。操作系统中任何存有数据的东西都是客体,能访问或使用客体活动的实体称做主体,一般用户或者代表用户进行操作的进程都是主体。主体对客体的访问策略是通过可信计算基来实现的。可信计算基是系统安全的基础,正是基于可信计算基,通过安全策略的事实,控制主体对客体的访问,达到对客体的保护。

人们如何访问文件和其他信息是安全策略描述的内容。在计算机系统中,对于给定的主体和客体,必须有一套严格的规则来确定一个给定的主体是否被授权获得对指定客体的访问。当安全策略被抽象成安全模型后,人们可以通过形式化的方法证明该模型是安全的。被证明了的模型成为人们设计系统安全部分的坐标。

通常在操作系统的实现过程中会出现各种问题,使用安全模型设计出来的操作系统会产生一些出乎设计者意图之外的性质,这通常称为操作系统的漏洞。近年来,随着各种系统入侵和攻击技术的发展,操作系统漏洞层出不穷。典型的如缓冲区溢出漏洞,目前几乎所有的操作系统实现都不同程度地具有这个漏洞。因此,一般所说的操作系统安全通常包括两层意思:一是操作系统通过权限访问控制、信息加密保护、完整性鉴定等一系列机制实现的安全;另外就是操作系统在使用过程中,通过一系列的配置,保证操作系统尽量避免由于实现时的缺陷或应用环境因素产生的不安全因素。只有通过这两方面的同时努力,才能最大可能地建立安全的操作系统环境。

计算机操作系统为了实现网络安全特性的要求,常用的安全技术主要有主机安全技术、身份认证技术、访问控制技术、密码技术、防火墙技术、安全审计技术和安全管理技术。每种操作系统一般都是按照一定的安全目标进行设计,因此都采用了一些安全策略,并使用了一些常用的安全技术。

8.1　Linux 系统

8.1.1　Linux 系统历史

Linux 是一种适用于 PC 的计算机操作系统,它适合于多种平台,是目前唯一免费的非商品化、开源的操作系统。

Linux 诞生于 1991 年年底,是一个芬兰大学生开发出来的。由于具有结构清晰、功能强大等特点,它很快成为许多院校学生和科研机构的研究人员学习和研究的对象。在他们的热心努力下,Linux 逐渐成为一个稳定可靠、功能完善的操作系统。而一些软件公司也不失时机地推出以 Linux 为核心的操作系统,大大推动了 Linux 的商品化,使 Linux 的使用日益广泛,成为当今最流行的一种操作系统。

Linux 是由 UNIX 发展而来的,它不仅继承了 UNIX 操作系统的特征,而且在许多方面还超过了 UNIX 系统,另外它还具有许多 UNIX 所不具有的优点和特性。如它的源代码是开放的,可运行于多种硬件平台,支持多达 32 种文件系统,支持大量的外部设备等。它包含人们所期待的操作系统所能拥有的优良特性,包括真正的多任务、虚拟内存、目前最快的TCP/IP 驱动程序、共享库和理想的多用户支持;它还符合 X/Open 标准,具有完全自由的X-Window 实现方式;Linux 同 UNIX 一样,具有最先进的网络特性,且支持所有通用的Internet 协议,既可作为客户机也可作为服务器。

Linux 实际上是免费的,它以 GPL(General Public License,通用公共许可证)的方式发行这份软件,可以让任何人以任何形式复制与传播 Linux,而且用户可在网络上下载 Linux的源代码,随心所欲地复制与更改源程序。由于可以免费取得源代码,投入研究和开发的人也越来越多,功能越来越完善。到目前为止,已经是可以同 Windows 或其他操作系统抗衡的一个系统。

一个操作系统除了核心程序外,还需要其他的系统程序和应用程序才有实用性,它们是由美国免费软件基金会(Free Software Foundation)、某机构或个人开发的,而且这些软件大多都是免费的。由于自行下载和安装这些程序不是很方便,于是有些公司和团体就去收集整理 Linux 上的程序,把它们整合起来构成一个完整的操作系统,就是所谓的配送套件(Distributionkit)。其中比较有名的就是 Red Hat、Slackware 和 OpenLinux 等。

Linux 不像一般的 UNIX 要负担庞大的版权费用,也不需要在专用的昂贵硬件上使用,它可以在一般的 PC 上运行,代码执行效率高,接收了过去几十年来在 UNIX 上积累的用户,加上 GPL 的版权允许大家自由传播 Linux 的源代码,用户可以针对自己的需求修改程序,使得 Linux 在目前已经成为非常受人欢迎的、多任务、免费、稳定的操作系统。

Linux 严格意义上来说,虽然是指系统核心,但也广泛地用来指明利用 Linux 核心建立的整个操作系统。Linux 以版本号来表示它是测试版或正式版。若版本 n. x. y 中 x 是偶数,则是稳定的版本,y 值的增加只是表示错误修正次数。

8.1.2 Linux 的特点

无论是在服务器领域、嵌入式领域、因特网接入计费系统,还是在低端的桌面市场上,都看得到 Linux 的身影。作为一个优良的操作系统,Linux 有许多特点。

(1) 多处理器。SMP 支持在 Intel 及 SPARC 平台上可用(其他平台正在发展中),而且 Linux 可使用在数个疏结的(loosely-coupled)MP 应用程序,包括 Beowulf 系统上及 Fujitsu AP1000+SPARC 超级计算机上。

(2) 多进程。在一个过程的内存中可以执行多个进程(Process),让操作系统的多任务能力更强。

(3) 多任务。可以同时执行多个程序。

(4) 多用户。允许多个用户同时使用同一主机。

(5) 多平台。可以在许多种类的 CPU 上面执行。

(6) 灵活的页面申请机制。视需求将执行代码调入内存,Linux 只从硬盘上读入一个程序真正需要的部分。

(7) 应用程序及硬盘 Cache(高速缓存)使用统一的内存池(Memory Pool),因此,所有未使用的内存可用来当作 Cache,而 Cache 的大小在执行大程序时可以减少。

(8) 可做内核现场保存(Core Dumps)以做事后的分析,不仅允许在一个程序执行时使用 DEBUG,也可在它发生故障之后使用。

(9) 所有的原始程序源代码都可得到,包括整个核心及所有的驱动程序,开发工具及所有应用程序。

(10) 支持数种普通的文件系统,包括 Minix、Xenix 及所有普通的 System V 文件系统,而且它自己有一个先进的文件系统,提供最多达 4TB 的文件系统,以及至多可到 255 个字长的文件名。

(11) 全面支持 TCP/IP 网络协议,包括 FTP、Telnet 和 NFS 等。同时支持 Appletalk 服务器、Netware 客户机及服务器、Lan Manager (SMB)客户机及服务器。其他支持的网络协议有 IPv4、IPv6、AX. 25、X. 25、IPX、DDP (Appletalk)、NetBEUI 和 Netrom。稳定的核心中目前包含的稳定网路协议有 TCP、IPv4、IPX、DDP 和 AX. 25。

8.2 UNIX/Linux 系统安全

8.2.1 UNIX/Linux 系统安全概述

UNIX/Linux 是一种多任务多用户的操作系统。这类操作系统的基本功能是防止使用同一台计算机的不同用户之间相互干扰,所以 UNIX/Linux 的设计宗旨是要考虑安全的。当然,系统中仍然存在很多安全问题,其新功能的不断纳入及安全机制的错误配置或不经心使用都可能带来很多安全问题。

UNIX/Linux 系统结构由用户、内核和硬件三个层次组成,如图 8.1 所示。

UNIX/Linux 操作系统借助以下 4 种方式提供功能。

（1）中断。内核处理外围设备的中断，设备通过中断机制通知内核 I/O 完成状态变化，内核将中断视为全局事件，与任何特定进程都不相关。

（2）系统调用。用户进程通过 UNIX/Linux API 的内核部分的系统调用接口，显式地从内核获得服务，内核以调用进程的身份执行这些请求。

（3）异常。进程的某些不正常操作，诸如除数为 0，或用户堆栈溢出将引起硬件异常。异常需要内核干预，内核为进程处理这些异常。

（4）像 swapper 和 pagedaemon 之类的一组特殊的系统进程执行系统级的任务，比如，控制活动进程的数目或维护空闲内存池。

系统具有两个执行态：用户态和核心态。运行内核中程序的进程处于核心态，运行内核外的进程处于用户态。系统保证用户态下的进程只能访问它自己的指令和数据，而不能访问内核和其他进程的指令和数据，并且保证特权指令只能在核心态执行。像中断、异常等在用户态下不能使用。用户可以通过系统调用进入核心态，运行完系统调用之后又返回用户态。系统调用是用户程序进入系统内核的唯一入口。因此用户对系统资源中信息的访问都要经过系统调用才能完成。一旦用户通过系统调用进入内核，便完全与用户隔离，从而使内核中的程序可对用户的访问控制请求进行不受用户干扰的访问控制。在安全结构上，Linux 与 UNIX 基本相似。

图 8.1　UNIX/Linux 系统结构

8.2.2　UNIX/Linux 的安全机制

安全的计算机操作系统必须有一个明确的、定义良好的安全机制。系统中只有授权的用户或代表用户的工作进程才可以读、写、删除或建立相应的信息资源，即系统实现了完备的信息访问控制机制。对系统安全有关的事件要进行审计、记录，并能找到当事人。安全机制必须是不可篡改和非授权改变等。在 UNIX/Linux 基本系统中，提供的安全机制包括用户账号标识、口令安全、文件系统安全、文件加密和日志审计机制等。

1. 用户账号标识

UNIX/Linux 的各种功能都被限制在一个账号 Root（根用户账号）中，其功能和 Windows NT 中的管理员 Administrator 或 Netware 的超级用户 Supervisor 功能类似。作为根用户账号,可以控制一切,包括用户账号、文件和目录,网络资源等。根用户账号允许管理所有资源的各类变化情况。例如,每个账号都是具有不同用户名、不同口令和不同访问权限的单独实体,这样就允许根用户账号有权授予或者拒绝任何用户、用户组和所有用户的访问。用户可以建立自己的文件,安装自己的程序等。为了确保不会出现冲突,系统会分配好用户目录,每个用户都得到一个目录和一部分硬盘空间,这块空间与系统区域和其他用户所占用的区域分隔开来。这样就可以防止一般用户的活动影响其他用户的文件系统。进而系统还为每个用户提供一定程度的保密,作为根用户账号,可以控制哪些用户能够进行访问以及他们可以把文件放到哪里,控制用户能够访问哪些资源,以及用户如何访问等。

　　用户登录到系统中时,需要输入用户名标识其身份。内部实现时,当该用户的账号创建时,系统管理员便为其分配唯一一个标识号。

　　系统中的/etc/passwd 文件含有全部系统需要知道的关于每个用户的信息(加密后的口令存于/etc/shadow 文件中)。/etc/passwd 文件中包含有用户的登录名、经过加密的口令、用户号、用户组号、用户注释、用户主目录和用户的 shell 程序,其中用户号(UID)和用户组号(GID)用于 UNIX 系统唯一地标识用户和同组用户的访问权限。系统中,超级用户的 UID 为 0,每个用户属于一个或多个用户组,每个组由 GID 唯一标识。

2. 口令安全

　　用户登录系统时,需要输入口令来鉴别用户身份。当用户输入口令时,UNIX 系统使用改进的 DES 算法对其进行加密,并与存储在/etc/passwd 或者 NIS 数据库中的加密用户口令进行比较,若二者匹配,则说明该用户的登录合法,否则拒绝登录。

　　在 Linux 中,口令文件保存在/etc/passwd 中,早期的这个文件直接存放加密后的密码,前两位是"盐"值,是一个随机数,后面跟的是加密后的密码。

　　下面来分析一下/etc/passwd 文件,它的每个条目有 7 个域,分别是:

名字: 加密的密码: 用户 id: 组 id: 用户信息: 主目录: shell

例如:

```
ynguo: AAAAAA: 509: 510: : /home/ynguo: /bin/bash
```

　　在利用了 shadow 文件的情况下,密码用一个 x 表示,普通用户看不到任何密码信息。如果仔细看看这个文件,会发现一些奇怪的用户名,它们是系统的缺省账号,缺省账号是攻击者入侵的常用入口,因此一定要熟悉缺省账号,特别要注意密码域是否为空。下面简单介绍一下这些缺省账号。

　　(1) adm:拥有账号文件,起始目录/var/adm 通常包括日志文件。

　　(2) bin:拥有用户命令的可执行文件。

　　(3) daemon:用来执行系统守护进程。

　　(4) games:用来玩游戏。

　　(5) halt:用来执行 halt 命令。

　　(6) lp:拥有打印机后台打印文件。

　　(7) mail:拥有与邮件相关的进程和文件。

　　(8) news:拥有与 usenet 相关的进程和文件。

　　(9) nobody:被 NFS(网络文件系统)使用。

(10) shutdown：执行 shutdown 命令。

(11) sync：执行 sync 命令。

(12) uucp：拥有 uucp 工具和文件。

传统上，/etc/passwd 文件在很大范围内是可读的，因为许多应用程序需要用它来把 UID 转换为用户名。例如，如果不能访问/etc/passwd，那么 ls -l 命令将显示 UID 而不是用户名。但是使用口令猜测程序，具有加密口令的可读/etc/passwd 文件有巨大的安全危险，容易受到口令猜测程序的攻击。所以出现了影子文件/etc /shadow。

影子口令系统把口令文件分成两部分：/etc/passwd 和/etc/shadow。影子口令文件保存加密的口令。/etc/passwd 文件中的密码全部变成 x。Shadow 只能是 root 可读，从而保证了安全。/etc/shadow 文件每一行的格式如下：

用户名：加密口令：上一次修改的时间（从 1970 年 1 月 1 日起的天数）：口令在两次修改间的最小天数：口令修改之前向用户发出警告的天数：口令终止后账号被禁用的天数：从 1970 年 1 月 1 日起账号被禁用的天数：保留域。

例如：

```
root: $ 1 $ t4sFPHBq $ JXgSGgvkgBDD/D7FVVBBm0: 11037: 0: 99999: 7: − 1: − 1: 1075498172
bin: ∗ : 11024: 0: 99999: 7: :
daemon: ∗ : 11024: 0: 99999: 7: :
```

在缺省情况下，口令更新并不开启。如果用户的系统没有启动影子文件，那么运行 pwconv 程序。

为了防止口令被非授权用户盗用，对其设置应以复杂、不可猜测为标准。一个好的口令至少 6 个字符以上长度，口令中最好有字母和其他符号的组合，同时用户应定期更改口令。

3. 文件系统安全

文件系统是内核用于表示和组织系统存储资源的抽象概念。存储资源可以包括不同种类的媒体（例如硬盘、磁带机等），大小和数量也千差万别。内核将这些资源整合在单个层次的结构内，该结构从目录"/"开始，往下延伸至任意数目的子目录，顶级目录称为根目录。UNIX 文件系统控制文件和目录中的信息以何种方式存储在磁盘及其他辅助存储介质上。它通过一组访问控制规则来确定一个主体是否可以访问一个指定的客体。

1）访问权限设置

通过命令 ls 就可以列出文件（或目录）对系统内不同用户所给予的访问权限。例如，图 8.2 给出了文件访问控制的图形解释。

图 8.2　文件访问权限示意图

访问权限共有 9 位，分为三组，用以指出不同用户对该文件的访问权限。

权限有三种：r 允许读；w 允许写；x 允许执行。用户有三种类型：owner，该文件的属主；group，该文件所属用户组中的用户，即同组用户；other，除上述二者以外的其他用户。

上述授权模式同样适应于目录,用 ls-l 列出目录时,目录文件的类型为 d,用 ls 列目录需要有读权限。要是一个文件,必须有该文件及找到该文件的路径上所有目录分量的相应权限。

一些版本的 UNIX 系统支持访问控制列表(ACL),如 AIX 和 HP_UX 系统,它被用做标准的 UNIX 文件访问控制的扩展。ACL 提供更完善的文件安全授权设置,可以将对客体的访问控制细化到单个用户,而不是笼统的"同组用户"或"其他用户"。

在 UNIX 系统中,每个进程都有真实 UID、真实 GID、有效 UID、有效 GID。当进程试图访问文件时,核心将进程的有效 UID、GID 和文件的访问权限位中相应的用户和组进行比较,决定是否授予其相应权限。

2) 改变权限方案

改变文件的访问权限可以使用 chmod 命令,并以新的权限和该文件名为参数。格式如下:

chmod [rfh] 访问权限文件名

合理的文件授权可以防止偶然地改写或删除一个重要的文件。改变文件的属主和组可以使用 chown 和 chgrp 命令,但修改后原属主和组成员就无法修改回来了。

文件授权可以用一个 4 位的八进制数表示。后三位如图 8.2 所示的三组权限,许可位置 1,不允许位置 0。最高的一个八进制数分别对应 SUID 位、SGID 位、Sticky 位,其中前两个与安全有关,称为特殊位,下面会叙述到。

umask 也是一个 4 位的八进制数,UNIX 用它确定一个新建文件的授权,每个进程都有一个从它的父进程中继承的 umask。umask 说明想对新建文件或新建目录的缺省授权加以屏蔽的部分。

新建文件的真正访问权限=(~umask)&(文件授权)

3) 特殊权限位设定

有时没有被授权的用户需要完成某些要求授权的任务。如 passwd 程序,对于普通用户,它允许改变自身的口令,但不能拥有直接访问/etc/passwd 文件的权利,以防止改变其他用户的口令。为了解决这个问题,UNIX 允许对可执行目标文件设置 SUID 或 SGID。

如前所述,当一个进程执行时就被赋予 4 个编号,以标识该进程隶属于谁,分别为实际和有效的 UID、实际和有效的 GID。有效的 UID 和 GID 一般与实际的 UID 和 GID 相同,有效的 UID 和 GID 用于系统确定该进程对于文件的访问许可。而设置可执行文件的 SUID 许可改变了上述情况。当设置了 SUID 时,进程的有效 UID 值变为该可执行文件的所有者的有效 UID,而不是执行该程序用户的有效 UID,因此,由该程序创建的文件都有与该程序所有者相同的访问许可。这样,程序的所有者将可以通过程序的控制在有限的范围内向用户发表不允许被公众访问的信息。用"chmod u+s 文件名"和"chmod u-s 文件名"来设置和取消 SUID 设置。用"chmod g+s 文件名"和"chmod g-s 文件名"来设置和取消 SGID 设置。当文件设置了 SUID 和 SGID 后,chown 和 chgrp 命令将全部取消这些许可。

4. 文件加密

UNIX 用户可以使用 crypt 命令加密文件,用户选择一个密钥加密文件,再次使用此命令,用同一密钥作用于加密后的文件,就可恢复文件内容。一般来说,在加密文件前先用

pack 或 compress 命令对文件进行压缩后再加密。在文件加密后,应删除原始文件,只留下加密后的版本,注意不能忘记加密密钥。

5. 日志审计机制

UNIX 系统的审计机制监控系统中的事件,以保证安全机制正确工作并及时对系统异常报警提示。审计结果通常写到日志文件中,常见的日志文件有:

(1) acct 或 pacc:记录每个用户使用过的命令。

(2) aculog:拨出 modems 记录。

(3) lastlog:记录用户最后一次成功登录和最后一次登录失败的事件。

(4) loginlog:不良登录尝试记录。

(5) message:记录输出到系统主控台以及由 syslog 系统服务程序产生的信息。

(6) sulog:记录 su 命令的使用情况。

(7) utmp:记录当前登录的每个用户。

(8) utmpx:扩展 utmp。

(9) wtmp:记录每次用户登录和注销的历史信息及系统开机和关机。

(10) wtmpx:扩展 wtmp。

(11) vold. log:记录使用外部介质(如软盘或光盘)出现的错误。

(12) xferlog:记录 FTP 的访问情况。

其中最常用的大多数版本的 UNIX 都具备的审计服务程序是 syslogd,它可以实现灵活的配置、集中式管理。运行中,需要对信息作登记的单个软件发送消息给 syslogd,根据配置(/etc/syslog. conf),按照消息的来源和重要程度,这些消息可以记录到不同的文件、设备或其他主机中。

Linux 日志与 UNIX 类似。大部分 Linux 把输出的日志信息放入标准或共享的日志文件里。相应地,Linux 系统有很多日志工具,像 lastlog 跟踪用户登录,last 报告用户的最后登录,Xfer 记录 FTP 文件传输等。

当前的 UNIX/Linux 系统很多都支持"C2 级审计",即达到了由 TCSEC(可信任的计算机系统评价规范)所规定的 C2 级审计标准。

8.2.3　UNIX/Linux 安全配置

当前的 UNIX 系统通常运行在网络环境中,默认支持 TCP/IP 协议。网络的安全性通常是指通过防止本机或本网络被非法侵入、访问,从而达到保护本系统可靠、正常运行的目的。

UNIX 可以提供网络访问控制和有选择地允许用户和主机与其他主机的连接。

相关的配置文件有:

(1) /etc/inetd. conf:文件内容是系统提供的服务。

(2) /etc/services:文件里罗列了端口、协议和对应的名称。

(3) TCP-WAPPERS:由/etc/hosts. allow 和/etc/hosts. deny 两个文件控制。

用这个文件可以很容易地控制哪些 IP 地址禁止登录,哪些可以登录。系统在使用它们的时候,先检查当前的文件,从头到尾扫描,如果发现用户的相应记录标记,就给用户提供要求的服务。如果没找到记录,就扫描 hosts. deny 文件,查看是否有禁止用户的标记,如果在该文件中发现记录,就拒绝该用户的服务请求,如果仍然没有找到记录,则使用系统默认值。

网上访问的常用工具有 telnet、ftp、rlogin、rcp 和 rcmd 等,对它们的使用必须加以限制,最简单的方式就是修改/etc/services 中相应的服务器端口号,使其完全拒绝向外的这类访问。或者对于网上的访问做有条件的限制。

当远程使用 ftp 访问本系统时,UNIX 系统首先验证用户名和密码,无误后查看/etc/ftpusers 文件,一旦其中包含登录的用户名则自动拒绝连接,从而达到限制用户访问的目的。因此,只要把本机内除匿名 ftp 以外的所有用户列入 ftpusers 文件中,即使入侵者获得本机正确的用户信息,也无法登录系统。需对外发布的信息放到/usr/ftp/pub 下,让用户通过匿名 ftp 获取。使用匿名 ftp 不需要密码,不会对本机安全构成威胁,因为它无法改变目录,也无法获得本机内的其他信息。使用远程注册数据文件(.netrc 文件)配置需注意保密,防止泄露其他相关主机的信息。

UNIX 没有直接提供对 telnet 的控制。但我们知道,/etc/profile 是系统默认 shell 变量文件,所有用户登录时必须首先执行它,故可修改该文件达到访问控制的目的。

在 UNIX 中的另一个功能是等价访问,有用户等价和主机等价两种。用户等价,就是用户可以不用输入密码即可以相同的用户信息登录到另一台主机上。用户等价信息保存的文件名为在根目录或用户主目录下的.rhosts,它的内容如下:

```
#主机名 用户名
jmu20001 root
jmu20002 jwgl
```

主机等价类似于用户等价,两台计算机除根目录外的所有区域有效。主机等价文件为 hosts.equiv,存放于/etc 下。

使用用户等价和主机等价这类访问,用户可以不用口令而像其他有效用户一样登录到远程系统上,比如使用 rlogin 登录,使用 rcp 命令从本地主机或向远程复制文件,使用 rcmd 命令远程执行本机命令等。因此,等价访问具有严重的不安全性,必须严格控制或在非常可靠环境下使用。

一个网络系统的安全性在很大程度上取决于管理者的素质,以及管理者所采取的安全措施的力度。SCO UNIX 作为一个成熟的商用网络操作系统,广泛应用在金融等行业,具有较好的稳定性和安全性。但是如果用户没有对系统进行正确的配置,仍然会给入侵者提供可乘之机。下面以 SCO UNIX Openserver V5.05 为例,对操作系统级的网络安全设置提供一些建议。

(1) 合理设置系统的安全级别。

SCO UNIX 提供了 4 个安全级别,分别为 Low、Traditional、Improved 和 High,系统默认为 Traditional,Improved 级达到美国国防部的 C2 级安全标准; High 级则高于 C2 级。用户可以根据自己系统的重要性及用户数量的多少,设置适合自己需要的系统安全级别,具体设置步骤是: scoadmin→system→security→security profile manager。

(2) 合理设置用户权限。

建立用户时,一定要考虑该用户隶属哪一组,不能随便选用系统默认的 group 组。如果需要,可以新增一个用户组,并确定同组成员,在该用户的主目录下,新建文件的存取权限是由该用户的配置文件.profile 中的 umask 值决定。umask 的值取决于系统安全级别,

Traditional 安全级的 umask 的值为 022,它的权限类型如下:

　　文件权限:-rw-r--r--

　　目录权限:drwxr-xr-x

　　此外,还要限制用户成功登录的次数,避免入侵者用猜测用户口令的方式尝试登录。为账户设置登录限制的步骤:scoadmin→Account manager→选账户→user→login controls→输入不成功登录的次数。

　　(3)指定主控台及终端登录的限制。

　　如果希望 root 用户只能在某个终端上登录,那么就要对主控台进行指定,例如指定 root 用户只能在主机第一屏 tty01 上登录,这样可以避免从远程攻击超级用户 root。设置方法是在/etc/default/login 文件中增加一行 CONSOLE=/dev/tty01。

　　如果终端是通过 modem 异步拨号或长线驱动器异步串口接入 UNIX 主机,就要考虑设置某终端不成功登录的次数,超过该次数后锁定该终端。设置方法:scoadmin→system→terminal manager→examine→选终端,再设置该终端不成功登录次数。如果某终端被锁定,可用 ttyunlock(终端号)进行解锁,也可用 ttylock(终端号)直接加锁。

　　有时为了方便使用而将许多目录和文件权限设置为 777 或 666,会给黑客攻击提供方便,应该仔细分配每个文件和目录的权限。发现目录和文件的权限不适当,应及时用 chmod 命令进行修正。

　　口令的组成应以无规则的大小写字母、数字和符号相结合,口令长度不少于 6 个字符,绝对避免采用英文单词作为口令,并且要养成定期更换各种用户口令的习惯。通过编辑/etc/default/passwd 文件,可以强制设定最小口令长度,两次口令修改之间的最短、最长时间。另外,口令的保护还涉及到对/etc/passwd 和/etc/shadow 文件的保护,必须做到只有系统管理员才能访问这两个文件。

　　设置等价主机可以方便用户操作,但要严防未经授权的非法进入系统。所以必须要管理/etc/hosts.equiv、.rhosts 和.netrc 这三个文件。其中/etc/hosts.equiv 列出了允许执行 rsh、rcp 等远程命令的主机名字;.rhosts 在用户日录内指定了远程用户的名字,其远程用户使用本地账户执行 rcp、rlogin 和 rsh 等命令时不必提供口令;.netrc 提供了 ftp 和 rexec 命令所需的信息,可自动连接主机而不必提供口令,该文件也放在用户本地目录中。由于这三个文件的设置都允许一些命令不必提供口令便可访问主机,因此必须要限制这三个文件的设置。在.rhosts 中尽量不用"++",因为它可以使任何主机的用户不必提供口令而直接执行 rcp、rlogin 和 rsh 等命令。

　　(4)合理配置/etc/inetd.conf 文件。

　　UNIX 系统启动时运行 inetd 进程,对大部分网络连接进行监听,并且根据不同的申请启动相应的进程。其中 ftp、telnet、rcmd、rlogin 和 finger 等命令都由 inetd 来启动对应的服务进程。因此从系统安全角度出发,应该合理地设置/etc/inetd.conf 文件,将不必要的服务关闭。关闭的方法是在文件相应行首插入"#"字符,并执行下列命令以使配置后的命令立即生效。

```
#ps - ef | grep inetd | grep - v grep
#kill - HUP < inetd - PID>
```

　　(5)合理设置/etc/ftpusers 文件。

　　在/etc/ftpusers 文件里列出了可用 ftp 进行文件传输的用户,为了防止不信任用户传输敏感文件,必须合理规划该文件。在对安全要求较高的系统中,不允许 ftp 访问 root 和 UUCP,可将 root 和 UUCP 列入/etc/ftpusers 中。

（6）合理设置网段及路由。

在主机中设置 TCP/IP 协议的 IP 地址时,应该合理设置子网掩码,把禁止访问的 IP 地址隔离开来。严格禁止设置默认路由（即 default route）。建议为每个子网或网段设置一个路由,否则其他机器就可能通过一定方式访问该主机。

（7）不设置 UUCP。

UUCP 为采用拨号用户实现网络连接提供了简单、经济的方案,但同时也为黑客提供了入侵手段,所以必须避免利用这种模式进行网络连接。

（8）删除不用的软件包及协议。

在进行系统规划时,总的原则是将不需要的功能一律去掉。如通过 scoadmin→soft manager 去掉 X-window；通过修改/etc/services 文件去掉 UUCP、SNMP、POP 等协议。

（9）正确配置. profile 文件。

. profile 文件提供了用户登录程序和环境变量,为了防止一般用户采用中断的方法进入 $ 符号状态,系统管理者必须屏蔽掉键盘中断功能。具体方法是在. profile 首部增加如下一行：

```
trap '' 0 1 2 3 5 15
```

（10）创建匿名 ftp。

如果需要对外发布信息而又担心数据安全,可以创建匿名 ftp,允许任何用户使用匿名 ftp。注意,不要复制/etc/passwd、/etc/group 到匿名 ftp 的/etc 下,这样会对安全产生威胁。

（11）应用用户同维护用户分开。

金融系统 UNIX 的用户都是最终用户,他们只需在具体的应用系统中完成某些固定的任务,一般情况下不允许执行系统命令（shell）,其应用程序由. prifle 调用,应用程序结束后就退回 login 状态。维护时要用到 root 级别的 su 命令进入应用用户,很不方便。可以通过修改. profile 文件,再创建一个相同 id 用户的方法解决。

8.3　Windows 系统

8.3.1　Windows 系统的发展

1970 年,美国 Xerox 公司成立了著名的研究机构 PARC（Palo Research Center）,从事局域网、激光打印机、图形用户接口和面向对象技术的研究,Windows 起源可以追溯到 Xerox 公司进行的工作。Xerox 公司于 1981 年宣布推出世界上第一个商用的 GUI 系统——Star 8010 工作站。但如后来许多公司一样,由于种种技术原因,技术上的先进性并没有给它带来所期望的商业上的成功。

Apple 公司的创始人之一 Steve Jobs 在参观 Xeros 公司的 PARC 研究中心后,认识到图形用户界面接口的重要性及其广阔的市场前景,着手进行 GUI 系统的研究开发工作,并于 1983 年推出了第一个 GUI 系统——Apple Lisa。随后不久,Apple 又推出了 Apple Macintosh,这是世界上第一个成功的商用 GUI 系统。当时 Apple 公司在开发 Macintosh 时,处于市场战略上的考虑,只开发了 Apple 公司自己计算机上的 GUI 系统,而此时基于 x86 微处理器芯片的 IBM 兼容机已经渐露峥嵘,从而给 Microsoft 公司开发 Windows 提供了发展空间和市场。

Microsoft 公司在 1983 年宣布开始研发 Windows,分别在 1985 年和 1987 年推出了 Windows 1.03 和 Windows 2.0 版本。但由于当时硬件和 DOS 操作系统的限制,这两个版本并没有取得成功。此后,Microsoft 公司对 Windows 的内存管理、图形界面做了重大改进,使得图形界面更加美观,并支持虚拟内存,1990 年 5 月份推出了 Windows 3.0 并获得了成功,在不到 6 周的时间内,共销售了 50 万份 Windows 3.1 拷贝,从而一举奠定了 Microsoft 公司在操作系统上的垄断地位。

之后推出的 Windows 3.1 在 3.0 基础上做了改进,引入了 TrueType 字体,这是一种可以缩放的字体技术,它改进了性能。同时还引入了新的文件管理程序,改进了系统可靠性,更重要的是增加了对象链接与嵌入技术(OLE)和多媒体技术的支持。

1993 年,Microsoft 推出了 Windows NT 3.1,NT 就是 New Technology,该系统具有如下特点:

(1) 分布式计算。Windows NT 具有强大的内置网络功能,包括对处理器等硬件资源的管理。

(2) 政府认证的安全性。Windows NT 建立在 C2 级安全级别上(政府部门的 NCSC 标准安全规范)。

(3) 多处理和可缩放性。Windows NT 在单处理器和多处理器计算机上运行同样的应用程序。

(4) 可移植性。用于设计 Windows NT 的计算机语言能在不同结构的平台之间自由移植。

(5) POSIX 规范。Windows NT 符合美国政府的 POSIX(可移动操作系统界面)标准,因此它能在各种平台和软件之间交叉使用。

随后,Microsoft 公司在 1995 年推出了 Windows 95。在这个版本中做了很多重大的改进,包括更加优秀的图形用户界面;全 32 位的高性能多任务和多线程;内置的对 Internet 的支持;即插即用的硬件操作;32 位线性寻址的内存管理和向下兼容性等。

1996 年,Windows NT 4.0 发布,增加了许多对应管理方面的特性,稳定性也相当不错,这个版本的 Windows 软件至今仍被不少公司使用着。

1998 年,Microsoft 公司推出了 Windows 98,它支持比 Windows 95 更多的硬件技术和网络性能。

2000 年,Microsoft 公司推出了 Windows 2000。它的字符编码采用国际通用的 UCS 编码,网络功能更强大,性能更加稳定,用户操作更加方便快捷,但对硬件要求也比较高。

2001 年,Microsoft 公司推出了 Windows XP,在该系统中把所有用户的要求合成到一个操作系统中,同以前的系统相比,稳定性有了很大提到,而为此付出的代价是丧失了对基于 DOS 程序的支持。

2003 年,Microsoft 公司发布了 Windows Server 2003,对活动目录、组策略操作和管理、磁盘管理等面向服务器的功能做了较大改进,对. net 技术的完善支持进一步扩展了服务器的应用范围。

2007 年,Microsoft 公司正式推出了 Windows Vista 操作系统,具有更加灵活方便的用户界面,同时在安全性方面做了很多改进,但对硬件的要求也更高。

8.3.2 Windows 的特点

Windows 具有以下优点:

(1) 高效直观的面向对象的图形用户界面,易学易用。从某种意义上说,Windows 用户界面和开发环境都是面向对象的,这种操作方式模拟了现实世界的行为,易于理解、学习和使用。

(2) 多任务。Windows 允许用户同时运行多个应用程序,或在一个程序中同时作几件事情。每个程序在屏幕上占据一块矩形区域,这个区域称为窗口,窗口是可以重叠的,用户可以移动这些窗口,或在不同的应用程序之间进行切换,并可以在程序之间进行手工和自动的数据交换和通信。

(3) 用户界面统一、友好、漂亮。Windows 应用程序大多符合 IBM 公司提出的 CUA (Common User Access)标准,所有的程序拥有相同的或相似的基本外观,包括窗口、菜单、工具条等。用户只要掌握其中一个,就很容易学会其他软件的使用。

(4) 丰富的与设备无关的图形操作。Windows 的图形设备接口(GDI)提供了丰富的图形操作函数,可以绘制出诸如线、圆等几何图形,并支持各种输出设备。

8.3.3 Windows 安全机制

Windows 2000/XP/2003/Vista 是微软公司在 Windows NT 技术基础上先后推出的操作系统,目前已成为广大中小企业网络服务器的一个重要平台。Windows 所提供的分布式安全服务可通过多种技术手段来控制用户对资源的访问。系统的安全模型包括信任域控制器(活动目录)、身份认证、服务之间的信任委派以及基于对象的访问控制。

Windows 安全服务的核心功能包括了活动目录(Active Directory)服务、对公钥基础设施 PKI(Public Key Infrastructure)的集成支持,对 Kerberos V5 认证协议的支持、保护本地数据的加密文件系统(Encrypted Files System)和使用 Internet 协议安全性(IPSec)来支持公共网络上的安全通信等。此外,开发人员还可在自定义应用程序中使用 Windows 的安全元素,并根据需要将 Windows 在安全性方面与其他使用基于 Kerberos 安全机制的操作系统进行集成。

Windows 安全服务可以让用户具备一次登录即可访问系统所有资源的能力;提供强的用户身份验证及授权能力;实现内部和外部资源间的安全通信;具有设置及管理必要安全性策略的能力;实现自动化的安全性审核;能与其他操作系统和安全协议的互操作性;支持使用 Windows 安全设置功能进行应用程序开发的可扩展架构。

1. 活动目录服务

活动目录服务是 Windows Server 2000 最重要的新功能之一,它可将网络中各种对象组合起来进行管理,方便了网络对象的查找,加强了网络的安全性,并有利于用户对网络的管理。活动目录是一种目录服务，它存储有关网络对象的信息，例如用户、组、计算机、共享资源、打印机和联系人等信息，并使管理员和用户可以方便地查找和使用这些网络信息。通过 Windows Server 2000 的活动目录，用户可以对用户与计算机、域、信任关系以及站点与服务进行管理。活动目录具有可扩展性与可调整性。

域仍然是 Windows Server 2000 的基本管理单位，域模式的最大好处就是单一的网络登录能力，用户只要在域中有一个账户，就可以在整个网络中漫游。活动目录服务增强了信任关系，扩展了域目录树的灵活性。活动目录把一个域作为一个完整的目录，域之间能够通过一种基于 Kerberos 认证的可传递的信任关系建立起树状连接，从而使单一账户在该树状结构中的任何地方都有效，这样在网络管理和扩展时就比较轻松。

同时，活动目录服务把域又详细划分成组织单元。组织单元是一个逻辑单元，它是域中一些用户和组、文件与打印机等资源对象的集合。组织单元中还可以再划分下级组织单元，下级组织单元能够继承父单元的访问许可权。每一个组织单元可以有自己单独的管理员并指定其管理权限，它们都管理着不同的任务，从而实现了对资源和用户的分级管理。活动目录服务通过这种域内的组织单元树和域之间的可传递信任树来组织其信任对象，为动态活动目录的管理和扩展带来了极大的方便。

另外，在 Windows 2000 网络中，所有的域控制器之间都是平等的关系，不再区分主域控制器与备份域控制器。Windows Server 2000 在进行目录复制时，不是沿用一般目录服务的主从方式，而是采用多主复制方式。Windows Server 2000 在复制目录库时，对各个对象的修改顺序数进行比较，判断它们被修改的先后顺序，结果最新修改的对象属性被保留，旧的属性就被新的属性所取代，这就保证每个域控制器上的目录服务数据库都是最新的。

2. 认证服务

Windows 使用 Kerberos V5 协议作为网络用户身份认证的主要方法。Kerberos 协议提供在客户机和应用服务器之间建立连接之前进行相互身份认证的机制。

在使用 Kerberos 协议前，所有客户机和服务器都要向 Kerberos 身份认证服务器注册。使用 Kerberos 身份认证协议时，客户机将由用户密码派生的加密信息发送到 Kerberos 服务器，该服务器使用它来验证用户的身份。同样地，服务器也将相关信息发送到客户机的 Kerberos 软件，以验证服务器的身份。这种交互身份验证过程可同时避免客户机和服务器被恶意用户欺骗。

Windows 操作系统全面支持 PKI，并作为操作系统的一项基本服务而存在。组成 Windows 的 PKI 基本逻辑组件中的核心是微软证书服务系统（Microsoft Certificate Services），它允许用户配置一个或多个企业 CA。这些 CA 支持证书的分发、管理和撤销，并与活动目录和策略配合，共同完成证书和废除信息的发布。虽然证书服务可以对其数据库进行独立管理，但对于大型企业电子商务完全应用，一般应使用 AD（Active Directory）来管理和存储证书，并提供证书的多层继承关系支持。

3. 加密文件系统

Windows 提供了加密文件系统（Encrypting File System，EFS）保护本地系统，如硬盘中的数据安全。EFS 是 Windows 的 NTFS 系统的一个组件，能让用户对本地计算机中的文件或文件夹进行加密，非授权用户是不能对这些加密文件进行读写操作的。EFS 可以与

Windows 的 PKI 集成,并提供在用户私钥丢失情况下对数据进行恢复的功能。

当使用 EFS 对 NTFS 文件系统的文件或文件夹进行安全处理时,操作系统将使用 CryptoAPI 所提供的公钥和对称密钥加密算法对文件或文件夹进行加密。EFS 在保存文件时自动对其进行加密,并且在用户再次打开文件时解密。除了加密文件的任何具有 EFS 文件恢复证书的管理员外,没有人可以读取这些文件。由于加密机制已经内置于文件系统中,管理员和用户使用起来非常简单。

4. 安全模板

安全模板(Security Templates)是安全配置的实际体现,它是一个可以存储一组安全设置的文件。Windows 包含一组标准安全模板,模板适用的范围从低安全性域客户机设置到高安全性域控制器设置。这些模板可以直接应用、修改或作为创建用户自定义安全模板的基础。"安全配置"和"分析"工具是"安全模板"管理单元所附带的。它用于将定义在安全模板中的设置应用到实际系统中。它还可以分析系统的安全性,并与计算机上已经部署好的设置进行比较,以确保它们符合组织标准。

Windows 提供了安全模板工具,它可以方便地组织网络安全设置的建立和管理。管理员使用微软控制台(Microsoft Management Console,MMC)可以很容易地定义标准模板,并统一应用到多个计算机或用户中。

5. 安全账号管理器

Windows 中对用户账号的安全管理使用了安全账号管理器(Security Account Manager,SAM),它是 Windows 的用户账号数据库,所有用户的登录名及口令等相关信息都保存在该文件中。Windows 系统对 SAM 文件中的资料全部进行了加密处理,一般的编辑器是无法直接读取这些信息的。

安全账号管理器对账号的管理是通过安全标识符来实现的,安全标识符在账号创建时就同时创建了;安全标识符是唯一的,即使是相同的用户名,在每次创建时获得的安全标识符也是完全不同的。因此,一旦某个账号被删除,它的安全标识符就不再存在了,即使用相同的用户名重建账号,也会被服务器分配不同的安全标识符,不会保留原来的权限。

Windows 2000 安全账号管理器就在 %SystemRoot\System32\config\sam 目录中。在这个目录中还包括一个 security 文件,是安全数据库的内容。注册表中的 HKEY_LOCAL_MACHINE\SAM\SAM 和 HKEY_LOCAL_MACHINE\SECURITY\SAM 保存的就是 SAM 文件的内容,在正常设置下,仅对 System 是可读写的(可以通过删除 SAM 文件实现不用口令直接登录 Windows 2000 系统,而 Windows XP/2003 系统对 SAM 文件的保护做了很大改进)。

8.3.4　Windows 系统安全配置

基于 NT 技术的 Windows 操作系统带有强大的安全功能和选项(如组策略编辑器 gpedit. msc 和 syskey 命令等),只要合理配置它们,Windows 操作系统将会是一个比较安全的操作系统。据说 90% 的恶意攻击都是利用 Windows 操作系统安全配置不当造成的。下面就 Windows 操作系统的安全策略设计进行概要分析。

1. 安装过程

(1) 有选择性地安装组件。安装操作系统时请用 NTFS 格式,不要按 Windows 2000 的默认安装组件,本着"最少的服务＋最小的权限＝最大的安全"原则,只选择安装需要的服务即可。例如,不作为 Web 服务器或 FTP 服务器就不安装 IIS。常用 Web 服务器需要的最小组件是 Internet 服务管理器、WWW 服务器和与其有关的辅助服务。如果是默认安装了 IIS 服务自己又不需要的就将其卸载。卸载办法是:单击"开始"→"设置"→"控制面板"→"添加删除程序"→"添加/删除 Windows 组件",在"Windows 组件向导"对话框的"组件"中取消对"Internet 信息服务(IIS)"复选框的勾选,然后单击"下一步"按钮就卸载了 IIS。

(2) 网络连接。在安装完成 Windows 2000 操作系统后,不要立即连入网络,因为这时系统上的各种程序还没有打上补丁,存在各种漏洞,非常容易感染病毒和被入侵,此时应该安装杀毒软件和防火墙。杀毒软件和防火墙推荐使用诺顿企业版客户机(若做服务器则用服务器端)和黑冰(Blackice)防火墙。接着,再把下面的事情做完后再上网。

2. 正确设置和管理账户

(1) 停止使用 Guest 账户,并给 Guest 加一个复杂的密码。所谓的复杂密码就是密码含大小写字母、数字、特殊字符(～! @&.＃35；￥%《》,。?)等。

(2) 账户要尽可能少,并且要经常用一些扫描工具查看系统账户、账户权限及密码,删除停用的账户。常用的扫描软件有流光、HSCAN、X-SCAN 和 STAT SCANNER 等。正确配置账户的权限,密码应不少于 8 位,比如"3H.＆＃35；4d&j1)～w"。

(3) 增加登录的难度。在"账户策略"→"密码策略"中设定:"密码复杂性要求启用","密码长度最小值 8 位","强制密码历史 5 次","最长存留期 30 天"等。在"账户策略"→"账户锁定策略"中设定:"账户锁定 3 次错误登录","锁定时间 30 分钟","复位锁定计数 30 分钟"等。增加了登录的难度对系统的安全大有好处。

(4) 把系统 Administrator 账号改名,名称不要带有 Admin 等字样;创建一个陷阱账号,如创建一个名为 Administrator 的本地账号,把权限设置成最低,什么事也干不了,并且加上一个超过 10 位的超级复杂密码。这样可以让那些"不法之徒"忙上一段时间,并且可以借此发现他们的入侵企图。

3. 正确地设置目录和文件权限

为了控制好服务器上用户的权限,同时也为了预防以后可能的入侵和溢出,还必须非常小心地设置目录和文件的访问权限。Windows 2000 的访问权限分为读取、写入、读取及执行、修改、列目录、完全控制。在默认的情况下,大多数文件夹对所有用户(Everyone 这个组)是完全控制的(Full Control),需要根据应用的需要重新设置权限。在进行权限控制时,请记住以下几个原则:

(1) 权限是累加的,如果一个用户同时属于两个组,那么他就有了这两个组所允许的所有权限。

(2) 拒绝的权限要比允许的权限高(拒绝策略会先执行)。如果一个用户属于一个被拒绝访问某个资源的组,那么不管其他的权限设置给他开放了多少权限,他也一定不能访问这个资源。

(3) 文件权限比文件夹权限高。

（4）利用用户组进行权限控制是一个成熟的系统管理员必须具有的优良习惯。

（5）只给用户真正需要的权限，权限的最小化原则是安全的重要保障。

（6）预防 ICMP 攻击。ICMP 的风暴攻击和碎片攻击是令人头疼的攻击方法，而 Windows 2000 应付的方法很简单。Windows 2000 自带一个 Routing & Remote Access 工具，这个工具初具路由器的雏形。在这个工具中，可以轻易地定义输入输出包过滤器。如设定输入 ICMP 代码 255 丢弃就表示丢弃所有的外来 ICMP 报文。

4. 网络服务安全管理

（1）关闭不需要的服务。只留必需的服务，多一些服务可能会给系统带来更多的不安全因素。如 Windows 2000 的 Terminal Services（终端服务）、IIS（Web 服务）、RAS（远程访问服务）等，这些都有产生漏洞的可能。

（2）关闭不用的端口。

（3）只开放服务需要的端口与协议。

具体方法为：按顺序打开"网上邻居→属性→本地连接→属性→Internet 协议→属性→高级→选项→TCP/IP 筛选→属性"，添加需要的 TCP、UDP 端口以及 IP 协议即可。根据服务开通端口，常用的 TCP 端口有：80 口用于 Web 服务；21 口用于 FTP 服务；25 口用于 SMTP；23 口用于 Telnet 服务；110 口用于 POP3。常用的 UDP 端口有：53 口——DNS 域名解析服务；161 口——snmp 简单的网络管理协议。8000、4000 用于 OICQ，服务器用 8000 来接收信息，客户机用 4000 发送信息。如果没有上面这些服务，就没有必要打开对应的端口。

（4）禁止建立空连接。Windows 2000 的默认安装允许任何用户可通过空连接连上服务器，枚举账号并猜测密码。空连接用的端口是 139，通过空连接，可以复制文件到远端服务器，计划执行一个任务，这就是一个漏洞。可以通过以下两种方法禁止建立空连接：

① 修改注册表中 Local_Machine \ System \ CurrentControlSet \ Control \ LSA-RestrictAnonymous 的值为 1。

② 修改 Windows 2000 的本地安全策略。设置"本地安全策略→本地策略→选项"中的 RestrictAnonymous（匿名连接的额外限制）为"不允许枚举 SAM 账号和共享"。

Windows 2000 的默认安装允许任何用户通过空连接得到系统所有账号和共享列表，这本来是为了方便局域网用户共享资源和文件的，但是，任何一个远程用户也可以通过同样的方法得到你的用户列表，并可能使用暴力法破解用户密码，从而给整个网络带来破坏。很多人都只知道更改注册表 Local_Machine\System\CurrentControlSet\Control\ LSA-RestrictAnonymous = 1 来禁止空用户连接，实际上 Windows 2000 的本地安全策略里（如果是域服务器，就是在域服务器安全和域安全策略里）就有 RestrictAnonymous 选项，其中有三个值："0"这个值是系统默认的，没有任何限制，远程用户可以知道你机器上所有的账号、组信息、共享目录、网络传输列表（NetServerTransportEnum）等；"1"这个值是只允许非 NULL 用户存取 SAM 账号信息和共享信息；"2"这个值只有 Windows 2000 才支持，需要注意的是，如果使用了这个值，就不能再共享资源了，所以还是推荐把数值设为"1"比较好。

5. 关闭无用端口和修改 3389 端口

Windows 的每一项服务都对应相应的端口，比如众所周知的 WWW 服务的端口是 80，

smtp 是 25，FTP 是 21，Windows 2000 安装中这些服务都是默认开启的。对于个人用户来说确实没有必要，关掉端口也就是关闭了无用的服务。

关闭这些无用的服务可以通过"控制面板"的"管理工具"中的"服务"来配置。

(1) 关闭 79 端口：关闭 Simple TCP/IP Service，支持以下 TCP/IP 服务：Character Generator、Daytime、Discard、Echo 以及 Quote of the Day。

(2) 关闭 80 端口：关掉 WWW 服务。在"服务"中显示名称为"World Wide Web Publishing Service"，通过 Internet 信息服务的管理单元提供 Web 连接和管理。

(3) 关掉 25 端口：关闭 Simple Mail Transport Protocol（SMTP）服务，它提供的功能是跨网传送电子邮件。

(4) 关掉 21 端口：关闭 FTP Publishing Service，它提供的服务是通过 Internet 信息服务的管理单元提供 FTP 连接和管理。

(5) 关掉 23 端口：关闭 Telnet 服务，它允许远程用户登录到系统并且使用命令行运行控制台程序。

(6) 还有一个很重要的就是关闭服务器上的服务，此服务提供 RPC 支持、文件、打印及命名管道共享。关掉它就关掉了 Windows 2000 的默认共享，比如 ipc＄、c＄、admin＄等，此服务的关闭不会影响计算机上的其他功能。

(7) 还有一个就是 139 端口，139 端口是 NetBIOS Session 端口，用于文件和打印共享，需要注意的是，运行 samba 的 UNIX 机器也开放了 139 端口，功能一样。以前 Fluxay 2000 用来判断对方主机类型不太准确，估计就是 139 端口开放即认为是 Windows NT 机，现在好了。

关闭 139 端口的方法就是在"网络和拨号连接"中的"本地连接"中选取"Internet 协议（TCP/IP）"属性，进入"高级 TCP/IP 设置"，在"WINS 设置"中选中"禁用 TCP/IP 的 NETBIOS"就关闭了 139 端口。

对于个人用户来说，可以在以上各项服务属性设置中设为"禁用"，以免下次重启服务后端口再次打开。现在就不用担心危险端口和默认共享了。

6. 本地安全策略

1) 通过建立 IP 策略来阻止端口连接

TCP 端口：21（FTP）、23（Telnet）、53（DNS）、135、136、137、138、139、443、445、1028、1433、3389。

TCP 端口：1080（代理）、3128（代理）、6588（代理）、8080（代理）、25（SMTP）、161（SNMP）、67（引导）。

UDP 端口：1434。

阻止所有 ICMP，即阻止 ping 命令。

2) 实例

在这里用关闭 135 端口来实例讲解。

(1) 创建 IP 筛选器和筛选器操作。

① 选择"开始"→"程序"→"管理工具"→"本地安全策略"命令。微软建议使用本地安全策略进行 IPSec 的设置，因为本地安全策略只应用到本地计算机上，而通常 IPSec 都是针对某台计算机量身定做的。

② 右击"IP 安全策略，在本地机器"，从弹出的快捷菜单中选择"管理 IP 筛选器表和筛

选器操作"命令,启动管理 IP 筛选器表和筛选器操作对话框。要先创建一个 IP 筛选器和相关操作才能够建立一个相应的 IPSec 安全策略。

③ 在"管理 IP 筛选器表"中,单击"添加"按钮建立新的 IP 筛选器:

在跳出的 IP 筛选器列表对话框内填上合适的名称。这里使用"tcp135",描述随便填写。单击右侧的"添加"按钮,启动 IP 筛选器向导。

跳过欢迎对话框,单击"下一步"按钮。

在 IP 通信源页面,源地方选"任何 IP 地址",因为要阻止传入的访问。单击"下一步"按钮。

在 IP 通信目标页面,目标地址选"我的 IP 地址"。单击"下一步"按钮。

在 IP 协议类型页面,选择 TCP。单击"下一步"按钮。

在 IP 协议端口页面,选择"到此端口"并设置为"135",其他不变。单击"下一步"按钮。

完成。关闭 IP 筛选器列表对话框,会发现 tcp135 IP 筛选器出现在 IP 筛选器列表中。

④ 选择"管理筛选器操作"选项卡,创建一个拒绝操作:

单击"添加"按钮,启动"筛选器操作向导",跳过欢迎页面,单击"下一步"按钮。

在"筛选器操作名称"选项卡填写名称,这里填写"拒绝"。单击"下一步"按钮。

在"筛选器操作常规选项"选项卡将行为设置为"阻止"。单击"下一步"按钮。

完成。

⑤ 关闭"管理 IP 筛选器表和筛选器操作"对话框。

(2) 创建 IP 安全策略。

① 右击"IP 安全策略,在本地机器",从弹出的快捷菜单中选择"创建 IP 安全策略"命令,启动 IP 安全策略向导。跳过欢迎页面,单击"下一步"按钮。

② 在 IP 安全策略名称页面填写合适的 IP 安全策略名称,这里可以填写"拒绝对 tcp135 端口的访问",描述可以随便填写。单击"下一步"按钮。

③ 在安全通信要求页面,不选择"激活默认响应规则"。单击"下一步"按钮。

④ 在完成页面,选择"编辑属性"。单击"完成"按钮。

⑤ 在"拒绝对 tcp135 端口的访问属性"对话框中进行设置。首先设置规则:

单击下面的"添加"按钮,启动安全规则向导。跳过欢迎页面。

在隧道终结点页面,选择默认的"此规则不指定隧道"。

在网络类型页面,选择默认的"所有网络连接"。

在身份验证方法页面,选择默认的"Windows 2000 默认值(Kerberos V5 协议)"。

在 IP 筛选器列表页面,选择刚才建立的"tcp135"筛选器。

在筛选器操作页面,选择刚才建立的"拒绝"操作。

在完成页面,不选择"编辑属性",单击"确定"按钮。

⑥ 关闭"拒绝对 tcp135 端口的访问属性"对话框。

(3) 指派和应用 IPSec 安全策略。

缺省情况下,任何 IPSec 安全策略都未被指派。首先要对新建立的安全策略进行指派。在本地安全策略 MMC 中,右击刚刚建立的"拒绝对 tcp135 端口的访问属性"安全策略,从弹出的快捷菜单中选择"指派"命令。

立即刷新组策略。使用"secedit /refreshpolicy machine_policy"命令可立即刷新组策略。

7. 审核策略

具体方法是选择："控制面板"→"管理工具"→"本地安全策略"→"本地策略"→"审核策略",然后右击下列各项,从弹出的快捷菜单中选择"安全性"命令来设置就可以了。

- 审核策略更改：成功,失败。
- 审核登录事件：成功,失败。
- 审核对象访问：失败。
- 审核对象追踪：成功,失败。
- 审核目录服务访问：失败。
- 审核特权使用：失败。
- 审核系统事件：成功,失败。
- 审核账户登录事件：成功,失败。
- 审核账户管理：成功,失败。

在以上安全性设置的各个界面中,都有两个复选框,一个是"成功",一个是"失败",对某些时间要审核成功事件,有些要审核失败事件,某些要全部审核。

(1) 密码策略：启用"密码必须符合复杂性要求","密码长度最小值"为 6 个字符,"强制密码历史"为 5 次,"密码最长存留期"为 30 天。

(2) 在账户锁定策略中设置："复位账户锁定计数器"为 30 分钟之后,"账户锁定时间"为 30 分钟,"账户锁定值"为 30 分钟。

(3) 安全选项设置：选择"本地安全策略"→"本地策略"→"安全选项"→"对匿名连接的额外限制",双击对其中有效策略进行设置,选择"不允许枚举 SAM 账号和共享",因为这个值只允许非 NULL 用户存取 SAM 账号信息和共享信息,一般选择此项,然后再禁止登录屏幕上显示上次登录的用户名。

禁止登录屏幕上显示上次登录的用户名,可以改注册表 HKEY_LOCAL_MACHINE \ SOFTTWARE\Microsoft\Windows NT\CurrentVesion\Winlogn 项中的 Don't Display Last User Name 串,将其数据修改为1。

8. Windows 日志文件的保护

日志文件对我们如此重要,因此不能忽视对它的保护,防止发生某些"不法之徒"将日志文件清洗一空的情况。

(1) 修改日志文件存放目录。

Windows 日志文件默认路径是"％systemroot％\system32\config",可以通过修改注册表来改变它的存储目录,增强对日志的保护。

选择"开始"→"运行"命令,在对话框中输入"Regedit",按 Enter 键后弹出注册表编辑器,依次展开"HKEY _ LOCAL _ MACHINE \ SYSTEM \ CurrentControlSet \ Services \ Eventlog"后,下面的 Application、Security、System 几个子项分别对应应用程序日志、安全日志、系统日志。

以应用程序日志为例,将其转移到"d:\abc"目录下。首先选中 Application 子项,在右栏中找到 File 键,其键值为应用程序日志文件的路径"％SystemRoot％system32、config、AppEvent. Evt",将它修改为"d:\abc\AppEvent. Evt"。接着在 D 盘新建"abc"目录,将 AppEvent. Evt

复制到该目录下,重新启动系统,这样就完成了应用程序日志文件存放目录的修改。其他类型日志文件路径修改方法相同,只是在不同的子项下操作。

(2) 设置文件访问权限。

修改了日志文件的存放目录后,日志还是可以被清空的,下面通过修改日志文件访问权限,防止这种事情发生,前提是 Windows 系统要采用 NTFS 文件系统格式。

右击 D 盘的 abc 目录,从弹出的快捷菜单中选择"属性"命令,切换到"安全"选项卡后,首先取消对"允许将来自父系的可继承权限传播给该对象"复选框的勾选。接着在账号列表框中选中 Everyone 账号,只给它赋予"读取"权限。然后单击"添加"按钮,将 System 账号添加到账号列表框中,赋予除"完全控制"和"修改"以外的所有权限。最后单击"确定"按钮。这样,当用户清除 Windows 日志时,就会弹出错误对话框。

综合来说,Windows 安全机制给用户的系统安全提供了较好的方便性和易用性。通过上述的设置,基本上能够保证通常的 Windows 系统安全的需求,但要记住一点,没有绝对的安全,所有的安全都是相对的,所以居安思危对每个人来说都是十分重要的。

习　题　8

一、选择题

1. (　　)是 Windows 2000/NT/2003 最基本的入侵检测方法,是一个维护系统安全性的工具。

  A. 应用日志　　　　　　　　　B. 事件查看器

  C. 开启审核策略　　　　　　　D. 入侵检测系统

2. Windows Server 2003 系统的安全日志通过(　　)设置。

  A. 事件查看器　　　　　　　　B. 服务管理器

  C. 网络适配器　　　　　　　　D. 本地安全策略

3. 用户匿名登录主机时,用户名为(　　)。

  A. guest　　　　　　　　　　　B. anonymous

  C. administrator　　　　　　　D. admin

4. (　　)不是 Windows 的系统进程。

  A. System Idle Process　　　　B. winlogon. exe

  C. explorer. exe　　　　　　　D. svchost. exe

5. Windows 使用 Ctrl＋Alt＋Delete 键启动登录信息,是激活了下列(　　)进程。

  A. System Idle Process　　　　B. winlogon. exe

  C. explorer. exe　　　　　　　D. taskmgr. exe

6. Windows Server 2003 中删除硬盘 D 的默认共享命令是(　　)。

  A. net share d＄：　　　　　　B. del net share d＄：

  C. net share d＄ /del　　　　　D. net share /del d＄

二、简答题

1. 什么是安全的操作系统?

2. UNIX 主要有哪些安全机制？

3. Windows 2000/XP/2003 有哪些安全机制？

4. 什么是 Windows 安全设置模板？

5. UNIX/Linux 安全设置时要注意哪些事项？

6. 如何关闭 Windows 中不必要的端口和服务？

7. Windows 中的安全账号管理器的主要作用是什么？

第9章 数据备份与恢复技术

计算机系统中的重要数据、档案或历史记录，不论是对企业用户还是个人用户，都是至关重要的，一旦不慎丢失，轻则辛苦积累起来的心血付之东流，严重的会影响企业的正常运作，给科研、生产造成巨大的损失。计算机安全专家威廉·史密斯说："创建这些数据也许只花了 10 万元，但当你在关键时刻打算把它们全部找回来时，你得准备 100 万元的支票。"

为了保障生产、销售、开发的正常运行，企业用户应采取先进、有效的措施，对数据进行备份，防患于未然。导致数据出现安全问题的原因很多，如硬盘物理损坏、数据逻辑出错、各种恶意破坏和误操作，以及密码丢失无法打开文档等。为了避免数据安全威胁，除了前面几章介绍的安全技术内容外，还有数据备份和恢复技术。数据备份与恢复技术就是如何把遭到破坏和丢失的数据还原为正常的和可用的数据的技术。

9.1 数据备份概述

数据备份是容灾的基础，是指为防止系统出现操作失误或系统故障导致数据丢失，而将全部或部分数据集合从应用主机的硬盘或阵列复制到其他存储介质的过程。传统的数据备份主要是采用内置或外置的磁带机进行冷备份。但是这种方式只能防止操作失误等人为故障，而且其恢复时间也很长。随着技术的不断发展，数据的海量增加，不少的企业开始采用网络备份。网络备份一般通过专业的数据存储管理软件结合相应的硬件和存储设备来实现。

数据备份就是将数据以某种方式加以保留，以便在系统需要时重新恢复和利用。对一个完整的信息安全体系来说，数据备份工作是必不可少的重要组成部分。其作用主要体现在如下两个方面：

(1) 在数据遭到意外事件破坏时，通过数据恢复还原数据。可以说，做好数据备份是防止数据丢失，防止系统遭受破坏最有效、最简单的手段。

(2) 数据备份是历史数据存档的最佳方式。数据备份为用户进行历史数据查询、统计和分析，以及重要信息归档保存提供了可能。

这里需要区分数据备份技术、集群技术与容灾技术的区别。虽然从目的上讲，这些技术都是为了消除或减弱意外事件给系统带来的影响，但由于其侧重点不同，实现的手段和产生的效果也不尽相同。

备份技术的目的是将整个系统的数据或状态保存下来，这种方式不仅可以挽回硬件设备损坏带来的损失，也可以挽回逻辑错误和人为恶意破坏造成的损失。数据备份更多是指数据从在线状态剥离到离线状态的过程。然而一般来说，数据备份技术并不保证系统的实时可用性。也就是一旦发生意外，备份技术只保证数据可以恢复，但恢复过程需要一定时间,在恢复过程中,系统是不可用的。

　　集群和容灾技术的目的是为了保证系统的实时可用性,是保护系统的在线状态,保证数据可以随时被访问,即当突发事件和故障发生时,系统提供的服务和功能不会因此而中断。

　　在具有一定规模的系统中,备份技术、集群技术和容灾技术不能相互替代,同时采用这些技术,并使其稳定、和谐地协调工作是确保系统安全运转最有效的策略。

9.1.1　数据备份策略

　　备份策略是指确定需备份的内容、备份时间及备份方式。选择了存储备份软件、存储备份技术(包括存储备份硬件及存储备份介质)后,首先需要确定数据备份的策略。各个单位要根据自己的实际情况来制定不同的备份策略。目前被采用最多的备份策略主要有以下三种:

1. 完全备份(Full Backup)

　　每次对系统中的所有数据都进行备份。例如,星期一用磁带对整个系统进行备份,星期二再用另一磁带对整个系统进行备份,依此类推。这种备份策略的好处是当发生数据丢失的灾难时,只要用一盘磁带(即灾难发生前一天的备份磁带)就可以恢复丢失的数据。然而它也有不足之处。首先,由于每天都对整个系统进行完全备份,造成备份的数据大量重复。这些重复的数据占用了大量的磁带空间,这对用户来说意味着增加了成本。其次,由于需要备份的数据量较大,因此备份所需的时间较长。对于那些业务繁忙、备份时间有限的单位来说,选择这种备份策略是不明智的。

2. 增量备份(Incremental Backup)

　　只备份上次备份以后有变化数据的备份方式称为增量备份。例如,星期天进行一次完全备份,然后在接下来的6天里只对当天新增的或被修改过的数据进行备份。这种备份策略的优点是节省了磁带空间,缩短了备份时间。但它的缺点在于,当灾难发生时,数据的恢复比较麻烦。例如,系统在星期三的早晨发生故障,丢失了大量的数据,那么现在就要将系统恢复到星期二晚上时的状态。这时系统管理员首先要找出星期天的那盘完全备份磁带进行系统恢复,然后再找出星期一的磁带来恢复星期一的数据,最后找出星期二的磁带来恢复星期二的数据。很明显,这种方式很烦琐。另外,这种备份的可靠性也很差。在这种备份方式下,各盘磁带间的关系就像链条一样,一环套一环,其中任何一盘磁带出现问题都会导致整条链条脱节。比如在上例中,若星期二的磁带出了故障,那么管理员最多只能将系统恢复到星期一晚上时的状态。

3. 差分备份(Differential Backup)

　　只备份上次完全备份以后有变化的数据的备份方式称为差分备份。例如,管理员先在星期天进行一次系统完全备份,然后在接下来的几天里,管理员将当天所有与星期天不同的数据(新增的或修改过的)备份到磁带上。差分备份策略在避免了以上两种策略的缺陷的同时,又具有了它们的所有优点。首先,它无需每天都对系统做完全备份,因此备份所需时间短,并节省了磁带空间;其次,它的灾难恢复也很方便。系统管理员只需两盘磁带,即星期一的磁带与灾难发生前一天的磁带,就可以将系统恢复到最近的状态。

　　在实际应用中,备份策略通常是以上三种方式的组合。例如,每周一至周六进行一次增量备份或差分备份,每周日进行完全备份,每月底进行一次完全备份,每年底进行一次完全备份。

9.1.2 日常维护有关问题

备份系统安装调试结束后,日常维护包含两方面工作,即硬件维护和软件维护。如果硬件设备具有很好的可靠性,系统正常运行后基本不需要经常维护。一般来说,磁带库的易损部件是磁带驱动器,当出现备份读写错误时应首先检查驱动器的工作状态。如果发生意外断电等情况,系统重新启动运行后,应检查设备与软件的连接是否正常。软件系统工作过程检测到的软硬件错误和警告信息都有明显的提示和日志信息,可以通过电子邮件的方式发送给管理员。管理员也可以利用远程管理的功能,全面监控备份系统的运行情况。

网络数据备份系统的建立,对保障系统的安全运行,保障各种系统故障的及时排除和数据库系统的及时恢复起到关键作用。通过自动化带库及集中的运行管理,保证数据备份的质量,加强数据备份的安全管理。同时,近线磁带库技术的引进,无疑对数据的恢复和利用提供了更加方便的手段。希望更多的单位能够更快地引进这些技术,让系统管理员做到数据无忧。

9.2 系统数据备份

系统数据备份主要是针对计算机系统中的操作系统、设备驱动程序、系统应用软件及常用软件工具等的备份。

9.2.1 系统还原卡

系统还原卡是系统备份的一种常用方式,以其方便性、安全性受到很多管理人员的青睐。还原卡也称硬盘保护卡,在学校机房、网吧、计算机培训中心等场合使用较多。它可以在硬盘非物理损坏的情况下,让硬盘系统数据恢复到预先设置的状态。也就是说,在系统受到病毒、故意破坏硬盘数据、误删除等操作时,能轻易地使用系统还原卡还原系统。

还原卡的基本原理是在系统启动时,首先接管 BIOS 的 INT13 中断,将 FAT、引导区、CMOS 信息、中断向量表等信息都保存到卡内的临时存储单元中,用自带的中断向量表来代替原始的中断向量表;再将 FAT 等信息保存到临时存储单元中作为第二个备份,用来应付系统运行时对硬盘数据所作的修改;最后在硬盘上辟出一部分连续空间,将当前系统操作的数据保存在这部分空间中。

当用户向硬盘写入数据时,数据并没有真正修改到硬盘中的 FAT 表。由于保护卡接管了 INT13,当发现写操作时,便将原先的数据目的地址重新指向预先准备的连续磁盘空间,并将已备份的第二个 FAT 中被修改的相关数据指向这片空间。当要读取数据时,保护卡首先在第二个备份的 FAT 中查找相关文件。如果是在启动后修改过的,便在重新定向的空间中读取,否则就在第一个备份的 FAT 中查找,并读取相关文件。删除时就是将文件的 FAT 记录从第二个备份的 FAT 中删除。

在安装还原卡之前,要确保系统中没有病毒,关闭杀毒软件的实时防毒功能,关闭或卸载各种系统防护/恢复软件的功能。

实际上,现在的还原卡大多集成在 10M/100MBPS 网卡中,实现了网络还原功能。利用网络还原卡可以在完全无人值守的条件下定时自动维护；提供全天候的机房维护和管理；可以让计算机进行远程控制；能以发送端机器的设置为基础，自动顺序生成并设置每台接收机的 IP 地址、计算机名、用户名。

9.2.2　克隆大师 Ghost

克隆大师 Norton Ghost 是最著名的硬盘备份工具，对现有的操作系统都有很好的支持，包括 DOS、Windows、Linux 和 UNIX 等操作系统。Ghost 也支持大多数存储介质和常用接口，如支持对等 LPT 接口、对等 USB 接口、对等 TCP/IP 接口、SCSI 磁带机、便携式设备、光盘刻录机等。

Ghost 不仅具有单机硬盘备份与恢复功能，还支持在网络环境中的硬盘备份与恢复。用户可以实现在局域网、对等网内同时进行多台计算机硬盘克隆操作，能快速实现为网内所有计算机安装操作系统和应用程序。

Ghost 可以将一个硬盘中的数据完全相同地复制到另一个硬盘中，它还提供硬盘备份、硬盘分区等功能。可以在 DOS 或 Windows 下直接运行 Ghost.exe 文件。Norton Ghost 的主界面如图 9.1 所示。

图 9.1　Norton Ghost 系统主界面

Norton Ghost 能够实现的功能包括硬盘备份、硬盘恢复、硬盘复制、分区复制、分区备份、分区恢复等功能，具体内容请参考 Norton Ghost 软件。

9.2.3　其他备份方法

1. Linux 中的 Tar 备份工具

Linux 系统上配有功能强大的 tar 命令，可以灵活地备份数据。tar 最初是为了制作磁带备份而设计的,把文件和目录备份到磁带中,然后从磁带中提取或恢复文件。当然,现在可以使用 tar 来备份数据到任何存储介质上。tar 非常易于使用,稳定可靠,而且在任何 Linux 系统上都有这个工具软件,因此是经常使用的备份工具之一。

使用 tar 命令备份数据的格式如下:

```
$ tar cvf backup.tar /home/html
```

上述命令是将/home/html 目录下的所有文件打包成 tar 文件 backup.tar。

cvf 是 tar 的命令参数。c 代表创建一个档案文件,v 代表显示每个备份的文件名字,f 表示 tar 创建的档案文件名是后面的 backup.tar,/home/html 代表 tar 要备份的文件和目录名。

使用 tar 命令恢复数据的格式如下:

```
$ tar xvf backup.tar
```

上述命令将备份文件 backup.tar 恢复到当前目录下。

通常情况下,tar 对文件进行备份的时候并不对文件进行压缩,因此备份文件的尺寸非常大。

2. Windows 系统中的备份功能

在 Windows 系统中也提供了相应的备份功能。通过选择"程序"→"附件"→"系统工具"→"备份"命令,可以启动备份与还原向导,对系统中的数据进行备份。Windows 中的备份工具具有备份向导、还原向导和紧急磁盘修复等功能。

9.3　用户数据备份

用户数据备份是针对具体应用程序和用户产生的数据,将用户的重要数据与操作系统数据分别进行存储备份。在实际应用中,用户数据备份的重要性远远大于系统数据备份,因为系统数据丢失以后通常都是可以恢复的,如操作系统损坏可以通过光盘重新安装。而用户数据丢失以后,一般都是难以弥补的,最简单的例子就是自己辛辛苦苦输入的 Word 文档,一不小心被删除以后,恢复起来十分困难。

通过手工备份用户数据是十分麻烦的,而且容易遗忘,特别是每天都要备份大量数据的时候。一般应用程序都有用户数据的备份功能。另外,通过专用的软件也可以实现对用户数据的实时备份功能,如 Second Copy 和 File Genie 等,下面简单介绍这两个软件的使用。

9.3.1　Second Copy

Second Copy 是一个使用方便,功能强大的备份工具。它可以实现定时备份、同时对多个文件对象执行备份、可自定义备份文件类型,支持复制、移动、压缩、同步等多种备份功能。现在最新的版本是 Second Copy 8.0,其界面如图 9.2 所示。

(1) 新建或修改一个备份方案。

执行 File→New Profile 命令就会启动新建方案向导窗口。在该窗口中选择快速设置

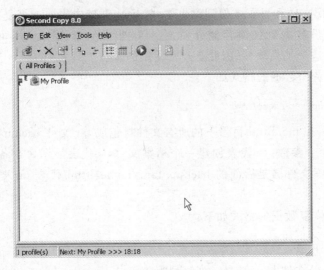

图 9.2　Second Copy 8.0 主窗口

（Express Setup）或自定义设置（Custom Setup），这里采用自定义设置。

（2）选择要备份的文件和文件夹。

单击 Next 按钮，浏览或输入要备份的文件夹，软件会询问需要备份的内容，是备份文件夹下面的所有文件（All files and folders）还是只备份其中的部分文件（Only selected files and folders）。单击"下一步"按钮，在弹出的文件过滤框中有两个文本框选项"包含文件"和"排除文件"，通过选择对应的文件夹，可以达到有选择地对部分文件夹进行备份，具体如图 9.3 所示。

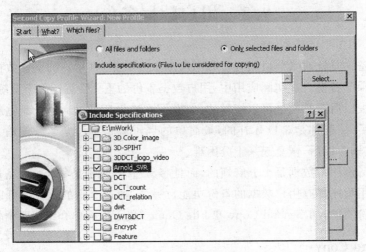

图 9.3　备份文件夹过滤

（3）选择备份的文件或文件夹的存放位置。

单击"下一步"按钮，会提示用户选择目标文件夹（Destination Folder），目标文件夹一定要选择一个稳定的存储介质，也可以备份到网络服务器上面，以提高数据的安全性。

（4）选择备份时间。

单击"下一步"按钮，软件会询问用户备份的频率，可以选择手动备份、每隔几小时、每天备份等方式，如图 9.4 所示。

图 9.4　备份时间方式选择

（5）备份方式的选择。

单击"下一步"按钮，进入选择备份方式窗口，这里提供了 6 种备份方式：

① 简单复制（Simple Copy）：直接将文件从原文件夹复制到目标文件夹。

② 精确复制（Exact Copy）：与简单复制类似，但如果以前备份过的文件在源文件中已经删除，则将目标文件夹中的相应文件也删除，并在另一个备份文件夹中将该文件保存。注意，这里至少要保留一个版本给删除的文件。

③ 移动（Move）：将文件从原文件夹移动到目标文件夹。

④ 压缩（Compress）：备份时采用压缩的方式存储。

⑤ 精确压缩（Exact Compress）：与精确复制类似，只是备份时采用压缩方式存储。

⑥ 同步（Synchronize）：让两个文件夹中完全保持一致。

9.3.2　File Genie 2000

File Genie 2000 是一款可以运行在 Windows 2000/XP 环境下的文档备份工具。与常用的备份工具不同，它是一个在线监测程序。该软件驻留系统后能自动监测文件的变化，包括文件保存、复制等操作，然后在后台自动进行文件备份。在文件完成保存后，程序的备份也自动更新，这样可以保证备份文件总是最新的，这就在最大程度上保证了备份操作的可靠性和安全性。

此外，该工具也提供了手动备份、恢复文件、多策略备份等功能。需要注意的是，如果用户设置使用多个备份策略文件，由于 File Genie 2000 只能同时使用一个备份策略设置，为保证备份的有效和安全，在进行备份文件操作前，应该用 Select Profile 命令将当前的策略文件切换到当前操作的备份设置上，否则不能进行文件备份监测。

9.4 网络数据备份

网络数据备份是一套比较成熟的备份方案,其基本设计思想是利用一台服务器连接合适的备份设备,实现对整个网络系统各主机上关键业务数据的自动备份管理。在有些特殊环境中,也可以在网络上数据量比较大的几个服务器上同时安装备份设备,由备份服务器统一管理。通过合理的设备连接可以减少数据备份时对网络产生的过重负载。数据备份设备一般都采用磁带存储设备,包括磁带机和磁带库。在部门级和企业级数据备份系统中一般都采用磁带库,实现自动备份操作。磁带库是由多台磁带驱动器(内置磁带机)、一个或两个机械手和数十或数百个磁带槽组成的大型存储设备,主要用于大数据量文件的备份、归档等应用。磁带库的性能主要取决于其内置的磁带驱动器。

备份对经常使用计算机的人来说并不陌生,每个人都有可能做过一些重要文档的备份。如果只是管理一台计算机,那么备份工作看起来比较简单。但如果管理的是多台计算机或者一个网段,甚至整个企业的时候,备份就会变成一件非常复杂的事情。

通常,网络备份系统一般由三个部分组成,即目标、工具和存储。目标就是需要做备份或恢复的系统,一个完整的备份系统在目标系统中都要运行一个备份客户程序,允许备份客户程序对目标远程进行文件操作。工具的主要功能是执行备份或恢复的任务,工具提供一个集中管理和控制平台。存储就是备份数据被保存的地方。工具和存储可以在同一台计算机中,也可以在不同的计算机中。

网络备份系统能够完成两个任务,即备份任务和恢复任务。备份任务就是用工具将目标备份到存储区中。与备份任务相反的是恢复任务,即用工具将备份在存储区的数据恢复到目标中。

目前最常见的网络数据备份系统按其架构不同可以分为 4 种:基于网络附加存储(DAS-Based)结构、基于局域网(LAN-Based)结构、基于 SAN 结构的 LAN-Free 和 Server-Free 结构。下面对这几种结构的备份系统作具体介绍。

9.4.1 DAS-Based 结构

基于网络附加存储系统的备份系统是一种最简单的数据保护方案。在大多数情况下,这种备份采用服务器上自带的磁带机或备份硬盘,而备份操作往往也是通过手工操作的方式进行,如图 9.5 所示,虚线表示数据流。

DAS-Based 备份结构适合如下的应用环境:

(1) 无需支持关键性的在线业务操作;

(2) 维护少量网络服务器(小于 5 个);

(3) 支持单一操作系统;

(4) 需要简单和有效的管理;

(5) 适用于每周或每天一次的备份频率。

基于 DAS 的备份系统是最简单的数据备份方案,适用于小型企业用户进行简单的文档备份。它

图 9.5 DAS-Based 备份结构

的优点是维护简单,数据传输速度快;缺点是可管理的存储设备少,不利于备份系统的共享,不太适合现在大型的数据备份要求,而且不能提供实时的备份需求。

9.4.2　LAN-Based 结构

LAN-Based 备份结构是小型办公环境最常使用的备份结构。如图 9.6 所示,在该系统中数据的传输是以局域网络为基础。首先预先配置一台服务器作为备份管理服务器,它负责整个系统的备份操作。磁带库则接在某台服务器上,当需要备份数据时,备份对象把数据通过网络传输到磁带库中实现备份。

图 9.6　LAN-Based 备份结构

备份服务器可以直接接入主局域网内或放在专用的备份局域网内。推荐使用放在专用的备份局域网内方案。因为采用前者方案的话,当备份数据量很大的时候,备份数据会占用很大的网络带宽,主局域网的性能会出现很大的下降,而后者就可以使备份进程与普通工作进程的相互干扰减少,保证主局域网的正常工作性能。

LAN-Based 备份结构的优点是投资经济、磁带库共享、集中备份管理;它的缺点是对网络传输压力大,当备份数据量大或备份频率高时,局域网的性能下降快,不适合重载荷的网络应用环境。

9.4.3　LAN-Free 备份方式

为了彻底解决传统备份方式需要占用 LAN 带宽问题,基于 SAN 的备份是一种很好的技术方案。LAN-Free 和 Server-Free 的备份系统是建立在 SAN(存储区域网)的基础上的两种具有代表性的解决方案。它们采用一种全新的体系结构,将磁带库和磁盘阵列各自作为独立的光纤节点。多台主机共享磁带库备份时,数据流不再经过网络而直接从磁盘阵列传到磁带库内,是一种无需占用网络带宽的解决方案。

如图 9.7 所示,LAN-Free 是指数据无需通过局域网而直接进行备份,即用户只需将磁带机或磁带库等备份设备连接到 SAN 中,各服务器就可以把需要备份的数据直接发送到

图 9.7　LAN-Free 备份结构

共享的备份设备上,不必再经过局域网链路。由于服务器到共享存储设备的大量数据传输是通过 SAN 网络进行的,局域网只承担各服务器之间的通信任务,而无需承担数据传输的任务,实现了控制流和数据流分离的目的。

目前,LAN-Free 有多种实施方式。通常,用户需要为每台服务器配备光纤通道适配器,适配器负责把这些服务器连接到与一台或多台磁带机(或磁带库)相连的 SAN 上。同时,还需要为服务器配备特定的管理软件,通过它,系统能够把块格式的数据从服务器内存经 SAN 传输到磁带机或磁带库中。还有一种常用的 LAN-Free 实施方法,在这种结构中,主备份服务器上的管理软件可以启动其他服务器的数据备份操作。块格式的数据从磁盘阵列通过 SAN 传输到临时存储数据的备份服务器的内存中,之后再经 SAN 传输到磁带机或磁带库中。

尽管 LAN-Free 技术与 LAN-Base 技术相比有很多优点,但 LAN-Free 技术也存在明显不足。首先,它仍然需要服务器参与将备份数据从一个存储设备转移到另一个存储设备的过程,在一定程度上占用了服务器宝贵的 CPU 处理时间和服务器内存。另外,LAN-Free技术的恢复能力一般,它非常依赖于用户的应用。

许多产品并不支持文件级或目录级恢复,整体的映像级恢复就变得较为常见。映像级恢复就是把整个映像从磁带复制到磁盘上,如果需要快速恢复系统中的某些少量文件,整个操作将变得非常麻烦。此外,不同厂商实施的 LAN-Free 机制各不相同,这还会导致备份过程所需的系统之间出现兼容性问题。LAN-Free 的实施比较复杂,而且往往需要大笔软、硬件采购费。

综合来看,LAN-Free 的优点是数据备份统一管理、备份速度快、网络传输压力小、磁带库资源共享;缺点是少量文件恢复操作烦琐,并且技术实施复杂,投资较高。

9.4.4　Server-Free 备份方式

另外一种减少对系统资源消耗的办法是采用无服务器(Serverless)备份技术。它是LAN-Free 的一种延伸,可使数据能够在 SAN 结构中的两个存储设备之间直接传输,通常是在磁盘阵列和磁带库之间。如图 9.8 所示,这种方案的主要优点之一是不需要在服务器中缓存数据,显著减少对主机 CPU 的占用,提高操作系统工作效率,帮助企业完成更多的工作。

图 9.8　Server-Free 备份结构

　　与 LAN-Free 一样,无服务器备份也有几种实施方式。通常情况下,备份数据通过名为数据移动器的设备从磁盘阵列传输到磁带库上。该设备可能是光纤通道交换机、存储路由器、智能磁带或磁盘设备或者是服务器。数据移动器执行的命令其实是把数据从一个存储设备传输到另一个设备。实施这个过程的一种方法是借助于 SCSI-3 的扩展拷贝命令,它使服务器能够发送命令给存储设备,指示后者把数据直接传输到另一个设备,不必通过服务器内存。数据移动器收到扩展拷贝命令后,执行相应功能。

　　另一种实施方法就是利用网络数据管理协议(NDMP)。这种协议实际上为服务器、备份和恢复应用及备份设备等部件之间的通信充当一种接口。在实施过程中,NDMP 把命令从服务器传输到备份应用中,而与 NDMP 兼容的备份软件会开始实际的数据传输工作,且数据的传输并不通过服务器内存。NDMP 的目的在于方便异构环境下的备份和恢复过程,并增强不同厂商的备份和恢复管理软件以及存储硬件之间的兼容性。

　　无服务器备份与 LAN-Free 备份有着诸多相似的优点。如果是无服务器备份,源设备、目的设备以及 SAN 设备是数据通道的主要部件。虽然服务器仍然需要参与备份过程,但负担已大大减轻,因为它的作用基本上类似交通警察,只用于指挥,不用于装载和运输,不是主要的备份数据通道。

　　无服务器备份技术具有缩短备份及恢复所用时间的优点。因为备份过程在专用高速存储网络上进行,而且决定吞吐量的是存储设备的速度,而不是服务器的处理能力,所以系统性能将大为提升。此外,如果采用无服务器备份技术,数据可以数据流的形式传输给多个磁带库或磁盘阵列。

　　至于缺点,虽然服务器的负担大为减轻,但仍需要备份应用软件(以及其主机服务器)来控制备份过程。元数据必须记录在备份软件的数据库上,这仍需要占用 CPU 资源。与 LAN-Free 备份一样,无服务器备份可能会导致上面提到的同样类型的兼容性问题。而且,无服务器备份可能难度大、成本高。最后,如果无服务器备份的应用要更广泛,恢复功能方面还有待更大的改进。

　　综合来看,Server-Free 备份的优点是数据备份和恢复时间短,网络传输压力小,便于统一管理和备份资源共享;其缺点是需要特定的备份应用软件进行管理,厂商的类型兼容性问题需要统一,并且实施起来与 LAN-Free 备份一样比较复杂,成本也较高,适用于大中型企业进行海量数据备份管理。

　　前面提到的 4 种主流网络数据备份系统结构有各自的优点和缺点,用户需要根据自己的实际需求和投资预算仔细斟酌,选择适合自己的备份方案。

9.4.5　备份的误区

　　刚刚接触"备份"这个概念的人,往往认为备份就是对数据文件进行简单的复制,认为只要将数据复制后保存起来,就可以确保数据的安全。殊不知这样的结果是:花费了大量的资金与宝贵的时间,却仍旧无法做到有效地保护数据的安全,同时还埋下了很大的隐患。

　　(1) 误区之一:"拷贝＝备份"。

　　这是错误的概念,实际上,"备份＝拷贝＋管理"。备份能实现可计划性以及自动化,乃至历史记录的保存和日志记录。而在海量数据情况下,如果不对数据进行管理,则会陷入数据汪洋之中。

其实,资料、数据的拷贝根本无法留下其历史记录以作追踪,也无法留下系统的 NDS (Novell NetWare)和注册表(Microsoft Windows NT)等信息,这样只能将部分数据进行恢复,而数据的应用环境、属性及历史操作记录等重要信息都无法再次重现。而系统管理者在着手规划一个安全备份的网络环境时,也无法充分了解完全备份方案应具有哪些条件要素,往往投入了大量的人力、物力与财力却仍然无法实现预想的良好效果。实际上,备份功能应该不仅只是消除传统指令的复杂程序或手动备份的麻烦,更要能实现自动化及跨平台的备份,满足使用者的全面需求。一个完善的备份解决方案应具备自动化的日程设定、资料的安全性和完整性、磁带管理及跨平台的备份功能。因此可以说,备份不等于单纯的拷贝,管理也是备份重要的组成部分。管理包括备份的可计划性、磁带机的自动化操作、历史记录的保存以及日志记录等。正是有了这些先进的管理功能,在恢复数据时才能对所有的信息了然于胸,特别是还可以查询一些重要的历史记录,使备份真正变得既轻松又可靠。因此从这个意义上说,备份应该是"拷贝+管理"。

(2) 误区之二:用双机、磁盘阵列、镜像等系统冗余替代数据备份。

双机、镜像等可实现服务器的高可靠性和最大限度地保障业务连贯。但是双机热备绝对不等同于备份,因为普通的双机热备无法解决下面的问题:

① 用户误操作、软件故障导致写入错误数据、病毒攻击、人为删除破坏数据。

② Server 或存储设备丢失、各种灾害性破坏。

(3) 误区之三:数据库自带备份系统可以满足备份需求。

数据库系统自带的备份系统基本可实现数据库的本地和异地备份,但是目前都是通过预设时间点或备份间隔等方式实现数据备份。其不能解决的问题有:

① 不能实现实时数据备份,备份间隔数据处在非保护状态。

② 备份时由于是一段时间内的数据集中拷贝,对服务器、网络、CPU 等压力极大,大多在备份时需要停止对外服务。

(4) 误区之四:我们已有备份软件,恢复数据没有问题。

数据备份的根本目的是恢复,一个无法恢复的备份对任何系统来说都是毫无意义的。作为最终用户,一定要清醒地认识到,能够安全、方便而又高效地恢复数据才是备份系统的真正生命所在。

很多人会以为,既然备份系统已经把需要的数据备份下来了,恢复应该不成什么问题。事实上,无论是在金融电信行业的数据中心,还是在普通的桌面系统中,备份数据无法恢复,从而导致数据丢失的例子时有发生。

在计算机网络普及的今天,网络环境中的系统文件和一些应用程序的安装极为麻烦,必须重新安装操作系统、所有的应用程序后才能恢复备份数据,然后再重新设置各种参数,地址及网络环境等。这个过程可能要持续好几天。而在这几天当中,原有的数据文件根本无法有效利用,整个网络系统也无法使用,因为这些数据文件所依赖的系统环境或应用程序还没有得到恢复。

因此,有效的备份是使用一种大容量的设备对整个网络系统进行备份。这样,无论系统遭到何种程度的破坏,都可以很方便地将原来的系统恢复。例如,某网络出现了突发性事故,网络瞬时间呈瘫痪状态。虽然整个网络采用了多种操作系统(Windows NT、UNIX 等),多种应用软件和分散的大量数据,但我们不需要再找来无数张光盘与软盘进行逐一的安装和数据恢复,而只需要采用以往做好的大容量备份系统对网络系统进行简单的恢复,就可在短时间内使全套的网络系统恢复如初。因而从这个意义上来说,备份就等于"网络系统备份"。

(5) 误区之五:数据库都是国外的,备份软件也要选择国外的。

备份软件在关键时刻能否及时恢复数据,除去软件本身的性能外,还受"设置是否正确"、"环境是否适合"、"系统故障后处理流程是否正确"等因素制约。

国内备份软件开发人员与国内用户有着相同环境和更多的交流机会,对客户的需求、习惯等更加了解,因而其设计的软件相对来说更容易符合客户的要求,客户对各种操作、设置、环境、流程等的误解大大减少,将各种人为因素引起的故障降到最低。

9.5　数 据 恢 复

数据恢复就是把遭到破坏、删除和修改的数据还原为可使用数据的过程。对计算机应用系统来说,数据可以分为系统数据和用户数据两大类。对于系统数据,由于变化很小,具有通用性,恢复起来相对比较容易,一般不会造成灾难性后果。而对于用户数据,有时是无法用金钱来衡量的,因此对用户数据恢复有着更重要的意义。

9.5.1　数据的恢复原理

软件恢复是指通过软件进行数据修复,整个过程并不涉及硬件维修。而导致数据丢失的原因往往是病毒感染、误格式化、误分区、误克隆、误删除、操作断电等。

软件类故障的特点为:无法进入操作系统、文件无法读取、文件无法被关联的应用程序打开、文件丢失、分区丢失、乱码显示等。

事实上,造成软件类数据丢失的原因十分复杂,每种情况都有特定的症状出现,或者多种症状同时出现。以最普通的删除操作为例,实际上此时保存在硬盘中的文件并没有被完全覆盖掉,通过一些特定的软件和方法,能够按照主引导区、分区、DBR、FAT,最后文件实体恢复的顺序来解决。

当然,也应客观地承认,尽管软件类数据恢复有很多细节性的技巧和难以简单表达的经验,但是也的确存在现有软件恢复技术无能为力的情况。如果硬盘中的数据被完全覆盖或者多次被部分覆盖,很可能使用任何软件都无法修复。至于业内谣传的美国部分专业数据恢复服务商能够在数据 7 次被彻底覆盖的情况下顺利地恢复数据,这种说法也未经考证,而且从存储原理的角度来看,其可能性并不大,否则硬盘岂不是可以轻松扩容 7 倍?

要想恢复数据,就必须首先了解硬盘的存储结构,以便在恢复数据时做到心中有数。

1. 硬盘分区

硬盘存放数据的基本单位为扇区,可以理解为一本书的一页。当装机或买来一个移动硬盘,第一步便是为了方便管理而分区。无论用何种分区工具,都会在硬盘的第一个扇区标注上硬盘的分区数量、每个分区的大小、起始位置等信息,术语称为主引导记录(MBR),也称为分区信息表。当主引导记录因为各种原因(硬盘坏道、病毒、误操作等)被破坏后,一些或全部分区信息就会丢失,根据数据信息特征,可以重新推算计算分区大小及位置,手工标注到分区信息表,"丢失"的分区就找回来了。

使用硬盘前,需要将它分区、格式化,然后再安装上操作系统。在这一过程中,要将硬盘分成主引导区(MBR)、操作系统引导记录区(DBR)、FAT 表、DIR 目录区和 Data 数据区 5 部分,如图 9.9 所示。

0磁道1柱面1扇区

0磁道0柱面1扇区

图 9.9　硬盘存储的 5 个部分

DBR(Disk Boot Record,操作系统引导区)通常位于硬盘的 0 磁道 1 柱面 1 扇区,是操作系统可以直接访问的第一个扇区,它包括一个引导程序和一个被称为 BPB(Bios Parameter Block)的分区参数记录表。引导程序的主要任务是当 MBR 将系统控制权交给它时,判断本分区根目录前两个文件是不是操作系统的引导文件。如果确定存在,就把它读入内存,并把控制权交给该文件。BPB 参数块记录着本分区的起始扇区、结束扇区、文件存储格式、硬盘介质描述符、根目录大小、FAT 个数,分配单元的大小等重要参数。DBR 是由高级格式化程序(如 Format.com 等程序)所产生。

FAT(File Allocation Table,即文件分配表)是操作系统的文件寻址系统。为了防止意外损坏,FAT 一般做两个(也可以设置为一个),第二个 FAT 为第一个 FAT 的备份。同一个文件的数据并不一定完整地存放在磁盘的一个连续的区域内,而往往会分成若干段,像一条链子一样存放。由于硬盘上保存着段与段之间的连接信息,操作系统在读取文件时总是能够准确地找到各段的位置并正确读出。在 FAT 区之后便是目录区与数据区,其中目录区起到定位的作用,而数据区则是真正存储数据的地方。

MBR(Main Boot Record)位于整个硬盘的 0 磁道 0 柱面 1 扇区,如图 9.10 所示。不过,在总共 512 字节的主引导扇区中,MBR 只占用了其中的 446 个字节,另外的 64 个字节交给了 DPT(Disk Partition Table,硬盘分区表),最后两个字节"55AA"是分区的结束标志,其整体构成了硬盘的主引导扇区。

主引导记录中包含了硬盘的一系列参数和一段引导程序。其中硬盘引导程序的主要作用是检查分区表是否正确,并且在系统硬件完成自检以后引导具有激活标志的分区上的操作系统,并将控制权交给启动程序。MBR 是由分区程序(如 Fdisk.exe)产生的,它不依赖于任何操作系统,而且硬盘引导程序也是可以改变的,从而实现多系统共存。

注意:MBR 不属于任何一个操作系统,也不能用操作系统提供的磁盘操作命令来读取它,但可以通过命令来修改和重写,如在 minix3 里面,可以用命令 installboot -m /dev/c0d0/usr/mdec/masterboot 把 masterboot 这个小程序写到 mbr 里,masterboot 通常用汇编语言来编写。也可以用 ROM-BIOS 中提供的 INT13H 的 2 号功能来读出该扇区的内容,还可用软件工具 Norton8.0 中的 DISKEDIT.EXE 来读取。

一个扇区的硬盘主引导记录 MBR 由 4 个部分组成。

(1) 主引导程序:偏移地址 0000H~0088H,负责从活动分区中装载,并运行系统引导程序。

(2) 出错信息数据区:偏移地址 0089H~00E1H 为出错信息,00E2H~01BDH 为 0 字节。

（3）分区表：含 4 个分区项，偏移地址 01BEH～01FDH，每个分区表项长 16 个字节，共 64 字节为分区项 1、分区项 2、分区项 3、分区项 4。

（4）结束标志字：偏移地址 01FE～01FF 的 2 个字节值为结束标志 55AA，如果该标志错误，系统就不能启动。

图 9.10　**MBR 示意图**

2. 文件分配表

为了管理文件存储，硬盘分区完毕后，接下来的工作是格式化分区。格式化程序根据分区大小，合理的将分区划分为目录文件分配区和数据区，就像我们看的小说，前几页为章节目录，后面才是真正的内容。文件分配表记录着每一个文件的属性、大小以及在数据区的位置。我们对所有文件的操作都是根据文件分配表进行的。文件分配表遭到破坏以后，系统无法定位到文件，虽然每个文件的真实内容还存放在数据区，系统仍然会认为文件已经不存在了。

3. 文件删除与格式化

当向硬盘里存放文件时，系统首先会在文件分配表内写上文件名称、大小，并根据数据区的空闲情况在文件分配表上写上文件内容在数据区的起始位置。然后开始向数据区写文件的实际数据，一个文件存放操作才算完毕。

删除操作却很简单，当删除一个文件时，系统只是在文件分配表内，在该文件前面作一个删除标志，表示该文件已被删除，它所占用的空间已被"释放"，其他文件可以使用它原来所占用的空间。所以，当删除文件又想找回它（数据恢复）时，只需用工具将删除标志去掉，数据便被恢复回来了。当然，前提是没有新的数据写入，该文件所占用的空间没有被新内容覆盖。

格式化操作和删除相似，都只操作文件分配表，不过格式化是将所有文件都加上删除标志,或干脆将文件分配表清空,系统将认为硬盘分区上不存在任何内容。格式化操作并没有对数据区做任何操作,目录空了,内容还在,借助数据恢复知识和相应工具,数据仍然能够被恢复回来。

注意: 格式化并不是100%能恢复,有的情况磁盘打不开,需要格式化才能打开。如果数据重要,千万别尝试格式化后再恢复,因为格式化本身就是对磁盘写入的过程,只会破坏残留的信息。

4. 理解覆盖

数据恢复工程师常说:"只要数据没有被覆盖,数据就有可能恢复回来。"

因为磁盘的存储特性,当不需要硬盘上的数据时,数据并没有被扔掉。删除时系统只是在文件上写一个删除标志,格式化和低级格式化也是在磁盘上重新覆盖写一遍以数字 0 为内容的数据,这就是覆盖。

一个文件被标记上删除标志后,它所占用的空间在有新文件写入时,将有可能被新文件占用覆盖写上新内容。这时删除的文件名虽然还在,但它指向数据区的空间内容已经被覆盖,恢复出来的将是错误异常内容。同样,文件分配表内有删除标记的文件信息所占用的空间也有可能被新文件名的文件信息所占用,文件名也将不存在了。

当一个分区被格式化后,如果又拷贝上新内容,新数据只是覆盖掉分区前部分空间,去掉新内容占用的空间,该分区剩余空间数据区上无序内容仍然有可能被重新组织,将数据恢复出来。

同理,一键恢复、系统还原等造成的数据丢失,只要新数据占用空间小于破坏前空间容量,数据恢复工程师就有可能恢复需要的分区和数据。

5. 硬件故障数据恢复

硬件故障占所有数据意外故障一半以上,常有雷击、高压、高温等造成的电路故障,高温、振动碰撞等造成的机械故障,高温、振动碰撞、存储介质老化造成的物理坏磁道扇区故障,当然还有意外丢失损坏的固件 BIOS 信息等。

硬件故障的数据恢复当然是先诊断,对症下药,先修复相应的硬件故障,然后修复其他软件故障,最终将数据成功恢复。

电路故障需要有电路基础,需要更加深入了解硬盘的详细工作原理流程。机械磁头故障需要 100 级以上的工作台或工作间来进行诊断修复工作。另外还需要一些软硬件维修工具配合来修复固件区等故障。

9.5.2　硬盘数据恢复

数据出现问题主要包括两大类:逻辑问题和硬件问题,相对应的恢复也分别称为软件恢复和硬件恢复。软件恢复是指通过软件的方式进行数据修复,整个过程并不涉及硬件维修。而导致数据丢失的原因往往是病毒感染、误格式化、误分区、误克隆、误删除、操作断电等。

1. 常用数据恢复技术

数据恢复是一个技术含量比较高的行业,数据恢复技术人员需要具备汇编语言和软件应用的技能,还需要电子维修和机械维修以及硬盘技术。

1) 软件应用和汇编语言基础

在数据恢复的案例中,软件的问题占了 2/3 以上,比如文件丢失、分区表丢失或被破坏、数据库被破坏等,这些就需要具备对 DOS、Windows、Linux 操作系统以及数据结构的熟练掌握,需要对一些数据恢复工具和反汇编工具的熟练应用。

2) 电子电路维修技能

在硬盘的故障中,电路的故障占据了大约一成的比例,最多的就是电阻烧毁和芯片烧毁,作为一个技术人员,必须具备电子电路知识以及熟练的焊接技术。

3) 机械维修技能

随着硬盘容量的增加,硬盘的结构也越来越复杂,磁头故障和电机故障也变得比较常见,开盘技术已经成为一个数据恢复工程师必须具备的技能。

4) 硬盘固件维修技术

硬盘固件损坏也是造成数据丢失的一个重要原因,固件维修不当造成数据破坏的风险相对比较高。

2. 常用数据恢复工具

数据恢复借助有效的工具能够起到事半功倍的作用,常用的数据恢复工具主要有 DATACOMPASS、SalvtionDATA、PC3000、FinalData、EasyRecovery、EasyUndelete、PTDD、WinHex、R-Studio、DiskGenius、RAID Reconstructor 等。下面简单介绍一下 EasyRecovery 和 R-Studio,其他的工具软件请感兴趣的读者参阅具体软件说明。

EasyRecovery 是一个非常著名的数据恢复软件,软件界面如图 9.11 所示。该软件功能非常强大。无论是误删除、格式化还是重新分区后的数据丢失,它都可以轻松解决,甚至可以不依靠分区表来按照簇进行硬盘扫描。但要注意,不通过分区表进行数据扫描,很可能不能完全恢复数据,原因是通常一个大文件被存储在很多不同区域的簇内,即使找到了这个文件的一些簇上的数据,很可能恢复之后的文件是损坏的。所以这种方法并不是万能的,但

图 9.11　EasyRecovery 软件界面

它为我们提供了一个新的数据恢复方法,适合分区表严重损坏、使用其他恢复软件不能恢复的情况下使用。EasyRecovery 最新版本加入了一整套检测功能,包括驱动器测试、分区测试、磁盘空间管理以及制作安全启动盘等。这些功能对于日常硬盘数据维护来说非常实用,可以通过驱动器和分区检测来发现文件关联错误以及硬盘上的坏道。

　　R-STUDIO 是另一个功能强大的数据恢复、反删除工具,该软件界面如图 9.12 所示。该工具采用全新恢复技术,为使用 FAT12/16/32、NTFS、NTFS 5 和 Ext2FS 分区的磁盘提供完整数据维护解决方案。同时提供了对本地和网络磁盘的支持,提供大量参数设置,让高级用户获得最佳恢复效果。具体功能有:采用 Windows 资源管理器操作界面;通过网络恢复远程数据(远程计算机可运行 Windows 95/98/Me/NT/2000/XP、Linux、UNIX 系统);支持 FAT12/16/32、NTFS、NTFS5 和 Ext2FS 文件系统;能够重建损毁的 RAID 阵列;为磁盘、分区、目录生成镜像文件;恢复删除分区上的文件、加密文件(NTFS 5)、数据流(NTFS、NTFS 5);恢复 FDISK 或其他磁盘工具删除过的数据、病毒破坏的数据、MBR 破坏后的数据;识别特定文件名;把数据保存到任何磁盘;浏览、编辑文件或磁盘内容等。

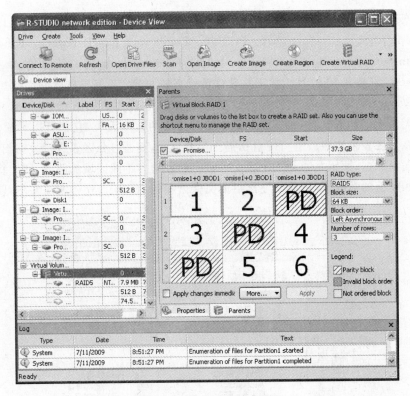

图 9.12　R-STUDIO 软件界面

3. 数据恢复案例分析

　　数据恢复对每个人都十分重要,在这里通过几个案例来介绍几种常用的数据恢复技术。

1)文件误删拯救技术

当发现文件丢失或文件被同名文件覆盖,甚至分区被误操作格式化以及误克隆之后,就需要采用磁盘扫描的方法来进行数据恢复。

案例：华南某设计院的一台服务器承担着整个设计院的存储任务。2005 年 8 月 2 日，由于管理员的误操作，将 2004 年全年的数据全部删除。由于当时删除的时候并不是放入"回收站"，而是直接删除，因此采用普通方法根本无法恢复。为了找回这些数据，慌乱之中管理员使用了当时的 Ghost 备份文件来恢复，但是恢复后发现还是没有需要的文件，并且把整个文件系统都弄得非常混乱。最终在数据恢复公司的帮助下，该设计院才成功找回90％左右的数据。

故障分析：事实上，由于误操作而导致的文件丢失在软件类数据恢复中很常见，大约占25％左右。当在磁盘上删除一些数据后，被删除的地方只不过做了一个可覆盖标记，数据并没有真正被删除。但是再次写入的话，不一定立即覆盖刚刚删除的内容，因此可以使用磁盘扫描的方法来恢复数据，但数据一旦被其他数据所覆盖，就很难做到将被删除数据完全恢复。

这里推荐使用 EasyRecovery 和 FinalData。由于 EasyRecovery 和 FinalData 在针对分区表等故障时有着一套独特的处理方法，可以自动使用内定的方式来扫描文件，因此结合起来使用往往可以带来惊喜。

EasyRecovery 使用 Ontrack 公司复杂的模式识别技术找回分布在硬盘上不同地方的文件碎块，并根据统计信息对这些文件碎块进行重整。接着 EasyRecovery 在内存中建立一个虚拟的文件系统并列出所有的文件和目录。哪怕整个分区都不可见或者硬盘上只有非常少的分区维护信息，EasyRecovery 仍然可以高质量地找回文件。

能用 EasyRecovery 找回数据、文件的前提就是硬盘中还保留有文件的信息和数据块。但在进行删除文件、格式化硬盘等操作后，再对该分区内写入大量新信息时，这些需要恢复的数据就很有可能被覆盖了。这时，无论如何都是找不回想要的数据了。所以，为了提高数据的修复率，发现文件被误删以后，要尽量避免再对要修复的分区或硬盘进行新的读写操作。如果要修复的分区恰恰是系统启动分区，就要马上退出系统，用另外一个硬盘来启动系统（即采用主/从硬盘结构）。

无论是 EasyRecovery 还是 FinalData，其基本使用方法都非常简单，大致可以分为三个步骤：选择扫描范围、指定扫描类型以及筛选数据。以 EasyRecovery 为例，进入界面后首先在左边的列表中选择"数据恢复"工作模式，此时软件会提供更多的选项供大家选择。其实这里一般选择使用"高级选项自定义数据恢复功能"，因为它的功能是最强的，已经包括了"查找并恢复已删除的文件"、"从一个已格式化的卷中恢复文件"以及"不依赖任何文件系统结构信息进行恢复"三个功能选项。

选定"高级选项自定义数据恢复功能"，随后系统要求输入扫描所针对的分区，如图 9.13所示。

然后 EasyRecovery 让用户自己选定文件系统类型。如果无法确定是 FAT32 还是NTFS，那么可以直接选择为 RAW 模式，只不过此时将对整个分区的扇区一个个地进行扫描，速度会比较慢。扫描会占用比较长的一段时间，扫描结束后，EasyRecovery 将列出丢失文件的列表，并且都放在 LOSTFILE 目录下，在前面的小方框内打上钩，恢复所有找到的文件。也可以用鼠标单击 LOSTFILE 前面的"＋"号显示列表，然后从中选取要恢复的文件。选择完成后，单击"下一步"按钮，并按照提示选择文件的存放路径即可，如图 9.14 所示。

图 9.13　EasyRecovery 扫描指定的分区

图 9.14　EasyRecovery 找回丢失的文件

2) 修复重装 Windows XP 后的 Ubuntu 引导分区

当重装了 Windows 以后,把原来的 Ubuntu 引导分区表 MBR(Master Boot Record)中 grub 的信息清除了,不过没关系,修复一下 MBR 就可以了。当计算机启动时,首先运行 Power On Self Test(POST),即加电自检,检测系统内存以及其他硬件设备的现状。接着 通过 BIOS 定位计算机的引导设备,如果 BIOS 是即插即用的,那么计算机将对硬件设备进 行检查以及完成配置,然后 MBR 被加载并运行。如果是 Windows XP/2000/2003 系统,系 统会将控制权交给 NTLDR(系统加载器),调用 Boot.ini,显示多重选项菜单,最后加载要启动的系统。因此,如果破坏了 MBR,就破坏了硬盘引导记录。当重装 Windows 后,会清除掉原来的 Ubuntu 引导分区表 MBR 中 grub 的信息。在这种情况下,可以通过修复 MBR 来修复系统。

下面介绍一下修复 MBR 的方法。

首先,把 Ubuntu 的安装光盘放进去,然后启动。正常进入安装界面,打开终端:

(1) 输入 sudo grub,于是变成 grub>。

(2) 先找到 Ubuntu 的启动分区(就是/boot 目录所在的分区),输入 find /boot/grub/stage1,按回车键显示(hd0,2)。这里 hd0 是指第一个硬盘,2 代表第 3 个分区,即 Ubuntu 根目录所在分区(0 代表第一个分区)。

(3) 输入 grub>root (hd0,2)。

(4) 输入 grub>setup (hd0),如果出现 successed,就表示成功了。

(5) 输入 grub>quit,然后重启。

如果有多个硬盘,把 Windows 装在第一块磁盘,而 Linux 装在第二块磁盘,而 BIOS 设置为从第一块磁盘启动,那么在进行第(3)步的时候,一定要把参数设为第一块磁盘,即要把 grub 装入引导硬盘的 MBR 里。当然,可以将 grub 装入每块硬盘的 MBR,也可以启动,这只是一个先后次序问题。

3) NTFS 格式大硬盘数据恢复特殊案例

某公司一块 80GB 迈拓硬盘某天突然进不了分区,提示为"无法访问 X:参数错误"。硬盘上为该公司为本市摄制和编辑的运动会视频和音频文件,摄录磁带中已清除,运动会也不可能再开一次。

修复过程:该硬盘为只有一个 NTFS 分区的数据盘,先在 DOS 下用扇区编辑软件查看,结果发现分区表和 63 扇区都有错误,1~62 扇区间有大量扇区被写上不明代码,87~102 扇区不正常,先手工修复分区表,恢复 63 引导扇区,删除 1~62 扇区间的代码。87~102 扇区之间暂不处理,到 Windows 下检查,结果还是出现同样的提示,试用恢复软件 EasyRecovery,可以看到目录结构,再试 FinalDate,这个软件此时不尽如人意;用恢复软件 EasyRecovery 选择某目录进行试恢复,结果 28 个试恢复文件只恢复 2 个,其余的全部为 0 字节,恢复工作陷入困境。再次对 79~102 扇区进行分析,79 扇区面目全非,被严重篡改破坏,80~86 扇区被清空,87~102 扇区的内容也不正常。经过一番苦思冥想,对某些扇区进行备份后做清除,备份被放到 1~62 扇区之间,以备不测时改回原样。

再次在 Windows 下用恢复软件 EasyRecovery 进行恢复,让其读该盘约 10 秒钟,停止扫描,看到的内容和前面提到的相同,试恢复一个文件夹,从恢复过程能看到这时恢复动作正常了,随后对其余的文件和文件夹进行恢复,近 3 个多小时后,63.9GB 资料全部恢复,文件中 AVI、WAV、PSD 和其他格式的图形文件逐个打开完全正常。恢复工作顺利结束。

4) 零磁道损坏的数据恢复

对于磁盘而言,零磁道是最为关键的地方,因为硬盘的分区表信息就在其中。一旦零磁道损坏,那么硬盘将无法启动。其实零磁道损坏只是物理坏道的特殊情况,所不同的只是损坏之处十分敏感。

案例:东北地区某服装设计公司的 SCSI 单盘服务器存储着整个公司的设计资料,原本就发现该硬盘有轻微的坏道,但是并未引起管理员重视,也没有做好备份工作。终于在

2005 年 7 月 13 日,硬盘无法启动了,管理员尝试格式化系统分区也宣告失败。

故障分析:通过 Scandisk 扫描,发现坏道其实并不多,甚至将它作为从盘挂在别的操作系统下也能看到部分分区内容。但是由于坏道所处的位置非常特殊,因此造成硬盘无法启动。经检测后发现,零磁道部分出现了坏道,这类故障必须使用有别于普通坏道的处理方法。

对于带有物理坏道的硬盘,最简单的数据恢复方法便是将它设置为从盘,然后使用另一块硬盘引导进入操作系统。在磁盘管理器中,大家可以对它进行盘符分配。如果分配成功,可以直接复制就能成功恢复数据。如果因为坏道数量过多而无法分配盘符,或者在复制的时候总是提示错误,那么就必须采用其他方法了。

这里推荐给大家的是一款名为效率源的磁盘访问工具。它是目前对付坏道比较常用的软件,该软件暂时还只能在软盘上生成工具盘,因此使用前提是必须有软驱,另外在 Windows 9x/Me/2000/XP 等系统平台下都无法查看工具盘中的内容,其特点在于能够针对扇区进行复制。以一块 80GB 硬盘为例,如果已经知道所需要的重要数据在最后一个分区,且最后一个分区的容量为 20GB,那么在效率源软件中直接让起始复制扇区定位在大约 70% 的位置,终止位置为最后,这样在复制过程中将会避开前面的部分。很多时候,物理坏道都是连续出现,而我们所需要的数据可能并没有存储在危险的坏道上。然而操作系统对于硬盘的读取过程比较特殊,一旦存在大量坏道就有可能无法识别硬盘分区。通过效率源软件,大家可以轻而易举地突破这些限制,而且该软件本身就带有强力复制功能和相应的校验算法。

使用方法:首先连上需要数据恢复的硬盘和一块完好的硬盘,然后使用含有效率源软件的启动盘引导系统,此时会直接进入效率源软件的主界面。选择 Sector Copy 命令之后,效率源软件会要求输入源盘与目标盘,此时千万不要选错:需要数据恢复的硬盘作为源盘,完好的硬盘作为目标盘。随后,输入 Start 和 End 数字以确认复制扇区的起始位置,最后单击"确认"按钮后就可以开始扇区复制来恢复数据,具体的强力复制和纠错功能都会自动打开,无需个人用户设置。

小知识:专业的数据恢复公司一般使用 PC3000 和 HIE(Hardware Info Extractor)等工具进行扇区复制,并且使用风扇对硬盘降温(这种方法对于 IBM 硬盘特别有效),一般都能成功导出数据。由于一套 PC3000 工作卡价格不菲,因此个人用户很难实现,此时可以考虑寻求专业数据恢复服务商的帮助。相对而言,HIE 是专用的硬盘复制工具,它能从底层实现硬盘数据的真正复制。HIE 只需要一个 5V 和 12V 的电源接口就可以工作了,免去了很多软件操作的麻烦。对于有坏道、扇区标记错误、甚至是部分很难读写的硬盘,HIE 都会根据自身存储的硬盘修复程序对扇区进行处理,然后按照物理方式把数据从硬盘中复制出来,只不过其处理速度非常慢。

5) RAID

很多接触过 RAID 数据恢复的朋友都知道,RAID 恢复服务收费很高,但是如果仅仅是一些简单的小故障,完全可以自己先动手尝试一下。不少人都为 RAID 出现问题而感到奇怪,以 RAID5 为例,其安全性应当是很高的。但是除了 RAID 控制器本身可能损坏外,硬盘在使用过程中掉线而没有被及时处理也是一个关键因素。此外,部分所谓的 RAID5(如 RAID5 ADG、RAID5EE 等)其实并不能像理论上那样支持两块硬盘掉线。

案例：2005 年 9 月 4 日，某上市公司物流部门的 RAID 磁盘阵列突然崩溃，此时阵列柜指示灯显示硬盘掉线。由于整个 RAID 已经崩溃，因此管理员无法进入系统，也就感到无从下手。主管请来了专业的数据恢复公司，最后以单盘 3000 元的价格（总计 8 块硬盘，2.4 万元）进行数据恢复操作。RAID 崩溃而导致的数据灾难在整体数据恢复案例中大约占据11%，尽管比例不是很高，但是收费却相当惊人。RAID 数据灾难的症状包括亮指示灯、RAID 信息丢失、分区丢失、所有硬盘变成单独硬盘（软 RAID）等，这类故障的处理方法比较复杂。

故障分析：由于 RAID 的特殊性，其分区表并非独立保存在某一个硬盘上，因此需要使用专门的软件独立处理。不过鉴于服务器数据一般都意义重大，建议大家先使用 Runtime DiskExplorer 制作镜像盘，该软件分为 NTFS 版本和 FAT 版本。制作镜像的过程非常简单，甚至比大家平常使用 Ghost 软件还要简明，只要直接选择要操作的磁盘并指定镜像文件的保存路径即可，操作步骤可以在一个图形界面中完成。

得到磁盘镜像之后，源盘就可以保存在安全的地方，所有的数据恢复操作直接在镜像盘中处理。恢复 RAID 数据的软件也有不少，这里推荐同样由 Runtime 开发的 RAID Reconstructor，该软件的界面如图 9.15 所示。该软件在进入主界面时需要设定 RAID 类型与磁盘数量，然后 RAID Reconstructor 会分析参数并把分散的数据复制出来。

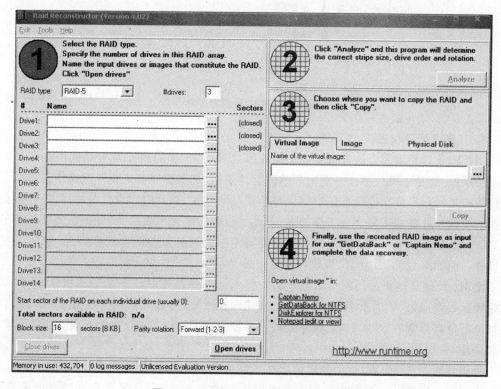

图 9.15　RAID Reconstructor 的主界面

一般而言，RAID Reconstructor 只能对付简单故障的中小型 RAID，但是作为送到数据恢复中心之前的一种尝试还是值得推荐的，只是用户一定要针对镜像文件操作，否则很可能破坏数据。至于专业的数据恢复公司，一般都有自己研发的软件以及一套分析算法并进行重组的工具,以确保较高的成功率与安全性。

注意:出现 RAID 故障时不要轻易让服务器售后服务工程师操作,因为服务器厂商只负责硬件设备的完好性,而且多数培训并不涉及数据恢复。不少服务器售后服务工程师在面对 RAID 故障时简单地使用强行加载以及初始化操作,这很容易造成无法挽救的二次破坏。

RAID5 实际是由 RAID3 所衍生而来的技术。而 RAID3 可以看做是 RAID0 的一种扩展,它也是把数据分块存放在各个硬盘中,不过为了增加数据的安全性,RAID3 又另外接一块硬盘存放数据奇偶校验信息。由于在存取的时候要进行数据的奇偶校验,因此 RAID3 的工作速度比 RAID0 要慢一些。如果存储数据的硬盘发生损坏,那么只需要更换它,然后就可利用校验盘上的校验信息恢复数据,不过如果校验盘也损坏了,那就无药可救了。要实现 RAID3,至少需要 3 块硬盘,在速度和安全性上,RAID3 介于 RAID0 和 RAID1 之间。而 RAID5 则针对 RAID 所存在的安全隐患,将数据奇偶校验信息交叉存储在每个硬盘中,这样搭建的成本就低了许多(最少只需两块硬盘),而且不用担心校验盘损坏所带来的数据安全问题。图 9.16 说明了 RAID5 校验原理。

图 9.16　RAID5 校验原理

6) 开盘更换硬盘磁头

当排除硬盘是因为分区表或是固件的故障之后,其内部的故障就很让人担心。无论是磁头缺损,还是电机故障或是更为严重的盘片划伤,这些都需要进行开盘操作。所谓开盘操作指的是在一定洁净度要求的空间内打开硬盘的盘腔,对其内部进行各种操作,以便找回数据。根据专业数据恢复中心工程师表示,此类故障的维修难度极大,数据恢复服务费一般在 2500 元左右,而且也是占据整体数据恢复案例中比例最大的一项故障,大约有 46% 左右的份额。而如果是 SCSI 硬盘,则收费将更为昂贵,可以高达 5000 元以上。

案例:杭州某电机公司刚从国外购买的技术资料保存在总经理的台式机中,不料该台式机硬盘最终成为"数据杀手"。该硬盘起初工作速度缓慢,此后突然无法被 BIOS 识别,而且加电后带有异常的"咔哒"声。由于这些技术资料都是一次性授权,因此价值百万的数据可谓命悬一线。

故障分析:一般而言,这类故障情况几乎都是磁头老化,必须进行开盘处理。

小知识:开盘的前提条件是有一间洁净度非常高的房间,通常需要百级超净的房间。尽管千级甚至万级或是最普通的操作台也有可能开盘成功,但是此时的失误率实在太高,很容易造成不可挽救的二次破坏。

硬盘的密封都十分结实,但是只要使用六角螺丝刀也很好处理。分别拧下各个六角螺丝之后,就可以打开硬盘的上盖,此时也能清晰地看到其内部结构。在打开硬盘之前,工程师一般都会凭借经验判断故障部位。如果在加电时没有听到硬盘转动声音且更换电路板后也没有效果,那么很可能是电机故障。而如果转动声音很正常且伴随着"咔哒"声,则多半是磁头偏移造成的划盘(此时应尽可能减少加电次数),需要更换磁头后才能恢复数据。然而需要指出的是,硬盘加电出现"咔哒"的敲盘声并非完全是磁头偏移,很多迈拓硬盘在固件信息损坏之后也会有这样的现象,少数西数硬盘也是同样的情况,而 IBM/日立和希捷的硬盘则很少会出现固件损坏,因此具体问题还是需要分门别类地判断。

　　开盘操作并不像装配一台计算机那样简单,毕竟硬盘内部的这些配件并非完全通用,因此进行开盘操作时需要找到合适的备件,此时所要求的应该不仅仅是型号一样,甚至是 Model 号也完全一致。在更换磁头的时候,工程师首先将内部磁铁盖片掀开,此时需要用力得当,否则很容易弄伤盘片,从而导致数据彻底报废,如图 9.17 所示。

　　真正困难的还在于磁头的安放步骤。如果硬盘内部由多个盘片和磁头组成,那么留给工程师的操作空间就很小,此时稍不注意就可能触及盘片或是弄坏磁头。此外,不同型号的硬盘在磁头特性方面也不尽相同,这需要工程师凭借经验去调整距离。在开盘操作中,最简单的莫过于磁头卡住,此时只要轻轻地拨动一下让其归位即可解决问题。如果开盘洁净度足够高,甚至该硬盘还能继续使用,导出数据也将是轻而易举的。而如果确认磁头已经损坏(主要依靠加电后的异常声音进行判断),则必须更换磁头。这一步操作要求工程师掌握精确的定位,并且丝毫不能触及盘片,否则就会前功尽弃。

图 9.17　调整硬盘的磁头部分

4. 数据恢复的技巧

1) 不必完全扫描

　　如果仅想找到不小心误删除的文件,无论使用哪种数据恢复软件,也不管它是否具有类似 EasyRecovery 快速扫描的方式,其实都没必要对删除文件的硬盘分区进行完全的簇扫描。因为文件被删除时,操作系统仅在目录结构中给该文件标上删除标识,任何数据恢复软件都会在扫描前先读取目录结构信息,并根据其中的删除标志顺利找到刚才被删除的文件。所以,完全可在数据恢复软件读完分区的目录结构信息后就手动中断簇扫描的过程,软件一样会把被删除文件的信息正确列出,如此可节省大量的扫描时间,快速找到被误删除的文件数据。

2) 尽可能采取 NTFS 格式分区

　　NTFS 分区的 MFT(Master File Table)以文件形式存储在硬盘上,这也是 EasyRecovery 和 Recover4all 即使使用完全扫描方式对 NTFS 分区扫描也那么快速的原因——实际上它们在读取 NTFS 的 MFT 后并没有真正进行簇扫描,只是根据 MFT 信息列出了分区上的文件信息,非常取巧,从而在 NTFS 分区的扫描速度上压倒了老老实实逐个簇扫描的其他软件。不过对于 NTFS 分区的文件恢复成功率,各款软件几乎是一样的。事实证明这种取巧的办法确实有效,也证明了 NTFS 分区系统的文件安全性确实比 FAT 分区要高得多,这也就是 NTFS 分区数据恢复在各项测试成绩中最好的原因,只要能读取到 MFT 信息,就几乎能 100％恢复文件数据。

3) 巧妙设置扫描的簇范围

设置扫描簇的范围是一个有效加快扫描速度的方法。像 EasyRecovery 的高级自定义扫描方式、FinalData 和 FileRecovery 的默认扫描方式都可以让用户设置扫描的簇范围以缩短扫描时间。当然,判断目的文件在硬盘上的位置需要一些技巧,这里提供一个简单的方法,使用操作系统自带的磁盘碎片整理程序中的碎片分析(千万小心,不要碎片整理,只是用它的碎片分析功能),在分区分析完后程序会将硬盘的未使用空间用图形方式清楚地表示出来,那么根据图形的比例估计这些未使用空间的大致簇范围,搜索时设置只搜索这些空白的簇范围就好了,对于大的分区,这确实能节省不少扫描时间。

4) 使用文件格式过滤器

以前没用过数据恢复软件的朋友在第一次使用时可能会被软件的能力吓一跳,你的目的可能只是要找几个误删的文件,可软件却列出了成百上千个以前删除了的文件,要找到自己真正需要的文件确实十分麻烦。这里就要使用 EasyRecovery 独有的文件格式过滤器功能了,在扫描时在过滤器上填好要找文件的扩展名,如 ＊.doc,那么软件就只会显示找到的DOC 文件了。如果只是要找一个文件,甚至只需要在过滤器上填好文件名和扩展名(如important.doc),软件自然会找到需要的这个文件,很快捷方便。

习　题　9

简答题

1. 什么是数据备份? 数据备份的主要目的是什么?

2. 什么是系统数据备份?

3. 系统还原卡的基本原理是什么? 请仔细观察一下你周围的环境,还有哪里用到了还原卡?

4. 什么是用户数据备份? Second Copy 软件主要有哪些功能?

5. 网络数据备份主要有哪些方法?

6. 解释 DAS-Based、LAN-Based、LAN-Free 和 Server-Free 这 4 种网络数据备份方法的异同点。

7. 数据恢复之前应该注意哪些问题?

8. 硬盘数据恢复的基本原理是什么?

9. EasyRecovery 有哪些功能?

第 10 章   软件保护技术

本章主要介绍软件保护常用的静态和动态分析技术,对当前用于软件保护的常用技术作一个综合的分析和介绍,分别对其优缺点进行分析,并给出软件保护的一般性建议。

10.1   软件保护技术概述

软件保护技术是软件开发者为了维护软件的知识产权和经济利益,不断寻找各种有效方法和技术来维护软件版权,增加其盗版的难度,或延长软件破解的时间,尽可能防止软件被非法使用所采用的保护方法。软件保护方式的设计应该作为软件开发的一部分来考虑,列入开发计划和开发成本中。如果一种软件保护技术的强度足以让破解者在软件的生存周期内无法将其完全破解,这种保护技术就应该说是非常成功的。

软件的破解者是在盗版所带来的高额利润驱动下,或出于个人爱好,而不顾及知识产权的约束,对软件保护方式进行跟踪分析,以找到相应破解方法的人。从理论上来说,没有破解不了的软件。所以对软件知识产权的保护通过技术是远远不够的,最终还是要依赖于国家法制的完善,人们对知识产权保护意识的提高。

10.2   静态分析技术

对于破解者来说,通过对程序的静态分析,了解软件保护的方法是软件破解的一个必要手段。对软件的保护者来说,了解静态分析技术有助于提高软件保护的技术和方法。静态分析是从反汇编出来的程序清单上分析程序流程,从提示信息入手,了解软件中各模块的功能、各模块之间的关系及编程思路,从而根据自己的需要进行完善、修改程序的功能。给以后的动态调试打下基础,进而更快更好地破解软件的保护技术。

10.2.1   静态分析技术的一般流程

对软件采用静态分析的一般流程可以分为如下几步:

(1) 先运行程序,查看该软件有哪些运行时的限制或出错信息,如试用时间的限制、试用次数的限制等。

(2) 查看软件是否加壳。如果该程序使用加壳保护,则在进行静态分析前必须进行脱壳处理,否则无法对该软件静态反汇编操作或反汇编出来的结果不正确。

(3) 进行静态分析。利用静态反汇编工具(如 W32Dasm、C32asm 等)进行反汇编,然后根据软件的限制或出错信息找到对应的代码处。同时,还要找到该软件的 Call 和跳转等关键代码,这些对能否成功破解与保护软件起到关键作用。

（4）修改程序。根据找到的关键代码，使用十六进制编辑器或汇编编辑功能来修改这些关键机器码或汇编代码。

（5）制作补丁程序。在找到软件的相关使用漏洞后，就可以根据这些漏洞信息来制作保护软件的补丁程序。

静态分析工具主要有文件类型分析工具、资源编辑工具和反汇编工具三部分，使用静态分析工具可以完成静态分析技术一般流程中的大部分操作。

另外，目前大多数应用软件在设计时都采用了人机对话方式。所谓人机对话，其实质是指软件在运行过程中需要由用户选择的地方（如注册窗口、信息提示对话框等）都会显示相应的提示信息，并等待用户对其进行设置。在执行完某一段程序后便显示一串提示信息，以反映该程序运行后的状态，如程序是否正常运行或提示用户如何进行下一步工作等，这给软件静态分析带来了一些暗示。

10.2.2　文件类型分析

对软件进行静态分析时，首先要了解和分析程序的类型，了解程序的编写语言，或用什么编译器编译，程序是否加壳保护等。常用的文件分析工具有 PEiD、DIE 和 FileInfo 等。其中 FileInfo 识别文件类型较多，使用方便，但由于其长时间没有更新，其识别文件的数据库比较陈旧，已经不能识别各种新壳。另外一款常用的侦壳工具是 PEiD，它可以方便地检测出常见的各种壳，下面介绍一下 PEiD 这个工具。

PEiD 可以探测大多数的 PE 文件封包器、加密器和编译器所构建的壳。到目前为止，可以探测 600 多个不同类型的壳。同时，它还可以识别 EXE 程序的编写语言，如 Visual C++、Delphi、Visual Basic 或 Delphi 等。

PEiD 运行时的界面如图 10.1 所示，从图中可以看出文件 PEiD. EXE 是 Windows 32 位 GUI 程序，即 Windows 图形用户界面程序，Visual C++7.1 编译器进行编译和链接的。另外还可以看出该程序是经过 ASPack 2.12 进行加壳的软件。

图 10.1　PEiD 主界面

该工具也集成了一些常用的壳插件，可以直接对某些识别出的壳进行脱壳处理。另外，该工具还增加了病毒扫描功能，因此，该壳工具是目前各类侦壳工具中性能最强的一种。

10.2.3　W32Dasm 简介

W32Dasm 是一个功能强大、使用简单、方便的静态反汇编工具。它可以针对现在流行的可执行文件进行反编译，把可执行文件反编译成汇编代码，以利于研究人员分析和了解程序的结构和流程。同 IDA Pro 相比较，W32Dasm 在对小型文件进行反编译的时候速度非常快，但是当对大的文件进行反编译的时候就显得力不从心了。针对这个现象，网络上出现了不同的版本，最为流行的是 W32Dasm 8.93 黄金汉化版。下面简单介绍一下经常用到的功能和使用方法。

启动 W32Dasm 后，程序界面如图 10.2 所示。

图 10.2　W32Dasm 的主界面

1. 文件加载

当要对一个程序进行反编译的时候，可以选择"反汇编"→"打开文件"命令调入文件，然后选定需要进行反编译的程序（"文件类型"下拉列表中是 W32Dasm 所支持的文件类型），单击"打开"按钮即可开始对程序的反编译。软件的反编译过程根据软件的大小，需要的时间也不同。下面以 Windows 自带的"记事本"为例来看看反编译后的 W32Dasm 程序窗口，如图 10.3 所示。

在对程序反编译完成以后，为了避免下一次再对程序进行反编译，通常可以选择"反汇编"→"保存反汇编文件或创建工程文件"命令保存反编译后的内容。在这里可以把反编译后的汇编代码保存成 ASCII 或者是 alf 项目文件。这样，当再一次打开这个文件的时候，就可以直接选择"工程"→"打开工程文件"命令调用已经保存好的反编译的汇编代码，从而减少不必要的重复劳动。

保存后的文件被分别存为 Notepad.alf 和 Notepad.wpj。当需要再次打开所保存的工程文件的时候，直接打开保存的 Notepad.wpj 就可以了。

2. 对反汇编源代码的操作

1）"查找"菜单

通过"查找"菜单，可以根据自己的需要，查找反编译后的汇编代码中的相关代码和字串。当在动态调试的过程中发现某个地址是要重点分析的地方时,可以记录下相关代码或者地址,然后在 W32Dasm 中通过选择"查找"→"查找文本"命令,在打开的对话框中输入对应信息进行搜索。在对反汇编得到的代码量比较大或者相同代码比较多的时候,建议使用本方法。比如,某个软件试用期为 30 天,但是反汇编后选择"参考"→"串式参考"命令找不到相关信息,那么根据十进制 30 就是十六进制的 1E 来查找相关代码"0000001E",然后分析哪些代码段是自己需要的。如果有多处相同代码,可以按 F3 键进行连续查找。

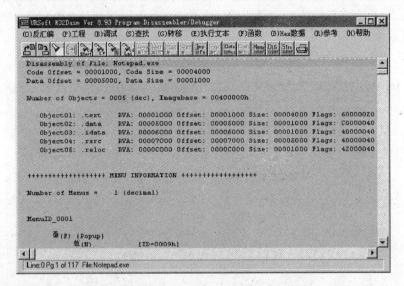

图 10.3　用 W32Dasm 打开 Notepad.exe 文件

2)"转移"菜单

"转移"菜单主要对反编译得到的汇编代码进行定位操作,主要操作选项如图 10.4 所示。

图 10.4　"转移"菜单

从这个菜单的条目可以按照需要转到跳转的地方。"转到代码头"菜单是将光标转移到由 W32Dasm 得到的反编译后的代码列表清单指令的开始处。"转到程序入口处"菜单是指将光标指向程序的入口点(Entry Point),程序的入口点就是程序开始执行时的代码地址。"转到页"菜单主要是方便在反汇编后得到的代码页中跳转,当知道要分析的代码的页码后,再一次查看的时候就可以直接使用此菜单跳转到相应的页面,从而减少查找时间。"转到代码位置"菜单是根据需要输入的代码的偏移地址,使光标跳转到相应位置上去。如果输入的偏移地址值小于或者大于当前反汇编代码中的有效偏移代码值,程序将会自动取最接近的有效地址。如果输入的偏移地址代码值在有效范围内,但是没有精确值与之匹配,则最接近的有效偏移值将自动被选取。

3)"执行文本"菜单

"执行文本"菜单是根据光标当前所在位置的代码给予执行的操作,主要是执行反汇编代码处的跳转、调用的文本代码,使光标跳转到相应的代码上,并且可以在执行后返回所执行的文本代码处,能够实现的操作选项如图 10.5 和图 10.6 所示。

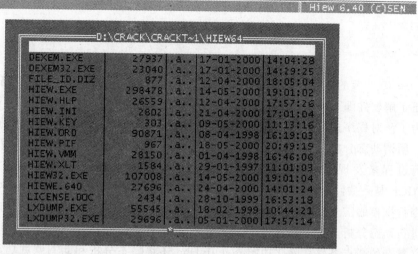

图 10.10 Hiew 的运行界面

表 10.1 Hiew 功能键作用

键名	说 明	键名	说 明
F1	帮助	F10	Filter—设置过滤
F2	Hidden—打开或关闭隐藏文件显示	Ctrl + \	来到驱动器的根目录
F3	Name—按文件排序	Ctrl + PgUp	回到上一目录
F4	Exten—按扩展名排序	Insert	打开/创建文件
F5	Time—按文件时间排序	Alt + F1	选择驱动器
F6	Size—按文件大小排序	Alt + F4	重新读取目录文件
F7	Unsort—未分类排序	Ctrl + F(n)	将当前目录路径保存
F8	Revers—反转排序	Ctrl + F(n+1)	回到保存的目录中
F9	Files—查看曾打开的文件历史	回车键	可进入子目录或从子目录退出

Hiew 的基本操作步骤如下：

(1) 参考表 10.1 所示的操作，打开待修改的文件。

(2) 此时按 F1 键，屏幕又会出现相关的帮助信息。(在此略)

(3) 打开文件后，观察屏幕底部的 4 (Mode)，此时按 F4 键将出现一对话框，让用户选择 Text(文本)、Hex(十六进制)和 Decode(反汇编)模式。

(4) 此时可根据需要选择相关的模式。在这里以 Decode 模式为例，在此模式下将出现汇编代码，现在就可以修改这些代码。按 F3 键(Edit)将进入编辑模式，按 F5 键(Goto)将跳到指定的地址，按 F7 键(Search)是查找 ASCII 码或十六进制数据。

(5) 按 F3 键进入编辑模式后，移动光标到相应的行，按 F2 键或 Enter 键，跳出一对话框，可修改汇编代码。修改好后，按 F9 键存盘(按 Enter 键后到下一行，再按 Esc 键让对话框消失，然后按 F9 键)。

10.3　动态分析技术

从 10.2 节的内容可以看到,用静态分析方法可以了解编写程序的思路,但有时并不能真正了解软件编写的整个细节和执行过程,特别是碰到加密和压缩程序时,静态分析就无能为力了。对程序进行静态分析无效或困难的情况下,可以对程序进行动态分析。

所谓动态分析是利用调试器(如 OllyDbg),通过调试程序、设置断点、控制调试程序的执行过程来发现问题。常见的调试器有 SoftICE、OllyDbg(OD)和 RW2000 等。其中,SoftICE 是一款经典调试工具,运行在 Ring0 级,可以调试驱动,并常驻在内存中,是一个由命令行操控的工具。由于平时调试的程序都是 Ring3 级,因此建议用户使用 OllyDbg 对软件进行动态分析。该工具具有可视化界面,支持对反汇编译后的代码加上自己的注释,可以定义复杂的断点条件。除此功能外,OllyDbg 还将静态分析和动态调试功能完美地结合在一起,调试多线程的应用程序,从一个线程切换到另一个线程、挂起、恢复和终止,以及改变其优先级。还可附加正在运行的应用程序,并支持 DLL 动态链接库的调试。

SoftICE 是 Compuware NuMega 公司开发的最著名的动态调试工具,可以调试各种应用程序和设备驱动程序,还可以通过网络连接进行远程调试。由于现在最普及的操作系统是 Windows NT、Windows 2000/XP/2003,因此下面主要介绍 SoftICE 在 Windows 平台安装时的一些注意事项。

SoftICE 安装后的配置如下:

1. Symbol Loader 的使用

在 SoftICE 的开始菜单里有一项 Symbol Loader 快捷方式,运行该快捷方式,在其菜单 Edit 下有 SoftICE Initialization Settings 选项,打开后如图 10.11 所示,在这里就可以配置 SoftICE 了。

(1) General 选项卡。在 Initialization string 文本框中,可填上需要 SoftICE 一启动自动运行的命令。如 WD 2；WC 14；FAULTS OFF；IXHERE OFF；IYHERE OFF；set font 2；lines 40；x;(各行以分号分开)。

(2) Exports 选项卡。在这里可添加相关的 DLL 文件,以便在 SoftICE 下拦截这些 DLL 的函数。特别是破解 VB 程序时,一定要将 VB 运行库装载进去。

(3) Keyboard Mappings 选项卡。这里配置各功能热键。如 F5="^ x；"是用 F5 键代替命令 X。

(4) Macro Definitions 选项卡。宏定义可定制各种命令宏,以方便平时的操作。如 s7878="S 30：0 L ffffffff '78787878' " 用命令 s7878 代替一串命令 S 30：0 L ffffffff '78787878'。

(5) Remote Debugging 选项卡。利用网络远程调试配置。

注意:以上所有配置好后的参数都保存在 winice. dat 文件里。

2. winice. dat 配置

在 Windows XP 下,SoftICE 配置除了用上面的方法外,也可通过对文件 winice. dat 的直接修改来实现。SoftICE 在启动时通过该文件装载一些 DLL/EXE 的信息。

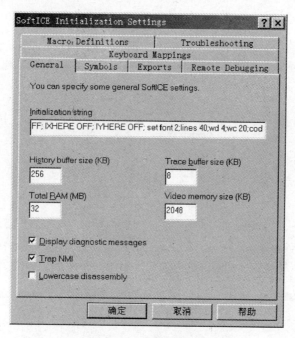

图 10.11　SoftICE 初始化配置界面

winice. dat 文件通常在 SoftICE 的安装目录下,可用任何文本编辑软件(如记事本)打开它。下面是一个典型的 winice. dat 文件内容。

```
; 注意分号后是描述语言,不被执行
PENTIUM = ON; <= Pentium Op - Codes
NMI = ON
ECHOKEYS = OFF
NOLEDS = OFF
NOPAGE = OFF
SIWVIDRANGE = ON
THREADP = ON
LOWERCASE = OFF
WDMEXPORTS = OFF
MONITOR = 0
PHYSMB = 128; <= 这个值是物理内存大小
SYM = 1024
HST = 256; <= 历史缓冲区为 256KB
TRA = 8
MACROS = 32; <= 宏操作的最大个数,此处是 32 个
DRAWSIZE = 2048; <= 显卡内存是 2MB
INIT = " wd 2; wc 20; FAULTS OFF; IXHERE OFF; IYHERE OFF; set font 2; lines 40; code on; x; "; <=
初始化,此处默认的是 800×600 分辨率
; 如是全屏请换上 lines 57
F1 = "h; "
F2 = "^ wr; "
F3 = "^ src; "
F4 = "^ rs; "
F5 = "^ x; "
```

```
F6 = "^ ec; "
F7 = "^ here; "
F8 = "^ t; "
F9 = "^ bpx; "
F10 = "^ p; "
F11 = "^ G @SS: ESP; "
F12 = "^ p ret; "
SF3 = "^ format; "
CF8 = "^ XT; "
CF9 = "TRACE OFF; "
CF10 = "^ XP; "
CF11 = "SHOW B; "
CF12 = "TRACE B; "
AF1 = "^ wr; "
AF2 = "^ wd; "
AF3 = "^ S 0 L FFFFFFFF 8B,CA,F3,A6,74,01,9F,92,8D,5E,08; "; <= VB3 特征字符串
AF4 = "^ s 0 l ffffffff 56,57,8B,7C,24,10,8B,74,24,0C,8B,4C,24,14,33,C0,F3,66,A7; "; <= VB4
特征字符串
AF5 = "^ s 0 l ffffffff FF,75,E0,E8,85,EF,FF,FF,DC,1D,28,10,40,00,DF,E0,9E,75,03; "; <= VB5
特征字符串

AF8 = "^ XT R; "
AF11 = "^ dd dataaddr -> 0; "
AF12 = "^ dd dataaddr -> 4; "
CF1 = "altscr off; lines 60; wc 32; wd 8; "
CF2 = "^ wr; ^ wd; ^ wc; "
; <= 以下是宏操作命令
MACRO s7878 = "S 30: 0 L ffffffff '78787878' "
MACRO sname = "S 0 L FFFFFFFF 'toye' "
MACRO swide = "s 0 l FFFFFFFF '7','8','7','8','7','8','7','8','7','8','7','8','7','8','7','8' "
MACRO reg = "bpx regqueryvalueexa if * (esp->8)>= 'Soft' do "d(esp->14)" "
MACRO bpxpe = "bpx loadlibrarya do "dd esp->4" "
MACRO bpxgeta = " bpx GetDlgItemTextA; bpx getwindowtexta; bpx getdlgitemint; bpx
getdlgitemtext; "
EXP = c:\windows\system\advapi32.dll
; <= 以下 4 行前不要加分号,否则不被装载,SOFTICE 可能什么也拦不到：
EXP = c:\windows\system\kernel32.dll
EXP = c:\windows\system\user32.dll
exp = c:\windows\system\gdi32.dll
exp = c:\windows\system\comctl32.dll ;
EXP = c:\windows\system\msvbvm50.dll
; <= Visual Basic 5 注意以上含有 *.dll 的 5 行语句中最好不要同时装载两个以上的 *.dll
; ***** Examples of export symbols that can be included for Windows 95 *****
; Change the path to the appropriate drive and directory
EXP = c:\windows\system\kernel32.dll
EXP = c:\windows\system\user32.dll
EXP = c:\windows\system\gdi32.dll
EXP = c:\windows\system\comdlg32.dll
EXP = c:\windows\system\shell32.dll
EXP = c:\windows\system\advapi32.dll
EXP = c:\windows\system\shell232.dll
```

```
EXP = c:\windows\system\comctl32.dll
; EXP = c:\windows\system\crtdll.dll
; EXP = c:\windows\system\version.dll
EXP = c:\windows\system\netlib32.dll
; EXP = c:\windows\system\msshrui.dll
EXP = c:\windows\system\msnet32.dll
EXP = c:\windows\system\mspwl32.dll
; EXP = c:\windows\system\mpr.dll
```

装载 SoftICE 后,按 Ctrl+D 组合键就可以看到调试界面,再按一下回到 Windows 状态,或按 F5 键也能回来。此时调试窗口像 Windows 中的窗口。如是像全屏 DOS 一样的窗口,那就是安装显卡时参数没选好,此时参照上述文件修改即可。

具体 SoftICE 的使用方法请参考软件自带的帮助文档,这里就不再赘述。

10.4　常用软件保护技术

10.4.1　序列号保护机制

在下载和安装软件的时候,经常会碰到序列号这种软件保护机制。先来看看序列号方式的工作过程。当用户从网络上下载某个共享软件后,一般都有使用时间上的限制,当过了共享软件的试用期后,用户必须到这个软件的公司去注册后方能继续使用。注册过程一般是用户把自己的私人信息(一般主要指名字)连同信用卡号码告诉给软件公司,软件公司会根据用户的信息计算出一个序列码,在用户得到这个序列码后,按照注册需要的步骤在软件中输入注册信息和注册码,其注册信息的合法性由软件验证通过后,软件就会去掉试用版的各种限制。这种保护方式实现起来比较简单,不需要额外的成本,用户购买也非常方便,在因特网上的软件大多采用这种方式进行保护。

软件验证序列号的合法性过程其实就是验证用户名和序列号之间的换算关系是否正确的过程。其验证方法通常有两种:一种是按用户输入的用户名信息来生成注册码,再与用户输入的注册码进行比较,公式表达如下:

$$序列号 = F(用户名)$$

但这种方法等同于在用户软件中再现了软件公司生成注册码的过程,在实际应用中这是非常不安全的,不论其换算过程多么复杂,解密者只需把你的换算过程从程序中提取出来就可以编制一个通用的注册程序。

另外一种是通过注册码来验证用户名的正确性,公式表示如下:

$$用户名 = F^{-1}(序列号)$$

在这种验证方法中,用来生成注册码的函数 F 未直接在程序中出现,而且正确注册码的明文也未出现在内容中,因此这种方法相对第一种要安全一些。这其实是软件公司注册码计算过程的逆算法,如果正向算法与反向算法不是对称算法的话,对于解密者来说的确有些困难,但这种算法相当不好设计。

于是有人考虑到以下算法:

$$F1(用户名称) = F2(序列号)$$

F1、F2 是两种完全不同的算法,用户名通过 F1 算法计算出的特征值与序列号通过 F2 算法计算出的特征值进行比较,如果相同,则表示输入了正确的注册码。这种算法在设计上比较简单,保密性相对以上两种算法也要好得多。如果能够把 F1、F2 算法设计成不可逆算法,则保密性相当好。可一旦解密者找到其中之一的逆算法的话,这种算法就不安全了。从上述描述可以看出,采用一元函数的算法设计很难有太大的突破,因此,有人开始尝试采用二元函数的算法来提高算法的安全性,即:

$$特征值 = F(用户名,序列号)$$

这个算法看上去相当不错,在这种算法中,用户名与序列号之间的关系不再那么清晰,但同时也失去了用户名与序列号的一一对应关系,软件开发者必须自己维护用户名与序列号之间的唯一性,但这似乎不难办到,建个数据库就好了。当然,也可以根据这一思路把用户名称和序列号分为几个部分来构造多元的算法。

$$特征值 = F(用户名 1,用户名 2,\cdots,序列号 1,序列号 2,\cdots)$$

现有的序列号加密算法大多是软件开发者自行设计的,大部分相当简单,而且有些算法作者虽然下了很大的工夫,却往往得不到它所希望的结果。实际上,现在有很多现成的加密算法可以用,如 RSA、DES、SHA、MD5,只不过这些算法是为了加密密文或密码用的,与序列号加密多少有些不同。举例如下:

(1) 在软件程序中有一段加密过的密文 S;

(2) 密钥 = F(用户名,序列号)。用上面的二元算法得到密钥;

(3) 明文 D = F-DES(密文 S,密钥)。用得到的密钥来解密密文得到明文 D;

(4) CRC = F-CRC(明文 D)。对得到的明文应用某种 CRC 统计;

(5) 检查 CRC 是否正确。最好多设计几种 CRC 算法,检查多个 CRC 结果是否都正确。采用这种方法,在没有一个已知正确的序列号情况下永远推算不出正确的序列号。

10.4.2 警告窗口

警告窗口是软件设计者用来不时提醒用户购买正式版本的窗口。软件设计者认为,当用户受不了试用版中的这些烦人的窗口时就会考虑购买正式版本。它可能会在程序启动或退出时弹出来,或者在软件运行的某个时刻随机或定时地弹出来,确实比较烦人。

去除警告窗口常用的方法是修改程序的资源,将可执行文件中警告窗口的属性改成透明、不可见,这样就变相去除了警告窗口。

如果需要完全去除警告窗口,只需找到创建此窗口的代码,跳过该代码执行即可。常用的显示窗口的函数有 MessageBox()、MessageBoxEx()、ShowWindow() 和 CreateWindowEx() 等。利用消息设断点,一般都能将对应的窗口拦截下来。

10.4.3 功能限制的程序

这种程序一般是 DEMO 版或菜单中部分选项是灰色。有些 DEMO 版本的部分功能里面根本就没有。而有些程序功能全有,只要注册后就正常了。功能限制的程序一般分为两种:

(1) 试用版和正式版是完全分开的两个版本,被禁止的功能在试用版的程序中没有对应的代码,这些代码只有正式版中才有,而正式版只能向软件作者购买。对于这种程序,破解者破解该软件是没有什么意义的,因为破解以后仍然不会得到相应的功能。

（2）试用版和注册版为同一个文件，没有注册时，按照试用版运行，禁止某些功能的使用。一旦注册以后，就以正式版模式运行，用户可以使用全部功能。对于这种类型的程序，破解者只要通过一定的方法恢复被限制的功能，就能使该试用版的软件同正式版相同。

使用这些 DEMO 程序部分被禁止的功能时会跳出提示框，说这是 DEMO 版等信息，它们一般都是调用 MessageBox() 或 DialogBox() 等函数。破解者可在 W32Dasm 反汇编后找到对应的提示信息，作为破解的指示器。

另外，菜单中部分选项是灰色的不能用，一般是通过如下两种函数实现的：

1. EnableMenuItem

功能：允许、禁止或变灰指定的菜单条目。

```
BOOL EnableMenuItem(
HMENU hMenu,                      //菜单句柄
UINT uIDEnableItem,              //菜单 ID,形式为：允许,禁止,或灰
UINT uEnable                      //菜单项目旗帜
);
Returns
```

ASM 代码形式如下：

```
USH uEnable                       //uEnable = 0,则菜单选项允许
PUSH uIDEnableItem
PUSH hWnd
CALL [KERNEL32!EnableMenuItem]
```

2. EnableWindow

功能：允许或禁止鼠标和键盘控制指定窗口和条目（禁止时菜单变灰）。

```
BOOL EnableWindow(
HWND hWnd,                        //窗口句柄
BOOL bEnable                      //允许/禁止输入
);
Returns
```

如窗口以前被禁止，则返回 TRUE，否则返回 FALSE。

10.4.4　时间限制

时间限制程序通常有两类：一类是对每次运行程序的时间进行限制；另一类是每次运行时间不限，但有时间段限制，如软件只能使用 30 天等。

如程序运行 10 分钟或 20 分钟后就停止执行，必须重新启动该程序才能正常工作，即对程序实行运行时间的限制。要实现时间限制，应用程序中必须有计时器来统计程序运行的时间。在 Windows 中使用计时器有如下几个 API 函数。

（1）SetTimer()：应用程序可以在初始化时调用这个 API 函数来向系统申请一个计时器，并且指定计时器的时间间隔，同时还可以提供一个处理计时器超时的回调函数。当计时器超时时，系统会向申请该计时器的窗口发送消息 WM_TIMER，或者调用应用程序所提供的回调函数。

（2）TimeSetEvent（）：应用程序通过调用 TimeSetEvent（）来设定回调函数的激活，从而提高计时的精度。

（3）GetTickCount（）：该函数返回系统自成功启动以来所经过的毫秒数。将该函数的两次返回值相减，就可以知道程序运行的总时间。

（4）TimeGetTime（）：多媒体计时器函数 TimeGetTime（）也可以返回 Windows 自启动后所经过的时间，以毫秒为单位。一般情况下，不需要使用高精度的多媒体计时器。精度太高会对系统性能产生影响。

10.4.5　注册保护

注册文件（Key File）是一种利用文件来实现注册软件保护的方式。Key File 一般是一个小文件，可以是纯文本文件，也可以是包含不可显示字符的二进制文件。其内容是一些加密或未加密的数据，其中可能有用户名、注册码等信息。当用户向软件作者付费注册之后，就会收到软件作者的注册文件，用户只要将该文件存入到指定的目录中，就可以让软件成为正式版。软件每次启动时，将从该注册文件中读取数据，然后利用某种算法进行处理，根据处理的结果判断是否为正确的注册文件，如果正确，则以注册版模式来运行。

为增加破解难度，可以采用大一些的文件作为 Key File，可以在 Key File 中加入一些垃圾信息来干扰解密者的企图；对于注册文件的合法性检查要尽可能地分成几部分，并分散在软件的不同模块中进行判断；对注册文件内的数据处理也尽可能采用复杂算法，不要使用简单的异或运算；可以让注册文件中的部分数据和软件中的关键代码或数据相互关联，以使软件无法被暴力破解。

10.5　软件加壳与脱壳

10.5.1　壳的介绍

所谓"加壳"，就是用专门的工具或方法在应用程序上加入一段如同保护层一样的代码，使原程序失去本来面目，从而防止程序被非法修改和反汇编。这段如同保护层的代码一般都是先于程序运行，拿到控制权，然后完成它们保护软件的任务。由于这段程序和自然界的壳在功能上有很多相同的地方，从而形象地把这样的程序称为"壳"。

用户在执行被加壳的程序时，实际上首先执行的是外壳程序，由外壳程序负责把原程序解压缩，并把控制权交给解压缩后的原程序执行。在程序的执行过程中，用户不知道加壳软件的执行过程，而且壳的出现并不会影响程序执行速度，因此人们通常对壳的存在不会察觉到。对软件加壳的主要目的有两个：一是保护，二是压缩。

（1）保护功能。软件在发布出去以后，程序不可避免地会受到各种破解或攻击。给软件加壳的主要目的就是通过给程序加上一段保护层代码，使原来的程序失去本来面目，从而给破解、跟踪带来障碍。如果用反汇编工具对加壳的软件进行反汇编，根本看不到真实的可执行文件代码，从而也无法对程序进行修改。要想修改程序，必须首先把壳脱掉，还原出本来面目。

（2）压缩功能。随着应用软件功能的日渐强大，程序的体积也越来越大。现在的一个程序,动辄就是几十或几百 MB,这给程序在网上传播和存储带来了不小的麻烦。于是可以在对程序进行加壳处理的同时对程序进行压缩,既是对软件的一种保护,也能有效减小程序的体积。当然,这里的压缩同我们常用的 WinZip、WinRAR 的压缩还是有差别的,这里的压缩要用专用的压缩工具对 PE 格式的 EXE 或 DLL 文件进行压缩,压缩以后的程序同正常的 EXE 文件一样可以执行。

　　软件的壳分为加密壳、压缩壳、伪装壳、多层壳等,但它们的目的都是为了隐藏程序真正的入口点,防止被破解。

10.5.2　软件加壳工具简介

　　现在以压缩为主要目的的常见加壳软件主要有 ASPacK、UPX 和 PECompact 等。以保护程序为主要目的的常见加壳软件主要有 ASProtect、Armadillo 和 EXECryptor 等。随着加壳技术的发展,这两类软件之间的界线越来越模糊,很多加壳软件除了具有较强压缩性的同时,也有了较强的保护性能。下面分别介绍几种常用的加壳软件。

1. 压缩壳

1) ASPack

　　ASPack 是一款 Win32 可执行文件压缩软件,可压缩 Windows 32 位可执行文件(.exe)以及库文件(.dll、.ocx),文件压缩比率高达 40%~70%。ASPack 软件无内置解压缩程序,不能自解压自己压缩过的程序,即不能用于自脱壳。ASPack 的主界面如图 10.12 所示。可以在 Open File 选项卡中单击 Open 按钮,在弹出的 Select File to Compress 窗口中选择要加壳的.exe 文件后,ASPack 就自动开始加壳,加壳完成后在软件目录下会生成备份文件。可以比较一下加壳后的软件与原文件有何不同。

2) UPX

　　UPX (Ultimate Packer for eXecutables)是一款先进的可执行程序文件压缩器,压缩过的可执行文件体积可以缩小 50%~70%。UPX 支持许多种可执行文件格式,包括 Windows 95/98/Me/NT/2000/XP 程序和动态链接库、DOS 程序、Linux 可执行文件和核心。在 UPX 中内置了解压缩程序,可以同时实现加壳和脱壳功能。UPX 的压缩算法自己实现,速度极快,软件界面如图 10.13 所示。

图 10.12　ASPack 的主界面

图 10.13　UPX 的主界面

3）PECompact

PECompact 同样也是一款能压缩可执行文件的工具（支持 EXE、DLL、SCR 和 OCX 等文件）。相比同类软件，PECompact 提供了多种压缩项目的选择，用户可以根据需要确定哪些内部资源需要压缩处理。同时，该软件还提供了加解密的插件接口功能。PECompact 的主界面如图 10.14 所示。

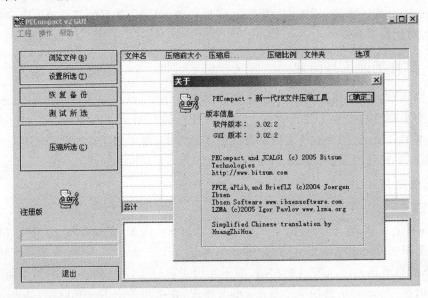

图 10.14　PECompact 的主界面

2. 加密保护壳介绍

除了压缩功能以外，另外一类壳就是保护壳。为了保护自己的软件不轻易地被他人"借鉴"和被他人非法使用，有必要对软件进行一些加密保护。特别注意的是，不能太依赖壳的保护，大多数壳都是可以被攻破的，还是在软件算法的自身保护上下些功夫比较重要。

现在壳发展的一个趋势就是虚拟机保护，利用虚拟机保护后，能大大提高保护强度，因此建议尽可能使用此类技术保护软件。如 Themida、WinLicense 和 EXECryptor 等壳都带有虚拟机保护功能。

1）ASProtect

ASProtect 是一款非常强大的 Windows 32 位保护工具。它拥有压缩、加密、反跟踪代码、反-反汇编代码、CRC 校验和花指令等保护措施。它使用 Blowfish、Twofish 和 TEA 等强劲的加密算法，还用 RSA1024 作为注册密钥生成器。它通过 API 钩子（APIhooks，包括 Import hooks 和 Export hooks）与加壳的程序进行通信，甚至用到了多态变形引擎（Polymorphic Engine）、反 APIhook 代码（Anti-APIhook Code）和 BPE32 的多态变形引擎（BPE32 Polymorphic Engine）。并且 ASProtect 为软件开发人员提供了 SDK，实现加密程序的内外结合。

ASProtect SKE 系列已采用了部分虚拟机技术，主要是在 Protect Original EntryPoint 与 SDK 上。保护过程中建议使用 SDK，SDK 的使用请参考其帮助文档。在使用时注意 SDK 不要嵌套，并且同一组标签要用在同一个子程序段里。ASProtect 的使用相当简单，主界面如图 10.15 所示,打开被保护的 EXE/DLL 文件后,选上需要的保护选项,再选择"模式"选项卡,单击"添加模式"按钮,将"激活此模式"选上,最后选择"保护"选项卡,对软件进行保护即可。ASProtect 加壳过程中也可外挂用户自己写的 DLL 文件,方法是在图 10.15 中的"外部选项"选项区域中加上目标 DLL 即可。这样,用户可以在 DLL 加入自己的反跟踪代码,以提高软件的反跟踪能力。

图 10.15　ASProtect 的主界面

强度评介:由于 ASProtect 名气太大,研究它的人很多,因此很容易被脱壳,不推荐使用。

2) Armadillo 加密壳

Armadillo 也称穿山甲,是一款应用面较广的壳,其界面如图 10.16 所示。它可以运用多种手段来保护软件,同时也可以为软件加上种种功能限制,包括时间、次数、启动画面等。很多商用软件采用其加壳。Armadillo 对外发行时有 Public 和 Custom 两个版本。Public 是公开演示的版本,Custom 是注册用户拿到的版本。只有 Custom 才有完整的功能,Public 版有功能限制,没什么强度,不建议采用。

强度评介:Armadillo 中比较强大的保护选项是 Nanomites 保护(即 CC 保护),用的好能提高强度,其他选项没什么强度。

3) EXECryptor 加密壳

EXECryptor 也是一款性能较好的加密壳工具,可能由于兼容性等原因,采用其保护的商业软件不是太多。这款壳的特点是 Anti-Debug 做得比较隐蔽,另外就是采用了虚拟机保护它的部分关键代码,其主界面如图 10.17 所示。

图 10.16　Armadillo 加密壳界面

图 10.17　EXECryptor 加密壳主界面

　　强度评介：用好 EXECryptor 虚拟机保护功能,将关键敏感代码用虚拟机保护起来能有效提高保护强度。能脱掉 EXECryptor 壳的人很多,但能对付其虚拟机代码的人不多。

　　4) Themida 加密壳

　　Themida 是 Oreans 的一款商业壳软件。Themida 的最大特点就是其虚拟机保护技术,因此在程序中使用 SDK,将关键代码让 Themida 用虚拟机保护起来。Themida 最大的缺点就是生成的软件有些大。WinLicense 这款壳和 Themida 是同一公司的一个系列产品,WinLicense 主要多了一个协议,可以设定使用时间,运行次数等功能,两者的核心保护是一样的。Themida 的界面如图 10.18 所示。

　　强度评介：用好其虚拟机保护功能,将关键敏感代码用虚拟机保护起来能提高保护强度。

　　5) VMProtect

　　VMProtect 是一款纯虚拟机保护软件,它是当前最强的虚拟机保护软件,经 VMProtect 处理过的代码至今还没有人公开宣称能破解。

　　但该软件也有缺点,就是该壳的加载会影响程序运行速度,因此在一些对速度要求很高的场合就不适合采用。VMProtect 1.22.3 之前是免费版,可以支持 EXE、DLL 等文件。更高版本需要购买,其支持驱动程序的保护。现在流行的做法是先用 VMProtect 将核心代码处理一下,再选用一款兼容性好的壳进行保护。

　　VMProtect 并没有提供使用说明,必须告诉 VMProtect 要加密的代码具体地址,这对使用者有一定的要求,至少要懂一些跟踪技术,可以用调试器,如 OllyDbg 跟踪到程序需要保护的地址,然后添加地址到 VMProtect。在这里以一个记事本程序为例来演示一下使用方法。

图 10.18　Themida 的界面

运行 VMProtect 后,打开 NOTEPAD. EXE 文件。选择 Dump 选项卡,输入要加密的起始地址,光标转到要加密代码起始地址后,选择 Project→new procedure 命令,会出现一个新的项目,如图 10.19 所示。需要处理其他地址时,请依次操作。

图 10.19　VMProtect 界面

10.5.3　软件脱壳

当要对一个软件进行全面的分析时,首先要检查它是否加了壳以及加了什么壳。对一个加了壳的软件,如果没有脱壳的话,是没有办法进行分析的。为了对软件代码进行分析,首先要去除其中的保护信息和干扰信息,即脱壳操作,还原软件的本来面目,这个过程称为脱壳。

脱壳之前,首先使用侦壳软件检查目标软件壳的类型,常用的侦壳软件有 FileInfo、PEiDentifer 和 Language2000 等,这些软件的使用都很简单,这里就不再介绍。对软件脱壳可以使用脱壳软件,也可以采用手动脱壳。

手动脱壳时,需要熟悉 Windows 下可执行文件的标准格式,即 PE(Portable Executable)文件格式,同时还需要借助于一些辅助工具,如 W32Dasm、LordPE、文件位置计算器(File Location Calculator)、冲击波(Blast Wave2000)等。手动脱壳的基本步骤有:查找程序入口点,获取内存映像文件,重建输入表等。

自动脱壳就是用专门的脱壳工具软件和通用的脱壳软件进行脱壳的过程。通常每个专用脱壳软件只能脱掉特定的一种或两种加壳软件所加的壳。通用的脱壳软件具有通用性,可以脱掉许多不同种类的壳。一般来说,专用的脱壳软件使用范围比较狭窄,但对特定的壳十分有效,通用的壳往往不能精确地适用于某些软件脱壳。

最常用的加壳软件都有对应的脱壳工具,有些压缩工具自身能解压,如 UPX;有些不提供自脱壳功能,如 ASPACK,就需要 UNASPACK 进行脱壳。

目前除了专用的脱壳软件外,另外一类就是通用脱壳软件,比如 ProcDump、GUW32 和 UN-PACK 等。ProcDump 是一个著名的通用脱壳软件,它有一个脚本文件 script.ini。用户可以编写新的脚本存入该文件中来对付新的加壳软件,这个特点是其他脱壳软件所不具备的。ProcDump 的运行界面如图 10.20 所示。

图 10.20　ProcDump 界面

GUW32 是一个智能化的全自动脱壳软件,其原理是通过模拟单步跟踪实现自动脱壳。使用它时,用户不需要了解壳的信息,不需要侦测所加壳的类型,只需选定脱壳软件就可以了。

脱壳成功的标志是脱壳以后的软件能够正常运行,并且功能没有减少。一般来说,脱壳后的软件长度要大于原文件长度。即使同一个文件,采用不同脱壳软件进行脱壳以后,得到的文件大小也不尽相同。除了上述介绍的几种脱壳软件之外,还有其他的脱壳工具,感兴趣的读者可以查阅相关材料。

常用壳的脱壳方式汇总如下:

(1) ASPack 壳:用得最普遍,对这种壳通常只要用 UNASPACK 或 ProcDump 脱壳就可以了。

(2) ASProtect＋aspack 壳:国外的软件多用它来加壳,脱壳时需要用到 SoftICE＋ICEDUMP,需要一定的专业知识,但最新版现在暂时没有办法。

(3) UPX 壳:可以用 UPX 本身来脱壳,但要注意版本是否一致,用-D 参数。

(4) Armadillo 壳:可以用 SoftICE＋ICEDUMP 脱壳,比较麻烦。

(5) DBPE 壳:国内比较好的加密软件,新版本暂时不能脱,但可以破解。

(6) NeoLite 壳:可以用自己来脱壳。

(7) Pcguard 壳:可以用 SoftICE＋ICEDUMP＋FROGICE 来脱壳。

(8) PECompat 壳:用 SOFTICE 配合 PEDUMP32 来脱壳。

(9) Petite 壳:有一部分旧版本可以用 PEDUMP32 直接脱壳,新版本脱壳时需要用到 SoftICE＋ICEDUMP,需要一定的专业知识。

(10) WWPack32 壳:和 PECOMPACT 一样,其实有一部分的旧版本可以用 PEDUMP32 直接脱壳,不过有时候的资源无法修改,也就无法汉化,所以最好还是用 SoftICE 配合 PEDUMP32 脱壳。

10.6　设计软件的一般性建议

本节将给出设计软件保护的一般性建议,这些都是无数人经验的总结。程序员在设计自己的软件时,最好能够遵守这里给出的准则,这样会大大提高软件的保护强度。

(1) 软件最终发行之前,一定要将可执行程序进行加壳/压缩,使得解密者无法直接修改程序。如果时间允许并且有相应的技术能力,最好设计自己的加壳/压缩方法。如果采用现成的加壳工具,最好不要选择流行的工具,因为这些工具已被广泛深入地加以研究,有了通用的脱壳/解压办法。另外,最好采用两种以上不同的工具来对程序进行加壳/压缩,并尽可能地利用这些工具提供的反跟踪特性。

(2) 增加对软件自身的完整性检查。这包括对磁盘文件和内存映像的检查,以防止有人未经允许修改程序以达到破解的目的。DLL 和 EXE 之间可以互相检查完整性。

(3) 不要采用一目了然的名字来命名函数和文件,如 IsLicensedVersion()、key. dat 等。所有与软件保护相关的字符串都不能以明文形式直接存放在可执行文件中,这些字符串最好是动态生成。

(4) 尽可能少地给用户提示信息,因为这些蛛丝马迹都可能导致解密者直接深入到保护的核心。比如,当检测到破解企图之后,不要立即给用户提示信息,而是在系统的某个地方做一个记号,随机地过一段时间后使软件停止工作,或者装作正常工作,但实际上却在所处理的数据中加入了一些垃圾。

（5）将注册码、安装时间记录在多个不同的地方。

（6）检查注册信息和时间的代码越分散越好。不要调用同一个函数或判断同一个全局标志，因为这样做的话只要修改了一个地方则全部都被破解了。

（7）不要依赖于 GetLocalTime()、GetSystemTime()这样众所周知的函数来获取系统时间，可以通过读取关键的系统文件的修改时间来得到系统时间的信息。

（8）如果有可能的话，可以采用联网检查注册码的方法，且数据在网上传输时要加密。

（9）除了加壳/压缩之外，还需要自己编程在软件中嵌入反跟踪的代码，以增加安全性。

（10）在检查注册信息的时候插入大量无用的运算以误导解密者，并在检查出错误的注册信息之后加入延时。

（11）给软件保护加入一定的随机性，比如除了启动时检查注册码之外，还可以在软件运行的某个时刻随机地检查注册码。随机值还可以很好地防止那些模拟工具，如软件狗模拟程序。

（12）如果采用注册码的保护方式，最好是一机一码，即注册码与机器特征相关，这样一台机器上的注册码就无法在另外一台机器上使用，可以防止有人散播注册码，并且机器号的算法不要太迷信硬盘序列号，因用相关工具可以修改其值。

（13）如果试用版与正式版是分开的两个版本，且试用版的软件没有某项功能，则不要仅仅使相关的菜单变灰，而是彻底删除相关的代码，使得编译后的程序中根本没有相关的功能代码。

（14）如果软件中包含驱动程序，则最好将保护判断加在驱动程序中。因为驱动程序在访问系统资源时受到的限制比普通应用程序少得多，这也给了软件设计者发挥的余地。

（15）如果采用 keyfile 的保护方式，则 keyfile 的尺寸不能太小，可将其结构设计得比较复杂，在程序中不同的地方对 keyfile 的不同部分进行复杂的运算和检查。

（16）自己设计的检查注册信息的算法不能过于简单，最好是采用比较成熟的密码学算法。可以在网上找到大量的源码。

习 题 10

简答题

1. 为什么要对软件进行保护？在你的周围，最常见的软件保护方法是什么？

2. 常用的软件保护技术有哪些？在这些软件保护技术中，你认为哪种方式最有效？

3. 简述软件破解的一般流程。

4. 一个加过壳的软件在经过脱壳之后，是否还会和原文件保持一样？说明理由。

5. 在使用注册机算出软件注册码并成功注册后，软件正常使用了一段时间，突然提示用户"该软件已经注册过期，需要重新注册"，为什么会出现这样的情况？

6. 目前网络上有很多软件都不可以长期免费使用，怎样才能够下载可以免费使用的软件，且能够无限期地免费使用它们？

第11章 虚拟专用网技术

在经济全球化的今天,随着网络,尤其是网络经济的发展,客户分布日益广泛,合作伙伴增多,移动办公人员也随之剧增。传统企业网基于固定地点的专线连接方式很难适应现代企业的需求。在这样的背景下,远程办公室、公司各分支机构、公司与合作伙伴、供应商、公司与客户之间都有需求建立专门的连接通道,以进行信息传送。

而在传统的企业组网方案中,要进行远程 LAN 到 LAN 互联,除了租用 DDN 专线或帧中继之外,并没有更好的解决方法。对于移动用户与远端用户而言,只能通过拨号线路进入企业各自独立的局域网。这样的方案必然导致高昂的长途线路租用费及长途电话费。于是,虚拟专用网(VPN)的概念与市场随之出现。利用 VPN 网络能够获得语音、视频方面的服务,如 IP 电话业务、电视会议、远程教学,甚至证券行业的网上路演、网上交易等。

11.1 VPN 的基本概念

早在 1993 年,欧洲虚拟专用网联盟(EVUA)就成立了,力图在全欧洲范围内推广 VPN,但那时的 VPN 还主要是一个技术名词,VPN 服务的真正发展还是近几年的事。Internet 是目前世界上最大和使用最广泛的网络,它所采用的 IP 技术包容性好,同时又是业界比较流行的通信机制。另外,Internet 的迅猛发展为 VPN 提供了技术基础,全球化的企业为 VPN 提供了市场。正是基于上述理由,业内人士认为基于 IP 的 VPN 具有非常广阔的发展前景。

VPN 可分为传统意义的 VPN 和 IP VPN。所谓传统意义上的 VPN,即在 DDN 网或公用分组交换网或帧中继网上组建 VPN,并具有一个共同的特点,即利用 DDN 网或公用分组交换网或帧中继网的部分网络资源如传输线路、网络模块、网络端口等划分成一个分区,并设置相对独立的网络管理机构,对分区内的数据流量及各种资源进行管理,分区内的各节点共享分区内的网络资源,它们之间的数据处理和传送相对独立,就好像真正的专用网一样。所谓 IP VPN 是依靠 ISP 和其他 NSP(网络服务提供商)在公用网络中建立专用的数据通信网络的技术。其中,IETF 草案基于 IP VPN 的理解是"使用 IP 机制仿真出一个私有的广域网",即通过私有的隧道技术在公共数据网络上仿真一条点到点的专线技术。所谓"虚拟"是指用户不再需要拥有实际的长途数据线路,而是使用 Internet 公众数据网络的长途数据线路。所谓"专用网络"是指用户可以为自己制定一个最符合自己需求的网络。尽管 VPN 有上述区分,但目前业界所讨论的主要是基于 IP 的 VPN。

11.1.1 VPN 的工作原理

顾名思义,虚拟专用网络(Virtual Private Network,VPN)可以理解为虚拟出来的企业内部专线。它可以通过特殊加密的通信协议在位于不同地方的两个或多个企业内部网之间建立一条专有的通信线路,就好比是架设了一条专线一样,但是它并不需要真正地去铺设光缆之类的物理线路。这就好比去电信局申请专线,但是不用给铺设线路的费用,也不用购买路由器等硬件设备。VPN 技术原是路由器具有的重要技术之一,目前在交换机、防火墙设备或操作系统软件里都支持 VPN 功能。总结起来,VPN 的核心就是在利用公共网络建立虚拟私有网。

VPN 是指依靠 ISP 或其他 NSP 在公用网络基础设施之上构建的专用的数据通信网络,这里所指的公用网络有多种,包括 IP 网络、帧中继网络和 ATM 网络。

IETF 对基于 IP 的 VPN 定义:使用 IP 机制仿真出一个私有的广域网。

图 11.1 VPN 工作原理示意图

从原理上来说,VPN 就是利用公用网络(通常是因特网)把远程站点或用户连接到一起的专用网络,与使用实际的专用连接(例如租用线路)不同,VPN 使用的是通过因特网路由的"虚拟"连接把公司的专用网络同远程站点或员工连接到一起,如图 11.1 所示。

VPN 采用"隧道"技术,可以模仿点对点连接技术,依靠 Internet 服务提供商(ISP)和其他的网络服务提供商(NSP)在公用网中建立自己专用的"隧道",让数据包通过这条隧道传输。对于不同的信息来源,可分别给它们开出不同的隧道。

11.1.2 VPN 的分类

VPN 的分类方法比较多,实际使用中,需要通过客户机与服务器端的交互实现认证与隧道的建立。基于二层、三层的 VPN 都需要安装专门的客户机系统(硬件或软件),完成VPN 相关的工作。

一个 VPN 解决方案不仅仅是一个经过加密的隧道,它还包含访问控制、认证、加密、隧道传输、路由选择、过滤、高可用性、服务质量以及管理。

VPN 系统大体分为 4 部分:专用的 VPN 硬件、支持 VPN 的硬件或软件防火墙、VPN软件和 VPN 服务提供商。

1. 按 VPN 的接入方式进行分类

一般情况下,用户可能是用网络专线连接因特网,也可能是通过电话拨号连接因特网。建立在 IP 网上的 VPN 也就对应的有两种接入方式:专线接入方式和拨号接入方式。

(1) 专线 VPN:是为已经通过专线接入 ISP 边缘路由器的用户提供的 VPN 解决方案。这是一种"永远在线"的 VPN,可以节省传统的长途专线费用。

(2) 拨号 VPN(又称 VPDN):它是向利用拨号 PSTN 或 ISDN 接入 ISP 的用户提供的VPN 业务。这是一种"按需连接"的 VPN,可以节省用户的长途电话费用。需要指出的是,因为用户一般是漫游用户,是"按需连接"的,因此 VPDN 通常需要做身份认证。

2. 按 VPN 的应用平台分类

VPN 的应用平台分为三类:软件平台、专用硬件平台及辅助硬件平台。

(1) 软件平台 VPN:当对数据连接速率要求不高,对性能和安全性需求不强时,可以利用一些软件公司所提供的完全基于软件的 VPN 产品来实现简单的 VPN 功能。

(2) 专用硬件平台 VPN:使用专用硬件平台的 VPN 设备可以满足企业和个人用户对

提高数据安全及通信性能的需求,尤其是从通信性能的角度来看,指定的硬件平台可以完成数据加密、数据乱码等对 CPU 处理能力需求很高的功能。提供这些平台的硬件厂商比较多,如川大能士、Nortel、Cisco 和 3Com 等。

(3) 辅助硬件平台 VPN:这类 VPN 介于软件平台 VPN 和专用硬件平台 VPN 之间。辅助硬件平台 VPN 主要是指以现有网络设备为基础,再增添适当的 VPN 软件以实现 VPN 的功能。

3. 按 VPN 的协议分类

按 VPN 协议方面分类主要是指按构建 VPN 的隧道协议分类。VPN 的隧道协议可分为第二层、第三层、第二层-第三层(2.5 层)、第四层隧道协议。

(1) 第二层隧道协议:包括点到点隧道协议(PPTP)、第二层转发协议(L2F),第二层隧道协议(L2TP)、多协议标记交换(MPLS)等。

(2) 第三层隧道协议:包括通用路由封装协议(GRE)、IP 安全(IPSec)。这是目前最流行的两种三层协议。

第二层和第三层隧道协议的区别主要在于用户数据在网络协议栈的第几层被封装,其中 GRE、IPSec 和 MPLS 主要用于实现专线 VPN 业务,L2TP 主要用于实现拨号 VPN 业务(但也可以用于实现专线 VPN 业务),当然这些协议之间本身不是冲突的,而是可以结合使用的。各层隧道协议的内容在 11.2 节将详细介绍。

4. 按 VPN 的服务类型分类

根据服务类型,VPN 业务按用户需求定义有三种: Intranet VPN、Access VPN 和 Extranet VPN。

(1) Intranet VPN(内部网 VPN):企业的总部与分支机构间通过公网构筑的虚拟网。这种类型的连接带来的风险最小,因为公司通常认为他们的分支机构是可信的,并将它作为公司网络的扩展。内部网 VPN 的安全性取决于两个 VPN 服务器之间的加密和验证手段。内部网 VPN 的结构如图 11.2 所示。

图 11.2　内部网 VPN 结构示意图

(2) Access VPN(远程访问 VPN):又称为拨号 VPN(即 VPDN),是指企业员工或企业的小分支机构通过公网远程拨号的方式构筑的虚拟网。典型的远程访问 VPN 是用户通过本地的信息服务提供商登录到因特网上,并在现有的办公室和公司内部网之间建立一条加密信道。远程访问 VPN 的结构如图 11.3 所示。

(3) Extranet VPN(外联网 VPN):企业间发生收购、兼并或企业间建立战略联盟后,使不同企业网通过公网来构筑的虚拟网。它能保证包括 TCP 和 UDP 服务在内的各种应用服务的安全,如 E-mail、HTTP、FTP、RealAudio、数据库的安全以及一些应用程序如 Java、ActiveX 的安全。外联网 VPN 的结构如图 11.4 所示。

图 11.3　远程访问 VPN 的结构示意图

图 11.4　外联网 VPN 的结构示意图

5. 按 VPN 的部署模式分类

VPN 可以通过部署模式来区分,部署模式从本质上描述了 VPN 的通道是如何建立和终止的,一般有三种 VPN 部署模式。

(1) 端到端(End-to-End)模式:典型的由自建 VPN 的客户所采用的模式,最常见的隧道协议是 IPSec 和 PPTP。

(2) 供应商-企业(Provider-Enterprise)模式:隧道通常在 VPN 服务器或路由器中创建,在客户前端关闭。在该模式中,客户不需要购买专门的隧道软件,由服务商的设备来建立通道并验证。最常见的隧道协议有 L2TP、L2F 和 PPTP。

(3) 内部供应商(Intra-Provider)模式:服务商保持了对整个 VPN 设施的控制。在该模式中,通道的建立和终止都是在服务商的网络设施中实现的。客户不需要做任何实现 VPN 的工作。

11.1.3　VPN 的特点与功能

随着商务活动的日益频繁,各企业开始允许其生意伙伴、供应商访问本企业的局域网,简化信息交流的途径,增加信息交换速度。这些合作和联系是动态的,并依靠网络来维持和加强,于是各企业发现,这样的信息交流不但带来了网络的复杂性,还带来了管理和安全性的问题,因为 Internet 是一个全球性和开放性的、基于 TCP/IP 技术的、不可管理的国际互联网络。因此,基于 Internet 的商务活动就面临非善意的信息威胁和安全隐患。还有一类用户,随着自身的发展壮大与跨国化,企业的分支机构不仅越来越多,而且相互间的网络基础设施互不兼容也更为普遍。同时,用户的信息技术部门在连接分支机构方面也感到日益棘手。

Access VPN、Intranet VPN 和 Extranet VPN 为用户提供了三种 VPN 组网方式,但在实际应用中,用户所需要的 VPN 又应当具备哪些特点呢? 一般而言,一个高效、成功的 VPN 应具备以下几个主要特点。

1. 具备完善的安全保障机制

虽然实现 IP VPN 的技术和方式很多,但所有的 VPN 均应保证通过公用网络平台传输数据的专用性和安全性。在非面向连接的公用 IP 网络上建立一个逻辑的、点对点的连接,称之为建立一个隧道,可以利用加密技术对经过隧道传输的数据进行加密,以保证数据仅被指定的发送者和接收者了解,从而保证了数据的私有性和安全性。在安全性方面,由于 VPN 直接构建在公用网上,实现简单、方便、灵活,但同时其安全问题也更为突出。企业必须确保其 VPN 上传送的数据不被攻击者窥视和篡改,并且要防止非法用户对网络资源或私有信息的访问。Extranet VPN 将企业网扩展到合作伙伴和客户,对安全性提出了更高的要求。

2. 具备用户可接受的服务质量保证(QoS)

IP VPN 应当为企业数据提供不同等级的服务质量保证,不同的用户和业务对服务质量保证的要求差别较大。例如对于移动办公用户,提供广泛的连接和覆盖性是 Access VPN 保证服务的一个主要因素。而对于拥有众多分支机构的 Intranet VPN 或基于多家合作伙伴的 Extranet VPN 而言,能够提供良好的网络稳定性是满足交互式的企业网应用首要考虑的问题。另外,对于其他诸如视频等具体应用则对网络提出了更明确的要求,包括网络时延及误码率等。所有以上网络应用均要求 VPN 网络根据需要提供不同等级的服务质量。在网络优化方面,构建 VPN 的另一个重要需求是充分有效地利用有限的广域网资源,为重要数据提供可靠的带宽。广域网流量的不确定性使其带宽的利用率较低,在流量高峰时引起网络拥塞,产生网络瓶颈,难于满足实时性要求高的业务服务质量保证;而在流量低谷时又造成大量的网络带宽空闲。QoS 通过流量预测与流量控制策略,可以按照优先级分配带宽资源,实现带宽优化管理,使得各类数据能够被合理地先后发送,并预防拥塞的发生。

3. 具备良好的可扩充性与灵活性

IP VPN 必须能够支持通过 Intranet 和 Extranet 的任何类型的数据流,方便增加新的节点,支持多种类型的传输媒介,可以满足同时传输语音、图像和数据等新应用对高质量传输以及带宽增加的需求。

4. 具备完善的可管理性

在 IP VPN 管理方面,要求企业将其网络管理功能从局域网无缝地延伸到公用网,甚至是客户和合作伙伴。尽管可以将一些次要的网络管理任务交给服务提供商去完成,但企业自己仍需要完成许多网络管理任务,所以,一个完善的 VPN 管理系统是必不可少的。VPN 管理的目标为减小网络风险、具有高扩展性、经济性、高可靠性等优点。事实上,VPN 管理主要包括安全管理、设备管理、配置管理、访问控制列表管理、QoS 管理等内容。

由此可见,VPN 的基本功能至少应包括如下几个方面:

（1）加密数据。以保证通过公网传输的信息即使被他人截获也不会泄露。

（2）信息验证和身份认证。保证信息的完整性、合理性，并能鉴别用户的身份。

（3）访问控制。不同的用户有不同的访问权限。

（4）地址管理。VPN 方案必须能够为用户分配专用网络上的地址并确保地址的安全性。

（5）密钥管理。VPN 方案必须能够生成并更新客户机和服务器的加密密钥。

（6）多协议支持。VPN 方案必须支持公共因特网上普遍使用的基本协议，包括 IP、IPX 等。

11.1.4　VPN 安全技术

由于 IP VPN 是在不安全的 Internet 中进行通信，而通信的内容可能涉及到企业的机密数据，因此其安全性就显得非常重要，必须采取一系列的安全机制来保证 VPN 的安全。IP VPN 的安全机制通常由加、解密技术，密钥管理技术和认证技术组成。

1. 加、解密技术

在 VPN 中为了保证重要的数据在公共网上传输时不被他人窃取，采用了加密机制。在现代密码学中，加密算法被分为对称加密算法和非对称加密算法。

对称加密算法采用同一密钥进行加密和解密，优点是速度快，但密钥的分发与交换不便于管理。而采用非对称加密算法进行加密时，通信各方使用两个不同的密钥，一个是只有发送方知道的私人密钥，另一个则是对应的公开密钥。私人密钥和公开密钥在加密算法上成对出现，一个用于数据加密，另一个用于数据解密。非对称加密还有一个重要用途，即数字签名。

2. 认证技术

认证技术可以用来保证数据避免被伪造、篡改，这对于网络数据传输，特别是电子商务是极其重要的。认证协议一般都要采用一种称为摘要的技术。摘要技术主要采用哈希函数将一段长的报文通过函数变换映射为一段短的报文即摘要。由于哈希函数的特性，使得要找到两个不同的报文具有相同的摘要是困难的。该特性使得摘要技术在 VPN 中有两个用途：

1）验证数据的完整性

发送方将数据报文和报文摘要一同发送，接收方通过计算报文摘要与发来数据报文比较，相同则说明数据报文未经修改。由于在报文摘要的计算过程中一般是将一个双方共享的秘密信息连接上实际报文一同参与摘要的计算，因此不知道秘密信息将很难伪造一个匹配的摘要，从而保证了接收方可以辨认出伪造或篡改过的报文。

2）用户认证

该功能实际上是验证数据的完整性功能的延伸。当一方希望验证对方，但又不希望验证秘密在网络上传送。这时一方可以发送一段随机报文，要求对方将秘密信息连接上该报文作摘要后发回，接收方可以通过验证摘要是否正确来确定对方是否拥有秘密信息，从而达到验证对方的目的。

3. 密钥管理技术

VPN 中无论是认证还是加密都需要秘密信息，因而密钥的分发与管理显得非常重要。

密钥的分发有两种方法：一种是通过手工配置的方式，另一种是采用密钥交换协议，动态分发。手工配置的方法由于密钥更新困难，只适合于简单网络的情况。密钥交换协议采用软件方式动态生成密钥，适合于复杂网络的情况且密钥可快速更新，可以显著地提高 VPN 的安全性。

11.2　VPN 实现技术

VPN 现有的实现都依赖于隧道，隧道技术又称为 Tunneling。主要是利用协议的封装来实现，用一种网络协议来传输另外一种网络协议。也就是说，在本地网关把第二种协议报文包含在第一种协议报文中，然后按照第一种协议来传输，等报文到达对端网关时，由该网关从第一种协议报文中解析出第二种协议报文，这是一个基本的隧道技术的实现过程。

对于两个网关之外的用户，可以忽视使用隧道技术的影响，对他们来说是透明传输的。隧道技术的应用为 VPN 的实现提供了许多优良的特性，不仅扩大了 VPN 的应用面，而且为利用 VPN 组网提供了极大的灵活性。

11.2.1　第二层隧道协议

在这一层的 VPN 实现中共有三种方法：PPTP(Point to Point Tunneling Protocol，点到点隧道协议)、L2TP(Layer 2 Tunneling Protocol，链路层隧道协议)和 L2F(Layer 2 Forwarding，链路层转发协议)。

1. PPTP

PPTP 由 PPTP Forum 开发，PPTP Forum 是一个联盟，其成员包括 US Robotics、Microsoft、3COM、Ascend 和 ECI Telematics。PPTP 是点到点协议(PPP)的扩充，即 PPTP 协议是基于 PPP 之上并且应用了 Tunneling 技术的协议。它用"PPP 质询握手验证协议(CHAP)"来实现对用户的认证。简单地说，PPTP 是用于将 PPP 分组通过 IP 网络封装传输，如图 11.5 所示。

图 11.5　PPTP 工作示意图

在 PPTP 的体系结构中，主要由三部分组成：

(1) PPP 连接和通信。按照 PPP 协议和对方建立链路层的连接。

(2) PPTP 控制连接。建立到 Internet 的 PPTP 服务器上的连接，并建立一个虚拟隧道。

（3）PPTP 数据隧道。在隧道中 PPTP 协议建立包含加密的 PPP 包的 IP 数据报,这些数据报通过 PPTP 隧道进行发送。

第二个和第三个过程都取决于它们前一个过程的成功。如果有一个失败了,则整个过程必须重来。

PPTP 使用一个 TCP 连接对隧道进行维护,使用通用路由封装(GRE)技术把数据封装成 PPP 数据帧,然后再通过隧道传送。可以对封装 PPP 帧中的负载数据进行加密和压缩,如图 11.6 所示。

图 11.6　PPTP 协议帧结构

2. L2F

该协议是由 CISCO 提出并倡导使用的链路层安全协议,当然它也采用了 Tunneling 技术,主要面向远程或拨号用户的使用。

L2F 主要强调的是将物理层协议移到链路层,并允许通过 Internet 光缆的链路层和较高层协议进行传输。物理层协议仍然保持在对该 ISP 的拨号连接中。一旦建立连接,L2F 将通过在保持初始拨号服务器位置不可见的 Internet 中的虚拟隧道传送包含验证、授权和记账信息的数据包。该用户只能看见连接被终止的那个网络,即公司的 LAN。

L2F 还解决 IP 写地址和记账的问题,它对可靠地处理这两个问题提供建议和基础。

对于 ISP 的初始连接,L2F 将使用标准 PPP。对于验证,L2F 将使用标准 CHAP 或者做某些修改。对于封装,L2F 指定在 L2F 数据报中封装整个 PPP 或 SLIP 包所需要的协议。同时这些操作尽可能地对用户透明,以方便应用 L2F 来构建灵活的 VPN 网络。

3. L2TP

通过以上说明,可以看到 PPTP 协议和 L2F 协议尽管有很多不同,但是二者却部分兼容。为此,由 PPTP Forum 各成员、思科公司和 IETF(因特网工程工作组)联手打造了一个新的协议——L2TP。它不仅提供了以 CHAP 为基础的用户身份认证,支持对内部地址的分配,而且还提供了灵活有效的记账功能和较为完善的管理功能。

在链路层上实现 VPN 有一定的优点。假定两个主机或路由器之间存在一条专用通信链路,而且为避免有人"窥视",所有通信都需加密,数据加密可用硬件设备来进行。这样做最大的好处在于速度的提高。

然而,在链路层上实现 VPN 也有一定的缺点,该方案不易扩展,而且仅在专用链路上才能很好地工作。另外,进行通信的两个实体必须在物理上连接到一起。这也给在链路层上实现 VPN 带来了一定的难度。

PPTP、L2F 和 L2TP 这三种协议都是运行在链路层中的,通常是基于 PPP 协议的,并且主要面向的是拨号用户,由此导致了这三种协议应用的局限性。

而当前在 Internet 及其他网络中,绝大部分的数据都是通过 IP 协议来传输的,逐渐形成了一种"Everything on IP"的观点,而基于 IP 的 VPN 技术则是近来在网络安全领域迅速发展的 IPSec。

PPTP 与 L2TP 均使用 PPP 协议对数据进行封装,然后添加附加包头用于数据在网络中传输。虽然它们有很多相似的功能,但仍然存在如下一些区别:

(1) PPTP 要求因特网为 IP 网络,而 L2TP 能够在 IP、X.25 和 ATM 等网络上使用。

(2) PPTP 只能在两端点间建立单一隧道,L2TP 可以在两个端点之间建立多个隧道。用户可根据不同的服务质量创建不同的隧道。

(3) PPTP 不支持隧道验证,L2TP 提供了此项功能。可通过与 IPSec 共同使用,由 IPSec 提供隧道认证。

11.2.2　第三层隧道协议

在网络层的实现中,有两种常用的实现方式: GRE 和 IPSec。

1. GRE(Generic Routing Encapsulation,通用路由封装协议)

GRE 是对某些网络层协议(如 IP 和 IPX)的数据报进行封装,使这些被封装的数据报能够在另一个网络层协议(如 IP)中传输。GRE 提供了将一种协议的报文封装在另一种协议报文中的机制。

GRE 是 VPN 的第三层隧道协议,即在协议层之间采用了一种被称为 Tunnel(隧道)的技术。Tunnel 是一个虚拟的点对点连接,在实际中可以看成是仅支持点对点连接的虚拟接口,这个接口提供了一条通路,使封装的数据报能够在这个通路上传输,使报文能够在异种网络中传输,异种报文传输的通道称为 Tunnel。并且在一个 Tunnel 的两端分别对数据报进行封装及解封。

GRE 在 RFC1701/RFC1702 中定义,具体结构如图 11.7 所示,它规定了怎样用一种网络层协议去封装另一种网络层协议的方法。GRE 的隧道由其源 IP 地址和目的 IP 地址来定义。它允许用户使用 IP 去封装 IP、IPX、AppleTalk,并支持全部的路由协议,如 RIP、OSPF、IGRP 和 EIGRP。通过 GRE 封装,用户可以利用公用 IP 网络去连接 IPX 网络、AppleTalk 网络,以及使用保留地址进行网络互联,或者对公网隐藏企业网的 IP 地址。

图 11.7　GRE 协议

它的运行过程通常是这样的: 当路由器接收了一个需要封装的上层协议数据报文,首先这个报文按照 GRE 协议的规则被封装在 GRE 协议报文中,而后再交给 IP 层,由 IP 层再封装成 IP 协议报文便于网络的传输,等到达对端的 GRE 协议处理网关时,按照相反的过程处理,就可以得到所需的上层协议的数据报文了。

标准的 GRE 在虚拟通道中的数据是没有进行加密传输的,一旦数据被截获,重要数据将有失密的危险。而与 GRE 相比,IPSec 只能进行通道内的数据加密,无法在 Internet 上建立虚拟的通道互连,使异地的两个局域网像访问本地网一样方便;也无法在加密的数据连接上采用路由协议,网络管理很不方便。所以 GRE+IPSec 联合应用方式成为实际中 VPN 建网的首选。

但标准 GRE 需要建立隧道的两端设备的 IP 地址固定,这就要求隧道两端的设备都是采用类似专线的线路进行互连,一旦某一端是 PSTN/ISDN/ADSL 接入的话,由于接入端 IP 地址不固定,将无法建立连接。

GRE 的优点是为网络的互联提供了一些解决手段,它可以解决数据在多协议网络中传输的困难,可以将无法连续的子网连接起来,同时还可以扩大某些类型网络的工作范围。

2. IPSec(IP Security,IP 安全协议)

IPSec 实际上是一套协议包而不是一个独立的协议,这一点对于我们认识 IPSec 是很重要的。从 1995 年开始 IPSec 的研究以来,IETF IPSec 工作组在它的主页上发布了几十个 Internet 草案文献和 12 个 RFC 文件。其中,比较重要的有 RFC2409 IKE(因特网密钥交换)、RFC2401 IPSec 协议、RFC2402 AH 验证包头、RFC2406 ESP 加密数据等文件。

IPSec 位于网络层,对通信双方的 IP 数据分组进行保护和认证,对高层应用透明。IPSec 能够保证 IP 网络上数据的保密性、完整性,并提供身份认证。IPSec 拥有密钥自动管理功能,优于 PPTP/L2TP。

IPSec 提供了下列网络安全性服务,而这些服务是可选的。通常,本地安全策略将规定使用下列这些服务的一种或多种:

(1) 数据机密性:IPSec 发送方在通过网络传输 IP 包前对包进行加密,用来确保在数据的传输过程中不被第三方偷窥。

(2) 数据完整性:IPSec 接收方对发送方发送来的包进行认证,以确保数据在传输过程中没有被篡改。

(3) 数据来源认证:IPSec 接收方对 IPSec 包的来源进行认证,即对连接用户的身份进行认证。

(4) 抗重放:一种安全性服务,使得接收者可以拒绝接收过时包或包拷贝,以保护自己不被攻击。IPSec 用一个序列号来提供这一可选服务,以配合数据认证的使用。

有了 IPSec,数据在通过公共网络传输时就不用担心被监视、篡改和伪造。这使得虚拟专用网络,包括内部网、外部网以及远端用户的访问得以实现。

IPSec 是通过使用各种加密算法、验证算法、封装协议和一些特殊的安全保护机制来实现这些目的,而这些算法及其参数是保存在进行 IPSec 通信两端的 SA(Security Association,安全关联),当两端的 SA 中的设置匹配时,两端就可以进行 IPSec 通信了。IPSec 使用的加密算法包括 DES-56 位、Triple-Des-128 位和 RSA 等国际较为通用的算法。验证算法采用的也是流行的 HMAC-MD5 和 HMAC-SHA 算法。

IPSec 安全体系如图 11.8 所示,包括三个基本协议:AH 协议为 IP 包提供信息源验证和完整性保证,ESP 协议提供加密机制,密钥管理协议(ISAKMP)提供双方交流时的共享安全信息。ESP 和 AH 协议都有相关的一系列支持文件,规定了加密和认证的算法。最后,解释域(DOI)通过一系列命令、算法、属性和参数连接所有的 IPSec 组件。而策略决定两个实体之间能否进行通信以及如何通信。策略的核心部分由安全关联(SA)、安全关联数据库(SAD)、安全策略(SP)、安全策略数据库(SPD)组成。

图 11.8　IPSec 安全体系结构

安全关联是发送者和接收者两个 IPSec 应用实体之间经协商建立起来的一种共同协定,它规定了通信双方使用哪种 IPSec 协议保护数据安全、应用的算法标识、加密和验证的密钥取值以及密钥的生存周期等安全属性值。

安全关联数据库用于存放 SA,为接收/发送包处理维持一个活动的 SA 列表。

安全策略是一个描述规则,定义了对什么样的数据流实施什么样的安全处理,至于安全处理需要的参数在 SP 指向的一个结构 SA 中存储。

安全策略数据库中每个记录就是一条 SP,定义类似上例中的描述规则,一般分为应用 IPSec 处理、绕过、丢弃。

1) AH 协议

AH(Authentication Header)定义于 RFC2402 中。该协议用于保证 IP 数据包的完整性和真实性,防止黑客截获数据包或向网络中插入伪造的数据包。考虑到计算效率,AH 没有采用数字签名,而是采用了安全散列算法来对数据包进行保护。AH 没有对用户数据进行加密,当需要身份验证而不需要机密性的时候,使用 AH 协议是最好的选择。

AH 有两种工作模式:

(1) 传输模式。不改变数据包 IP 地址,在 IP 头和 IP 数据负载间插入一个 AH 头,如图 11.9 所示。

图 11.9　AH 协议的传输模式

（2）隧道模式。生成一个新的 IP 头，把 AH 和原来的整个 IP 包放到新 IP 包的负载数据中，如图 11.10 所示。

图 11.10　AH 协议的隧道模式

2）ESP 协议

ESP（Encapsulating Security Payload）定义于 RFC2406 协议中。它用于确保 IP 数据包的机密性（对第三方不可见）、数据的完整性以及对数据源地址的验证，同时还具有抗重播的特性。

ESP 主要用于提供加密和认证功能。它通过在 IP 分组层次进行加密从而提供保密性，并为 IP 分组载荷和 ESP 报头提供认证。ESP 是与具体的加密算法相独立的，几乎支持各种对称密钥加密算法，默认为 3DES 和 DES。

ESP 也有两种工作模式，即 ESP 传输模式和 ESP 隧道模式。ESP 传输模式与 AH 传输模式作用相同，并且 ESP 头也位于 IP 头部之后和需要保护的上层协议之间。图 11.11 为 ESP 的传输模式，从图中可以看出，与 AH 传输模式相比较，ESP 的传输模式还多了 ESP 尾和 ESP 验证数据。

图 11.11　ESP 协议的传输模式

ESP 隧道模式与 AH 隧道模式功能相同。它在隧道模式中，IP 报头是认证的一部分。图 11.12 是 ESP 隧道模式，可以对整个原始数据分组进行加密和认证。而在数据传输时，仅对 IP 包有效载荷加密，不对 IP 头加密。

3）密钥管理——IKE

IKE（Internet Key Exchange，Internet 密钥交换协议）主要是用来协商和建立 IPSec 通信双方的 SA，实际上就是对双方所采用的加密算法、验证算法、封装协议和有效期进行协商，同时安全地生成以上算法所需的密钥。

IKE 是在 ISAKMP（Internet Security Association and Key Management Protocol，Internet 安全关联及密钥管理协议）基础上实现的，ISAKMP 定义了双方如何沟通，如何构建彼此间用以沟通的消息，还定义了保障通信安全所需的状态变换。ISAKMP 提供了对对方的身份进行验证的方法,密钥交换时交换信息的方法,以及对安全服务进行协商的方法。

IKE 使用了两个阶段的 ISAKMP,第一阶段建立 ISAKMP-SA,或称为 IKE-SA;第二阶段利用这个既定的安全联盟为 IPSec 协商具体的安全联盟,可称为 IPSec-SA。在第一阶段中,IKE 定义了两种交换模式:"主模式"和"野蛮模式",相比之下,"主模式"的安全性和可靠性要比"野蛮模式"高。在第二阶段中,IKE 定义了"快速模式"。

在这两个阶段中都会用到 DH(Diffie-Hellman)算法,IKE 协商生成的安全密钥是通过这种算法实现的。这种算法是基于公钥体系的,在整个通信过程中,通信的双方都只向对方传输属于公钥的那一部分。这种算法的另外一个优点就是如果有第三方窃听了整个协议的交互通信过程,仍然很难破解通信内容。

在第一阶段中,提供了对对方的身份验证机制,有 Pre-shared Key(预共享密钥)、RSA加密验证和 RSA 签名验证,RSA 签名验证则需要 CA(Certificate Authoriry)的支持。对于CA 支持的引入,可以扩大 VPN 的应用环境,同时也提高了 VPN 的安全性。

图 11.12　ESP 协议的隧道模式

11.2.3　多协议标签交换

MPLS(Multi-Protocol Label Switching,多协议标签交换)属于第三代网络架构,是新一代的 IP 高速骨干网络交换标准,由 IETF 所提出。它是结合了 IP 和 ATM 的特点,即在Frame Relay 及 ATM Switch 上结合路由功能,使数据包通过虚拟电路来传送,并在 OSI 第二层(数据链路层)执行硬件式交换,这样取代了第三层(即网络层)软件式路由的交换方式。

MPLS 介于第二层和第三层之间,把第二层的链路状态信息集成到第三层的协议数据单元中,将第二层的高速交换能力和第三层的灵活特性结合起来,并且引入了基于标记的机制。

在 MPLS 中,数据传输发生在标签交换路径(Label Switching Path,LSP)上。LSP 是每一个沿着从源端到终端的路径上的节点的标签序列。现今使用着一些标签分发协议有标签分发协议(Label Distribution Protocol,LDP)和资源预留协议(Resource Reservation Protocol,RSVP),建于路由协议之上的一些协议有边界网关协议(Border Gateway Protocol,BGP)和开放式最短路径优先协议(Open Shortest Path First,OSPF)。因为固定长度标签被插入每一个包或信元的开始处,并且可被硬件来在两个链接间快速交换包,所以使数据的快速交换成为可能。

传统的 VPN 一般是通过 GRE、L2TP、PPTP 和 IPSec 协议等隧道协议来实现私有网络间数据流在公网上的传送。而 LSP 本身就是公网上的隧道,所以用 MPLS 来实现 VPN

有天然的优势。

11.2.4　第四层隧道协议

SSL VPN 是解决远程用户访问敏感公司数据最简单最安全的解决技术。与复杂的 IPSec VPN 相比,SSL 通过简单易用的方法实现信息远程连通。任何安装浏览器的机器都可以使用 SSL VPN,这是因为 SSL 内嵌在浏览器中,它不需要像传统 IPSec VPN 一样必须为每一台客户机安装客户机软件。

SSL 是由 Netscape 公司开发的一套 Internet 数据安全协议,当前版本为 3.0。它已被广泛地用于 Web 浏览器与服务器之间的身份认证和加密数据传输。SSL 协议位于 TCP/IP 协议与各种应用层协议之间,为数据通信提供安全支持。SSL 协议可分为两层:SSL 记录协议(SSL Record Protocol),它建立在可靠的传输协议(如 TCP)之上,为高层协议提供数据封装、压缩、加密等基本功能的支持。SSL 握手协议(SSL Handshake Protocol),它建立在 SSL 记录协议之上,用于在实际的数据传输开始前,通信双方进行身份认证、协商加密算法、交换加密密钥等。

SSL VPN 的工作原理:首先,由 SSL VPN 生成自己的根证书和服务器证书。接着,客户机浏览器下载并导入 SSL VPN 的证书。并通过 HTTPS 协议向 SSL VPN 发送认证请求,SSL VPN 接受请求,客户机实现对 SSL VPN 服务器的认证。然后,服务器通过口令方式(或数字证书等多重认证方式)认证客户机。这样就在浏览器和 SSL VPN 服务器之间建立了一条 SSL 安全通道。

SSL VPN 工作在传输层之上,使用标准的 HTTPS 协议传输数据,可以穿越防火墙,避免了地址转换 NAT 的问题。而在 IPSec VPN 中,由于工作在网络层之上,并不能很好地解决包括 NAT 转换、防火墙穿越的问题。但是当使用基于 SSL 协议通过 Web 浏览器进行 VPN 通信时,对用户来说外部环境并不是完全安全的,因为 SSL VPN 只对通信双方的某个应用通道进行加密,而不是对在通信双方的主机之间的整个通道进行加密。

不管怎样,SSL VPN 是一种低成本、高安全性、简便易用的远程访问 VPN 解决方案,具有相当大的发展潜力。随着越来越多的公司将自己的应用转向 Web 平台,SSL VPN 会得到更为广泛的应用。

11.3　VPN 的应用方案

11.3.1　L2TP 应用方案

在链路层中,VPN 提供了 PPTP、L2F 和 L2TP 三种实现方案。由于 L2TP 集合了 PPTP、L2F 的优点,下面只介绍关于 L2TP 的应用方案。

L2TP 主要用于通过拨号连接企业内部网络的情况。如图 11.13 所示,外出人员 1 可以先拨入提供 VPN 服务的 PSTN1,由该 PSTN 提供的 VPN 网关通过公用网络和企业本部的 VPN 网关建立安全通道,随后外出人员 1 便可以利用这条通道访问企业的内部网络了。

图 11.13　L2TP 构建的 VPN

而外出人员 2 无法接入提供 VPN 服务的 PSTN1,或者本身主机已带有 L2TP 功能的软件,那么可以通过普通的 PSTN2 及公用网络直接和企业本部的 VPN 网关建立安全通道,获得访问企业内部网络的权利。

11.3.2　IPSec 应用方案

IPSec 是 VPN 在网络层的实现,IPSec 的灵活性可以给 VPN 的实现带来极大的便利。如图 11.14 所示,用户可以定义三个保护级别,用来确保 Telnet、SMTP 及其他所有通信的安全。为了确保 Telnet 连接时不被第三方篡改,可以对网关 A 到网关 B 之间的 Telnet 数据流进行验证;为了确保发送的信件不被别人偷窥和篡改,可以对网关 A 到网关 B 的 SMTP 数据采用加密和验证;而对网关 A 到网关 B 的其他通信数据,则可以不采用 IPSec 保护或仅采用 NULL 加密(IPSec 中 ESP 封装类型的一种)。这样就形成了三个保护强度的 IPSec 通信通道,其中以保护 SMTP 的强度最高,保护 Telnet 的强度次之,而对于其他通信数据的保护强度最弱。

图 11.14　不同强度级别 IPSec 保护的数据流

下面介绍几种常见的 VPN 在网络层的应用方案。

1. 针对 VPN 网关类型为"路由器-路由器"的解决方案

当远地办事机构或合作企业需要访问企业本部时,可以通过本地的 VPN 路由器连接公用网络,由 VPN 路由器和企业本部的 VPN 网关路由器建立 IPSec 通道。在这条安全通道的保护下,双方可以访问对方,如果再配置 NAT,便可以完全屏蔽公用网络对地址的影响,访问对方就好像是访问局域网中的另外一台主机一样,如图 11.15 所示。

图 11.15　VPN 网关类型为"路由器-路由器"

2. 针对 VPN 网关类型为"路由器-防火墙"的解决方案

　　由于实现 VPN 网关功能的设备或软件很多,在许多企业的内部网络和公用网络的连接处也许会设置具有 VPN 功能的防火墙。这时通信的另外一方可以通过 VPN 路由器和防火墙建立安全通道,以此来确保通信的安全。

　　如图 11.16 所示,当远地办事机构最外端的 VPN 路由器 1 和企业本部的防火墙(如著名的 Check-Point 的 Firewall-1)建立了安全通道之后,远地办事机构的主机 A 和 B 都可以访问企业的数据服务器。而当企业内部的 VPN 路由器设置了保护 Server 后,A 就无法访问 Server,而在远地办事机构内部 VPN 路由器 2 可以和企业内部的 VPN 路由器建立另外一条安全通道,并且这条安全通道凌驾在第一条安全通道之上,这样主机 B 就可以访问到 Server 了。

图 11.16　VPN 网关类型为"路由器-防火墙"

　　这种情况称为 IPSec 的嵌套,它可以提供更加灵活的组网方案,并且提供更加安全的通信通道。

3. 针对 VPN 网关类型为"路由器-移动用户"的解决方案

　　当外出人员需要和企业本部进行网络安全的连接时,需要进行如图 11.17 所示的连接。

　　外出人员 1 可以通过带 IPSec 功能的软件(如 Windows 系列)直接和企业本部的 VPN 网关路由器建立安全连接;而外出人员 2 可以通过拨号方式拨入提供 VPN 服务的 ISP 服

务商,由它提供的 VPN 路由器和企业的 VPN 网关路由器建立安全连接,两种方式都可以有效地保护数据的传输。

路由器具有比较完善的 VPN 网关功能,可以为 VPN 组网提供许多高效、安全、可靠和灵活的方案。路由器支持各种 VPN 技术,包括隧道技术、IPSec、密钥交换技术、协议封装技术(GRE)等,在今后的发展中,还将提供更加先进、完善的 VPN 技术来发挥 VPN 技术在网络建设中灵活、安全、可靠的优点,同时提高 VPN 网络的可管理性。

图 11.17　VPN 网关类型为"路由器-移动用户"

11.3.3　SSL VPN 应用方案

1. Web 浏览器模式的解决方案

由于 Web 浏览器的广泛部署,而且 Web 浏览器内置了 SSL 协议,使得 SSL VPN 在这种模式下只要在 SSL VPN 服务器上集中配置安全策略,几乎不用为客户机做什么配置就可使用,大大减少了管理的工作量,方便用户的使用。缺点是仅能保护 Web 通信传输安全。远程计算机使用 Web 浏览器通过 SSL VPN 服务器来访问企业内部网中的资源,如图 11.18 所示。

图 11.18　SSL VPN——Web 浏览器模式的解决方案

2. 客户机模式的解决方案

SSL VPN 客户机模式为远程访问提供安全保护,用户需要在客户机安装一个客户机软件,并做一些简单的配置即可使用,不需对系统做改动,如图 11.19 所示。这种模式的优点是支持所有建立在 TCP/IP 和 UDP/IP 上的应用通信传输的安全，Web 浏览器也可以在这种模式下正常工作。这种模式的缺点是客户机需要额外的开销。

图 11.19　SSL VPN——客户机模式的解决方案

3. LAN 到 LAN 模式的解决方案

LAN 到 LAN 模式对 LAN（局域网）与 LAN 间的通信传输进行安全保护。与基于 IPSec 协议的 LAN 到 LAN 的 VPN 相比，它的优点就是拥有更多访问控制的方式，缺点是仅能保护应用数据的安全，并且性能较低，如图 11.20 所示。

图 11.20　SSL VPN——LAN 到 LAN 模式的解决方案

习　题　11

一、选择题

1. IPSec 是（　　）VPN 协议标准。

　　A. 第一层　　　　B. 第二层　　　　C. 第三层　　　　D. 第四层

2. （　　）是 IPSec 规定的一种用来自动管理 SA 的协议，包括建立、协商、修改和删除 SA 等。

　　A. IKE　　　　B. AH　　　　C. ESP　　　　D. SSL

3. 如下关于 VPN 的论述中错误的一项是（　　）。

　　A. VPN 的实现需要借助 SSL

　　B. VPN 可以实现远程站点身份认证

　　C. VPN 只支持 TCP/IP

　　D. VPN 是指用户自己租用线路和公共网络物理上完全隔离的、安全的线路

4. VPN 不能提供如下（　　）功能。

　A. 数据有序到达目的主机　　　　B. 数据加密

　C. 信息认证和身份认证　　　　　D. 访问权限控制

5. 当前有（　　）协议用于 LAN 间的 VPN。

　A. IPSec　　　　B. L2TP　　　　C. PPTP　　　　D. MPLS

二、填空题

1. IETF 对基于 IP 的 VPN 定义：使用_____仿真出一个私有的广域网。

2. SSL 为 TCP/IP 连接提供_____、_____和_____。

3. IPSec 在_____模式下把数据封装在一个 IP 包传输以隐藏路由信息。

三、简答题

1. 什么是 VPN？VPN 的系统特性有哪些？

2. IPSec 包括哪几种基本协议？它们之间有什么关系？

3. AH 包括哪几种工作模式？它们的数据包格式分别是什么样的？

4. ESP 包括哪几种工作模式？它们的数据包格式分别是什么样的？

5. IKE 的作用是什么？

6. SA 的作用是什么？

7. L2TP 协议的优点是什么？

8. SSL 工作在哪一层？简单比较 SSL VPN 和 IPSec VPN。

第 12 章　电子商务安全

12.1　电子商务安全概述

电子商务(E-Commerce)是指买卖双方通过通信网络,在双方没有见面的情况下进行的各种商务活动的总称。随着 Internet 技术的成熟和广泛应用,电子商务真正的发展将是建立在 Internet 技术上的,因此也有人把电子商务简称为 IC(Internet Commerce)。

电子商务依托于信息技术和计算机网络,作为一种商务活动,必然不同于传统的商务活动。传统的商务活动是在实体市场中进行,而电子商务是在网络环境中的虚拟市场中进行的。因此与传统商务对比,电子商务有着无可比拟的优势:

(1) 全球化的市场。凡是能够上网的用户都将包含在一个市场中,成为网上企业的客户。

(2) 快捷的交易。电子商务中的交易过程都能通过网络快速的传递,并由计算机自动处理,不需要人员的干预,加快了交易的速度。

(3) 低廉的成本。由于电子商务的所有活动都可以在网络上完成,可以实现足不出户,不需要中介代理的参与,不需要专门的店面,商务成本大大地降低了。

(4) 透明、标准的交易。电子商务的所有交易都要求按照统一的标准来进行,整个交易的详细过程都是透明公开的。

(5) 交易的连续化。通过网页的形式,电子商务可以实现 24 小时的咨询服务,企业的网址成为永不打烊的门店,让全球的用户在任何时候都能进行访问。

但与此同时,电子商务也存在着一定的安全问题。电子商务的主要安全威胁有:计算机系统的破坏,信息的截获、窃取、篡改和伪造,黑客的入侵,软件和协议的漏洞,计算机病毒的攻击,用户身份的假冒以及交易的抵赖等。

因此,要保证电子商务的安全,就应该考虑上述安全威胁,为电子商务提供可靠的安全保障。具体来说,电子商务的安全需求如下:

(1) 可靠性。电子商务以电子形式取代书面形式,应采取一定的措施来保证电子贸易信息的有效性。需要对网络故障、操作错误、应用程序错误、硬件故障、系统软件错误及计算机病毒所产生的潜在威胁加以控制和预防,以保证贸易数据在确定的时刻、确定的地点是有效的。要制定较好的安全策略,在系统遭受破坏时具有快速反应的能力。在系统已经受到破坏时,如何在灾难中恢复系统和数据,如何尽量减少损失,避免引发连带灾害的发生,如何对外公布消息以减少负面影响等都是应当考虑的事情。

(2) 机密性。信息的机密性是电子商务对网络安全的核心需求,其目的就是要求信息不被泄露给非授权的人或实体。电子商务作为贸易的一种手段,其信息直接代表着个人、企业或国家的商业机密。传统的纸面贸易都是通过邮寄封装的信件或通过可靠的通信渠道发送商业报文来达到保守机密的目的。电子商务是建立在一个较为开放的网络环境上的,维护商业机密是电子商务全面推广应用的重要保障。因此,要预防非法的信息存取和非法窃取。机密性一般通过密码技术对信息进行加密来实现。

(3) 完整性。信息的完整性就是要保证数据的一致性,防止数据被伪造、篡改和破坏。由于数据输入时的意外差错或欺诈行为,可能导致贸易各方信息的差异。此外,数据传输过程中信息的丢失、信息重复或信息传送的次序差异也会导致贸易各方信息的不同。贸易各方信息的完整性将影响到贸易各方的交易和经营策略,保持贸易各方信息的完整性是电子商务应用的基础。因此,要预防对信息的随意生成、修改和删除,同时要防止数据传送过程中信息的丢失和重复并保证信息传送次序的统一。完整性一般可通过提取消息摘要的方式来实现。

(4) 不可抵赖性。不可抵赖性的目的就是防止交易双方中的一方对自己之前的交易活动进行否认。电子商务直接关系到交易双方的商业交易,如何确定进行交易的对方正是所期望的交易对象是保证电子商务顺利进行的关键。在传统的纸面贸易中,交易双方通过在合同、契约或贸易单据等书面文件上手写签名或印章来鉴别贸易伙伴,确保合同、契约、单据的可靠性并预防抵赖行为的发生。这就是人们常说的“白纸黑字”。在无纸化的电子商务方式下,不可能通过手写签名和印章进行交易双方的鉴别。因此,要在交易信息的传输过程中为参与交易双方提供可靠的标识。不可抵赖性可通过数字签名来保证。

(5) 身份认证能力。电子商务系统应该提供通信双方进行身份认证的机制。一般可以通过数字签名、数字证书和身份认证协议相结合的方式来实现对用户身份的认证。数字证书应该由可靠的证书权威机构颁发,颁发证书时应对申请用户提供的身份信息的真实性进行验证。

12.2　SSL　协　议

随着计算机网络技术向经济社会的各层次延伸,整个社会对 Internet、Intranet、Extranet 的使用产生了更大的依赖性。随着企业间信息交互的不断增加,任何一种网络应用和增值服务的使用程度将取决于所使用网络的信息安全有无保障,网络安全已成为现代计算机网络应用的最大障碍,也是急需解决的难题之一。

12.2.1　SSL 概述

SSL 是 Netscape 公司在推出 Web 浏览器的同时提出的一种安全通信协议,其目的是保护在 Web 上传输重要或敏感的数据信息,目前已推出了 2.0 和 3.0 版本。SSL 采用对称密钥算法(主要是 DES)和公开密钥算法(主要是 RSA)两种加密方式,并使用了 X.509 数字证书技术,其目标是保证两个应用间通信的保密性和可靠性,可在服务器和客户机两端同时实现支持。目前,利用公开密钥技术的 SSL 协议已成为 Internet 上保密通信的工业标准。现行 Web 浏览器普遍将 HTTP 和 SSL 相结合,从而实现安全通信。

SSL 协议的设计目标是在 TCP 基础上提供一种可靠的端到端的安全服务,其服务对象一般是 Web 应用。SSL 是在 Internet 基础上提供的一种保证私密性的安全协议。它能使客户机/服务器应用之间的通信不被攻击者窃听,并且始终对服务器进行认证,还可选择对客户进行认证。SSL 协议要求建立在可靠的传输层协议(如 TCP)之上。SSL 协议的优势在于它是与应用层协议独立无关的。高层的应用层协议(如 HTTP、FTP 和 Telnet 等)能透明地建立于 SSL 协议之上。SSL 协议在应用层协议通信之前就已经完成加密算法、通信密钥的协商以及服务器认证工作。在此之后,应用层协议所传送的数据都会被加密,从而保证通信的私密性。

SSL 协议分为两层,其中底层是 SSL 记录协议,它为高层协议提供基本的安全服务,对 HTTP 协议进行了特别的设计,使得超文本传输能在 SSL 上运行。记录协议还封装了压缩解压缩、加密解密、计算和校验 MAC 等与安全相关的操作。高层协议由三部分组成:握手协议、加密规范修改协议和报警协议,这些上层协议用于管理 SSL 信息交换,允许应用协议传送数据之前相互验证,协商加密算法和生成密钥等。SSL 协议栈如图 12.1 所示。

握手协议	加密规范修改协议	报警协议	HTTP
SSL 记录协议			
TCP			
IP			

图 12.1　SSL 协议栈

SSL 安全协议主要提供的安全服务是:

(1) 认证用户和服务器,使得它们能够确保信息能被安全地发送到合法的通信对方。

(2) 对数据进行加密,隐藏要传输的信息。

(3) 维护数据的完整性,确保数据在传输过程中不被篡改。

通过以上叙述,SSL 协议提供的服务具有以下三个特性:

(1) 机密性。SSL 既采用了对称密钥加密,也采用了公开密钥加密。在客户机与服务器交换数据之前,先交换 SSL 的初始握手信息。SSL 的初始握手信息采用了各种加密技术,并通过数字证书认证,可以有效地防止非授权用户的攻击。

(2) 完整性。SSL 使用哈希函数和共享密钥对需要传送的消息产生消息认证码(MAC)进行检查,提供数据的完整性服务。所有经过 SSL 处理的数据都能够完整、准确地传输。

(3) 可靠性。为了使客户机与服务器确信数据能正确发送,SSL 对用户和服务器都进行了认证,使用公开密钥,让客户机和服务器都有各自的识别号,并在 SSL 的握手信息中进行认证,以确认用户的合法性。

12.2.2　SSL 协议规范

SSL 协议由 SSL 记录协议、握手协议、加密规范修改协议和报警协议组成。

1. SSL 记录协议

在 SSL 协议中,所有的传输数据都被封装在记录中。记录是由记录头和长度不为 0 的记录数据组成的。所有的 SSL 通信消息(包括握手消息、报警消息)和应用数据都使用 SSL

记录协议进行封装。SSL 记录协议包括了记录头和记录数据格式的规定。SSL 记录协议为 SSL 提供了机密性和完整性服务。

SSL 记录协议的工作步骤如图 12.2 所示。

图 12.2　SSL 记录协议的操作

（1）分段。将从上层接收到的要进行发送的数据进行分段，分成长度为 2^{14} 字节或更小的分段。

（2）压缩。对分段数据进行压缩，压缩必须是无损的，而且不会增加 1024 个字节以上长度的内容。SSL3.0 中没有指定压缩算法，因此默认压缩算法为空，该步骤为可选的。

（3）使用 MAC 算法对压缩数据计算消息认证码（MAC）。具体计算过程如下：

H(MAC_write_secret ∥ pad_2 ∥ H(MAC_write_secret ∥ pad_1 ∥ seq_num ∥ SSLCompressed. type ∥ SSLCompressed. Length ∥ SSLCompressed. fragment))

其中：

① H(•)是哈希函数，可采用 MD5 或 SHA-1 算法，具体的算法由会话状态中的加密规范指定。

② MAC_write_secret 是双方共享的保密密钥。

③ pad_2 为填充字段，由字节 0x5c 构成。若使用 MD5 算法，则重复 48 次；若使用 SHA-1 算法，则重复 40 次。

④ pad_1 为填充字段，由字节 0x36 构成。若使用 MD5 算法，则重复 48 次；若使用 SHA-1 算法，则重复 40 次。

⑤ seq_num 为消息序列号。

⑥ SSLCompressed. type 为用来处理分段的高层协议的类型。

⑦ SSLCompressed. length 为压缩后的分段长度。

⑧ SSLCompressed. fragment 为压缩后的数据分段，如果未压缩，那么就是明文分段。

（4）对附加了 MAC 的消息进行加密。加密对内容长度的增大不得超过 1024 字节。由于 SSL 要求压缩操作后长度的增加不能超过 1024 字节，因此报文加 MAC 的总长度将不超过（16384＋2048）字节。加密采用对称加密，加密算法也在会话状态中的加密规范中指定。

SSL 支持的加密算法有 IDEA(128 位密钥)、RC2-40(40 位密钥)、RC4-40(40 位密钥)、RC4-128(128 位密钥)、DES-40(40 位密钥)、DES(56 位密钥)、3-DES(168 位密钥)和 Fortezza(80 位密钥)等。其中 RC4-40、RC4-128 属于序列密码,Fortezza 可用于智能卡加密。

(5) 生成一个 SSL 记录报头,构成一个 SSL 记录,如图 12.3 所示。SSL 记录报头中包含了以下字段:

① 内容类型(8 位):用于说明处理该数据片的高层协议的类型。内容类型包括修改加密规范(change_cipher_spec)、报警(alert)、握手(handshake)和应用数据(application_data)。

② 主版本号(8 位):说明报文使用的 SSL 的主版本号。对于 SSLv3,主版本号为 3。

③ 次版本号(8 位):说明报文使用的 SSL 的次版本号。对于 SSLv3,次版本号为 0。

④ 压缩长度(16 位):压缩长度定义了分段的字节长度(包括 MAC),最大值为(16384+2048)字节。

内容类型	主版本	次版本	压缩长度
明文 (可选压缩)			
MAC(0、16 或 20 字节)			

图 12.3　SSL 记录的格式

2. SSL 握手协议

SSL 握手协议是位于 SSL 记录协议之上的最重要的协议。该协议使客户机和服务器相互认证,鉴别对方的身份,协商安全参数,包括加密算法、MAC 算法以及加密密钥等。SSL 握手协议是在传送应用程序数据之前使用的。

握手协议由一系列客户机与服务器之间交换的消息组成,每个消息都有三个字段:

(1) 类型(1 字节):表示本次握手消息的类型。

(2) 长度(3 字节):表示消息的长度。

(3) 内容(≥1 字节):表示与消息有关的参数。

SSL 握手协议定义的消息类型有如下 10 种:

(1) hello_request:握手请求,使用 hello_request 消息可以在客户机和服务器之间交换涉及安全的属性内容。

(2) client_hello:客户机启动握手请求,该消息是客户机第一次连接服务器时发送的第一条消息,并为连接设置相应的安全属性,包括支持的各种算法。当客户机发送该消息后等待服务器的回应,只有服务器回应相应的 hello 消息才能建立连接,否则其他任何响应均认为连接不成功。

(3) server_hello:该消息是服务器对客户机 client_hello 消息的回复。

（4）certificate：该消息分为 server_certificate 和 client_certificate，server_certificate 为服务器提供的证书，服务器在发送了 server_hello 消息后同时发送自己的证书，证书的类型一般为 X.509v3；client_certificate 为客户机提供的证书，是客户机在收到服务器的 certificate_request 消息后对服务器作出的响应。

（5）server_key_exchange：服务器密钥交换，当服务器没有证书或证书只提供签名功能而不提供加密功能时，需要用该消息来交换密钥。

（6）certificate_request：用于服务器向客户请求证书。

（7）server_hello_done：该消息表示服务器的握手请求已经发送完成，接下去的工作就是等待客户机的响应。

（8）client_key_exchange：客户机密钥交换，当客户机没有证书或证书只提供签名功能而不提供加密功能时，需要用该消息来交换密钥。

（9）certificate_verify：该消息用于向服务器提供对客户机证书的验证，主要目的是为了验证客户机私钥的所有权。

（10）finished：该消息在修改加密规范消息发送之后发送，以证实握手成功。通信双方可以在此消息发送后使用新的安全参数进行通信，交换数据。finished 必须双向发送，表示服务器和客户机双方都已接收了修改加密规范消息。

密钥交换算法和加密规范是 SSL 协议信息交换的两个重要的安全参数。在 SSL 协议中，密钥交换算法有以下几种选项：

（1）RSA：使用接收方的公钥对会话密钥进行加密。

（2）固定的 Diffie-Hellman：当服务器的证书包含有证书中心（CA）的 Diffie-Hellman 公钥参数时，就使用固定的 Diffie-Hellman 密钥交换算法。客户机需要在证书中提供它的 Diffie-Hellman 公钥参数，或在密钥交换消息中提供证书。

（3）匿名的 Diffie-Hellman：使用基本的 Diffie-Hellman 算法，没有对发送方发送的 Diffie-Hellman 公钥参数进行认证。该方法容易遭受中间人的攻击。

（4）瞬时的 Diffie-Hellman：该方法用于创建临时或一次性的加密密钥。此时使用发送方的 RSA 或 DSS 私钥对 Diffie-Hellman 公钥参数进行签名，接收方使用相应的公钥验证签名。由于使用的是临时的密钥，因此是三种 Diffie-Hellman 方法中最安全的。

（5）Fortezza：使用 Fortezza 模式所用的方法。

加密规范是另一个重要的安全参数，加密规范包含以下内容：

（1）密码算法：IDEA（128 位密钥）、RC2-40（40 位密钥）、RC4-40（40 位密钥）、RC4-128（128 位密钥）、DES-40（40 位密钥）、DES-56（56 位密钥）、3-DES（168 位密钥）、Fortezza（80 位密钥）等。

（2）MAC 算法：MD5 或 SHA-1。

（3）密码类型：序列密码或分组密码。

（4）散列长度：0、128 位（MD5）或 160 位（SHA-1）。

（5）密钥素材：生成密钥所使用的数据。

（6）初始值 IV 的大小：分组密码 CBC 加密使用的初始向量的大小。

整个 SSL 协议的握手过程如图 12.4 所示。

首先由客户机发起连接，建立逻辑连接。发起 SSL 通信的客户机向服务器发送 client_

hello 消息,并等待包含与消息 client_hello 参数相同的 server_hello 消息的到来,该消息中包含了下面几个参数:

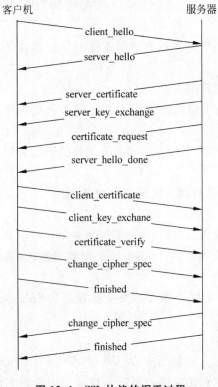

客户机　　　　　　　　　服务器

- client_hello
- server_hello
- server_certificate
- server_key_exchange
- certificate_request
- server_hello_done
- client_certificate
- client_key_exchane
- certificate_verify
- change_cipher_spec
- finished
- change_cipher_spec
- finished

图 12.4　SSL 协议的握手过程

（1）版本号：客户机能够支持的 SSL 的最高版本号。

（2）随机数：由客户机产生的一个随机数,一个由 32 位的时间戳和一个安全的随机数发生器产生的 28 字节的随机数。该随机数用于做现时值（nonce）,用于密钥交换中的抗重放攻击。

（3）会话 ID：一个可变长的会话标识符。如果 ID 为 0,表示客户机希望在新的会话上建立新的连接；如果 ID 不等于 0,则表示希望更新已有连接上的参数。

（4）加密算法列表：包含了客户机所能够支持的加密算法的列表,按优先级降序排列。表中的每一项都定义密钥交换算法和加密规范。

（5）压缩方法：客户机支持的压缩算法列表。

下一步,服务器向客户机发送 server_certificate 消息,将自己的证书发给客户机,以便客户机进行验证,当然证书中的公钥算法必须适合选定的密钥交换算法以及其他的协议约定（该步骤可选,对于匿名的 Diffie-Hellman 方法不需要证书消息）。对于固定的 Diffie-Hellman 方法,因为证书中包含了服务器的 Diffie-Hellman 公钥参数,所以证书必须作为服务器的密钥交换消息。

然后,服务器立即向客户机发送 server_key_exchange 消息,协商密钥交换算法。对于固定的 Diffie-Hellman 和 RSA 加密密钥方法,服务器不需要发送此消息。

根据密钥交换方法的不同,server_key_exchange 消息的内容分别如下：

（1）匿名的 Diffie-Hellman：包含两个全局的 Diffie-Hellman 值（素数及其本原根）,再加上服务器的 Diffie-Hellman 公钥。

（2）瞬时的 Diffie-Hellman：除了两个全局的 Diffie-Hellman 值（素数及其本原根）和服务器的 Diffie-Hellman 公钥外,还加上这些参数的签名。

（3）RSA 密钥交换：当服务器只使用 RSA 的签名密钥时,客户机不能通过使用服务器的公钥对会话密钥进行加密来传送密钥,而是需要服务器产生临时的 RSA 密钥对,然后使用 server_key_exchange 发送公钥。消息内容包括临时的公钥参数（指数和模）和参数的签名。

如果服务器需要对客户机进行认证,接下来服务器向客户机发送 certificate_request 消息,certificate_request 需要客户机的证书,对客户机进行鉴别。证书类型表示所使用的公钥算法和用途。

（1）RSA：仅用于签名。

（2）DSS：仅用于签名。

（3）固定 Diffie-Hellman 的 RSA：此时，发送 RSA 签名证书，其签名仅用于认证。

（4）固定 Diffie-Hellman 的 DSS：仅用于认证。

（5）瞬时 Diffie-Hellman 的 RSA。

（6）瞬时 Diffie-Hellman 的 DSS。

（7）Fortezza。

然后服务器发送 server_hello_done，表示结束服务器的消息，此时服务器等待客户机的响应。

客户机收到服务器发送来的 server_hello_done 消息后，首先验证服务器证书和服务器提供的参数是否合法。如果都合法，客户机就向服务器发起响应，响应消息就是客户机发送给服务器提供自身认证和密钥的消息。

当客户机收到 certificate_request 消息后，应将自己的证书发送给服务器，以便进行鉴别。如果客户机无法提供合适的证书，将发送"无证书"的警告消息。

然后，客户机创建密钥 K，并发送 client_key_exchange 消息，完成对密钥 K 的协商。消息的内容取决于密钥交换的类型：

（1）RSA：客户机生成一个 48 字节的次主密钥，并用从服务器证书中得到的公钥或从 server_key_exhchange 消息中得到的临时 RSA 密钥进行加密。

（2）瞬时或匿名 Diffie-Hellman：发送客户机的公共 Diffie-Hellman 参数。

（3）固定 Diffie-Hellman：在证书消息中发送客户机的公共 Diffie-Hellman 参数。因此，此消息内容为空。

（4）Fortezza：发送客户机的 Fortezza 参数。

如果客户机的证书具有签名功能的话，客户机还应发送 certificate_verify 消息，以提供对客户机证书的验证功能。certificate_verify 消息包含数字签名，该签名保证了客户对证书中私钥的所有权，避免有人误用或盗用证书而产生的攻击。certificate_verify 中签名的内容为：

```
CertificateVerify.signature.md5_hash
    MD5(master_secret ‖ pad_2 ‖ MD5(handshake_messages ‖ master_secret ‖ pad_1));
CertificateVerify.signature.SHA_hash
    SHA(master_secret ‖ pad_2 ‖ SHA(handshake_messages ‖ master_secret ‖ pad_1));
```

其中 pad_1 和 pad_2 是之前 MAC 定义的值，handshake_messages 是指从 client_hello 开始到本消息之前的所有握手协议消息，master_secret 是主密钥。如果用户私钥是 DSS，则用于加密 SHA-1 的散列值。如果用户私钥是 RSA，则计算 MD5 和 SHA-1 两个算法的散列值，并将两个散列值连接后再进行加密。

最后，客户机发送 change_cipher_spec 消息启动新的加密参数，然后使用新的密码算法，密钥发送新的 finished 消息，对密钥交换和身份认证的正确性进行验证。结束消息的内容如下：

```
MD5(master_secret ‖ pad_2 ‖ MD5(handshake_messages ‖ Sender ‖ master_secret ‖ pad_1))
SHA(master_secret ‖ pad_2 ‖ SHA(handshake_messages ‖ Sender ‖ master_secret ‖ pad_1))
```

其中，Sender 是用来认证发送方是客户机的代码，而 handshake_messages 是除本消息外所有握手消息的数据。

服务器收到后也同样发送加密规范 change_cipher_spec,并发送 finished 消息。至此,所有的协商工作均已经完成,就可以开始应用程序数据的发送了。

3. 加密规范修改协议

加密规范修改协议是一个位于 SSL 记录协议之上的协议。该协议由单个消息(change_cipher_spec)组成,消息中只包含一个值为 1 的字节,该消息的作用是改变连接所使用的加密规范。

在 SSL 中,通信双方都有各自独立的读状态(read_state)和写状态(write_state)。读状态包含解压、解密、验证 MAC 的算法和解密密钥等;写状态中包含压缩、加密、计算 MAC 的算法和加密密钥等。

同时,SSL 中定义了两种状态:待定状态和当前操作状态。待定状态包含当前协商好的压缩、加密、MAC 算法及密钥等;当前操作状态包含正在使用的压缩、加密、MAC 算法及密钥等。

当通信中的一方收到加密规范修改协议的消息后,就将待定的读状态中的内容复制到当前读状态中;当通信中的一方发送了加密规范修改协议的消息后,就将待定的写状态中的内容复制到当前写状态中。

4. 报警协议

报警协议(SSL alert protocol)用于为对方实体传递 SSL 的相关报警。报警协议的消息报文与其他应用程序一样,根据当前的状态进行压缩和加密,封装在 SSL 记录协议中,由 SSL 记录协议发送。报警协议的每条消息有两个字节。第一个字节说明报警的级别,用于表示消息的严重性。协议定义了警告(warning)和致命错误(fatal)两个级别,对应的代码值分别为 1 和 2。如果是警告级,接收方将判断按哪一个级别来处理消息;如果是致命错误级,SSL 立即终止该连接,同一会话的其他连接可以继续,但该会话中不再产生新的连接。消息的第二个字节包含了特定报警代码。

5. 主密钥的计算

主密钥的计算分为两个阶段:首先,交换次密钥;接着,双方共同计算主密钥。次密钥的交换有两种可能:

(1) RSA:由客户机生成 48 字节的次密钥,用服务器的 RSA 公钥加密后发往服务器。服务器用其私钥解密后得到次密钥。

(2) Diffie-Hellman:客户机和服务器同时生成 Diffie-Hellman 公钥,密钥交换后,通信双方进行相应的运算,创建共享次密钥。

交换完次密钥后,双方共同计算主密钥,计算方法如下:

```
master_secret = MD5(pre_master_secret || SHA('A' || pre_master_secret ||
              client_hello.random || server_hello.random)) ||
          MD5(pre_master_secret || SHA('BB' || pre_master_secret ||
              client_hello.random || server_hello.random)) ||
          MD5(pre_master_secret || SHA('CCC' || pre_master_secret ||
              client_hello.random || server_hello.random)) ||
```

其中,pre_master_secret 是次密钥,client_hello. random 和 server_hello. random 是两个初始化 hello 消息中的随机数。

12.2.3　SSL 安全性

SSL 协议是为客户机和服务器之间在不安全通道上的通信建立安全连接而设计的,它在进行数据交换前启动握手协议进行相应的安全信息交换。其安全特性主要体现在如下几个方面:

(1) SSL 握手协议中采用了 DES 等加密算法对客户机和服务器之间传送的数据进行加密处理,保证了数据的机密性,能够防止“窃听”及“中间人”的攻击。

(2) SSL 使用哈希函数产生所需要传输数据的消息验证码,在消息验证码中加入了一个不断变化的随机数,在保证数据完整性的基础上,还具有很好的抗重放攻击特性。

(3) SSL 采用 X. 509 数字证书进行认证,让客户机和服务器可以相互认证对方的身份,具有认证的能力。

(4) SSL 与应用层协议相互独立,高层的 HTTP、FTP 和 Telnet 等都透明地建立于 SSL 协议之上,这使得 SSL 具有与应用协议无关的特性。

SSL 协议是为解决数据传输的安全问题而设计的,实践也证明了它针对窃听和其他的被动攻击相当有效。但是由于协议本身的一些缺陷以及在使用过程中的不规范行为,SSL 协议仍然存在不可忽略的安全脆弱性:

(1) SSL 协议无法提供基于 UDP 应用的安全保护。由于 SSL 协议需要在握手之前建立 TCP 连接,因此不能对 UDP 应用进行保护。因此,在 UDP 协议层之上的安全保护,可以采用 IP 层的安全解决方案。

(2) 加密强度问题。由于美国的限制,出口的 SSL 所使用的 RC4 算法密钥强度只有 40 位,这就导致出口的 SSL 产品的加密强度大大减弱。这项规定使得 128 位密钥在美国之外的地方变成不合法。

(3) SSL 不能提供交易的不可否认性。SSL 协议没有数字签名功能,没有提供不可抵赖性的功能。若要增加数字签名功能,必须使用 PKI 体系加以完善,将加密密钥和数字签名密钥二者分开,成为双证书机制。

(4) SSL 只能提供客户机到服务器之间的两方认证,无法适应电子商务中的多方交易业务。

(5) SSL 易遭受 change_cipher_spec 消息丢弃攻击。由于 SSL 握手协议中存在一个漏洞:在 finished 消息中没有对变换加密的说明消息进行认证处理,在接收到该消息前,不做任何加密处理和 MAC 保护,只有在接收到 change_cipher_spec 消息之后,记录层才开始对通信数据进行加密和完整性保护。这种处理机制使得 SSL 易遭受 change_cipher_spec 消息丢弃攻击。

(6) SSL 无法避免通信业务流分析攻击。由于 SSL 位于 TCP 协议之上,攻击者往往能够得到从数据链路层或者是 IP 层到 SSL 的所有网络数据,因此,无法对各层的数据报头信息进行保护,导致潜在的隐患。

12.3　SET　协　议

SET(Secure Electronic Transaction)是 VISA International 和 MasterCard International 两大信用卡公司与 IBM、Microsoft、Netscape、GTE、VeriSign、SAIC、Terisa 等厂商合作开发的。1997 年 5 月底发布了 SET Specification Version 1.0,它是面向 B2C 模式的,完全针对信用卡来制定,涵盖了信用卡在电子商务交易中的交易协定、信息保密、资料完整等各个方面。

12.3.1　SET 概述

SET 协议主要是为了解决用户、商家和银行之间通过信用卡支付的交易而设计的,保证交易的安全性,确保支付信息的机密、完整以及合法的身份认证。SET 协议主要是通过使用公钥密码算法和 X.509 数字证书的方式来解决电子商务交易过程中的安全性问题。

SET 协议要达到的主要目标是:

(1) 保证信息在 Internet 上的安全传输,保护敏感数据不被非授权人员窃取。

(2) 保证信息的完整性,要求 SET 必须保证信息在传输过程中不会被篡改。

(3) 订单信息和账号信息的隔离,在将包括消费者账号信息的订单送到商家时,商家只能看到订货信息,而看不到消费者的账号信息。

(4) 各个参与方相互认证,以确定通信各方的身份,不仅是客户和在线商家之间能够进行认证,同时和银行之间也能进行认证。一般由第三方机构负责为在线通信双方提供信用担保。

(5) 采用最好的安全策略和设计,通过严格测试的协议保护电子商务交易中的所有合法方。

(6) 要求软件遵循相同的协议和消息格式,使不同厂家开发的软件具有兼容和互操作性,并且可以运行在不同的硬件和操作系统平台上。

SET 协议的安全要求:

(1) 机密性。SET 协议中通过对传输的信息进行加密处理,使用公钥加密算法与对称加密算法相结合的混合加密算法对支付信息进行加密来保证信息的机密性。通过使用支付网关的公钥加密会话密钥,保证只让应该看到某信息的主体看到信息。SET 协议使用安全可靠的支付流程,使得商家解密后得到订单信息,银行解密后得到支付信息,这样即使支付信息是通过商家传给银行的,但是商家无法看到支付信息的详细情况,同时银行也看不到订单信息,从而确保商家看不到持卡人的账号和密码信息,银行看不到持卡人的购物信息。

(2) 数据完整性。SET 协议使用数字签名来保证数据的完整性。SET 协议使用安全哈希函数(如 SHA-1)的数字签名。SHA-1 能将任意长度的消息生成 160 位的散列值,因此当散列值中的某几位发生变换,那么消息摘要中的数据会有很大的变化。哈希函数的单向性也使得从消息摘要得出消息原文在计算上是不可行的。消息摘要和消息一起传输,以便接收者验证消息在传输过程中是否被篡改,如果消息在传输的过程中被篡改,此时接收者用哈希函数对接收到的消息进行运算后得到的消息摘要与发送者发来的消息摘要就会不同,从而检测到消息已被篡改,这样就保证了消息的完整性。

(3) 可审性。可审性是电子商务中非常重要的环节,在 SET 中,可审性主要由身份认证来实现。SET 协议使用数字证书来确认商家、持卡人、发卡行和支付网关的身份,为网上交易提供了一个完整的可信赖环境。SET 协议是一个基于可信的第三方认证中心的方案,在 SET 协议中证书授权机构扮演了很重要的角色。SET 协议提供了通过证书授权机构对各个参与方颁发证书的方法来保证进行交易的各个参与方能够互相信任。

(4) 不可否认性。因为交易双方在发出信息时是经过自己的私钥作数字签名的,而私钥只有用户自己保管,所以可以认为只有拥有该私钥的人才能发出经过其数字签名的信息,即保证了消息的不可否认性。

SET 协议的参与方主要由持卡人、商家、支付网关、证书授权机构、发卡行和收单行等六个部分组成,如图 12.5 所示。

图 12.5　SET 的各个参与方

(1) 持卡人。持卡人是网上消费者或客户。SET 支付系统中的网上消费者或客户首先必须是信用卡或借记卡的持卡人。持卡人要参与网上交易,首先要向所属发卡行申请,经发卡行认可,由发卡行委托第三方中立机构——证书授权机构(CA)发放数字证书后,持卡人才具备上网交易资格。

持卡人上网交易是由一个嵌入在浏览器中的电子钱包来实现。持卡人的电子钱包具有发送、接收信息,存储自身的公钥签名密钥和交易参与方的公开密钥交换密钥,申请、接收和保存认证等功能。除了这些基本功能外,电子钱包还必须支持网上购物的其他功能,如增删改信用卡、改变密码口令、检查认证状态、显示信用卡信息和交易历史记录等功能。

(2) 商家。商家是 SET 支付系统中网上商店的经营者。商家首先必须在收单银行开设账户,由收单银行负责交易中的清算工作。商家要取得网上交易资格,首先要由收单银行对其进行审定和信用评估,一旦通过审定,然后由收单银行委托证书授权机构发给商家数字证书。有了证书,商家方可上网营业。商家上网必须有商户软件支持。商家软件必须能完成服务器和客户机的功能。它必须具备处理持卡人的申请和与支付网关进行通信,存储自身的公钥签名密钥和公钥交换密钥,以及交易参与方的公开密钥交换密钥,申请和接收认证,与后台数据库进行通信及保留交易记录等方面的功能。

(3) 支付网关。支付网关一边连接因特网,一边通过银行网络与收单银行相连。它完成 SET 协议和现存银行交易系统协议(如 ISO8583 协议)之间的信息格式转换,实现传统银行网络上的支付功能在因特网上的延伸。SET 支付系统中的支付网关首先必须由收单银行授权,再由 CA 发放数字证书,方可参与网上支付活动。

支付网关具有确认商家,解密从持卡人处得到的支付信息,验证持卡人的证书与在购物中所使用的账号是否匹配,验证持卡人和商家申请信息的完整性、签署数字响应等功能。

(4) 证书授权机构。证书授权机构,有时也称证书权威机构,是可信的第三方组织,为交易各方所信赖。它接受发卡行和收单行的委托,对持卡人、商家和支付网关发放数字证书,以便交易中的所有成员作为身份验证。

(5) 发卡行。为持卡人建立银行账号,为持卡人发行信用卡或借记卡。发卡行主要进行授权支付和资金清算的工作。

(6) 收单行。为在线交易的商家建立银行账号,并且处理持卡人信用卡的授权和商家信用卡的授权工作。

12.3.2　SET 的安全技术

1. 数字信封

为了充分发挥对称加密和非对称加密各自的优点,在 SET 协议中对信息的加密将两者充分结合起来同时使用。数字信封类似于普通信封,是为了解决密钥传送过程的安全而产生的技术。

如图 12.6 所示,数字信封的基本原理是:首先将要传送的消息用对称密钥加密,但这个密钥不先由双方约定,而是由发送方随机产生,用此随机产生的对称密钥对消息进行加密;然后将此对称密钥用接收方的公开密钥加密,就好像用信封封装起来,所以称做数字信封;接收方收到消息后,用自己的私人密钥解密数字信封,得到随机产生的对称密钥;最后用此对称密钥对所收到的密文解密,得到消息原文。

图 12.6　数字信封原理

由于数字信封用消息接收方的公开密钥加密,只能用接收方的私人密钥才能解密,其他人无法得到信封中的对称密钥,因而确保了信息的安全。

2. 双重签名

持卡人在网上向商家要求购买商品,如果商家接受这笔交易,就在网上向银行要求授权,但是持卡人不愿意让商家知道自己的账号等信息,也不愿让银行知道他用这笔钱买了什么东西,为了解决这个问题就可以采用双重签名。SET 系统中双重数字签名的产生和验证过程如下。

1) 双重数字签名的产生过程

（1）持卡人通过 SHA-1 算法分别生成订购信息 OI 与支付指令 PI 的消息摘要 H(OI) 和 H(PI)。

（2）把消息摘要 H(OI) 和 H(PI) 连接起来得到消息 OP。

（3）通过 Hash 算法生成 OP 的消息摘要 H(OP)。

（4）用持卡人的私人密钥加密 H(OP) 得到双重数字签名 Sign(H(OP))。

（5）持卡人将消息（OI,H(PI),Sign(H(OP))）用临时密钥 K_s 进行加密，接着使用商家的公开密钥对临时密钥 K_s 进行加密，将加密后的结果发送给商家；将消息（PI,H(OI),Sign(H(OP)))用临时密钥 K_s 进行加密，接着使用银行的公开密钥对临时密钥 K_s 进行加密，将加密后的结果发送给银行。

双重签名的产生过程如图 12.7、图 12.8 和图 12.9 所示。

图 12.7　双重签名的产生过程

图 12.8　消费者发给银行的消息

图 12.9　消费者发给商家的消息

2) 双重签名的验证过程

（1）商家将收到的消息用自己的私人密钥对数字信封进行解密得到临时会话密钥，然后使用临时会话密钥对密文进行解密，将消息 OI 生成消息摘要 H(OI)；同样，银行将收到的消息用自己的私人密钥对数字信封进行解密得到临时会话密钥，然后使用临时会话密钥对密文进行解密，将消息 PI 生成消息摘要 H(PI)。

（2）商家将生成的消息摘要 H(OI) 和接收到的消息摘要 H(PI) 连接成新的消息 NOP；银行将生成的消息摘要 H(PI) 和接收到的消息摘要 H(OI) 连接成新的消息 NOP。

（3）商家将消息 NOP 生成消息摘要 H(NOP)；银行将消息 NOP 生成消息摘要 H(NOP)。

（4）商家和银行均用持卡人的公开密钥解密收到的双重数字签名 Sign(H(OP)) 得到 H(OP)。

（5）商家将 H(NOP) 和 H(OP) 进行比较，银行将 H(NOP) 和 H(OP) 进行比较，若相同，则证明商家和银行所接收到的消息是完整有效的。经过这样处理后，商家就只能看到订购信息（OI），而看不到持卡人的支付信息（PI）；同样，银行只能看到持卡人的支付信息（PI），而看不到持卡人的订购信息（OI）。

双重签名的验证过程如图 12.10 和图 12.11 所示。

图 12.10　银行验证双重签名的过程

图 12.11　商家验证双重签名的过程

3. SET 协议的混合加密过程

在实际应用中,SET 协议的加密解密是以上各种安全技术的综合运用,只有这样才能保证信息的机密性、完整性、真实性、有效性及不可否认性,才能确保电子商务的顺利进行。其原理如图 12.12 所示。

图 12.12　SET 协议的混合加密过程

具体步骤如下:

(1) 发送方对接收方的数字证书进行认证。

(2) 发送方将交易数据进行 Hash 运算,生成消息摘要。

(3) 用发送方的私钥对消息摘要进行加密,得到数字签名。

(4) 发送方用随机生成的对称密钥对交易数据、数字签名以及发送方的数字证书进行加密,得到密文。每次交易对称密钥都是随机生成的,都不相同。

(5) 发送方用从接收方数字证书中得到的接收方的公开密钥对对称密钥加密,生成数字信封。

(6) 发送方将密文、数字信封一起发送给接收方。

(7) 接收方收到消息后,首先使用自己的私钥对数字信封进行解密,得到对称密钥。

(8) 接收方用对称密钥对密文进行解密,得到交易数据、数字签名和发送方的数字证书。

(9) 接收方用从发送方数字证书中得到的发送方的公钥对数字签名进行解密,得到消息摘要。

(10) 接收方对交易数据进行 Hash 运算,生成新的消息摘要。

(11) 接收方比较两个消息摘要,以确定消息的完整性。

12.3.3　SET 的工作原理

1. SET 的购物流程

SET 协议的工作流程与实际的购物流程非常接近,使得电子商务与传统商务可以很容易融合,用户使用起来也没有什么障碍。从顾客通过浏览器进入在线商店开始,一直到所订货物送货上门或所订服务完成,以及账户上的资金转移,所有这些都是通过 Internet 来完成的。如何保证网上传输数据的安全和交易对方的身份确认是电子商务能否得到推广的关键。这正是 SET 所要解决的最主要的问题。一个完整的基于 SET 的购物处理流程如下:

(1) 持卡人利用浏览器在商家的主页上查看,并选定所要购买的物品,然后填写相应的订货单。订单中包括商品名称及数量、交货时间及地点等相关信息。订单可以从商家的服务器以电子形式发放,也可以通过电子购物软件在持卡人自己的计算机上创建。

(2) 持卡人选择支付方式,此时 SET 协议开始介入。

(3) 持卡人在验证商家的身份之后,向商家发送一个包含完整的订购信息和支付信息的订单。

(4) 商家收到持卡人发送过来的订单后,验证持卡人的身份,同时向持卡人的信用卡所属的发卡行请求支付授权,通过支付网关到银行,再到发卡行确认,批准交易,然后返回应答给商家,支付授权被批准。

(5) 商家向持卡人发送订单确认信息。

(6) 持卡人收到订单确认信息后,其 SET 软件记录交易日志,以备将来查询。

(7) 商家发送货物(由物流公司)或提供服务。

(8) 商家请求支付,支付网关根据支付网络的处理流程将货款从持卡人的信用卡账户转到商家的账户中。

从以上 SET 交易过程可知,从第(2)步开始,SET 起作用,一直到第(8)步。在处理过程中,通信协议、请求信息的格式、数据类型的定义等,SET 都有明确的规定。在操作的每一步,持卡人、商家、支付网关都通过 CA 来验证通信主体的身份,以确保通信的对方不是冒名顶替。因此也可以简单地认为,SET 协议充分发挥了认证中心的作用,以维护在任何开放网络上的电子商务参与者所提供信息的真实性和保密性。

2. SET 的支付流程

一项 SET 交易需要持卡人、商家、CA、支付网关、发卡行和收单行共同参与,而且持卡人、商家和支付网关之间的每次交易都需要经过认证,支付网关处理商家的每次交易,持卡人没有直接参与和支付网关的对话。整个 SET 的支付过程需要经历证书注册、购买请求、支付授权、资金清算四个阶段。

1) 证书注册

在 SET 中,每个主体都有自己相应的数字证书,证书包括账号、有效期等信息,用来标识自己的合法身份。因此在 SET 协议开始之前,用户都必须向 CA 申请证书。

CA 申请和审核证书的过程如下:

(1) 用户向 CA 发出申请,请求注册。

(2) CA 响应用户的申请消息,并发送自己的证书。

(3) 用户收到 CA 的应答,验证证书合格后,向 CA 申请注册表格。

(4) CA 处理用户请求,发出相应的注册登记表。

(5) 用户填写注册登记表,同时产生密钥对,将公钥和登记表发送给 CA,并请求证书。

(6) CA 通过验证用户信息,处理证书请求,创建证书并生成 CA 对该证书的数字签名,将其发回给用户。

其中,用户生成的密钥对是基于 RSA 算法的,以后就是通过它们来进行数字签名和身份认证,公钥将置于用户的数字证书中,确保私钥安全是用户自身的责任。

2) 购买请求

在进入购买请求之前,持卡人必须完成了浏览、选购及订货之后,商家向持卡人发送一张完整的订单,持卡人才开始进入购买请求阶段。购买请求阶段的交互信息由 4 种消息组成:初始请求(Initiate Request)、初始响应(Initiate Response)、购买请求(Purchase Request)、购买响应(Purchase Response)。

(1) 初始请求。

为了能够实现与商家之间的 SET 消息报文的交互,持卡人需要使用商家的证书以及支付网关的证书。为取得这些证书,持卡人向商家发出“初始请求”,请求得到商家和支付网关的数字证书,该请求包括用户为该请求分配的 ID 号、一个用于表示时效性的随机数、持卡人的证书等。

(2) 初始响应。

商家收到初始请求后,对持卡人作出响应。该响应消息包括标识本次交易的订单的 ID 号、初始请求中表示时效性的随机数、商家新生成的表示时效性的随机数,并使用商家的私钥对该消息进行签名。将签名后的响应消息连同支付网关证书和商家证书构成一个完整的初始响应的消息报文一起发送给持卡人。

(3) 购买请求。

持卡者通过 CA 签名验证商家和支付网关的证书,然后生成订购信息(Order Instruction, OI)和支付信息(Payment Instruction,PI)。OI 包括本次交易的订单号、表示时效性的随机数和种子,PI 包括本次交易的订单号、表示时效性的随机数、银行账号、银行卡口令和本次交易费用。OI 不包含显式的订购数据,例如商品数量和价格,但包含一条订单应用,订单应用是在第一条 SET 消息之前的购物阶段中由客户和商家的信息交换过程中产生的。

为了保护支付信息的机密性,持卡人产生一次性的对称加密的会话密钥 K1 用于对支付信息进行加密。

持卡人首先构造双重签名 Sign(H(OP))。先由持卡人计算 PI 和 OI 的消息摘要 H(PI)和 H(OI),再使用自身私钥对其进行双重签名,产生签名 Sign(H(OP))。整个购买请求报文由三部分组成,如图 12.13 所示。

第一部分是持卡人使用会话密钥 K1 对支付信息、双重签名 Sign(H(OP))和订购信息的消息摘要 H(OI)进行加密,并使用支付网关的公钥对会话密钥 K1 进行加密,称为数字信封,形成购买请求的第一部分,这部分是与支付相关的信息,由商家转发给支付网关。

第二部分是与订购相关的信息,这部分信息是商家处理交易所需要的信息,包含订购信息、双重签名 Sign(H(OP))和支付信息的消息摘要 H(PI)。

“购买请求”消息报文还需要包含持卡人的证书,商家和支付网关都需要使用证书上的公钥来对签名进行验证。

第三部分是持卡人使用密钥 K2 对“购买请求”的消息报文进行加密,并使用商家的公钥对 K2 进行加密,并发送给商家。

(4) 购买响应。

商家收到购买请求信息后,将作出相应的购买响应:

① 商家通过 CA 的签名验证持卡人的证书。

② 使用持卡人的公钥对双重签名 Sign((H(OP)) 进行验证,检查订单信息在传送过程中是否被篡改过。

③ 处理订购信息,同时将支付信息转发给支付网关。

④ 向持卡人发送"购买响应"的消息报文。

"购买响应"消息报文包含交易的订单号、表示时效性的随机数和用于确认订购的响应数据,该响应数据需要用商家的私钥进行签名,并连同商家的证书一起发送给持卡人。

图 12.13　持卡人发送购买请求

持卡人收到"购买响应"消息报文后首先验证商家的证书,然后验证响应数据上的签名,如图 12.14 所示。

图 12.14　商家验证持卡人的购买请求

3) 支付授权

支付授权消息是在商家与支付网关之间交换的信息。在商家处理客户订购信息的过程中,需要支付网关认可和授权。授权支付确保这笔交易是经发卡行确认的,保证商家能收到钱,因此商家可以向顾客提供商品或服务。

支付授权的交互过程由两条消息组成:授权请求和授权响应。授权请求是商家向支付网关发送的消息报文,其内容如下:

(1) 来自持卡人与支付有关的信息。

① 支付信息。

② 双重签名 Sign(H(OP))。

③ 订购信息的消息摘要 H(OI)。

④ 数字信封:使用支付网关的公钥对会话密钥 K1 进行加密的密文。

(2) 商家产生的与授权支付有关的信息。

① 将表示本次交易的订单号、表示时效性的随机数和本次交易费用合起来组成一个数据块,使用商家的私钥进行数字签名,并使用一个由商家生成的会话密钥 K_s 进行加密。

② 数字信封:使用支付网关的公钥对商家生成的会话密钥 K_s 进行加密后的密文。

③ 持卡人和商家的证书。

(3) 支付网关处理授权支付请求。

支付网关接收到授权支付请求,执行以下操作:

① 验证持卡人和商家的证书。

② 使用自身的公钥对来自持卡人的与支付相关的信息的数字信封进行解密,获得会话密钥 K1。

③ 使用密钥 K1 对持卡人的支付信息进行解密。

④ 使用自身的公钥对来自商家的授权支付信息的数字信封进行解密,获得会话密钥 K_s。

⑤ 使用密钥 K_s 对商家的授权支付信息进行解密。

⑥ 验证与支付相关的信息中的双重签名 Sign(H(OP))。

⑦ 验证从商家提交的交易 ID 与持卡人支付信息中交易 ID 是否一致。

⑧ 从持卡人的支付信息得到持卡人卡号,根据卡号识别发卡银行,然后请求发卡行验证发卡人的支付能力。

⑨ 得到发卡行响应后,支付网关向商家返回授权响应消息。

授权响应消息包括以下内容:

① 由支付网关对本次交易订单号、表示时效性的随机数和本次交易费用进行的签名,并用支付网关生成的一次性密钥进行加密的授权数据块。

② 用商家公钥加密一次性密钥的数字信封。

③ 捕获标记(CaptureToken)。

④ 支付网关的证书。有了支付网关的证书,商家就可以给持卡人提供货物或服务了。

(4) 获得支付网关的授权后,商家就可以向用户提供货物或服务了。

4) 资金清算

为了切实地得到客户支付的款项,商家还需与支付网关交互,进行支付资金交易。整个过程由资金清算请求和资金清算响应两部分组成。

首先,商家向支付网关发出资金清算请求,资金清算请求消息包含商家签名并加密的请求数据(包括支付总额、交易 ID 和之前收到的捕获标记等)和商家证书。

支付网关收到资金清算请求的消息后,解密并验证资金清算数据和捕获标记,并检验它们的一致性。接着,支付网关通过专用的支付网络向发卡行发送转账请求。发卡行处理转账请求,进行资金转账,把购物款从持卡人的账号转到收单银行商家账号上。收单行得到购物款后,向支付网关发出资金已收的消息,然后支付网关将从收单行收到消息进行签名和加密,形成资金清算响应,发送给商家。最后商家解密资金清算响应并验证,将其保存下来,用于与收单行得到的付款进行对账。

12.3.4　SET 的优缺点

1. 优点

SET 协议与其他电子商务安全协议相比主要有以下优点:

(1) SET 协议对商家提供了保护自己的手段,使商家免受欺诈的困扰。

(2) 对消费者而言,SET 协议替消费者保守了更多的秘密,使其在线购物更加轻松。

(3) 银行和发卡机构以及各种信用卡组织,如 VISA 和 MasterCard 非常喜爱 SET 协议,因为 SET 协议帮助它们将业务扩展到因特网这个广阔的空间中,从而使得信用卡网上支付具有更低的欺骗概率,这使得它比其他支付方式具有更大的竞争力。

(4) SET 协议对于参与交易的各方定义了互操作接口,一个系统可以由不同厂商的产品构筑。

(5) SET 协议可以用在系统的一部分或者全部。例如,一些商家正在考虑与银行连接中使用 SET 协议,而与顾客连接时仍然使用 SSL 协议。

2. 缺点

SET 协议是通过因特网进行在线交易的安全协议标准,是为了解决用户、商家和银行之间通过信用卡进行支付而设计的,以保证支付信息的机密、支付过程的完整、各参与方的合法身份及不可否认等。虽然 SET 协议从诸多方面保证了网上支付的安全问题,但通过前面的分析研究可知,SET 协议还存在许多不足,现分述如下:

(1) SET 协议采用 DES 算法和 RSA 算法进行加密、解密,由于美国政府对安全产品的出口限制,出口的分组加密算法 DES 的密钥是 56 位,而公钥加密算法 RSA 的密钥也只有512 位,致使 SET 协议的安全性不高,适应性不强。签名算法所使用的 MD5 和 SHA-1 哈希函数已经被原山东大学现清华大学的王小云教授等所破解,SET 的安全机制已经开始动摇。

(2) SET 协议过于复杂,要求安装的软件包太多,处理速度慢,价格昂贵。

(3) SET 协议没有说明发卡银行在给商家付款前,是否必须收到消费者的货物接受证书。否则,商家提供的货物不符合质量标准,或消费者故意说质量有问题而拒不接收货物,其责任由谁来负。

(4) SET 技术规范没有提及在事务处理完成后,如何安全地保存或销毁此类数据,是否应当将数据保存在消费者、在线商店或收单银行的计算机里。这种漏洞可能使这些数据以后受到潜在的攻击。

(5) SET 协议中对于持卡人的隐私问题考虑不够,因为商家仍然知道某个持卡人买了些什么东西,没有给消费者的消费带来匿名性。

（6）在交易文件中，时间是十分重要的信息。在书面合同中，文件签署的日期和签名一样是应该防止伪造和篡改的关键性内容，而在计算机上改变某个文件的时间标记是轻而易举的事。所以，在电子交易中也需要对文件的日期和时间信息采取相应的安全措施，防止以后当事人对交易的否认和抵赖。

尽管 SET 协议还存在一些不足，但 SET 仍是目前电子商务所有安全协议中最规范、安全性最强的一种协议，是安全电子支付的国际标准。

12.4　SSL 与 SET 的比较

SSL 和 SET 协议都能提供安全交易的机制并应用于电子商务中，都通过认证进行身份的识别，都通过对传输数据的加密实现保密性。但从运行方式上看，SSL 和 SET 有明显的不同。其具体表现在以下几个方面：

（1）从认证机制上看，早期的 SSL 并没有提供商家身份认证机制，虽然在 SSL3.0 中可以通过数字签名和数字证书实现浏览器和服务器双方的认证，但仍然不能实现多方认证。而 SET 协议的安全要求较高，所有参与 SET 交易的成员（持卡人、商家、发卡行、收单行和支付网关）都必须通过申请数字证书进行身份认证。

（2）从安全性上看，SSL 只对持卡人与商店端的信息交换进行加密保护，可以看做是用于传输的那部分的技术规范。从电子商务特性来看，它并不具备商务性、服务性、协调性和集成性。而 SET 协议规范了整个商务活动的流程，从持卡人到商家，到支付网关，到认证中心以及信用卡结算中心之间的信息流走向和必须采用的加密、认证都制定了严密的标准，从而最大限度地保证了商务性、服务性、协调性和集成性。因此 SET 的安全性比 SSL 高。

（3）从网络协议位置上看，SSL 位于传输层与应用层之间，因此 SSL 能很好地封装应用层数据，不用改变位于应用层的应用程序，对用户是透明的。同时，SSL 通过交易前的"握手"过程来建立客户机与服务器之间一条安全通信的信道，保证数据传输的安全。整个过程相对简单，因此 SSL 协议主要是和 Web 应用一起工作。而 SET 协议位于应用层，是为信用卡交易提供安全保障，其认证体系十分完善，能实现多方认证。在 SET 的实现中，消费者账户信息对商家来说是保密的，安全性较好。但是 SET 协议十分复杂，存在身份验证复杂，加密环节多，处理效率低等缺点，还有待于改进。

习　题　12

一、选择题

1. SSL 协议的 Server_Hello 使用随机数目的是（　　　）。
　　A. 作为加密密钥　　　　　　　　　　B. 用于密钥交换中的抗重放攻击
　　C. 作为客户机的 ID　　　　　　　　　D. 可以省略，没用

2. SET 协议中的数字信封对要传送的消息密钥是通过下面（　　　）产生的。
　　A. 接收方的公钥　　　　　　　　　　B. 接收方随机产生

C. 发送方随机产生　　　　　　　　D. 事先通过协商

二、填空题

1. SSL 要求压缩操作后长度的增加不能超过＿＿＿＿字节，因此报文加 MAC 的总长度将不超过＿＿＿＿＿＿字节。

2. SET 协议的参与方主要由持卡人、商家、＿＿＿＿、＿＿＿＿、发卡行和收单行 6 个部分组成。

三、简答题

1. 电子商务有哪些优点？

2. 电子商务的安全需求有哪些？

3. SSL 记录协议的工作步骤有哪些？

4. 以图形化的方式画出 SSL 协议的握手过程。

5. SET 提供了哪些安全服务？

6. 列举 SET 协议中的各个参与方。

7. 数字信封的作用是什么？

8. 双重签名的定义和目的是什么？

9. 在 SSL 中为什么有单独的修改密码规范协议，而不是在握手协议中包含修改密码规范？

10. 分析 SSL 协议，并说明 SSL 如何抵抗下列 Web 安全性威胁：

(1) 穷举密码分析攻击：穷举传统加密算法的密钥空间。

(2) 重放攻击：重放先前的 SSL 握手消息。

(3) 中间人攻击：在密钥交换时，攻击者针对服务器假扮成客户机，针对客户机又假扮成服务器。

第 13 章　电子邮件安全技术

电子邮件是人们用计算机工作时最常见的通信方式之一。电子邮件系统具备了几乎一瞬间将邮件传送到全球任何角落的能力,具有传统邮件服务无法比拟的速度和效率。随着用户的增多和使用范围的逐渐扩大,保证邮件本身的安全以及电子邮件对系统安全性的影响越来越重要。

本章介绍电子邮件的传输协议和电子邮件所面临的威胁,介绍常用的电子邮件安全技术。

13.1　电子邮件传输协议

当前常用的电子邮件传输协议有 SMTP、POP3 和 IMAP4,它们都隶属于 TCP/IP 协议簇,默认状态下分别通过 TCP 端口 25、110 和 143 建立连接。下面分别对其进行简单介绍。

13.1.1　SMTP

SMTP(Simple Mail Transfer Protocol,简单邮件传输协议)是一组用于从源地址到目的地址传输邮件的规范,用来控制邮件的中转方式。SMTP 属于 TCP/IP 协议簇,它帮助每台计算机在发送或中转信件时找到下一个目的地。通过 SMTP 所指定的服务器,就可以把 E-mail 寄到收信人的服务器上。SMTP 服务器就是遵循 SMTP 的发送邮件服务器。简单地说,SMTP 认证就是要求必须在提供了账户名和密码之后才可以登录 SMTP 服务器,这就使得那些垃圾邮件的散播者无可乘之机。增加 SMTP 认证的目的是为了使用户避免受到垃圾邮件的侵扰。

13.1.2　POP

POP(Post Office Protocol,邮局协议)负责从邮件服务器中检索电子邮件。它要求邮件服务器完成下面几种任务之一:从邮件服务器中检索邮件并从服务器中删除邮件;从邮件服务器中检索邮件但不删除邮件;不检索邮件,只是询问是否有新邮件到达。POP 支持多用户因特网邮件扩展,后者允许用户在电子邮件上附带二进制文件,如文字处理文件和电子表格文件等,实际上这样就可以传输任何格式的文件了,包括图片和声音文件等。在用户阅读邮件时,POP 命令所有的邮件信息立即下载到用户的计算机上,不在服务器上保留。

13.1.3　IMAP

因特网信息访问协议(IMAP)是一种优于 POP 的新协议。和 POP 一样,IMAP 也能下载邮件、从服务器中删除邮件或询问是否有新邮件,但 IMAP 克服了 POP 的一些缺点。例如,它可以决定客户机请求邮件服务器提交所收到邮件的方式,请求邮件服务器只下载所选中的邮件而不是全部邮件。客户机可先阅读邮件信息的标题和发送者的名字再决定是否下载这个邮件。通过用户的客户机电子邮件程序，IMAP 可让用户在服务器上创建并管理邮件文件夹或邮箱、删除邮件、查询某封信的一部分或全部内容，完成所有这些工作时都不需要把邮件从服务器下载到用户的个人计算机上。

13.2　电子邮件面临的威胁

电子邮件十分脆弱，从浏览器向 Internet 上的另一个人发送邮件时，不仅信件像明信片一样是公开的，而且也无法知道在到达最终目的地之前，信件经过了多少机器。Internet 像一个蜘蛛网，电子邮件到达收件人之前，可能会经过大学、政府机构或服务提供商。因为邮件服务器可接收来自任意地点的任意数据，所以任何人只要可以访问这些服务器，或访问邮件经过的路径，就可以阅读这些信息。可见，电子邮件的安全性问题已经提到日程上来了。

一个邮件系统的传输包含用户代理（User Agent）、传输代理（Transfer Agent）及接收代理（Delivery Agent）三大部分。用户代理是一个用户端发信和收信的程序，负责将信件按照一定的标准包装，然后送至邮件服务器，将信件发出或由邮件服务器收回。传输代理则负责信件的交换和传输，将信件传送至适当的邮件主机，再由接收代理将信件分发至不同的邮件信箱。传输代理必须能够接收用户邮件程序送来的信件，解读收信人的地址，根据 SMTP 将它正确无误地传递到目的地。现在一般的传输代理已采用 Sendmail 程序完成工作，到达邮件主机再经接收代理 POP 来使邮件被用户读取至自己的主机。

13.2.1　匿名转发

没有发件人信息的邮件就是这里所说的匿名邮件，邮件的发件人刻意隐瞒自己的电子邮箱地址和其他信息，或者通过某些方法给用户一些错误的发件人信息。

现在 Internet 上有大量的匿名转发邮件系统，发送者首先将邮件发送给匿名转发系统，并告诉这个邮件希望发送给谁，匿名转发邮件系统将删去所有的返回地址信息，再把邮件转发给真正的收件者，并将自己的地址作为发信人地址显示在邮件的信息表头中。

13.2.2　电子邮件欺骗

电子邮件"欺骗"是在电子邮件中改变名字，使之看起来是从某地或某人发来的行为。例如，攻击者佯称自己为系统管理员（邮件地址和系统管理员完全相同），给用户发送邮件要求用户修改口令（口令可能为指定字符串）或在貌似正常的附件中加载病毒或其他木马程序，这类欺骗只要用户提高警惕，一般危害性不是太大。

"欺骗"对于使用多于一个电子邮件账户的人来说是合法且有用的工具。例如，你有一个账户 yourname@email. net，但是你希望所有的邮件都回复到 yourname@reply. com。你可以做一点小小的"欺骗"，使所有从 email. net 邮件账户发出的电子邮件看起来好像是从你的 reply. com 账户发出。如果有人回复你的电子邮件，回信将被送到 yourname@reply. com。要改变电子邮件身份，到电子邮件客户软件的邮件属性栏中，或者 Web 页邮件账户页面上寻找"身份"一栏，通常选择"回复地址"。回复地址的默认值正常来说就是你的电子邮件地址和你的名字,但在此可以任意更改。

执行电子邮件欺骗常用的三种基本方法如下:

(1) 相似的电子邮件地址。

攻击者找到一个公司的老板或者高级管理人员的名字。有了这个名字后,攻击者注册一个看上去像高级管理人员名字的邮件地址。他只需简单地进入 hotmail 等网站或者提供免费邮件的公司,签署这样一个账号,然后在电子邮件的别名字段填入管理者的名字。我们知道,别名字段是显示在用户的邮件发件人字段中。因为邮件地址似乎是正确的,所以邮件接收人很可能会回复它,这样攻击者就会得到想要的信息。

(2) 修改邮件客户。

当用户发送一封电子邮件时,通常都没有对发件人地址进行验证或者确认。攻击者如果有一个类似 Outlook 的邮件客户机,则他能够任意指定出现在发件人地址栏中的地址,并且指定任何他想要的邮件返回地址。因此当用户回复邮件时,就会回复到攻击者指定的返回地址,而不是被篡改盗用前的收件人地址。

(3) 远程联系,登录到端口 25。

因为邮件服务器使用端口 25 发送信息,所以没有理由说明攻击者不会连接到 25,装作是一台邮件服务器,然后写一个信息。有时攻击者会使用端口扫描来判断哪个 25 端口是开放的,以此找到邮件服务器的 IP 地址。

13.2.3　E-mail 炸弹

电子邮件炸弹(E-Mail Bomb)是一种让人厌烦的攻击。它是黑客常用的攻击手段。传统的邮件炸弹大多只是简单地向邮箱内扔去大量的垃圾邮件,从而充满邮箱,大量地占用了系统的可用空间和资源,使机器暂时无法正常工作。

过多的垃圾邮件往往会加剧网络的负载力和消耗大量的空间资源来储存它们,还将导致系统的日志文件变得很大,甚至有可能溢出文件系统,这样会给 UNIX、Windows 等系统带来危险。除了系统有崩溃的可能之外,收发大量的垃圾信件还会占用大量的 CPU 时间和网络带宽。

例如,同时间内有近百人同时向某国的大型军事站点发去大量垃圾信件的话,那么这样很有可能会使这个站的邮件服务器崩溃,甚至造成整个网络中断。

从目前来说,电子邮件采用的协议确实十分不妥,在技术上也是没有任何办法防止攻击者给用户发送大量的电子邮件炸弹。只要用户的邮箱允许别人给自己发邮件,攻击者简单重复地发送邮件即可把用户的邮箱灌满。由于不能直接阻止电子邮件炸弹,我们在收到电子邮件炸弹攻击后只能做一件事,即在不影响信箱内正常邮件的前提下,把这些大量的垃圾邮件迅速清除掉。

接下来介绍一些解决方法:

(1) 向 ISP 求助。

打电话向 ISP 服务商求助,技术支持是 ISP 的服务之一,他们会帮用户清除电子邮件炸弹。

(2) 用软件清除。

用一些邮件工具软件如 PoP-It 等清除,这些软件可以登录邮件服务器,选择要删除哪些 E-mail，又要保留哪些。

(3) 借用 Outlook 的阻止发件人功能。

① 如果已经设置了用 Outlook 接收信件，先选中要删除的垃圾邮件。

② 单击邮件标签。

③ 在邮件标签下有一"阻止发件人"选项，单击该项，程序会自动阻止并删除要拒收的邮件。

(4) 用邮件程序的 email-notify 功能来过滤信件。

email-notify 不会把信件直接从主机上下载下来，只会把所有信件的头部信息(headers)送过来，它包含了信件的发送者、信件的主题等信息，用 view 功能检查头部信息，看到有来历可疑的信件，可直接下指令把它从主机 Server 端直接删除掉。万一误用一般的邮件程序抓到 mail bomb，看到在没完没了地下载时，强迫关闭程序，重新运行程序，连接到 Server，用 email-notify 把它删除掉。

(5) 自动转信。

假如用户拥有几个 E-mail 地址，其中一个存储空间很大(至少 10MB)，那么有如下的办法：在其他几个较小的 E-mail 目录中都新建一个 .forward 文件(UNIX 系统)，把存储空间最大的那个 E-mail 地址如下填写：bigmailaddress@xxxx.xxxx.xxxx.xxxx。这样所有的信件都会自动转寄到那个大信箱，有用的信件也就不那么容易被"炸毁"了。

另外，用户还可以申请一个转信信箱，因为只有它是不怕炸的，根本不会影响到转信的目标信箱。其次，在使用的 E-mail 程序中设置限制邮件大小和垃圾文件的项目，如果发现有很大的信件在服务器上，可用一些登录服务器的程序(如 BECKY)直接删除。

作为一种新型的电子邮件传输协议和 Internet 应用新工具，IMAP 较新且功能强大、复杂性高，所以这方面的软件还比较少，全面的商业应用还有待时日。目前已经上市的产品主要有 Netscape 公司的新一代 IMAP 邮件服务器、Sunsoft 公司的 IMAP 服务器和客户机、ICL/Team Ware 公司的因特网 IMAP 信息服务器、ControlData 公司的 MailHub 服务器、NetManage 公司的 Z-MailPro 和 Software 公司的信息服务器。

13.3　电子邮件的 4 种安全技术

电子邮件在传输中使用的是 SMTP，它不提供加密服务，攻击者可在邮件传输中截获数据，其中的文本格式、非文本格式的二进制数据(如 .exe 文件)都可轻松地被还原。经常收到的邮件可能是一封冒充的、带着病毒或其他欺骗性的邮件，另外，电子邮件误发给陌生人或不希望发给的人也是电子邮件的不加密性客观带来的信息泄露。

安全电子邮件能解决邮件的加密传输问题、验证发送者的身份问题、错发用户的收件无效问题。保证电子邮件的安全常用到两种端到端的安全技术：PGP 和 S/MIME(Secure MultiPurpose Internet Mail Extension，安全的多功能 Internet 电子邮件扩展)。它们的主要功能就是身份的认证和传输数据的加密。

另外，还有 MOSS、PEM 等都是电子邮件的安全传输标准。

13.3.1　PGP

　　PGP(Pretty Good Privacy,更好地保护隐私)是一个基于公开密钥加密算法的应用程序。可以用它对邮件保密以防止非授权者阅读,它还能对邮件加上数字签名,从而使收信人可以确认邮件的发送者,并能确信邮件没有被篡改。它可以提供一种安全的通信方式,而事先并不需要任何保密的渠道来传递密钥。该程序的创造性在于把 RSA 公钥体制的方便性和传统加密体系的高速度结合起来,并在数字签名和密钥认证管理机制上有巧妙的设计。在此之后,PGP 成为自由软件,经过许多人的修改和完善逐渐成熟。PGP 的界面如图 13.1所示。

图 13.1　PGP 界面

　　PGP 相对于其他邮件安全系统有以下几个特点:
　　(1) 加密速度快。
　　(2) 可移植性出色,可以在 DOS、Mac-OS、OS/2 和 UNIX 等操作系统以及 Intel 80x86、VAX、MC68020 等多种硬件体系下成功运行。
　　(3) 源代码是免费的,可以削减系统预算。
　　用户可以使用 PGP 在不安全的通信链路上创建安全的消息和通信。PGP 协议已经成为公钥加密技术和全球范围消息安全性的事实标准。因为所有人都能看到它的源代码,使系统的安全故障和安全性漏洞更容易被发现和修正。
　　PGP 加密算法是 Internet 上最广泛的一种基于公开密钥的混合加密算法,它的产生与其他加密算法是分不开的。以往的加密算法各有自己的长处,也存在一定的缺点。PGP 加密算法综合了它们的长处,避免了一些弊端,在安全和性能上都有了长足的进步。

PGP 加密算法包括如下四个方面:

(1) 单钥加密算法(IDEA)。IDEA(International Data Encryption Algorithm,国际数据加密算法)是 PGP 加密文件时使用的算法。发送者需要传送消息时,使用该算法加密获得密文,而加密使用的密钥将由随机数产生器产生。

(2) 公钥加密算法(RSA)。公钥加密算法用于生成用户的私人密钥和公开密钥、加密/签名文件。

(3) 单向散列算法(MD5)。为了提高消息发送的机密性,在 PGP 中,MD5 用于单向变换用户口令和对信息签名,以保证信件内容无法被修改。

(4) 随机数产生器。PGP 使用两个伪随机数发生器,一个是 ANSI X9.17 发生器,另一个是从用户击键的时间和序列中计算熵值从而引入随机性。主要用于产生对称加密算法中的密钥。

13.3.2　S/MIME

Internet 电子邮件由一个邮件头和一个可选的邮件主体组成,其中邮件头含有邮件的发送方和接收方的有关信息。对于邮件主体,特别重要的是,IETF 在 RFC 2045～RFC 2049 中定义的 MIME 规定,邮件主体除了 ASCII 字符类型之外,还可以包含各种数据类型。用户可以使用 MIME 增加非文本对象,比如把图像、音频、格式化的文本或微软的 Word 文件加到邮件主体中去。MIME 中的数据类型一般是复合型的,也称为复合数据。由于允许复合数据,用户可以把不同类型的数据嵌入到同一个邮件主体中。在包含复合数据的邮件主体中设有边界标志,它标明每种类型数据的开始和结束。

S/MIME 是由 RSA 公司于 1995 年提出的电子邮件安全协议,与较为传统的 PEM 不同,由于其内部采用了 MIME 的消息格式,因此不仅能发送文本,还可以携带各种附加文档,如包含国际字符集、HTML、音频、语音邮件、图像、多媒体等不同类型的数据内容,目前大多数电子邮件产品都包含了对 S/MIME 的内部支持。S/MIME 只保护邮件的邮件主体,对头部信息则不进行加密,以便让邮件成功地在发送者和接收者的网关之间传递。它可以把 MIME 实体(比如数字签名和加密信息等)封装成安全对象。RFC 2634 定义了增强的安全服务,例如具有接收方确认签收的功能,这样就可以确保接收者不能否认已经收到过的邮件。S/MIME 增加了新的 MIME 数据类型,用于提供数据保密、完整性保护、认证和鉴定服务等功能,这些数据类型包括“应用/pkcs7-MIME(application/pkcs7-MIME)”、“复合/已签名(multipart/signed)”和“应用/pkcs7-签名(application/pkcs7-signature)”等。如果邮件包含了上述 MIME 复合数据,邮件中将带有有关的 MIME 附件。在邮件的客户机,接收者在阅读邮件之前,S/MIME 应用处理这些附件。

S/MIME 同 PGP 一样,利用单向散列算法和公钥与对称密钥的加密体系。但是 S/MIME 也有两方面与 PGP 不同:一是 S/MIME 的认证机制依赖于层次结构的证书认证机构,所有下一级的组织和个人的证书由上一级的组织负责认证,而最上一级的组织(根证书)之间相互认证;二是 S/MIME 将信件内容加密签名后作为特殊的附件传送。

13.3.3　PEM 协议

PEM(Privacy Enhanced Mail,保密增强邮件)是由 IRTF 安全研究小组设计的邮件保密与增强规范,它的实现基于 PKI 公钥基础结构并遵循 X.509 认证协议。PEM 提供了数据加密、鉴别、消息完整性及密钥管理等功能,允许使用公开密钥和专用密钥的加密方式,并能够支持多种加密工具。

对于每个电子邮件报文,可以在报文头中规定特定的加密算法、数字鉴别算法、散列功能等安全措施,但它是通过 Internet 传输安全性商务邮件的非正式标准,有可能被 S/MIME 和 PEM-MIME 规范所取代。目前基于 PEM 的具体实现有 TIS/PEM、RIPEM 和 MSP 等多种软件模型。

1. PEM 的加密过程

PEM 的加密过程通常包括如下四个步骤:

(1) 报文生成。一般使用用户常用的格式。

(2) 规范化。转换成 SMTP 的内部表示形式。

(3) 加密。执行选用的密码算法。

(4) 编码。对加密后的报文进行编码以便传输。

2. PEM 的现状

Internet 业界采纳 PEM 的步子还是太慢,一个主要的原因是 PEM 依赖于一个既存的、完全可操作的 PKI(公钥基础结构)。PEM PKI 是按层次组织的,由下述三个层次构成:

(1) 顶层为 Internet 安全政策登记机构(IPRA)。

(2) 次层为安全政策证书颁发机构(PCA)。

(3) 底层为证书颁发机构(CA)。

建立符合 PEM 规范的 PKI 是一个长时间的过程,因为它需要多方在共同点上达成信任。PGP 符合 PEM 的绝大多数规范,但不必要求建立 PKI。相反,它采用了分布式的信任模型,即由每个用户自己决定该信任哪些其他用户。因此,PGP 不是去推广一个全局的 PKI,而是让用户自己建立自己的信任网。这就产生一个问题,就是分布式的信任模型下,密钥废除了怎么办。因此,PEM 的广泛采用还是一个漫长的过程。

13.3.4　MOSS 协议

MOSS(MIME 对象安全服务)是结合 PEM 和 MIME 两者的特性的一种电子邮件安全技术。MOSS 对算法没有特别的要求,它可以使用许多不同的算法,该标准没有推荐特定的算法。

MOSS 是专门设计用来保密一条信息的全部 MIME 结构的,并没有被广泛地使用。

下面从几个方面对 MOSS 和 PEM 进行比较。

1. 算法

PEM 确定使用的算法包括 RSA、DES 和 MD5。MOSS 对算法没有特别的要求,它可以使用许多不同的算法,该标准没有推荐特定的算法。

2. 信息格式

PEM 选择了一个只能够保密文本信息的非常简单的信息格式,部分原因是因为 MIME 标准当时还并不完善。MOSS 是专门设计用来保密一条信息的全部 MIME 结构的。清洁签名 MIME E-mail 被广泛地采用。

3. 认证格式

PEM 采用一种简单的认证方法并使用 X.509 v1 标准。由于前述原因,它有时会出现一些问题。MOSS 为认证选择了一种更通用的方法,它既支持自己的非常简单的格式,也支持 X.509。

4. 信任管理

PEM 标准确定了一个简单而又严格的全球认证分级。所有的 CA,不管是公共的、私人的、商业的还是其他的 CA 都是这个分级中的一部分。这种做法会产生许多问题,由于根认证是由单一的机构进行的,但并不是所有的组织都信任这个认证机构。这个机构太严格了,它试图在认证机构分级而不是认证本身中实施认证,因而缺乏足够的灵活性。

总而言之,MOSS 和 PEM 都是没有被广泛实现的标准。它们的出现都是 ITEF 努力推动的结果。

习 题 13

简答题

1. 目前的电子邮件面临的威胁有哪些?
2. 从工具、形式及机制三方面如何捍卫电子邮件安全?
3. 垃圾邮件有哪些危害?
4. 在日常工作中所接触到的电子邮件安全技术都有哪些?

附录 实 验

实验 1 数据的加密与解密

1. 实验目的

通过对 DES 和 RSA 的使用和开发,加深对数据加密算法的理解,掌握对称加密和非对称加密体制的框架,提高对加密和解密原理的认识,学会使用加密和解密软件。

2. 实验原理

密码体制是指实现加密和解密功能的密码方案,从密钥使用策略上,可分为对称密码体制和非对称密码体制两类。非对称密码体制也被称做公钥密码体制。它们的主要差别在于解密时所用的解密密钥能否由加密时采用的加密密钥推导出来。在 DES 加密过程中采用的是一系列古典加密的算法中的置换、异或加密、代替等方法经过 16 轮变换后得到加密的结果,解密的过程是加密的逆过程。

RSA 是一种经典的反对称加密算法,它的加密过程涉及大数的素数分解运算。到目前为止,还没有找到一种有效的方法,能够在短时间内将一个给定的大数分解成两个素数的乘积。因而可以利用这种数学难题设计出解密密钥和加密密钥,而且很难从解密密钥推出加密密钥。这个算法的优势在于其安全性得到了数学上 NP 问题的保证,具有一定的数学基础。与传统的对称密码算法相比,RSA 具有两个明显的优势,首先它为实现数字签名和认证提供了手段,而 DES 无法实现这一功能;另一方面,在一个具有 N 个节点的网络中,DES 算法进行数据加密时,需要使用 $N(N-1)/2$ 对密钥,而用 RSA 算法进行加密时,只需要 N 对密钥,从而大大减轻了密钥分配和管理的工作量。

3. 实验环境

一台安装 Windows 2000/XP 的 PC,Visual C++或 Win-TC 开发环境。

4. 实验内容和步骤

(1) 从服务器下载 DES 示例程序并执行,输入明文、密钥、密文进行加密和解密,可以观察采用不同的密钥进行加密和解密后的结果情况,如图 A.1 所示,并对实现的代码进行修改完善。

(2) 从服务器下载 RSA 示例程序并执行,通过生成随机数、寻找素数、最后形成密钥对,可以实现对明文和密文的加密和解密,如图 A.2 所示,比较对称加密和非对称加密在密钥上的差别,以及解密的安全性。并修改和完善 RSA 源程序,进行 C 平台上的算法移植,用 C 语言开发一个 RSA 加密/解密演示系统。

从这个实验可以看出,DES 对于大规模的数据加密速度明显快于 RSA,但从安全上来讲,RSA 的安全性会优于 DES。

图 A.1　DES 加密/解密示例程序

图 A.2　RSA 加密解密示例

实验 2 使用 L0phtCrack 破解 Windows 2000 密码

1. 实验目的

通过密码破解工具的使用,了解账号口令的安全性,掌握安全口令的设置原则,以保护账号口令的安全。

2. 实验原理

口令密码应该说是用户最重要的一道防护门,如果密码被破解了,那么用户的信息将很容易被窃取,所以密码安全是尤其需要关注的内容。随着网络黑客攻击技术的增强和攻击方式的改变,许多口令都可能被攻击和破解,这就要求用户提高对口令安全的认识。这个实验中介绍了口令破解的原理和工具的使用,可以用工具来测试用户密码的强度和安全性,以使用户选择更为安全的口令。

一般入侵者常常采用下面几种方法获取用户的密码口令,包括弱口令扫描、Sniffer 密码嗅探、暴力破解、社会工程学(即通过欺诈手段获取)以及木马程序或键盘记录程序等手段。

有关系统用户账号密码口令的破解主要是基于密码匹配的破解方法,最基本的方法有两个,即穷举法和字典法。穷举法是效率最低的方法,将字符或数字按照穷举的规则生成口令字符串,进行遍历尝试。在口令密码稍微复杂的情况下,穷举法的破解速度很慢。字典法相对来说效率较高,它用口令字典中事先定义的常用字符串去尝试匹配口令。口令字典是一个很大的文本文件,可以通过自己编辑或者由字典工具生成,里面包含了单词或者数字的组合。如果你的密码就是一个单词或者是简单的数字组合,那么破解者就可以很轻易地破解密码。

3. 实验环境

两台安装 Windows 2000/XP 的 PC,在其中一台上安装 L0phtCrack5 软件、UDP Flood 软件、CC 攻击软件和花刺代理软件。将两台 PC 通过集线器相连,组成一个局域网。

4. 实验内容和步骤

1) 任务一:使用 L0phtCrack5 破解密码

L0phtCrack5(LC5)是 L0phtCrack 组织开发的 Windows 平台口令审核程序的最新版本,它提供了审核 Windows 用户账号的功能,以提高系统的安全性。另外,LC5 也被一些非法入侵者用来破解 Windows 用户口令,给用户的网络安全造成很大的威胁。所以,了解 LC5 的使用方法,可以避免使用不安全的密码,从而提高用户本身系统的安全性。

在 Windows 操作系统中,用户账户的安全管理使用了安全账号管理器 SAM 的机制,用户和口令经过加密 Hash 变换后以 Hash 列表形式存放在％SystemRoot％\System32 下的 SAM 文件中。LC5 主要通过破解这个 SAM 文件来获取用户名和密码。LC 可以从本地系统、其他文件系统、系统备份中获取 SAM 文件,从而破解用户口令。

事先在主机内建立用户名 test,密码分别陆续设置为空密码、123123、security、security123 进行测试(要求以自己姓名的全拼建立账户,并尝试设置不同复杂度的密码完成实验。截出 4 个不同的结果图)。

启动 LC5,弹出 LC5 主界面如图 A.3 所示。

图 A.3　LC5 主界面

选择"文件"→"LC5 向导"命令,如图 A.4 所示。

图 A.4　打开"文件"菜单

接着弹出"LC5 向导"对话框,如图 A.5 所示,单击"下一步"按钮,弹出"取得加密口令"对话框,如图 A.6 所示。

如果破解本机口令且具有管理员权限,则选择"从本地机器导入"单选按钮;如果已经侵入远程的一台主机且具有管理员权限,则选择"从远程电脑导入"单选按钮;如果获得了一台主机的紧急修复盘,则可以破解紧急修复盘中的 SAM 文件;LC5 还提供在网络中探测加密口令的选项。本实验选择"从本地机器导入"单选按钮,然后单击"下一步"按钮,弹出如图 A.7 所示的对话框。由于设置的是空口令,因此按界面上的"选择"按钮即可破解口令。单击"下一步"按钮,弹出如图 A.8 所示的对话框。

图 A.5　"LC5 向导"对话框

图 A.6　"取得加密口令"对话框

图 A.7　"选择报告风格"对话框

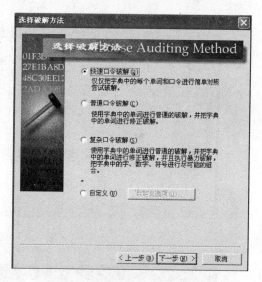

图 A.8　"选择破解方法"对话框

单击"下一步"按钮,弹出如图 A.9 所示对话框。

单击"完成"按钮,软件就开始破解账号密码,破解结果如图 A.10 所示。

可以看到,用户 test 的密码为空,软件很快就被破解出来了。

把 test 用户的密码改为 123123,再次测试,由于口令不是太复杂,还是选择"快速口令破解",破解结果如图 A.11 所示。

将主机密码设置得复杂一些,选择某个英文单词,比如 security,再次测试,破解方法选择"普通口令破解",破解结果如图 A.12 所示。

可以看到,密码 security 破解时间稍微有点长而已。

将密码设置更加复杂一些,改为 security123,测试结果如图 A.13 所示。

图 A.9　"开始破解"对话框

图 A.10　破解过程界面

图 A.11　破解结果界面一

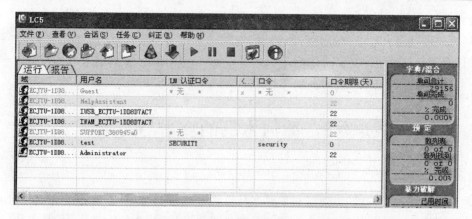

图 A.12 破解结果界面二

图 A.13 破解结果界面三

还可以设置更加复杂的口令,采用更加复杂的自定义口令破解模式,设置界面如图 A.14 所示。

在如图 A.14 所示的"自定义破解选项"对话框中,有以下 4 种选项:

(1) 使用"字典攻击"破解口令,"字典列表"中的字典文件可以是 LC5 自带简单的字典文件,也可以是自己创建或者利用字典工具生成字典文件。

(2) 使用"混合字典"破解口令,把单词、数字或符号进行混合组合破解。

(3) 使用"预定散列"破解口令,利用预先生成的口令散列值和 SAM 中的散列值进行匹配,这种方法由于不用在线计算 Hash 函数,所以速度很快。

(4) 使用"暴力破解"破解口令,"字符设置"下拉列表框中可以选择"字母+数字"、"字母+数字+普通符号"、"字母+数字+全部符号"等选项,这样从理论上采用暴力方法遍历所有字符组合而把大部分密码组合而破解出来,只是破解时间可能很长。

图 A.14 "自定义破解选项"对话框

2）任务二：掌握安全的密码设置策略

暴力破解理论上可以破解任何密码，但如果密码过于复杂，暴力破解需要的时间会很长，在这段较长的时间内增加了用户发现入侵和破解行为的机会，可以采取某种措施来阻止破解，所以密码越复杂越好。请总结整理增强密码口令安全性的方法和策略。

实验 3　冰河木马的攻击与防范

1. 实验目的

通过对冰河木马的练习，理解和掌握木马传播和运行的机制，通过手动删除木马，掌握检查木马和删除木马的技巧，学会防御木马的相关知识，加深对木马的安全防范意识。

2. 实验原理

木马全称为特洛伊木马，源自古希腊神话。木马是隐藏在正常程序中的具有特殊功能的恶意代码，是具备破坏、删除和修改文件、发送密码、记录键盘、实施 DoS 攻击甚至完全控制计算机等特殊功能的后门程序。它隐藏在目标计算机里，可以随计算机自动启动并在某一端口监听来自控制端的控制信息。木马的实质是一个通过端口进行通信的网络客户机/服务器端程序。受害者使用的是服务器端冰河，而控制者使用的是客户机。

冰河木马是国内一款非常有名的木马，功能非常强大。"冰河"一般是由两个文件组成：G_Client 和 G_Server，其中 G_Server 是木马的服务器端，就是用来植入目标主机的程序；G_Client 是木马的客户机，就是木马的控制端。打开控制端 G_Client，弹出"冰河"的主界面，如图 A.15 所示。

图 A.15　冰河主界面

图 A.15 中的快捷工具栏从左至右简介如下：

（1）添加主机：将被监控端 IP 地址添加至主机列表，同时设置好访问口令及端口，设置将保存在 Operate.ini 文件中，以后不必重输。如果需要修改设置，可以重新添加该主机，或在主界面工具栏内重新输入访问口令及端口并保存设置。

（2）删除主机：将被监控端 IP 地址从主机列表中删除。

（3）自动搜索：搜索指定子网内安装有冰河的计算机。

（4）查看屏幕：查看被监控端屏幕。

（5）屏幕控制：远程模拟鼠标及键盘输入。

（6）"冰河"信使：点对点聊天室。

（7）升级 1.2 版本：通过"冰河"来升级远程 1.2 版本的服务器程序。

（8）修改远程配置：在线修改访问口令、监听端口等服务器程序设置，不需要重新上传整个文件，修改后立即生效。

（9）配置本地服务器程序：在安装前对 G_Server 程序进行配置。

3. 实验环境

有两台安装 Windows 2000/XP 的 PC,在其中一台 PC 上安装 G_Server 程序,在另外一台 PC 上安装 G_Client 程序。将两台 PC 通过集线器相连,组成一个局域网。

4. 实验内容和步骤

下面介绍使用"冰河"对远程计算机进行控制。

在一台目标主机上植入木马,在此主机上运行 G_Server 作为服务器端,在另一台主机上运行 G_Client 作为控制端。植入木马后的目标主机可看到 7626 端口开放,如图 A.16 所示,这是冰河木马的默认使用端口。

图 A.16 冰河的默认端口

打开控制端程序,单击"添加主机"按钮,弹出如图 A.17 所示的对话框。

图 A.17 冰河控制端添加主机

(1) 显示名称:填入显示在主界面的名称。

(2) 主机地址:填入服务器端主机的 IP 地址。

(3) 访问口令:填入每次访问主机的密码,"空"即可。

(4) 监听端口:"冰河"默认的监听端口是 7626,控制端可以修改它以绕过防火墙。

单击"确定"按钮,即可以看到主界面上添加了 wan 的主机,如图 A.18 所示。

单击 wan 主机名,如果连接成功,则会显示服务器端主机上的盘符,如图 A.19 所示。

这时就可以像操作自己的计算机一样操作远程目标计算机。

图 A.18   添加主机后的界面

图 A.19   连接成功界面

"冰河"的大部分功能都在"命令控制台"实现。选择"命令控制台"选项卡,弹出如图 A.20 所示的命令控制台界面。

可以看到命令控制台分为"口令类命令"、"控制类命令"、"网络类命令"、"文件类命令"、"注册表读写"和"设置类命令"。下面介绍几个命令的使用方法。

(1) 口令类命令。展开"口令类命令",如图 A.21 所示。

① 系统信息及口令:可以查看远程主机的系统信息,开机口令、缓存口令等,如图 A.22 所示。单击"系统信息"按钮,可以看到远程主机的 Windows 版本、当前用户、物理内存空间等,还可以看到其他详细的远程主机信息,这就无异于远程主机彻底暴露在攻击者面前。

图 A. 20 控制台界面

图 A. 21 口令类命令

图 A. 22 系统信息及口令

② 历史口令：可以查看远程主机以往使用的口令。

③ 击键记录：启动键盘记录后，可以记录远程用户击键记录，以此可以分析出远程主机的各种账号和口令或各种秘密信息。

（2）控制类命令。展开"控制类命令"，如图 A.23 所示。

图 A.23　控制类命令

① 捕获屏幕：可以使控制端使用者查看远程主机的屏幕，好像远程主机就在自己面前一样，这样更有利于窃取各种信息。单击"查看屏幕"按钮，可以弹出远程主机的屏幕，如图 A.24 所示。可以看到，远程主机屏幕上的内容就显示在本机上了，显示内容不是动态的，而是每隔一段时间传来一幅。

图 A.24　查看屏幕结果

② 发送信息：可以使控制端使用者向远程计算机发送 Windows 标准的各种信息。

③ 进程管理：可以使控制端使用者查看远程主机上的所有进程，如图 A.25 所示，可以查看远程主机上存在的进程，也可以终止某个进程。

图 A.25　进程管理

④ 窗口管理：可以使远程主机上的窗口进行刷新、最大化、最小化、激活、隐藏等。

⑤ 系统控制：可以使远程主机进行关机、重启、重新加载"冰河"、自动卸载"冰河"操作。

⑥ 鼠标控制：可以使远程主机上的鼠标锁定在某个范围内。

⑦ 其他控制：可以使远程主机进行自动拨号禁止、桌面隐藏、注册表锁定等操作。

（3）网络类命令。展开"网络类命令"，如图 A.26 所示。

图 A.26　网络类命令

① 创建共享：在远程主机上创建自己的共享。

② 删除共享：在远程主机上删除某个特定的共享。

③ 网络信息：查看远程主机上的共享信息。

（4）文件类命令。展开"文件类命令"，"文本浏览"、"文件查找"、"文件压缩"、"文件删除"、"文件打开"等菜单可以查看、查找、压缩、删除、打开远程主机上的某个文件。"目录增删"、"目录复制"可以增加、删除、复制远程主机上的某个目录，如图 A.27 所示。

图 A.27　文件类命令

（5）注册表读写。展开"注册表读写"，注册表读写提供了"键值读取"、"键值写入"、"键值重命名"、"主键浏览"、"主键增删"、"主键复制"、"主键重命名"的功能，如图 A.28（a）所示。

(a)　　　　　　　　(b)

图 A.28　"注册表读写"和

"设置类命令"选项

（6）设置类命令。展开"设置类命令"，设置类命令提供了"更换墙纸"、"更改计算机名"、"服务器端配置"的功能，如图 A.28（b）所示。

通过命令控制台，基本上可以完全控制一台远程主机，查看或寻找想要的任何信息，所以说木马的危害是极其大的。

实验 4　使用 John the Ripper 破解 Linux 密码

1. 实验目的

通过使用 John the Ripper 工具对 Linux 密码的破解，了解 Linux 的安全性。安装配置 John the Ripper，并掌握其用法和参数意义。

2. 实验原理

John the Ripper 是一个工具软件，用于在已知密文的情况下尝试破解出明文的破解密

码软件。目前的最新版本是 John the Ripper 1.79,主要支持对 DES、MD5 两种加密方式的
密文进行破解工作。它可以工作于多种不同的计算机机型以及多种不同的操作系统之下,
目前已经测试过能够正常运行的操作系统有 UNIX、Linux x86、FreeBSD x86、Solaris 2.x
SPARC、OSF/1 Alpha、DOS、Windows NT 等。如果想了解该软件的最新动态,可以访问
网址 http://www.false.com/security/john。

作为一个开源的操作系统,Linux 已经具有很好的安全性和稳定性。在 Linux 中,密码
是常用的一种安全保护措施,如果密码设置不够合理,很容易受到蛮力破解等攻击。

3. 实验步骤

(1) 以 root 身份登录到 Linux。

(2) 使用 useradd、passwd 命令创建如下的用户,如图 A.29 所示,对应的用户名和密
码为:

① 用户名 wordsworth,密码为 prelude。

② 用户名 blake,密码为 jerusalem。

③ 用户名 keats,密码为 ode。

```
root@redhat73:/home/alice/john-1.6
[root@redhat73 john-1.6]# useradd wordsworth
[root@redhat73 john-1.6]# passwd wordsworth
Changing password for user wordsworth.
New password:
BAD PASSWORD: it is based on a dictionary word
Retype new password:
passwd: all authentication tokens updated successfully.
[root@redhat73 john-1.6]# useradd blake
[root@redhat73 john-1.6]# passwd blake
Changing password for user blake.
New password:
BAD PASSWORD: it is based on a dictionary word
Retype new password:
passwd: all authentication tokens updated successfully.
[root@redhat73 john-1.6]# useradd keats
[root@redhat73 john-1.6]# passwd keats
Changing password for user keats.
New password:
BAD PASSWORD: it's WAY too short
```

图 A.29　创建用户名和密码

(3) 创建简单的密码字典文件 crackfile,命令如下:

```
touch crackfile
```

(4) 使用 vi 命令编辑上述文件,文件内容为步骤(2)中的各个密码(注意区分字母的大
小写),文件内容最后再输入 root 用户的密码 111111。

(5) 获得 John the Ripper 源文件。

(6) 解开所得到的压缩文件包,得到 john-1.6 文件夹。

```
host # tar - zxvf john - 1_6_tar.gz
```

(7) 进入 john-1.6 下的 src 目录,用 make 命令,将输出结果保存到 type 文件中。

```
cd /john - 1.6/src/
host # make>type
```

(8) 使用 vi 命令查看 type 文件的内容,如图 A.30 所示。

图 A.30　type 文件的内容

（9）编译源文件，如图 A.31 所示。

```
make linux – x86 – any – elf
```

图 A.31　编译源文件

（10）进入/john-1.6/run/目录，运行以下命令开始破解 Linux 的密码，应用程序应该能够很快获得在前面创建的密码，如图 A.32 所示。

```
host# ./john – wordfile:crackfile /etc/shadow
```

图 A.32　字典破解

（11）输入以下命令进行穷举破解，应用程序将显示出破解的密码列表，如图 A.33 所示。

host # ./john /etc/shadow - show

图 A.33　穷举方式破解

（12）使用以下命令让 John the Ripper 进行蛮力破解，如图 A.34 所示。

host # ./john /etc/shadow

图 A.34　蛮力破解

（13）一段时间以后，按 Ctrl+C 键终止程序运行，可以看出 John the Ripper 既可以用来进行字典破解，也可以用来进行穷举破解。

实验 5　个人防火墙配置

1. 实验目的

通过对常见的天网防火墙的配置过程，学会防火墙软件的一般使用，掌握防火墙 IP 规则设置原理和方法，掌握防火墙应用程序规则设置原理和方法。

2. 实验目的

防火墙的配置对于计算机系统安全是十分重要的，一个配置不好的防火墙比没有防火墙更糟糕。对于普通用户来说，天网个人防火墙软件是常用的一个防火墙软件，在该防火墙中,IP 规则的设置、应用程序规则的设置对于增强系统抗攻击能力十分重要。在该防火墙中,可以很方便地设置对不同 IP 地址、应用程序的访问策略。

3. 实验环境

Pentium Ⅲ 以上 CPU,128MB 以上内存,10GB 以上硬盘,安装 Windows 98 以上的操作系统,局域网或 Internet 环境,天网防火墙个人版软件。

4. 实验内容和步骤

安装并运行天网防火墙个人版软件。启动后,天网防火墙的界面如 A.35 所示。

图 A.35 天网防火墙界面

1) 系统设置

单击"系统设置"按钮,弹出对话框如图 A.36 所示。选择"基本设置"选项卡,可以选中"开机后自动启动防火墙"复选框,保证每次开机后自动运行天网防火墙软件。也可以在这个界面上通过单击"向导"启动设置向导进行基本设置。在这个设置界面上,还可以选中"自动保存日志"复选框,并设置日志保存位置。在默认情况下,日志记录保存在 SkyNet/FireWall/log 文件夹下。

2) IP 规则设置

单击"IP 规则管理"按钮,弹出界面如图 A.37 所示。在 IP 规则设置操作界面的"自定义IP 规则"工具栏中单击"增加规则"按钮,在"增加 IP 规则"窗口中输入规则"名称",如"冰河",输入规则"说明",如"木马","数据包方向"选择"接收","对方的 IP 地址"选择"任何地址",在"数据包的协议类型"选择 UDP,在"本地端口"输入端口范围,如从 7626 到 7626,在"满足上面的条件时"下面选择"拦截",最后单击"确定"按钮。这样该数据包就无法进入计算机了。

图 A.36 基本设置

图 A.37 自定义 IP 规则

有如下几点说明：

（1）IP 规则是针对整个系统的网络层数据包监控而设置的。利用自定义 IP 规则，用户可针对个人不同的网络状态，设置自己的 IP 安全规则，使防御手段更全面、更实用。一般防火墙都设置了缺省 IP 规则，当用鼠标选中天网防火墙一个规则时，会在窗口的最下方显示该规则的解释说明。一般用户不需要做任何 IP 规则修改，就可以直接使用。

（2）防火墙的规则检查顺序与规则列表顺序是一致的，即规则判断是由上到下执行的，如"禁止所有人连接 UDP 端口"规则可以防止所有的机器和自己连接。这是一条非常严厉的规则，有可能会影响使用某些软件。如果需要向外面公开特定端口，可在"禁止所有人连接 UDP 端口"规则前添加使特定端口数据包可通行的规则。

（3）防火墙可以修改、删除 IP 规则，也可以通过"上移"或"下移"按钮调整规则的顺序（只有相同协议的规则才可以调整相互顺序），还可以"导出"和"导入"已预设和已保存的规则。

3）应用程序规则设置

单击"应用程序规则"按钮，打开应用程序规则设置界面如图 A.38 所示。在应用程序规则操作界面的"应用程序访问网络权限设置"工具栏中，单击"增加规则"按钮，然后在"增加应用程序规则"窗口单击"浏览"按钮，选择要添加的应用程序名，如 G_Client.exe，在"该应用程序可以"选项的下面设定该应用程序可以做的动作，如选中用于各种客户机软件的"通过 TCP 协议发送消息"等，用于服务器端程序的"通过 UDP 协议发送消息"等，最后指定"TCP 协议可访问端口"，如选择"端口范围"，则可以设置 80 到 80，然后在"不符合上面条件时"选"禁止操作"，最后单击"确定"按钮。这样应用程序规则就设好了。

图 A.38　应用程序规则设置

有如下几点说明：

（1）定义应用程序规则就是设置应用程序访问网络的权限，控制应用程序发送和接收数据传输包的类型、通信端口，并且决定拦截还是通过，便于发现系统中的木马和后门软件。防火墙可以修改、删除应用程序规则设置，还可以"导出"和"导入"已预设和已保存的应用程序规则。

（2）修改应用程序规则时，可以选中应用程序规则列表右边的"选项"按钮，打开该"应用程序规则高级设置"操作界面，可以对该应用程序规则进行修改。

对某个应用程序做对应的规则设置，最后查看设置以后应用程序访问外部和从外部攻击设置了天网防火墙的主机拦截效果。

5. 实验说明

本实验重点是对规则的设置,做实验时建议学生看一下天网防火墙的帮助说明,对天网防火墙所提供的功能都试做一下。学生可以自由组合,使用一些常用黑客攻击软件相互攻击,通过修改已有规则,比较防火墙拦截效果。建议实验课时为 2 个学时。

实验 6　入侵检测软件设置

1. 实验目的

了解入侵检测软件的设置方法和入侵检测软件的功能。

2. 实验目的

BlackICE 是一个使用相对简单的入侵检测工具,有单机版和服务器版两种。可以根据实验环境,选用 netwatch 2.1 和 snort 2.0 入侵检测工具,netwatch 2.1 提供更具体的配置条件,snort 2.0 的详细使用方法可以参考国防工业出版社出版的《Snort 2.0 入侵检测》一书。建议本实验课时为 2 学时。

3. 实验环境

Pentium Ⅲ 以上 CPU,128MB 以上内存,10GB 以上硬盘,安装 Windows 98 以上操作系统,入侵检测软件 BlackICE 3.6。

4. 实验内容和步骤

1) 查看攻击事件

BlackICE 界面如图 A.39 所示,选择 Events 选项卡,在事件列表中会列出当前网络上黑客或来历不明者攻击计算机事件,其中,Time 列显示黑客攻击的具体时间,Event 列显示攻击类型,Intruder 列显示攻击者的名称,Count 列显示黑客攻击次数。

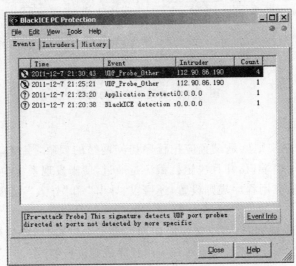

图 A.39　BlackICE 界面

选择 Intruders 选项卡可以查看攻击者的具体信息。

选择 History 选项卡,查看到目前总共被攻击的次数以及当前状态下网络的信息流量状况。

通过 Interval 可以选择系统监测的时间周期。

2）设置安全等级

单击 Tools 菜单,选中 Edit BlackICE Settings,在 Firewall 标签下的 Protection Level 中有 4 个安全选项:

（1）Cautious 选项表示能自动过滤未经本机授权的打包信息;

（2）Paranoid 选项表示将所有未授权的信息包都过滤掉,该选项是安全等级最高的;

（3）Nervous 选项表示将绝大部分未授权的信息包都过滤掉,该选项是安全等级次高的;

（4）Trusting 选项表示将放行所有的未授权的信息包,该选项往往是最不安全的。

3）存储日志

在 Packet log 选项卡下可以对系统信息进行跟踪记录,将本机目前被攻击的信息以日志的形式存储起来。方法是:选中 Logging Enabled,在 File 中输入日志文件名,然后在 Maximum Size 中输入日志文件大小,在 Maximum Number of Files 中输入最多可以存储的文件数目,最后单击“确定”按钮。

4）过滤事件

在 View 菜单项下,选择 Filter by Event Severity 选项,然后可以选择过滤事件类型,如危险（Critical）事件、可疑（Suspicious）事件等,减少程序处理的信息量。

5）指定应用程序在计算机中运行

单击 Tools 菜单,选中 Edit BlackICE Settings,在该界面下单击 Application Control,这里就可以对本机未知应用程序运行进行警告或终止。

6）控制外部通信

单击 Tools 菜单,选中 Edit BlackICE Settings,在该界面下单击 Communications Control,这里可以对外部未知应用程序连接和访问进行警告或终止。

7）跟踪黑客的线索

单击 Tools 菜单,选中 Edit BlackICE Settings,单击 Back Trace,就可以设置跟踪黑客的线索数,如直接跟踪线索数为 80,间接跟踪的线索数为 30。

8）信任另一台计算机

单击 Tools 菜单,选中 Edit BlackICE Settings,单击 Intrusion Detection 标签,选中 Add 按钮,然后输入信任的计算机 IP 地址进行添加就可以了。

9）停止应用程序运行

单击 Tools 菜单,选中 Advanced Application Protection Settings,单击 Known Applications,在显示应用程序名窗口中,选中要停止的应用程序,然后在 Application Control 列下单击“▼”图标,选择 Terminate→Save Changes→File,最后单击 Exit 按钮退出。

5. 实验说明

本实验重点是对入侵程序规则的设置,做实验时建议学生看一下 BlackICE 的帮助说明,对 BlackICE 提供所有的功能都尝试一下。学生可以自由组合,使用一些常用黑客攻击软件相互攻击,通过修改已有规则,比较入侵检测的效果。建议实验课时为 2 学时。

实验 7　Windows 2000/XP/2003 安全设置

1. 实验目的

强化操作系统安全意识,了解 Windows 2000/XP/2003 的安全保护措施,掌握操作系统中安全概念,学会使用 Windows 2000/XP/2003 常用安全设置方法。

2. 实验目的

本实验内容可以在 Windows 2000、Windows XP 或 Windows 2003 中任意一个操作系统下进行。实验内容丰富,指导老师可以参考第 8 章增加实验内容,尤其是"组策略编辑器"(gpedit. msc)的使用,建议实验课时为 4～6 学时。

3. 实验环境

Pentium Ⅲ 以上 CPU,256MB 以上内存,10GB 以上硬盘,安装 Windows 2000/XP/2003 操作系统。

4. 实验内容和步骤

1) 加密文件与文件夹

方法:打开"资源管理器",选择要加密的文件或文件夹,选择"属性"→"常规"→"高级属性",选中"加密内容以便保护数据"复选框。

说明:如果操作系统所在的分区是 FAT32 格式,可先将分区 FAT32 格式转换成 NTFS 格式。具体方法是先备份该分区的一些重要文件,选择菜单"开始"→"运行",输入 cmd,单击"确定"按钮,在命令行窗口中执行 convert x:/fs:ntfs 命令,其中 x 是该分区的盘符。

2) 将文件夹设为专用文件夹

方法:将文件夹移动到"x:\Documents and Settings\用户名\"文件夹中(x 是指窗口安装文件所在分区),选中该文件夹以后,单击"属性"→"共享",选中"将这个文件夹设为专用"复选框。这样,当其他用户想进入这个文件夹时将遭到"拒绝访问"的警告提示。

说明:在默认情况下,Windows 中所有的文件夹都是开放的,该机上的全部用户都可使用它们,这无疑使某些用户的重要个人资料面临严重的威胁。

3) 关闭简单文件共享功能

方法:打开"资源管理器",在"工具"菜单中选择"文件夹选项",选择"查看"选项卡,在"高级设置"窗口中取消"使用简单文件共享(推荐)"。

说明:这样可以禁止网络上的用户实现文件共享。

4) 设置应用程序使用权限

方法 1:选择要设置使用权限的应用程序文件,右击应用程序文件,选择"运行方式",然后在弹出的窗口中输入具有相应管理权限的用户名和密码就可以了。

说明:设置应用程序使用权限,可以防止他人使用特定的应用程序。

方法 2:单击"开始"→"运行",执行 gpedit. msc 程序,在"组策略"窗口依次展开"用户配置"→"管理模板"→"系统",双击"只运行许可的窗口应用程序",在弹出的窗口中选择"设置"选项卡,选择"已启用"单选按钮,单击"显示",在"允许的应用程序列表"中添加允许使用的应用程序,最后单击"确定"按钮即可。如果在"管理模板"下面没有"系统"项目,只要在"管理模板"上右击进行添加即可,系统模板文件通常在 C:\Windows\inf 目录下。图 A.40 是组策略打开的界面。

图 A.40　组策略编辑器 gpedit.msc 窗口

说明:以后一般用户只能运行"允许的应用程序列表"中的程序。Windows 是一种服务器操作系统,为了防止登录到其中的用户任意启动服务器中的应用程序,给服务器的正常运行带来不必要的麻烦,因此,有必要根据不同用户的访问权限,来限制用户调用应用程序。

组策略编辑器中的内容很多,做实验时最好每个选项都试着做一下,以便对操作系统安全概念有深入的理解。

5) 清除默认共享隐患

方法 1:打开"控制面板",单击"管理工具",双击"服务"图标,在程序列表中选择 Server 项,然后在对应的"启动类型"列表中选择"已禁用"或"手动"项。

说明:系统在默认安装时,都会产生默认的共享文件夹,每个盘符也会被自动设置了共享。若不想让这些共享的驱动器或文件夹被远程计算机用户看到的话,只需在共享驱动器或文件夹的"共享名"后面加上一个"$"就可以了(如 c$、d$、ipc$ 以及 admin$)。但是,当远程计算机用户知道该机的计算机名、用户名和密码后,就能通过网络访问该计算机,这也使具有共享驱动器或文件夹的计算机存在着安全隐患。

方法 2:如果要取消 C 盘、D 盘共享,可以先编写如下批处理文件:

```
@echo off
net share C$ /del
```

```
net share D$ /del
```

保存为 delshare. bat,然后存放到系统所在文件夹下的 system32\GroupPolicy\User\Scripts\Logon 目录下。

打开组策略编辑器 gpedit. msc,依次展开"用户配置"→"Windows 设置"→"脚本(登录/注销)",双击"登录"按钮,打开"登录属性"窗口,单击"添加"按钮,选择要添加的脚本文件或直接输入 delshare. bat(不需要添加参数),单击"确定"按钮,重新启动计算机系统。

6) 禁用 Guest 账户

方法:打开"控制面板",依次单击"管理工具"→"计算机管理",依次展开"本地用户和组"→"用户",双击 Guest 账户,选中"账户已停用"。

说明:Windows XP 不允许停用 Guest 账户,但允许为 Guest 账户设置密码。

7) 清除交换文件

方法:依次单击"开始"→"运行",执行 Regedit 命令打开注册表,在注册表中找到 HKEY_ LOCAL _ MACHINE \ System \ CurrentControlSet \ Control \ Session Manager \ Memory Management,创建或修改 ClearPageFileAtShutdown 主键,把这个主键的 REG_ DWORD 值设置为 1。

8) 清除转储文件

方法:打开"控制面板"→"系统",选择"高级"标签页,在"启动和故障恢复"下面单击"设置"按钮,将"写入调试信息"这一栏设置成"(无)"。

9) 随时启用屏保程序

方法:单击"开始"→"搜索",在"全部或部分文件名"的文本框中输入 * . scr,单击"搜索",选择所喜欢的屏幕保护程序,然后在桌面上建立该屏幕保护程序快捷方式,右击桌面,选择"属性",选择"屏幕保护程序"选项卡,选中"在恢复时显示欢迎屏幕"或"使用密码保护"复选项。

说明:这种方法可以在离开计算机时立即启用屏幕保护程序,防止短暂离开计算机时,他人窥测自己计算机中的重要资料。

10) 开启窗口账号安全和密码策略

方法:执行 gpedit. msc 程序,打开组策略配置窗口,依次展开"计算机配置"→"Windows 设置"→"安全设置"→"账户策略",可以设置其中的"密码策略"和"账户锁定策略"。

说明:开启窗口账号安全和密码策略,会使设置的密码更加安全。例如:启用"复位账户锁定计数器"、"账户锁定值"、"密码必须符合复杂性要求",设置"密码长度最小值"、"强制密码历史"、"密码最长存留期"时间等。

11) 关闭不必要的端口

(1) 关闭 139 端口。

方法:右击"网络邻居",选择"属性",然后右击所用网络的连接,选择"属性",在"常规"选项卡中,不选中"Microsoft 网络的文件和打印共享"选项,选中"Internet 协议(TCP/IP)",单击"属性"→"高级",选择 WINS 选项卡,选择"禁用 TCP/IP 上的 NETBIOS"单选按钮。

说明:窗口在安装了 TCP/IP 协议的同时,会默认打开 139 端口。139 端口的开放意味着硬盘可能在网络中被共享,黑客也可通过网络系统了解计算机中的一些情况。

(2) TCP/IP 筛选。

方法:在"网络连接"中,右击所用的网络连接,选择网卡的"属性",在常规选项卡页面中,选中"Internet 协议(TCP/IP)",然后单击"高级",打开"高级 TCP/IP 设置",选中"选项"选项卡,选择"TCP/IP 筛选",右击"属性",在"TCP/IP 筛选"对话框中,选中"启用TCP/IP 筛选(所有适配器)",然后根据需要配置就可以了。

说明:如果只打算浏览网页,则只要开放 TCP 端口 80 即可,所以可以在"TCP 端口"上方选择"只允许"→"添加",输入 80,最后单击"确定"按钮。

12) 关闭不需要的服务

方法:打开"控制面板",双击"管理工具"图标,双击"服务"图标,选择要关闭的服务,然后在对应的"启动类型"列表中选择"已禁用"或"手动"项即可。

说明:可以关闭如远程注册服务、远程登录等几个高风险的服务。

13) 备份和恢复数字证书

(1) 备份数字证书。

方法:单击"开始"→"运行",执行控制台程序 mmc. exe,单击"文件"→"添加/删除管理单元",单击"添加"按钮,在弹出的"添加独立管理单元"窗口中选择"证书",单击"添加"按钮,然后在弹出的"证书管理单元"窗口选中"我的用户账户",单击"完成"按钮,关闭"添加独立管理单元"窗口。现在的控制台根节点下面出现了"证书",依次打开"受信任的根证书颁发机构"→"证书",在右侧窗格选中需要备份的证书,右击然后选择"打开",选择"详细信息"选项卡,单击"复制到文件",单击"下一步"按钮,选择要使用的存储格式,单击"下一步"按钮,输入导出文件名(如 bsy. cer),单击"下一步"→"完成"→"确定"按钮。如果需要备份所有的证书,要在"控制台"窗口中选择"文件"→"保存",输入保存文件名(如 bsy. msc),单击"保存"按钮即可。图 A. 41 为控制台的界面。

图 A. 41 控制台 mmc. exe 窗口

(2) 恢复数字证书。

方法:单击"开始"→"运行",执行控制台程序 mmc. exe,单击"文件"→"打开",输入打开文件名(如 bsy. msc),单击展开"证书"→"当前用户",右击"受信任的根证书颁发机构",选择"所有任务"→"导入",单击"下一步"按钮,输入已经保存的证书文件名(如 bsy. cer),两次单击"下一步"按钮,单击"完成"→"确定"按钮,完成证书的导入。

如果要恢复加密文件系统证书,也可以打开"控制面板",单击"管理工具"图标,单击"本地安全策略",展开"公钥策略",右击"正在加密的文件系统",选择"添加数据恢复代理"来启动"故障恢复代理向导",选择作为代理的用户或该用户的具有故障恢复证书的 cer 文件,单击"确定"按钮即可。

说明:数字证书内容很多,做实验时最好每个选项都试着做一下,以便对证书的概念有深入的理解。

14) 设置安全模式下的管理员密码

方法:重新启动计算机,在出现启动菜单时按 F8 键进入高级选项菜单,选择"安全模式"启动进入系统,单击"控制面板"→"用户账户",检查账户中是否包括管理员,可以将管理员账户删除,或重新创建一个管理员,或是更改原来的管理员账户密码,重新启动计算机。

说明:在默认情况下,安全模式下的管理员密码为空,其他用户仍可以在安全模式下进入系统。显然,如果没有设置安全模式下的管理员密码,计算机将毫无私密可言。

15) IP 安全策略

(1) 设置筛选策略。

方法:打开"控制面板",双击"管理工具"→"本地安全策略",选中"IP 安全策略",右击"管理 IP 筛选器列表和 IP 筛选器操作",选中"管理 IP 筛选器列表"选项卡,单击"添加"按钮,输入筛选规则名称(如 ICMP_ANY_IN),单击"下一步"按钮,选择源地址(如"我的 IP 地址"),单击"下一步"按钮,选择目标地址(如"任何 IP 地址"),选择协议类型(如 ICMP),单击"完成"按钮。

(2) 设置筛选操作。

方法:在"本地安全策略"中选中"IP 安全策略",右击选择"管理 IP 筛选器操作"选项卡,单击"添加"→"下一步"按钮,然后输入筛选操作名(如"否认"),单击"下一步"按钮,设置筛选器操作行为(如"阻止"),单击"完成"按钮。图 A.42 为本地安全策略主窗口界面。

(3) 设置 IP 安全策略名。

方法:打开"控制面板",双击"管理工具"→"本地安全策略",选中"IP 安全策略",右击选择"创建 IP 安全策略",单击"下一步"按钮,输入安全策略的名称(如 ICMP 过滤器),单击"下一步"按钮,不选中"激活默认响应规则"选项,单击"下一步"按钮。在创建的 ICMP 过滤器上双击打开属性页面,依次单击"添加"→"下一步"→"下一步"→"下一步"→"下一步"按钮,选择"是"按钮,然后选择 IP 筛选器列表名(如 ICMP_ANY_IN),单击"下一步"按钮,选择筛选器操作名(如"否认"),单击"完成"按钮,关闭界面。

图 A.42　本地安全策略主窗口

（4）指派 IP 安全策略。

方法：选中 IP 安全策略名（如 ICMP 过滤器），右击后选择"所有任务"→"指派"。只有指派后，IP 安全策略才起作用。

说明：通过 IP 安全筛选器可以定义自己的 IP 安全策略，窗口的 IP 安全筛选器由两个部分组成，即筛选策略和筛选操作。筛选策略（管理 IP 筛选器列表）决定哪些报文应当引起筛选器的关注，筛选操作（管理 IP 筛选器操作）决定筛选器是"允许"还是"拒绝"报文的通过。要新建 IP 安全筛选器，必须新建自己的筛选策略和筛选操作。

16）不让系统显示上次登录的用户名

方法：打开"控制面板"，双击"管理工具"图标，双击"本地安全策略"，分别展开"本地策略"→"安全选项"，在右边的"策略"窗口中双击"交互式登录：不显示上次用户名"，选中"已启用"，单击"确定"按钮。

说明：在默认情况下，窗口登录对话框中会显示上次登录时的用户名，这使得别人可以很容易了解到系统的用户名，然后就可以直接进行密码猜测，缩短攻击时间。

17）限制 LSA 信息不被匿名访问

方法：打开注册表编辑器并找到注册表项 HKEY_LOCAL_MACHINE\SYSTEM\CurrentControlSet\Control\LSA\RestrictAnonymous，把 REG_DWORD 的值改为 1。

说明：LSA（Local Security Authority，本地安全机构）是本地安全颁发机构，它的功能是负责在本地计算机上处理用户登录与身份验证。因此，应该限制匿名用户对 LSA 的访问。

这种方法还可以禁用 IPC 连接。IPC（Internet Process Connection）可以实现对远程计算机的访问，任何用户都可以通过空连接接入服务器上，进行枚举账号和猜测密码。

18）限制远程访问注册表

方法：打开"控制面板"，双击"管理工具"→"本地安全策略"，展开"本地策略"→"安全选项"，在右边"策略"窗口中双击"网络访问：可远程访问的注册表路径"，将可远程访问的注册表路径和子路径内容全部删除，单击"确定"按钮。

说明：将远程可访问的注册表路径设置为空，这样可以有效防止黑客利用扫描器通过远程访问注册表，读取计算机的系统信息及其他信息。

5. 实验说明

本实验重点在于对 Windows 各项安全措施的理解和实践，学生可以尝试对每个功能设置都做一遍。

实验 8　软件动态分析

1. 实验目的

了解动态分析软件基本功能，了解动态分析软件破解程序的基本方法，熟悉 OllyDbg 的使用。

2. 实验目的

本实验提供了一种破解程序的简单方法。针对不同的软件保护方法，会有很多更复杂分析方法,而这些都必须在熟悉 OllyDbg 使用的情况下才能实现。在实验过程中还要重点熟悉 OllyDbg 的功能和使用。考虑到学生要编写程序,建议该实验课时为 4 学时。

3. 实验环境

Pentium Ⅲ 以上 CPU,128MB 以上内存,10GB 以上硬盘,安装 Windows 98 以上操作系统,动态分析软件 OllyDbg 1.09 调试器。

4. 实验内容和步骤

(1) 编写一个简单的注册程序,取名为 debugme。该程序在输入用户名后,根据用户名,设计一个简单的数学函数(如将用户名转换成 ASCII 码,再加上一个固定值等),在程序内部自动产生一个序列号。如果输入的序列号正确,则程序提示 Good Serial Number,否则程序提示 Serial Number is Error。

(2) 执行 OllyDbg.exe 文件,在 OllyDbg 窗口上选择 File→Open,输入调试的文件名 debugme。

(3) 将鼠标移到代码窗口内,右击选择 Search for(搜索),选中 All referenced text strings(所有参考字符串)。

(4) 在弹出的 Text strings referenced 窗口的最右边 Text strings 栏内找到如 Serial Number is Error 的字符串,单击选中,记下该处的地址(Address),如 0042DCE6,双击回到代码窗口。

(5) 在代码窗口找到地址 0042DCE6。在 Disassembly(反汇编)栏内向上找第一个跳转语句,如"JNZ …"、"CMP …",选中"CMP EAX …"所在的行。可以在此处下断点,进行动态跟踪。

(6) 右击后在快捷菜单中选择 Break point(断点)→Toggle(切换),单击 Debug(调试)→Run(运行),屏幕出现 Entry Point Alert(入口点警告)提示,单击"确定"按钮。

(7) 分别在提示窗口中输入用户名和序列号,并单击"确定"按钮。在信息窗口中有"DS:[地址]= …"(省略的就是输入的序列号,用十六进制表示)。

(8) 在信息窗口中选中"EAX = …",右击 Modify register,则在 Modify EAX 窗口中 Signed 文本框中的数据就是正确的序列号,如 A.43 所示。

图 A.43　OllyDbg 界面

5. 实验说明

本实验重点在于了解对软件的静态分析方法和动态分析方法,通过静态分析能够了解软件的壳以及编译系统的概貌,能够为软件的动态分析提供参考。软件的动态分析要求学生能够掌握对简单软件调试、跟踪的一般方法,从而提高对自己设计软件的保护能力和水平。

参 考 文 献

[1] 甘刚,曹荻华,王敏,王祖俪,张永波.网络攻击与防御[M].北京:清华大学出版社,2009.

[2] 贺雪晨.信息对抗与网络安全[M].北京:清华大学出版社,2010.

[3] 步山岳,张有东.计算机信息安全技术[M].北京:高等教育出版社,2005.

[4] 沈昌祥.信息安全导论[M].北京:电子工业出版社,2009.

[5] 王宇,阎慧.信息安全保密技术[M].北京:国防工业出版社,2010.

[6] 王昭,袁春.信息安全原理与应用[M].北京:电子工业出版社,2010.

[7] 谢东青,冷健,雄伟.计算机网络安全技术教程[M].北京:机械工业出版社,2007.

[8] 徐茂智,邹维.信息安全概论[M].北京:人民邮电出版社,2007.

[9] 薛质,苏波,李建华.信息安全技术基础和安全策略[M].北京:清华大学出版社,2007.

[10] 闫宏生,王雪莉,杨军.计算机网络安全与防护[M].北京:电子工业出版社,2007.

[11] 傅建明,等.计算机病毒分析与对抗[M].武汉:武汉大学出版社,2004.

[12] 刘功申.计算机病毒及其防范技术[M].北京:清华大学出版社,2008.

[13] Hans Delfs, Helmut Knebl 著.肖国镇,张宁译. Introduction to cryptography: principles and applications(密码学导引:原理与应用)[M].北京:清华大学出版社,2008.

[14] 罗守山.密码学与信息安全技术[M].北京:北京邮电大学出版社,2009.

[15] 邱卫东.密码协议基础[M].北京:高等教育出版社,2009.

[16] 赵树升.计算机病毒分析与防治简明教程[M].北京:清华大学出版社,2007.

[17] Behrouz A. Forouzan.密码学与网络安全:中文导读英文版[M].北京:清华大学出版社,2009.

[18] Atul Kahate 著.邱仲潘,等译. Cryptography and network securiy(密码学与网络安全)[M].北京:清华大学出版社,2005.

[19] 王路群.计算机病毒原理及防范技术[M].北京:中国水利水电出版社,2009.

[20] 胡道元,闵京华.网络安全.第2版[M].北京:清华大学出版社,2008.

[21] William Stallings. Cryptography and Network Security Principles and Practices,Fourth Edition.密码编码学与网络安全——原理与实践.第4版(英文影印版)[M].北京:电子工业出版社,2006.

[22] Bruce Schenier 著.吴世忠,等译. Applied Cryptography:Protocols,Algorithms,and Source Code in C(应用密码学——协议、算法与C源程序)[M].北京:机械工业出版社,2000.

[23] 张红旗,王鲁,等.信息安全技术[M].北京:高等教育出版社,2008.

[24] 石淑华,池瑞楠.计算机网络安全基础[M].北京:高等教育出版社,2005.

[25] 吴金龙,蔡灿辉,王晋隆编.网络安全[M].北京:高等教育出版社,2004.

[26] 蒋良英.基于SSL协议的电子商务系统的设计与实现[D].成都:西南交通大学硕士学位论文,2004.

[27] 孙久鸿.安全电子交易SET协议的研究[D].大连:大连交通大学硕士学位论文,2006.

[28] 陆小飞.基于SET协议的电子交易安全解决方案的研究[D].哈尔滨:哈尔滨工程大学硕士学位论文,2004.

[29] 童光才.电子商务中安全协议的研究——SET协议的完善与改进[D].重庆:重庆大学硕士学位论文,2004.

[30] Macgregor R, Ezvan C, Liguori Li, Han J. Secure Electronic Transactions:Credit Card Payment on the Web in Theory and Practice[M]. IBM RedBooks SG24-4978-00,1997.

[31] 吴秀梅.防火墙技术及应用教程[M].北京:清华大学出版社,2010.

［32］　阎慧. 防火墙原理与技术［M］. 北京：机械工业出版社,2004.

［33］　杨远红,刘飞,等.通信网络安全技术［M］. 北京：机械工业出版社,2003.

［34］　Preetham V. Internet 安全与防火墙［M］. 冉晓昱译. 北京：清华大学出版社,2004.

［35］　杨富国. 网络设备安全与防火墙［M］. 北京：北京交通大学出版社,2004.

［36］　(美)科瑞奥. Snort 入侵检测实用解决方案［M］. 北京：机械工业出版社,2005.

［37］　唐正军,李建华,等.入侵检测技术［M］. 北京：清华大学出版社,2004.

［38］　唐正军.入侵检测技术［M］. 北京：清华大学出版社,2008.

［39］　褚永刚,吕慧勤,等.大规模分布式入侵检测系统的体系结构模型［J］. 计算机应用研究,Vol. 21
　　　　(12),105-107,2004.

［40］　汪静,王能.入侵检测系统设计方案的改进［J］. 计算机应用研究,Vol. 21(7),208-211,2004.

［41］　金汉均,等. VPN 虚拟专用网安全实践教程［M］. 北京：清华大学出版社,2010.

［42］　(美)Jim Guichard Ivan Pepelnjak. MPLS 和 VPN 体系结构［M］. 北京：人民邮电出版社,2010.

［43］　王达. 虚拟专用网(VPN)精解［M］. 北京：清华大学出版社,2004.

［44］　赵阿群,吉逸,顾冠群. VPN 的隧道技术研究［J］. 通信学报,Vol. 21(6),85-71,1999.

［45］　赵金萍,熊君星,罗华群. VPN 关键技术的研究［J］. 电脑知识与技术,Vol. 4(22),998-1000,2007.

［46］　张亮,崔京玉. 虚拟网络技术关键及发展趋势［J］. 中国人民公安大学学报(自然科学版),No. 2,76-
　　　　79,2007.

［47］　http://baike. baidu. com/view/600259. htm.

［48］　成卫青,龚俭.网络安全评估［J］. 2003 (2)［J］. 计算机工程,29(2),182-184.

［49］　谷利泽. 现代密码学教程［M］.北京：北京邮电大学出版社,2004.

［50］　郎荣玲. 高级加密标准算法的研究［J］. 小型微型计算机系统,2003,24(5)：905-908.

［51］　吴洋. 电子商务安全方法研究［M］. 天津：天津大学出版社,2006.

［52］　伍彬山. 基于硬件可重构的可信计算协处理器设计研究［M］. 厦门：厦门大学出版社,2010.

［53］　许春香. 现代密码学［M］. 成都：电子科技大学出版社,2008.

［54］　章照止. 现代密码学基础［M］. 北京：北京邮电大学出版社,2004.

［55］　朱稼兴. 电子商务大全［M］. 北京：北京航空航天大学出版社,2004.

21 世纪高等学校数字媒体专业规划教材

以上教材样书可以免费赠送给授课教师,如果需要,请发电子邮件与我们联系。

教学资源支持

敬爱的教师:

感谢您一直以来对清华版计算机教材的支持和爱护。为了配合本课程的教学需要,本教材配有配套的电子教案(素材),有需求的教师可以与我们联系,我们将向使用本教材进行教学的教师免费赠送电子教案(素材),希望有助于教学活动的开展。

相关信息请拨打电话 010-62776969 或发送电子邮件至 weijj@tup. tsinghua. edu. cn 咨询,也可以到清华大学出版社主页(http://www. tup. com. cn 或 http://www. tup. tsinghua. edu. cn)上查询和下载。

如果您在使用本教材的过程中遇到了什么问题,或者有相关教材出版计划,也请您发邮件或来信告诉我们,以便我们更好地为您服务。

地址:北京市海淀区双清路学研大厦 A 座 707　　　计算机与信息分社魏江江　收

邮编:100084　　　　　　　　　　　　电子邮件:weijj@tup. tsinghua. edu. cn

电话:010-62770175-4604　　　　　　　邮购电话:010-62786544

《网页设计与制作(第 2 版)》目录

ISBN 978-7-302-25413-3   梁 芳 主编

图书简介:

Dreamweaver CS3、Fireworks CS3 和 Flash CS3 是 Macromedia 公司为网页制作人员研制的新一代网页设计软件,被称为网页制作"三剑客"。它们在专业网页制作、网页图形处理、矢量动画以及 Web 编程等领域中占有十分重要的地位。

本书共 11 章,从基础网络知识出发,从网站规划开始,重点介绍了使用"网页三剑客"制作网页的方法。内容包括了网页设计基础、HTML 语言基础、使用 Dreamweaver CS3 管理站点和制作网页、使用 Fireworks CS3 处理网页图像、使用 Flash CS3 制作动画和动态交互式网页,以及网站制作的综合应用。

本书遵循循序渐进的原则,通过实例结合基础知识讲解的方法介绍了网页设计与制作的基础知识和基本操作技能,在每章的后面都提供了配套的习题。

为了方便教学和读者上机操作练习,作者还编写了《网页设计与制作实践教程》一书,作为与本书配套的实验教材。另外,还有与本书配套的电子课件,供教师教学参考。

本书可作为高等院校本、专科网页设计课程的教材,也可作为高职高专院校相关课程的教材或培训教材。

目 录: